怎样科学办好
中小型猪场
第二版

郑玉姝　魏刚才　黄俊克　主编

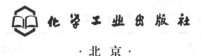

化学工业出版社

·北京·

图书在版编目（CIP）数据

怎样科学办好中小型猪场/郑玉姝，魏刚才，黄俊克主编. —2版. —北京：化学工业出版社，2016.1（2021.4重印）
ISBN 978-7-122-25604-1

Ⅰ. ①怎… Ⅱ. ①郑…②魏…③黄… Ⅲ. ①养猪场-经营管理 Ⅳ. ①S828

中国版本图书馆 CIP 数据核字（2015）第 261892 号

责任编辑：邵桂林　　　　　　　　　　文字编辑：焦欣渝
责任校对：边　涛　　　　　　　　　　装帧设计：王晓宇

出版发行：化学工业出版社（北京市东城区青年湖南街 13 号　邮政编码 100011）
印　　装：北京盛通商印快线网络科技有限公司
850mm×1168mm　1/32　印张 14　字数 405 千字
2021 年 4 月北京第 2 版第 6 次印刷

购书咨询：010-64518888　　　　　　　售后服务：010-64518899
网　　址：http://www.cip.com.cn
凡购买本书，如有缺损质量问题，本社销售中心负责调换。

定　　价：45.00 元

本书编写人员名单

主　　编　郑玉姝　魏刚才　黄俊克

副 主 编　王岩保　张双燕　解军亮　陈永林

编写人员　(按姓氏笔画排列)

　　　　　王岩保 (鹤壁市动物疫病预防控制中心)

　　　　　朱晓瑞 (滑县动物疫病预防控制中心)

　　　　　杨素新 (滑县动物卫生监督所)

　　　　　张双燕 (济源市动物卫生监督所)

　　　　　陈永林 (洛阳市动物疫病预防控制中心)

　　　　　郑玉姝 (河南科技学院)

　　　　　郭晓波 (洛龙区动物疫病预防控制中心)

　　　　　黄俊克 (济源市动物卫生监督所)

　　　　　解军亮 (济源市动物卫生监督所)

　　　　　魏刚才 (河南科技学院)

前　言
FOREWORDS

　　近几年来，养猪业的规模化、商品化程度越来越高，养猪水平不断提高，对养殖技术和经营管理知识要求也不断提高。编者根据近年来我国养猪生产的新动向、新需求，本着实用、全面、先进的宗旨，对第一版做了较大幅度的增删和调整，收进了最新版的"中国饲料成分及营养价值表""猪饲养允许使用的药物及使用规定""禁止使用并在动物性食品中不得检出残留的兽药"等标准，增加了办猪场的手续及备案、猪场消毒设备设施、新的饲料添加剂、猪病诊断方法、疾病综合防治措施、饲养管理的新技术等内容及一些相关图表，并对部分内容进行了调整。

　　本书包含七部分内容，分别为科学决策和准备、科学建设猪场、科学配制饲粮、科学选择优良品种、科学饲养管理、科学控制疾病和科学经营管理，并在附录中列出了猪的几种生理和生殖常数以及猪饲养允许使用的药物及使用规定、禁用药物等内容。本书内容全面，文字通俗易懂，实用性和操作性强，适于开办中小型猪场和经营中小型猪场的饲养人员、技术及管理人员阅读，也可以作为大、中专学校和农村函授及培训班的辅助教材和参考书。

　　在编写过程中，由于时间和作者水平有限，疏漏之处在所难免，请读者批评指正。

编　者

第一版前言

　　我国具有悠久的养猪历史，目前生猪存栏和猪肉消费量处于世界第一。过去传统的庭院饲养，群体数量虽然很大，但规模较小。近年来，由于市场、环境、疾病以及管理等诸方面的原因，养猪业逐渐向规模化和集约化方向发展，规模化猪场将是发展的必然。但我国国情又决定了许多养殖户由于资金、技术以及场地等限制不可能建立众多的大型养猪场，大部分还应为中小型猪场。

　　但目前在中小型猪场的建立和运行过程中，存在诸多问题，如建场前不进行论证和投资估算，盲目上马，猪场性质和规模不合理，导致建设中或建成后资金周转不灵，产品销售不畅，技术力量薄弱，管理水平低，直接影响猪场的正常生产和效益提高；猪场场地选择不当、规划布局不合理、猪舍建筑不科学以及隔离卫生条件差等，导致养殖环境恶劣，污染严重，疾病不断发生；饲养管理技术缺乏，不注重经营管理和经济核算，导致生产成本过高，养猪效益低等。为了正确指导从业人员科学兴办和管理中小型猪场，提高养殖效益，走上致富道路，我们组织了长期从事养猪教学、科研和生产的有关专家编写了《怎样科学办好中小型猪场》一书。

　　本书根据目前养猪的生产实际，从养猪前景和存在问题、投资决策和分析、猪场设置、优良品种选择、日粮的科学配制、饲养管理、疾病控制和经营管理八个方面进行了系统的论述和介绍，期望为养殖户科学办好中小型猪场提供技术支撑。

　　本书理论密切联系实际，全面系统，重点突出，内容简练，操作性强，适用于猪场饲养人员、技术人员和管理人员，也可以作为大、中专学校和农村函授及培训班的辅助教材和参考书。

　　由于编者水平有限，本书可能存在一些不足之处，恳请广大读者和养猪业同行提出宝贵意见。

编　者
2009 年 3 月

目 录
CONTENTS

第一章

科学决策和准备

养猪生产需要场地、建筑物、饲料、设备用具等生产资料，也需要饲养管理人员，这些都是资源的投入。资源投入要与猪场的性质和规模相匹配，否则，生产过程中缺乏资源支持就可能影响到猪场正常生产和效益的提高。所以，在兴办中小型猪场时，需要进行市场调研，了解市场，根据市场需求进行性质、规模、产品档次、资金投入以及各项生产指标等决策和分析，为更好地生产和获得最大效益奠定基础，否则，盲目上马和生产就可能导致效益差甚至亏损。

第一节　市场调查分析

猪场的类型、规模、经营方式、管理水平不同，投资回报率也就不同。中小型养猪场需要不断加大对市场调查的力度，根据市场情况进行正确的决策，力求使生产更加符合市场要求，以获得较好的生产效益。

一、市场调查的内容

影响养猪业生产和效益提高的市场因素较多，都需要认真做好调查，获得第一手资料，才能进行分析、预测，最后进行正确决策。市场调查的主要内容如下：

（一）市场需求和价格调查

1. 市场容量调查

调查宏观和区域市场种猪、仔猪、肉猪总容量及其价格。宏观和区域市场总容量的调查，有利于猪场从整体战略上把握发展规模，是实现"以销定产"的最基本的策略。新建猪场应该在建场前进行调查，以市场情况确定规模和性质。正在生产的猪场一般一年左右进行一次，同时，还应调查企业产品所占市场比例，尚有哪些可占领的市场空间，这些情况需要调查清楚。

批发市场销量、销售价格变化调查需经常进行。这类调查对销售实际操作作用较大，帮助销售方及时发现哪些市场销量、价格发生了变化，查找原因，及时调整生产方向和销售策略。同时还要了解潜在市场，为项目的决策提供依据。

2. 适销品种调查

猪的经济类型和品种多种多样，不同的地区对产品的需求也有较大的差异。有的地方喜爱脂肪型，有的地方喜爱瘦肉型，有的消费者喜欢本地品种，而有的消费者喜欢外来品种，所以适销品种的调查在宏观上对品种的选择具有参考意义，在微观上对指导销售具体操作、满足不同市场的品种需求也很有价值。

3. 适销体重调查

与适销品种一样，各地市场对猪体重的要求也有所区别。如出口和外销的生猪的体重一般要求在 90~100 千克，而本地销售对猪体重没有严格的要求，可以根据市场价格确定获得最大经济效益的出栏体重；各地对仔猪销售也有不同的体重和月龄要求。对各地猪市场产品的适销体重调查清楚，首先，在销售上可灵活调节，为不同市场提供不同体重的产品，做到适销对路；其次，弄清不同市场适销体重的特点，还可为深度开发潜在的市场、扩大市场空间提供依据。

（二）市场供给调查

对养殖企业来说，市场需要（养猪产品市场需要的产品种类主要有猪肉、仔猪和种猪等）由需求和供给组成，要想获得经营效益，仅调查需求方面的情况还不行，对供给方面的情况也要着力调查。

1. 当地区域产品供给量

当地主要养猪企业、散养户等的数量，本地母猪的存栏头数、生猪的存栏头数以及在下一阶段的产品预测上市量，对这些内容的调查有利于做好阶段性的销售计划，实现有计划的均衡销售。

2. 外来产品的输入量

目前信息、交通都相当发达，跨区域销售的现象越来越普遍，这是一种不能人为控制的产品自然流通现象。在外来产品明显影响当地市场时，有必要对其价格、货源持续的时间等作充分的了解，作出较准确的评估，以便确定生产规模或进行生产规模的调整。

3. 相关替代产品的情况

肉类食品中的鸡、鸭、鹅、牛、羊、鱼等产品等都会相互影响，有必要了解相关肉类产品的生产和销售情况。

（三）市场营销活动调查

1. 竞争对手的调查

需调查的内容：竞争者产品的优势；竞争者所占的市场份额；竞争者的生产能力和市场计划；消费者对主要竞争者的产品的认可程度；竞争者产品的缺陷；未在竞争产品中体现出来的消费者要求。

2. 销售渠道调查

销售渠道是指商品从生产领域进入消费领域所经过的通道，目前活猪产品的销售渠道主要有两种：生产企业→批发商→零售商→消费者；生产企业→屠宰厂→零售商→消费者。

3. 销售市场调查

猪肉产品销售分国内、国外市场，国内市场又分本地市场和外地市场。调查销售市场，可以了解市场上猪产品的需求情况和趋势，对于调整产品结构和产品产量具有重要意义。

（四）其他方面调查

市场生产资料调查，如饲料、燃料等供应情况和价格，人力资源情况，以及建筑材料供给情况等；国家、省、市和当地政府对养猪生产的方针政策；有关猪种、圈舍、饲料、饲养工艺、防疫和经营管理方面的先进经验等。

二、市场调查方法

调查市场的方法很多，有实地调查、问卷调查、抽样调查等。

（一）访问法

访问法是将所拟调查事项当面或书面向被调查者提出询问，以获得所需资料的调查方法。访问法的特点在于整个访谈过程中调查者与被调查者相互影响、相互作用，这也是个人际沟通的过程。

个人访问法是指访问者通过面对面地询问和观察被访者而获得信息的方法。访问要事先设计好调查提纲或问卷，调查者可以根据问题顺序提问，也可以围绕调查问题自由交谈，在谈话中要注意作好记录，以便事后整理分析。一般来说，调查市场的访问对象有：猪的产品批发商、零售商、消费者、养猪场（户）、市场管理部门等，调查的主要内容是市场销量、价格、品种比例、品种质量、货源、客户经营状况、市场状况等。

要想取得良好的效果，访问方式的选择是非常重要的，一般来讲，个人访问有三种方式：

1. 自由问答

自由问答指调查者与被调查者自由交谈，获取所需的市场资料。自由问答方式，可以不受时间、地点、场合的限制，被调查者能不受限制地回答问题，调查者则可以根据调查内容和时机、调查进程，灵活地采取讨论、质疑等形式进行调查，对于不清楚的问题可采取讨论的方式解决。进行一般性、经常性的市场调查多采用这种方式，选择公司客户或一些相关市场人员作调查对象，自由问答，获取所需的市场信息。

2. 发问式调查

发问式调查又称倾向性调查，指调查人员事先拟好调查提纲，面谈时按提纲进行询问。进行畜禽市场的专项调查时常用这种方法，目的性较强，有利于集中、系统地整理资料，也有利于提高效率，节省调查时间和费用。选择发问式调查，要注意选择调查对象，尽量较全面了解市场状况、行业状况。

3. 限定选择

限定选择又称强制性选择，类似于问卷调查，指个人访问调查时列出某些调查内容选项，让调查对象选择。此方法多适用于专项调查。

（二）观察法

观察法是指调查者在现场对调查对象直接观察、记录，以取得市场信息的方法。观察法要凭调查人员的直观感觉或借助于某些摄录设备和仪器，跟踪、记录和考查对象，获取某些重要的信息。观察法有自然、客观、直接、全面的特点。

为提高观察调查法的效果，观察人员要在观察前作好计划，观察中注意运用技巧，观察后注意及时记录整理，以取得深入、有价值的信息，得出准确的调查结论。

在实际调查中，往往将访问、观察等调查方法综合运用，我们要根据调查目的、内容不同而灵活运用方法，才能取得良好效果。

第二节　猪场的类型

根据猪场的生产任务和经营性质的不同，可分为母猪专业场、商品肉猪专业场、自繁自养专业场、公猪专业场。不同类型的猪场有其不同的特点和要求。

一、母猪专业场

以饲养种猪为主，除少数母猪专业场饲养地方猪种，达到保种目的外，一般饲养的都是良种母猪，如长白猪、大约克夏猪、杜洛克猪以及培育品种或品系。母猪专业场又包括两种类型：一是以繁殖推广优良种猪为主的专业场，当前全国各地的种猪场多属于这种类型，它为我国猪种改良及养猪生产的发展作出了重大贡献；二是以繁殖出售商品仔猪为目的的母猪专业场，饲养的种猪应具有高的繁殖力，这种母猪多数为杂种一代，通过三元杂交生产出售仔猪供应育肥猪场和市场。目前，单纯以生产优质仔猪的母猪专业场在全国范围内还并不多见，其特点如下：

（一）固定资产投入大

母猪专业场的猪舍主要有种公猪舍、配种舍、妊娠舍、产仔舍、仔猪保育舍、待售种猪和商品仔猪舍（由于不饲养生长育肥猪，不需修建育肥猪舍）。母猪专业场对猪舍设计和建筑条件要求较高，如产仔舍、保育舍都要求有较好的猪舍建筑，需要投入大量的资金。

（二）技术条件要求高

在母猪规模化饲养过程中，每隔一定时间组织一群母猪进行配种，从而将繁殖母猪分成若干群，同群母猪集中饲养，采取比较一致的饲养方式，使其所产仔猪相对一致。在母猪发情配种、妊娠诊断、母猪妊娠、分娩、仔猪哺育和仔猪保育等生产环节上，对技术要求高。其技术工作的重点是提高母猪的配种率、产仔数、仔猪成活率和断奶重。

（三）母猪的繁殖能力直接影响猪场效益

母猪专业场的主要任务是出售仔猪或后备种猪，另有少量淘汰育肥母猪。其经济效益的高低，主要取决于仔猪或后备种猪的繁殖成活数量和市场价格。繁殖母猪和仔猪的饲养管理水平先进，市场对仔猪的需求量大，仔猪价格高，饲料价格低，对饲养繁殖母猪有利；相反，繁殖母猪和仔猪的饲养管理技术落后，仔猪单价低，饲料价格又高，对饲养母猪专业场不利。

此外，母猪的淘汰比例是影响猪群生产水平和提高猪场收入的重要因素之一。母猪淘汰率高，猪群中青年母猪占的比例大，猪群生产水平低，同时由于淘汰母猪数量的增加，增加了后备种猪的培育费用；相反，母猪淘汰率过低，猪群老龄母猪数量增加，生产性能明显降低，尽管没有增加后备猪的培育费用，但由于生产水平低，猪场经济效益不高。为保证种猪群良好的年龄结构和性能水平，母猪淘汰率以每年25％～30％为宜。更新猪群所需的母猪来源于后备猪，繁殖或引进的后备猪群数量应适当大于淘汰母猪数量。后备猪群数量不宜过多，数量多虽然增加了选择机会，但也增加了培育费用；后备猪群如过少，缺乏选留机会，不能保证猪群质量。

二、商品肉猪专业场

商品肉猪专业场专门从事肉猪育肥，为市场提供猪肉。目前我国商品肉猪专业场包括两种形式：

一种是以饲养户为代表的数量扩张型，此类型是规模化养殖的初级类型，在广大农村普遍存在。这种类型，仅仅是养猪数量增加，而并不是真正的规模经营。从本质上讲，其饲养管理技术与我国传统养猪无多大差别，饲养的仍然是含地方猪种血缘的杂种一代肉猪，生产水平低，市场竞争力薄弱，经济较脆弱，生产者仅凭个人经验经营，只有朴素的市场观念和盈利思想，当市场行情好时，农户纷纷饲养，一旦价格回落，又纷纷停产，稳定性极差。

另一种是通过资金、技术和设备武装的较大规模的养猪经营形式，是规模化养猪的最高形式。这种形式有的称之为现代化密集型，它改变了传统的饲养方式，饲养的是优质瘦肉型猪，采用的是先进的饲养管理技术，具备现代营销手段，并能根据市场变化规律合理组织生产。猪场生产不仅规模扩大，而且产品质量也明显提高，并采用了一定机械设备；生产水平和生产效率高，生产稳定，竞争力强。商品肉猪专业场具有以下特点：

（一）固定资产投入少

商品肉猪专业场以饲养肉猪为主，由于不饲养种猪，不需修建种猪舍和仔猪培育舍，场地面积小，可节省征地或租地费。育肥猪适应环境能力强，育肥舍设计和建筑比较简单，肉猪饲养密度大，基建投入小。

（二）技术要求简单

肉猪场经营猪群单一，主要饲养育肥猪。育肥猪的适应能力强，生产环节少，好饲养，所以技术要求比较简单。肉猪专业场的主要任务是最大限度地增加产品的产量，提高产品的质量，降低每千克增重的饲料费用。

（三）出售肥猪是肉猪场的主要收入来源

在肉猪生产费用中饲料占 $70\%\sim80\%$，可见，如何减少饲料消耗及饲料费用支出，降低每千克增重的饲料费，是提高肉猪经营收入的关键。

（四）要求仔猪来源稳定

商品肉猪专业场的仔猪应来源于以繁殖经营仔猪为目的的繁殖场，仔猪来源应稳定，品种组合一致，规格整齐。肉猪场可从饲养繁殖母猪专业场成批购买体况相似的仔猪，不同批次的仔猪组成不同的猪群，分批分阶段进行集约化饲养，同一猪场内可同时饲养处于不同阶段的几批猪，同一批次的肉猪在育肥结束时基本能成批上市，也有利于猪舍的定期消毒。但目前，专门从事仔猪生产的母猪场少，仔猪多来源于母猪分散饲养的广大农村，导致猪源不稳定，规格不整齐，产品质量差，疾病控制困难，直接影响到猪场的效益，甚至使一些猪场受到巨大损失而倒闭。

三、自繁自养专业场

自繁自养专业场即母猪和肉猪在同一猪场集约饲养，自己饲养母猪繁殖仔猪，然后自己饲养至出栏为市场提供肉猪。目前我国大部分猪场都采取此种经营方式。种猪是繁殖性能优良、符合杂交方案要求的纯种或杂种，如培育品种（系）或外种猪及其杂种，来源于经过严格选育的种猪繁殖场；杂交用的种公猪，最好来源于育种场核心群或者经种猪性能测定中心进行过性能测定的优秀个体。生产的优良仔猪本场饲养。其特点有：

（一）固定资金占用量大

自繁自养的专业场，占地面积大，需要征用和租用的土地多；猪舍的类型多，面积大，设计和建筑要求也高，基建投入大。所以，与饲养母猪的专业场和饲养肉猪的专业场相比，占用的固定资金数量最大。

（二）技术要求高

自繁自养专业场内存栏有各种类型的猪，生产的环节多，生产工艺复杂，技术要求高。要保证母猪多产仔、仔猪成活多、仔猪长得快，要求在品种、后备猪培育、各类母猪科学饲养管理、育肥猪科学以及环境、疾病控制等方面应有良好的技术支撑，否则任何一个环节出现问题，都会影响到养殖效益。

自繁自养专业场要求按照猪不同生理生长阶段的要求和现代养猪生产科学管理方法的要求，把猪群分成若干工艺类群，然后分别置于相应的专门化猪舍，实行流水式生产作业。这样有利于提高猪舍、设备设施的利用率和劳动生产率，降低生产投入和单位产品的生产成本；同时又由于有专门化的猪舍，能较好地满足各类猪群对环境条件的要求，有利于猪遗传潜力的充分发挥。

（三）注重生产经营策略

自繁自养场能降低每头仔猪的生产成本，也能避免仔猪在出售过程中受到各种应激因素造成的损失，养母猪的效益和出售肥猪的收入均可增加。经营上要把繁殖场和育肥场的生产经营技术和经济效益计算的经验结合起来运用，以达到降低生产成本、提高生产力水平与经济效益的目标。

四、公猪专业场

专门从事种公猪的饲养，目的在于为养猪生产提供量多质优的精液。公猪饲养场往往与人工授精站联在一起，由于人工授精技术的推广与应用，进一步扩大了种公猪的影响面，种公猪精液质量的好坏，直接关系到养猪生产的水平。为此，种公猪必须性能优良，必须为来源于经种猪性能测定站测定的优秀个体或育种场种猪核心群（没有种猪性能测定站的地区）优秀个体。饲养的种公猪包括长白猪、大约克夏猪、杜洛克猪等主要引进品种和培育品种（品系），饲养数量取决于当地繁殖母猪的数量，如繁殖母猪数量为 40000 头，按每头公猪年承担 400 头母猪的配种任务，则需种公猪 100 头，公猪年淘汰更新率如为 30%，还需饲养后备公猪 33 头，因此该地区公猪的饲养规模为 133 头。人工授精技术水平高，饲养公猪数可酌减。建场数量既要考虑方便配种，又要避免种公猪饲养数量过多而导致浪费。

第三节　猪场规模的表示方法及确定

一、猪场规模表示方法

猪场规模一般有三种表示方法：

（一）以存栏繁殖母猪头数来表示

如某猪场存栏繁殖母猪 120 头，年可出栏育肥猪 2000 头。

（二）以年出栏商品猪头数来表示

如某猪场年出栏商品猪 2000 头，一般需要存栏繁殖母猪 120 头。

（三）以常年存栏猪头数来表示

如某猪场常年存栏猪 1100 头。

二、养猪场的规模划分

养猪场的规模划分见表 1-1。

表 1-1　养猪场的规模划分

类型	小型猪场	中型猪场	大型猪场
年出栏商品猪数量/头	≤5000	5000～10000	＞10000
年饲养种母猪数量/头	≤300	300～600	＜600

三、影响规模的主要因素

猪场经营规模的大小，受到各种条件的影响：

（一）市场状况

市场的活猪价、猪肉价格、饲料价格以及猪粮比价等是影响猪场饲养规模的主要因素。市场需求量、猪的销售渠道和市场占有量直接关系到猪场的生产效益。市场对猪肉产品需求量大，价格体系稳定健全，销售渠道畅通，规模可以大些，反之则宜小。只有根据生产需要进行生产，才能避免生产的盲目性。

（二）经营能力

经营者的素质和能力直接影响到猪场的经营管理水平。猪场规模越大，对经营管理水平要求越高。经营者的素质高，能力强，能够根据市场需求不断进行正确决策，不断引进和消化吸收新的科学技术，合理安排和利用各种资源，充分调动饲养管理人员的主观能动性，获得较好的经济效益。如果经营者的素质不高，缺乏灵活的经营头脑，饲养规模以小为宜。

（三）资金数量

养猪生产需要征用场地、建筑猪舍、配备设备设施、购买饲料和种猪以及粪污处理等，都需要大量的资金投入。不根据资金数量多少而盲目扩大规模，结果投产后可能由于资金不足而影响生产正常进行。因此，确定规模要量力而行，资金拥有量大，其他条件具备的情况下，经营规模可以适当大一些。

（四）技术水平

养猪业的规模化、集约化，与传统的养猪有很大不同，对技术的要求更高，对环境要求更苛刻，经营管理人员和饲养人员必须掌握科学的饲养和管理技术，为猪的生活和生产提供适宜的条件，满足猪的各种需要，保证猪体健康，最大限度地发挥猪的生产潜力。否则，缺乏科学技术，盲目扩大规模，不能进行科学的饲养管理和疾病控制，结果猪的生产潜力不能发挥，疾病频繁发生，不仅不能取得良好的效益，甚至会亏损倒闭。

四、猪场规模的确定

猪场规模的大小受到资金、技术、市场需求、市场价格以及环境的影响，所以确定饲养规模要充分考虑这些影响因素。对于中小型猪场，资金、技术和环境是制约其规模大小的主要因素，不应该盲目追求数量。养殖数量虽多，但由于技术、资金和管理滞后，环境条件差，饲养管理不善，环境污染严重，疾病频繁发生，也不可能取得好的饲养效果，应该注重规模适度。

养猪生产的适度规模是指在一定的自然、经济、技术、社会等条件下，生产者所经营的猪群规模不仅与劳动力规模、生产工具规模等内环境相适应，而且与社会生产力发展水平、市场供需状况等外环境相一致，并能充分提高劳动生产率、猪群生产率、饲料利用率和资金使用效率，实现最佳经济效益目标的可行性规模水平。适度规模的确定方法如下：

（一）适存法

根据适者生存这一原理，观察一定时期猪的生产规模水平变化和集中趋势，从而判断哪种规模为最佳规模。在某一地区，经过价值规律的调节作用，若某一规模水平出现的概率高或朝向某一规模变化的趋势明显，这一规模水平即为优选规模水平。所以只要考察一下一个地区不同经营规模场的变迁和集中趋势，就可粗略了解当地以哪一种经营规模最合适。以某省 2006 年对 58 个县（市）规模猪场情况调查为例：100～300 头规模场（户）2006 年比 2000 年下降 8 个百分点，300～1000 头场（户）上升 8.5 个百分点，1000 头以上场（户）增加 1 个百分点，可以认为以 300～1000 头规模较为适合。

如对某地区的 253 个猪场调查：其中种猪场占 20.1%，肥猪场占 35%，综合型猪场占 15.3%，自繁自养猪场占 29.6%；规模在 100～3000 头，其中规模在 500 头以下的占 45%，500 头以上的占 55%。按照适存法原则及养猪生产经营规模的优化方法，在猪粮比价正常的情况下，以一般养殖户为基础的规模养猪，以饲养 6～10 头母猪、年出栏 100～200 头肥猪的规模为宜；在资金实力较雄厚，饲料及养猪技术等基础条件好，并且全年能均衡地消化掉所有猪粪、尿和污水的养殖场，可以发展 3000～5000 头甚至万头规模的集约化猪场。

（二）综合评分法

此法是比较在不同经营规模条件下的劳动生产率、资金利用率、饲料转化率、猪群繁殖效率和猪的生产性能等项指标，评定不同规模的经济效益和综合效益，以确定最优规模。

具体做法是先确定评定指标并进行评分，其次合理地确定各指标的权重（重要性），然后采用加权平均的方法，计算出不同规模的综合指数，获得最高指数值的经营规模即为最优规模。

（三）投入产出分析法

此法是根据动物生产中普遍存在的报酬递减规律及边际平衡原理来确定最佳规模的重要方法。也就是通过产量、成本、价格和盈利的变化关系进行分析和预测，找到盈亏平衡点，再衡量多大的规模才能达到多盈利的目标。

养猪生产成本可以分为固定成本和变动成本两种。猪舍占地、猪舍栏圈及附属建筑、设备设施等投入为固定成本，它与产量无关；仔猪购入成本、饲料费用、人工工资和福利、水电燃料费用、医药费、固定资产折旧费和维修费等为变动成本，与主产品产量呈某种关系。可以利用投入产出分析法求得盈亏平衡时的经营规模和计划一定盈利（或最大盈利）时的经营规模。利用成本、价格、产量之间的关系列出总成本的计算公式：

$$PQ = F + QV + PQx$$

$$Q = \frac{F}{P(1-x) - V}$$

式中　F——某种产品的固定成本；

　　　x——单位销售额的税金；

V——单位产品的变动成本；

P——单位产品的价格；

Q——盈亏平衡时的产销量。

如中小型猪场固定资产投入 150 万元，计划 10 年收回投资；每千克生猪增重的变动成本为 12 元，生猪价格 15 元/千克，求盈亏平衡时的规模。

$$Q=150000\div(15-12)=50000千克$$

每头生猪 100 千克，折合生猪 500 头，即需要出栏生猪 500 头才能保持平衡。如果获得利润，出栏量必须超过 500 头。

如要盈利 10 万元，需要出栏 $(150000+100000)\div[(15-12)\times100]\approx833$ 头。

（四）成本函数法

通过建立单位产品成本与养猪生产经营规模变化的函数关系来确定最佳规模，单位产品成本达到最低的经营规模即为最佳规模。

就目前我国养猪管理水平和受环保法规的限制，以年 3000～10000 头商品猪的规模较为适宜，而专业户养猪以 100～500 头为宜。个别条件好的养猪场（户）则可在此基础上进一步扩大规模。

第四节　猪场生产工艺确定

经过市场调查，确定猪场建设和进行可行性论证，首先要进行生产工艺设计，才能筹资、投资和建设。猪场生产工艺是指养猪生产中采用的生产方式（猪群组成、周转方式、饲喂饮水方式、清粪方式和产品的采集等）和技术措施（饲养管理措施、卫生防疫制度、废弃物处理方法等）。工艺设计是科学建场的基础，也是以后进行生产的依据和纲领性文件，所以，生产工艺设计需要运用畜牧兽医知识，从国情和实际情况出发，并考虑生产和科学技术的发展，使方案科学、先进、切合实际并能付诸实践。另外，作为依据和纲领应力求具体、详细。

一、生产工艺流程

根据商品猪生长发育不同阶段饲养管理方式的差异，中小型猪场的生产工艺主要有如下两种：

（一）两段式

仔猪断奶后直接进入生长育肥舍一直养到上市，饲养过程中只需转群一次，减少了应激；但由于较小的生长猪和较大的育肥猪养在同一类猪舍内，增加了疾病控制的难度，不利于机械化操作，需要的建筑面积较大，适用于小型猪场。两段式工艺流程如图1-1。

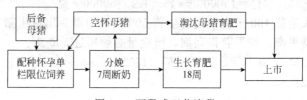

图 1-1 两段式工艺流程

（二）三段式

仔猪断奶后转入保育舍，然后再转入育肥舍，两次转群，三个饲养阶段。此工艺可以根据仔猪的不同阶段的生理需求采取相应的饲养管理措施，猪舍和设备的利用效率较高。目前许多猪场多采用此生产工艺。三段式工艺流程见图1-2。

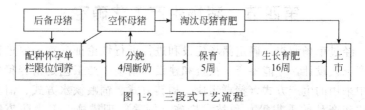

图 1-2 三段式工艺流程

二、主要生产指标

为了准确计算猪群结构，确定各类猪群的存栏数、猪舍及各类猪舍所需的栏位数、饲料用量和产品数量，科学制订生产计划以及落实生产责任制，必须根据养猪的品种、生产力水平、经营管理水平和环境设施等，正确确定生产指标（生产工艺参数）。指定的生产指标要先进可靠，高低适中。

(一) 猪场的生产指标

目前猪场的生产指标如表 1-2。

表 1-2 猪场的生产指标

项目	参数	项目	参数
妊娠期/天	114	每头母猪年产活仔数	
哺乳期/天	35	出生时/头	19.8
断奶至受胎/天	7~14	35 日龄/头	17.8
繁殖周期/天	159~163	36~70 日龄/头	16.9
母猪年产胎次	2.24	71~170 日龄/头	16.5
母猪窝产仔数/头	10	每头母猪年产肉量 (活重)/千克	1575.0
窝产活仔数/头	9	出生至 35 日龄日增重/克	194
母猪临产前进产房时间/天	7	36~70 日龄日增重/克	486
母猪配种后原圈观察时间/天	21	71~160 日龄日增重/克	722
哺乳仔猪成活率/%	90	公母猪年更新率/%	25~33
断奶仔猪成活率/%	95	母猪情期受胎率/%	85
生长育肥猪成活率/%	98	公母比例	1∶25
初生重/千克	1.2~1.4	圈舍冲洗消毒时间/天	7
35 日龄重/千克	8~8.5	生产节律/天	7
70 日龄重/千克	25~30	周配种次数	7
160~170 日龄重/千克	90~100		

(二) 几个主要指标的计算方法

1. 繁殖周期

繁殖周期决定母猪的年产窝数,关系到养猪生产水平的高低。其计算公式如下:

繁殖周期=母猪妊娠期(114)+仔猪哺乳期+母猪断奶至受胎时间

其中,仔猪哺乳期国内猪场一般 35 天,有的猪场早期断奶,有 21 天或 28 天的。仔猪断奶至受胎时间包括两部分:一是断奶至发情时间 7~10 天;二是配种至受胎时间,决定于情期受胎率和分娩率的高低。假定分娩率 100%,将返情的母猪多养的时间平均分配给每头猪,其时间是 21×(1-情期受胎率) 天。

繁殖周期=114+35+10+21×(1-情期受胎率)

=159+21×(1-情期受胎率)

当情期受胎率为 70%、75%、80%、85%、90%、85%、100% 时,繁殖周期为 165 天、164 天、163 天、162 天、161 天、159 天。

情期受胎率每增加 5%，繁殖周期减少 1 天。

2. 母猪年产窝数

$$母猪年产窝数=\frac{365}{繁殖周期}\times分娩率=$$

$$\frac{365\times分娩率}{114+哺乳期+21\times(1-情期受胎率)}$$

由公式可以看出，母猪年产窝数受到情期受胎率、仔猪哺乳期影响（见表 1-3）。

表 1-3　母猪年产窝数与情期受胎率和仔猪哺乳期关系

单位：窝/年

仔猪断奶时间	情期受胎率/%						
	70	75	80	85	90	95	100
21 天断奶	2.29	2.31	2.32	2.34	2.36	2.37	2.39
28 天断奶	2.19	2.21	2.22	2.24	2.25	2.27	2.28
35 天断奶	2.10	2.11	2.13	2.14	2.15	2.17	2.18

三、猪群的组成

根据猪场规模、生产条件和生产工艺流程，将生产过程划分为若干阶段，不同阶段组成不同类型的猪群，计算出每一类猪的存栏数量，就形成了猪群结构。阶段划分是为了最大限度地利用猪群、猪舍和设备，提高生产效率。

（一）猪群组成

猪场的类型不同，猪群的组成不同。母猪专业场的猪群主要由基础母猪（空怀母猪、妊娠母猪、哺乳母猪）、种公猪、后备公母猪、哺乳仔猪、断奶仔猪和淘汰育肥猪组成；商品肉猪专业场主要由育肥猪组成；自繁自养场的猪群由基础母猪（空怀母猪、妊娠母猪、哺乳母猪）、种公猪、后备公母猪、哺乳仔猪、断奶仔猪、育肥猪和淘汰育肥猪组成；公猪专业场猪群由种公猪和后备公猪组成。

（二）猪群中各类猪存栏数的计算

1. 各类母猪存栏数

$$各类母猪存栏数=\frac{基础母猪\times年产窝数\times该类母猪的饲养天数}{365天}$$

2. 各年龄段猪的存栏数

各年龄段猪的存栏数＝基础母猪×年产窝数×窝产活仔数×

各期成活率×该阶段饲养天数/365天

3. 种公猪存栏头数

种公猪存栏头数＝基础母猪×公母比例

4. 后备猪的存栏数

后备猪的存栏数＝公猪或母猪头数×公猪或母猪年淘汰率×

系数(公猪1.5,母猪1.2)

5. 每年上市肥猪数量

每年上市肥猪数量＝基础母猪×年产窝数×

窝产活仔数×各期成活率

四、饲养管理方式

（一）饲养方式

饲养方式是指为便于饲养管理而采用的不同设备、设施（栏圈、笼具等），或每圈（栏）容纳猪的多少，或管理的不同形式。如按饲养管理设备和设施的不同，可分为笼养、缝隙地板饲养、板条地面饲养或地面平养；按每圈（栏）饲养的头（只）数多少，可分为群养和单个饲养。饲养方式的确定，需考虑畜禽种类、投资能力和技术水平、劳动生产率、防疫卫生、当地气候和环境条件、饲养习惯等。

（二）饲喂方式

饲喂方式是指不同的投料方式或饲喂设备（例如采用链环式料槽等机械饲喂）或不同方式的人工饲喂；采用有槽饲喂、料箱和无槽饲喂等。采用何种饲喂方式应根据投资能力、机械化程度等因素确定。

（三）饮水方式

饮水方式包括水槽饮水和各种饮水器（杯式、鸭嘴式）自动饮水。水槽饮水不卫生，劳动量大；饮水器自动饮水清洁卫生，劳动效率高。

（四）清粪方式

传统的清粪方式一般为带坡度的畜床和与之配套的粪尿沟，尿和水由粪尿沟、地漏和地下排出管系统排至污水池，粪便则每天一次或几次以人工或刮粪板清除。采用厚垫料饲养工艺时，粪尿与垫料混合，一般在一个饲养周期结束后以人工或机械一次清除。此方式可提高劳动定额，减轻劳动强度，但因粪尿垫料发酵使舍内空气卫生状况差，也易发生下痢、球虫及其他由垫料带来的传染病，且垫料来源一般也较困难。随着缝隙地板和网床饲养工艺的推广应用，水冲清粪、水泡粪工艺已被普遍采用。水冲清粪方式是利用水的流动将粪冲出舍外，可提高劳动效率，降低劳动强度，但却使粪污的无害化处理和合理利用难度加大，同时，由于粪中的可溶性营养物质溶于水中，降低了粪便的肥效，又加大了污水处理的有机负荷。水泡粪工艺虽用水量较小，但因粪水在沟中积存 1～2 个月才排放，除水冲粪的缺点外，常造成舍内潮湿和空气卫生状况恶化，冬季尤为严重。其实，采用网床和缝隙地板可以使尿和污水由地下排出系统排至污水处理场，固体粪便则用人工或机械清出舍外。采用何种清粪工艺，须综合考虑畜禽种类、投资和能耗、舍内环境卫生状况、粪污的处理和利用等。

五、猪场环境参数

猪场环境参数和标准，包括温度、湿度、通风量和气流速度、光照强度和时间、有害气体浓度、空气含尘量和微生物含量等，以为建筑热工、供暖降温、通风排污和排湿、光照等设计提供依据。猪场环境参数标准见表1-4～表1-7。

表 1-4　猪舍内空气温度和相对湿度

猪群类别	空气温度/℃	相对湿度/%
种公猪	10～25	40～80
成年母猪	10～27	40～80
哺乳母猪	16～27	40～80
哺乳仔猪	28～34	40～80
培育仔猪	16～30	40～80
育肥猪	10～27	40～85

表1-5 猪舍空气卫生要求

猪群类别	氨/(毫克/米³)	硫化氢/(毫克/米³)	二氧化碳/%	细菌总数/(万个/米³)	粉尘/(毫克/米³)
种公猪	26	10	0.2	≤6	≤1.5
成年母猪	26	10	0.2	≤10	≤1.5
哺乳母猪	15	10	0.2	≤5	≤1.5
哺乳仔猪	15	10	0.2	≤5	≤1.5
培育仔猪	26	10	0.2	≤5	≤1.5
育肥猪	26	10	0.2	≤5	≤1.5

表1-6 通风量参数

类别	换气量/[米³/(小时·千克)]			气流速度/(米/秒)		
	冬季	过渡季	夏季	冬季	过渡季	夏季
空怀、怀孕前期母猪舍	0.35	0.45	0.60	0.3	0.3	1.0
公猪舍	0.45	0.60	0.70	0.2	0.2	1.0
怀孕后期母猪舍	0.35	0.45	0.60	0.2	0.2	1.0
哺乳母猪舍	0.35	0.45	0.60	0.15	0.15	0.4
哺乳仔猪舍	0.35	0.45	0.60	0.15	0.15	0.4
后备猪舍	0.45	0.55	0.65	0.30	0.3	1.0
断奶仔猪舍	0.35	0.45	0.60	0.20	0.2	0.6
165日龄前育肥猪舍	0.35	0.45	0.60	0.20	0.2	1.0
165日龄后育肥猪舍	0.35	0.45	0.60	0.20	0.2	1.0

表1-7 猪舍采光标准

猪群类别	自然光照		人工照明[3]	
	窗地比[1]	辅助照明[2]/勒克斯	光照强度/勒克斯	光照时间/小时
种公猪	1:(10~12)	50~75	50~100	14~18
成年母猪	1:(12~15)	50~75	50~100	14~18
哺乳母猪	1:(10~12)	50~75	0~100	14~18
哺乳仔猪	1:(10~12)	50~75	50~100	14~18
培育仔猪	1:10	50~75	50~100	14~18
育肥猪	1:(12~15)	50~75	30~50	8~12

① 窗地比是以猪舍门窗等透光构件的有效透光面积为1,与舍内地面积之比。
② 辅助照明是指自然光照猪舍设置人工照明以备夜晚工作照明用。
③ 人工照明一般用于无窗猪舍。

六、建设标准

猪场建设和猪舍建筑标准包括猪场占地面积、场址选择、建筑物布局、圈舍面积、采食宽度、通道宽度、门窗尺寸、猪舍高度等，这些数据不仅是猪场建筑设计和技术设计的依据，也决定着猪场占地面积、猪舍建筑面积和土建投资的多少。

（一）猪场占地面积

猪场占地面积见表1-8。

表1-8　猪场占地面积

项目	建设规模/（头/年）		
	1000	3000	5000
占地指标/亩①	10	22	34
生产建筑面积/米²	1200	3300	5300
辅助建筑面积/米²	300	600	700
管理生活建筑/米²	200	400	500

① 1亩＝666.7米²。

（二）猪栏数量和规格

猪栏数量和规格影响各种猪舍的数量。需要根据各类猪的占栏头数和每栏容纳头数来确定猪栏数量。

1. 占栏头数

各类猪占栏头数＝基础母猪×年产窝数×（该阶段饲养天数＋空舍清洁消毒天数）/365天

2. 猪栏的面积和容猪数量

猪栏的面积和容猪数量见表1-9。

表1-9　国内猪栏的常用面积和容猪数量

猪群类别	猪栏面积/米²	每栏头数/头	食槽长度/厘米	食槽宽度/厘米	食槽前缘高度/厘米	饮水器安装高度/厘米		
						鸭嘴式	杯式	乳头式
种公猪	6～8	1	50	35～45		50～60		
空怀及怀孕前期母猪	2～3	4	35～40	35～40		50～60		
怀孕后期母猪	4～6	1～2	40～50	35～40		50～60		

续表

猪群类别	猪栏面积/米²	每栏头数/头	食槽长度/厘米	食槽宽度/厘米	食槽前缘高度/厘米	饮水器安装高度/厘米		
						鸭嘴式	杯式	乳头式
哺乳母猪	5～8	1	30～35	30～40		50～60	10～20	
后备公母猪	1.5～2	2～4	30～35	30～35		25～40		
育成猪	0.7～0.9	10	30～35	30～35	16	25～30	15～25	50～60
育肥猪	1～1.2	10	35～40	35.40	20	35～40	15～25	75～85
生长猪					15～17	25～30	15～25	50～60
仔猪					10～12		10～15	25～30

3. 猪栏的规格

猪栏的规格见表1-10。

表1-10 猪栏的基本参数

猪栏类别	每头猪占用面积/米²	长×宽×高/厘米
公猪栏	5.5～7.5	240×300×120
配种栏	6.0～8.0	240×300×120
母猪单体	1.2～1.4	(200～210)×(55～60)×100
母猪小群栏	1.8～2.5	240×300×100
分娩栏	3.3～4.18	(200～210)×(170～200)(母猪栏宽55～65)×(55～60)
保育栏	0.3～0.4	(210～240)×(180～200)×60
育成栏	0.55～0.7	450×240×80
育肥栏	0.75～1.0	450×360×90

七、猪场用水的标准

猪的需水量和水质卫生标准见表1-11、表1-12。我国尚无牧场排污标准，可根据牧场粪污拟排放的受纳体（农田、鱼塘、一般自然水体、城镇下水道等）的不同和利用方式（污水灌溉、肥塘养鱼等；粪便作肥料、培养料、饲料等）的不同，参考我国有关的排污标准和废弃物处理利用卫生标准或国外有关标准，作为粪污处理利用工艺和设备设计的依据。

表 1-11　猪每天的需水量

日龄	体重/千克	每天饮水量/升
1～4 周	2～7	0.4～0.8
5～8 周	7～20	0.8～2.5
9～18 周	20～60	2.5～10
19～26 周	60～100	8.0～15
怀孕母猪		12～20
哺乳母猪		15～30

表 1-12　猪场的水质标准

项目		标准
感官性状及一般化学指标	色度 ≤	30°
	混浊度 ≤	20°
	臭和味	不得有异臭异味
	肉眼可见物	不得含有
	总硬度（以 $CaCO_3$ 计）/(毫克/升) ≤	1500
	pH 值 ≤	5.0～5.9
	溶解性总固体/(毫克/升) ≤	1000
	氯化物（以 Cl 计）/(毫克/升) ≤	1000
	硫酸盐（以 SO_4^{2-} 计）/(毫克/升) ≤	500
细菌学指标	总大肠杆菌群数/(个/100 毫升) ≤	成畜 10；幼畜 1
毒理学指标	氟化物（以 F^- 计）/(毫克/升) ≤	2.0
	氰化物/(毫克/升) ≤	0.2
	总砷/(毫克/升) ≤	0.2
	总汞/(毫克/升) ≤	0.01
	铅/(毫克/升) ≤	0.1
	铬（六价）/(毫克/升) ≤	0.1
	镉/(毫克/升) ≤	0.05
	硝酸盐（以 N 计）/(毫克/升) ≤	30

八、卫生防疫制度

疫病是畜牧生产的最大威胁，积极有效的对策是贯彻"预防为主，防重于治"的方针，严格执行国务院发布的《家畜家禽防疫条例》和农业部制定的《家畜家禽防疫条例实施细则》。工艺设计应据此制定出严格的卫生防疫制度。此外，猪场还须从场址选择、场地规划、建筑物布局、绿化、生产工艺、环境管理、粪污处理利用等方面注重设计并详加说明，全面加强卫生防疫，在建筑设计图中详尽绘出与卫生防疫有关的设施和设备，如消毒更衣淋浴室、隔离舍、装车卸车台等。

九、猪舍样式、构造的选择和设备选型

猪舍样式、构造的选择，主要考虑当地气候和场地地方性小气候、猪场性质和规模、猪的种类以及对环境的不同要求、当地的建筑习惯和常用建材、投资能力等。

猪舍设备包括饲养设备（栏圈、笼具、网床、地板等）、饲喂及饮水设备、清粪设备、通风设备、供暖和降温设备、照明设备等。设备的选型须根据工艺设计确定的饲养管理方式（饲养、饲喂、饮水、清粪等方式）、畜禽对环境的要求、舍内环境调控方式（通风、供暖、降温、照明等方式）、设备厂家提供的有关参数和价格等进行选择，必要时应对设备进行实际考察。各种设备选型配套确定之后，还应分别算出全场的设备投资及电力和燃煤等的消耗量。

十、管理定额及猪场人员组成

管理定额的确定主要取决于猪场性质和规模、不同猪群的要求、饲养管理方式、生产过程的集约化及机械化程度、生产人员的技术水平和工作熟练程度等。管理定额应明确规定工作内容和职责，以及工作的数量（如饲养猪的头数、猪应达到的生产力水平、死淘率、饲料消耗量等）和质量（如猪舍环境管理和卫生情况等）。管理定额是猪场实施岗位责任制和定额管理的依据，也是猪场设计的参数。一幢猪舍容纳猪的头数，宜恰为一人或数人的定额数，以便于分工和管理。由于影响管理定额的因素较多，而且其本身也并非严格固定的数值，故实践中需酌情确定并在执行中进行调整。

十一、猪舍种类、幢数和尺寸的确定

在完成了上述工艺设计步骤后，可根据猪群组成、占栏天数和

劳动定额，计算出各猪群所需栏圈数、各类猪舍的幢数；然后可按确定的饲养管理方式、设备选型、猪场建设标准和拟建场的场地尺寸，徒手绘出各种猪舍的平面简图，从而初步确定每幢猪舍的内部布置和尺寸；最后可按猪舍间的功能关系、气象条件和场地情况，制定出全场总体布局方案。

十二、粪污处理利用工艺及设备选型配套

根据当地自然、社会和经济条件、无害化处理和资源化利用的原则，与环保工程技术人员共同研究确定粪污利用的方式和选择相应的排放标准，并据此提出粪污处理利用工艺，继而进行处理单元的设计和设备的选型配套。

第五节　猪场的投资分析方法及举例

一、猪场投资分析方法

（一）投资概算

投资概算反映了项目的可行性，同时有利于资金的筹措和准备。

1. 投资概算的范围

投资概算可分为三部分：固定投资、流动资金、不可预见费用。

① 固定投资　包括建筑工程的一切费用（设计费用、建筑费用、改造费用等）、购置设备发生的一切费用（设备费、运输费、安装费等）。

在猪场占地面积、猪舍及附属建筑种类和面积、猪的饲养管理和环境调控设备以及饲料、运输、供水、供暖、粪污处理利用设备的选型配套确定之后，可根据当地的土地、土建和设备价格，粗略估算固定资产投资额。

② 流动资金　包括饲料、药品、水电、燃料、人工费等各种费用，并要求按生产周期计算铺底流动资金（产品产出前）。根据猪场规模、猪的购置、人员组成及工资定额、饲料和能源及价格，

可以粗略估算流动资金。

③ 不可预见费用　主要考虑建筑材料、生产原料的涨价，其次是其他变故损失。

2. 计算方法

$$猪场总投资＝固定资产投资＋产出产品前所需要的$$
$$流动资金＋不可预见费用$$

（二）效益预测

按照调查和估算的土建、设备投资以及引种费、饲料费、医药费、工资、管理费、其他生产开支、税金和固定资产折旧费，可估算出生产成本，并按本场产品销售量和售价，进行预期效益核算。方法有静态分析法和动态分析法两种。一般常用静态分析法，就是用静态指标进行计算分析，主要指标公式如下：

$$投资利润率＝\frac{年利润}{投资总额}×100\%$$

$$投资回收期＝\frac{投资总额}{平均年收入}$$

$$投资收益率＝\frac{收入－经营费－税金}{总投资}×100\%$$

二、投资分析举例

【例1】年出栏 1200 头肥猪的商品育肥猪场投资分析

1. 生产工艺

（1）性质规模　肉猪专业场，购买杜长大三元杂交仔猪。年出栏商品肉猪 1200 头，月出栏肉猪 100 头。

（2）生产指标　外购仔猪体重 20～25 千克；饲养期 110～120 天；出栏体重 95 千克。

（3）周转方式　每月进猪，每月出猪。肉猪饲养期 110～120 天，出猪后，对空圈进行彻底清扫、冲洗、消毒，空置 1 周后再进猪，每栋猪舍年出栏肉猪 3 批。为实现每栋舍全进全出和完成生产任务，设计建筑 4 栋相对独立的猪舍，每栋舍饲养 100～120 头肉猪。

（4）饲养管理方式

① 饲养方式　每栋全进全出，每栏 10 头。猪苗进圈后训练定

点排粪；自动料槽喂干料或颗粒料，自由采食；自动饮水器饮水。

② 清粪方式　每天定时将粪由除粪口清至粪车上推走，不要堆在舍前清粪口下，以免污染墙壁和地面。尿及污水由地漏流入舍前上有盖板的污水沟，污水沟在每栋舍的一端设沉淀池，上清液流入猪场总排污管道汇至污水池，经厌氧、好氧和砂滤或人工湿地净化后达标排放。

③ 环境控制措施　夏季猪舍南北开放部分用塑料网或遮阳网密封，既通风又挡蚊蝇；冬季上面覆盖塑料薄膜保温（包括南北格棱花墙），舍内污浊空气由屋顶通气孔排出。夏季利用凉亭效应、冬季利用温室效应，基本可满足育肥猪的环境温度要求。夏季中午温度过高时，应在栏舍上方拉塑料管，每栏安装一个塑料喷头，进行喷雾降温。

（5）猪设建筑要求　每栋猪舍 $10\sim12$ 栏，每栏 $3\times5=15.0$ 米^2，采用双列式，中间走道 1 米，猪舍一端留一间值班式。猪舍规格为 $21(12\div2\times3+3)$ 米 $\times11$ 米。南北栏墙为 24 的砖砌水泥抹面的格棱花墙，墙壁光滑易于清洗消毒；中央走廊的通长栏墙为铁栏杆，以利通风，相邻两栏的隔栏为 12 的砖砌水泥抹面实墙，以防相邻两栏猪接触性疫病的传播；舍内地面有 5% 的坡度，不打滑，排粪区留有排尿沟；猪舍屋顶应有保温层，冬暖夏凉，易于环境控制。

2. 投资预算

（1）固定投资

① 场地租金　场地 3 亩左右，年租金 10000.0 元。

② 建筑费用　4 栋猪舍，每栋猪舍 230 米^2，建筑费 900 米$^2\times$ 200 元/米$^2=$180000 元；围墙 200 米$^2\times$200 元/米$^2=$40000.0 元；消毒更衣室、仓库、休息室、出猪台共计 100 米$^2\times$200 元/米$^2=$ 20000.0 元，共计 24 万元。

③ 打井供电　4 万元

固定投资合计：29 万元。

（2）流动资金

① 猪苗　每月 110 头（成活率 90% 计），仔猪费 440 头 $\times$500 元/头$=$220000.00 元（4 个月可以出栏开始回收资金）。

② 饲料费 440 头×625 元/头（每头猪需要全价饲料约 250 千克，2.5 元/千克）=275000.00 元。

③ 疫苗 2000 元/4 个月。疫苗注射需要先了解所购猪场的免疫程序，根据免疫程序进行选择，一般需 3 种：60 日龄注射猪瘟疫苗 4 头份；90 日龄注射伪狂犬疫苗 1 头份；95 日龄注射口蹄疫疫苗 2 毫升。

④ 用药 4000 元/4 个月。生长育肥猪第 1 周，饲料中添加抗菌促生长药物如土霉素钙盐预混剂、呼诺玢、呼肠舒、泰灭净、泰舒平（泰乐菌素）、喹乙醇、速大肥等；同时饲料中添加虫力黑进行驱虫一次。注意控制环境卫生，否则一旦发生疾病药费是很大支出。

⑤ 水电费 1000 元/4 个月。

⑥ 其他费用 10000 元/4 个月。

流动资金合计：51.2 万元。

总投资合计：80.2 万元。

3. 效益估算

(1) 总投资 80.2 元。

① 固定资产投资 29.0 万元。

② 流动资金 51.2 万元。

(2) 净收入（按 2014 年价格计算）

① 出栏肉猪 1200 头×120 元/头=144000.00 元（每头猪毛利 120 元）。

② 猪粪等副产品收入与管理费用相抵消。

(3) 投资利润率 14.4 万元÷80.2 万元×100%=17.96%

(4) 投资回收期 80.2 万元÷14.4 万元/年=5.57 年

按当前价格计算，正常经营，一年可盈利 14.4 万元，投资利润率为 17.96%，收回投资需要 5.57 年。

【例 2】200 头自繁自养的繁殖母猪场投资分析

1. 工艺设计

(1) 性质和规模 总规模为 200 头母猪，向市场提供肉猪。引进长大二元母猪，用杜洛克公猪与之人工授精进行三元杂交猪繁育。

大约克母猪×长白公猪

↓

长大二元杂交母猪×杜洛克公猪

↓

杜长大三元杂交猪 ——直线育肥至90~100千克——→ 出售

（2）主要生产指标　公母猪利用年限 4 年，年淘汰率为 25%，情期受胎率 85%，断奶后再次发情时间 10 天，哺乳时间 35 天，公母比例 1：30。

$$繁殖周期＝114＋35＋10＋21×（1－情期受胎率）＝$$
$$159＋21×（1－85\%）＝162.15天$$
$$年产窝数＝365÷162.15＝2.25胎/年$$

每胎活仔数 11 头，哺乳期成活率 90%，保育期成活率 95%，育肥期成活率 98%。

（3）猪群组成　存栏猪可分为：种公猪、空怀母猪、妊娠母猪、哺乳母猪、后备种猪、保育仔猪、育肥猪。

① 种公猪

$$常年饲养存栏头数＝200×1/30≈7头$$

② 空怀母猪

饲养天数＝断奶再次发情的天数＋配种后观察21天＋
平均返情天数＝10＋21＋3.15（21天×15%）＝34.15天
则：

$$存栏头数＝200×2.25×34.15÷365≈42头$$

③ 妊娠母猪　确认妊娠到分娩前 1 周，饲养天数 86 天。则：

$$存栏头数＝200×2.25×86÷365≈106头$$

④ 哺乳母猪　产前 7 天至断奶，饲养天数＝7＋断奶 35 天＝42天。则：

$$存栏头数＝200×2.25×42÷365≈52头$$

⑤ 哺乳仔猪　出生至断奶，饲养天数 35 天。则：

$$存栏头数＝200×2.25×11×0.9×35÷365≈427头$$

⑥ 保育仔猪　断奶至 70 日龄，饲养天数 35 天。则：

存栏头数＝200×2.25×11×0.9×0.95×35÷365≈406头

⑦ 育肥猪 71天至180天，饲养天数110天。则：

存栏头数＝200×2.25×11×0.9×0.95×0.98×110÷365≈1250头

⑧ 后备公猪 7×25％×1.5≈3头

⑨ 后备母猪 200×25％×1.2＝60头

　　　　全年全场各类猪常年存栏量＝2353头

每年出栏育肥猪：200×2.25×11×0.9×0.95×0.98＝4148头

$$出栏率＝\frac{出栏头数}{存栏头数}×100％＝\frac{4148}{2353}×100％≈176.3％$$

（4）猪群周转 采用三段制生产工艺。妊娠母猪在分娩前7天转入哺乳育成猪舍，仔猪断奶后原窝转至保育舍养到70天，然后原窝转入育肥猪舍，180天上市。母猪断奶后转入空怀母猪舍，确定妊娠后转入妊娠猪舍。后备公猪可在公猪舍内设一个圈。后备母猪可单设圈舍。

（5）饲养管理方式

① 饲养方式 哺乳母猪、保育仔猪网上饲养，每圈一窝；妊娠母猪定位栏饲养；空怀母猪、公猪和后备种猪为地面圈养，公猪每圈1头，后备公猪1～2头，后备母猪8头，空怀母猪每圈4头。育肥猪每圈一窝。

② 喂料和饮水方式 使用料槽人工喂料；各类猪群一律采用鸭嘴式饮水器饮水。

③ 清粪方式 各猪舍通长地沟盖铁箅子，地面有3％坡度，使粪尿污水分离，用手推车人工清除固体粪污，液体部分流入地沟。

（6）各类猪的占栏数量 确定猪舍数量（猪舍的面积和规格）需要确定猪栏数量。猪栏数量根据各类猪的占栏头数和每圈容纳头数来确定所需圈数。

① 公猪 常年饲养种公猪7头，每圈1头，需要7个栏；后备公猪3头，需3个栏，共10个栏。

② 后备母猪 共60头，每栏8头，需要8个栏。

③ 空怀母猪 占栏头数＝200×2.25×（34.15＋7）÷365＝51头。每栏4头，需要13个栏。

④ 妊娠母猪 占栏头数＝200×2.25×（86＋7）÷365≈114头。

需要 114 个定位栏。

⑤ 哺乳母猪与哺乳仔猪　占栏头数＝200×2.25×（42＋7）÷365≈60 窝，每窝一栏，需要 60 个栏。

⑥ 保育仔猪　占栏头数＝200×2.25×（35＋7）÷365≈52 窝，每窝一栏，需要 52 个栏。

⑦ 育肥猪　占栏头数＝200×2.25×（110＋7）÷365≈144 窝，每窝一栏，需要 144 个栏。

（7）猪舍面积　猪舍的类型有公猪舍（内含后备公猪舍）、后备母猪舍、空怀母猪舍、妊娠母猪舍、哺乳母猪舍和保育猪舍、育肥猪舍等。根据计算的栏数和各类猪栏的规格，结合场地、劳动定额等可以进行猪舍的设计，确定其规格。需要的猪舍建筑面积如下：

① 种公猪、后备公猪、后备母猪和空怀母猪地面平养，需要 31 个栏，另外再加 4 个配种栏，共需要 35 个栏，可以安排在 1 栋内。每个规格为 3 米×4 米，需要面积约 550 米²。

② 妊娠母猪需要 114 个定位栏。定位栏规格为 0.65 米×2.2 米，约需要建筑面积 250 米²。

③ 哺乳母猪与哺乳仔猪需要 60 个栏。产床规格为 1.8 米×2.2 米。需要面积约 450 米²。

④ 保育仔猪需要 52 个栏，保育栏规格为 2 米×3 米，需要面积约 450 米²。

⑤ 育肥猪需要 144 个栏。规格为 3 米×4 米，需要面积约 2100 米²。

合计：猪舍面积 3880 米²。其他附属用房 200 米²。

（8）猪舍的环境控制　夏季可以在猪舍一侧端墙安装风机，另一侧端墙安装湿帘进行负压通风。冬季可以利用窗户、通风口进行自然通风等。

（9）设备配备

① 猪栏数量　分娩栏 60 个，定位栏 114 个，保育栏 52 个，其他猪栏 179 个。

② 饲喂饮水设备　饲槽 300 个；鸭嘴式饮水器 600 个；手推车 20 辆。

③ 清洗消毒设备 清洗机 4 台，喷雾器 20 个。

④ 其他 包括控温、通风设备等。

2. 投资预算

（1）工程预算 计划征地 1 公顷，选择在高岗平整地。土建预算见表 1-13。

表 1-13 土建工程预算汇总表

工程名称	数量	单价/万元	总价/万元
整地	4000 米²	0.0005	2.0
猪舍	3800 米²	0.03	114
水泥路	400 米²	0.01	4.00
办公加工间	240 米²	0.05	12.0
围墙	400 米	0.02	8.0
化粪池	2 个	0.10	0.2
化粪沟	2000 米	0.004	8.0
排水沟	2000 米	0.004	8.0
猪舍木门	20 个	0.05	1.00
院墙铁门	1 个	0.3	0.30
合计			157.5

（2）设备投入 见表 1-14。

表 1-14 设备投入概算

设备名称	数量	单价/万元	总价/万元
饲料粉碎机	1 台	1.0	1.0
手推车	20 辆	0.03	0.6
自来水	1000 米	0.001	1.00
电路架设	1000 米	0.002	2.00
自动饮水器	600 个	0.0005	0.30
猪栅栏	93 个	0.05	4.65
分娩栏	60 个	0.100	6.00

续表

设备名称	数量	单价/万元	总价/万元
限位栏	124 个	0.030	3.72
保育栏	52 个	0.080	4.16
清洗机	4 台	0.050	0.20
合计			23.63

（3）场地租金　1 公顷×2.25 万元/公顷＝2.25 万元。

（4）种猪及流动资金预算　见表 1-15。

表 1-15　种猪和饲料等投入

项目	规格	数量	单价/万元	总价/万元
种公猪	杜洛克	7 头	0.2	1.4
种母猪	长大	200 头	0.15	30.0
饲料	种猪全价料	144 吨	0.25（半年）	36.0
	肉猪全价料	500 吨	0.25	125.0
疾病防治		2400 头	0.0020	4.8
人员工资		8 人	3.00	24.0
其他			.	5.0
合计				226.2

3. 效益分析

（1）总投资　建设投资 157.5 万元，设备投入 23.63 万元，流动资金 226.2 万元，场地租金 2.25 万元，合计：409.58 万元。

（2）净收入（按 2014 年价格计算）

① 出栏肉猪　4148 头×120 元/头＝49.78 万元（每头猪毛利 120 元）。

② 淘汰母猪收入用于后备猪培育，猪粪等副产品收入与管理费用抵消。

合计净收入 49.78 万元。

（3）投资利润率　49.78÷409.58×100%＝12.15%

（4）投资回收期　409.58÷49.78＝8.23 年

4. 盈亏点分析

（1）投资规模分析　固定资产投入 157.5 万元，按 10 年折旧，每年的固定资产折旧费是 15.75 万元；设备投资 22.7 万元，使用 5 年，每年的折旧为 4.7 万元，每年租金 2.25 万元，则每年的固定成本为 22.7 万元；2014 年单位产品价格为 12 元/千克，单位产品变动成本为 10.5 元/千克。由公式：销售收入＝年产量×单位产品价格，总成本＝固定成本＋单位变动产品成本×年产量可以推出，在利润为零时销售收入等于总成本，即：

年产量＝固定成本÷（单位产品价格－单位产品变动成本）

则　　　　　　年产量＝227000÷（12－10.5）＝151333 千克

151333 千克生猪折合生猪头数为 1513 头，需要饲养 73 头母猪。说明在这样的固定资产投资规模下，年出栏 1513 头商品肉猪时利润是零，大于 1513 头时利润为正值，小于 1513 头时利润为负值。如要获得 10 万元需要年出栏 2180 头猪，饲养母猪 105 头。

（2）生猪价格分析　假设饲料价格不变，平均饲料价稳定在 2.5 元/千克时，利润为零：

生猪价格＝（固定成本＋生猪单位变动成本×产量）÷产量

　　　　＝（227000＋10.5×414800）÷414800＝11.05 元/千克

说明饲料价格稳定在 2.5 元/千克的情况下，生猪收购价为 11.05 元/千克时不亏不盈，收购价低于 11.05 元/千克时亏损，高于 11.05 元/千克时出现盈利。

（3）饲料价格分析　假设生猪价格稳定在 12 元/千克不变，分析饲料价格对利润的影响。在利润为零时：

生猪单位变动成本＝劳动力成本（0.5 元）＋水电成本（0.02 元/千克）＋疾病防治成本（0.1 元/千克）＋母猪分摊费用（2.0 元/千克）＋饲料成本

饲料成本＝单位生猪所需饲料量（3.0 千克）×饲料价格

生猪单位变动成本＝（年产量×单位产品价格－固定成本）÷年产量

　　　　　　　　＝（414800×12－227000）÷414800＝11.45 元/千克

饲料价格＝[生猪单位变动成本－劳动力成本－水电成本－疾病防治成本－母猪分摊费用]/单位生猪所需饲料量

　　　　＝（11.45－0.5－0.02－0.1－2.0）/3＝2.94 元/千克

说明在生猪收购价格稳定的情况下，全价饲料平均在 2.94 元/

千克时可以维持平衡，饲料价低于 2.94 元/千克时出现盈利，高于 2.94 元/千克时出现亏损。

【例 3】25 头繁殖母猪自繁自养场投资分析

1. 工艺设计

（1）性质和规模　自繁自养专业场，规模是饲养母猪 25 头，年出栏商品猪 500 头左右。

（2）生产工艺　采用三段式饲养工艺。后备猪、种公猪、空怀母猪和育肥猪采用地面平养，其他猪网上饲养或定位栏饲养。

（3）猪栏数量和面积

① 配种栏　面积＝7.5 米×4 米＝30 米^2

包括：空怀母猪栏 2 个，规格 2.5 米×3 米；公猪栏 1 个，规格 2.5 米×3 米。

② 怀孕猪舍　面积 7.6 米 ×7 米＝53.2 米^2（中间走道宽 1 米，两边走道宽为 0.8 米，两头走道宽各为 1 米）。

包括：怀孕定位栏 16 套，规格 2.2 米×0.7 米。

③ 产仔舍　面积 7.2 米×7 米＝50.4 米^2（中间走道宽 1.2 米，床后走道宽 0.7 米，两头走道宽 0.8 米）。

包括：产床 6 套，规格 2.2 米×1.8 米。

④ 保育舍　面积 8 米×7.6 米＝60.8 米^2（中间走道宽 0.8 米，两边走道宽 0.6 米，两头走道宽 0.7 米）。

包括：保育栏 6 套（10 头/栏），规格 2.2 米×2.8 米。

⑤ 生长育肥舍　面积 21 米×9 米＝189 米^2（中间走道宽 1 米）。

包括：生长育肥栏 14 个（10 头/栏），规格 3 米×4 米（每栏面积 12 米^2）。

以上合计猪舍总面积 384 米^2。

2. 投资估算

（1）固定资产

① 基建投入

a. 猪舍建筑　384 米^2×250 元/米^2＝96000.00 元

b. 生活、办公用房　30 米^2×400 元/米^2＝12000.00 元

c. 水井、水塔、道路和电源线路　5000.00 元

d. 沼气池 40 米^3　6000.00 元

小计 119000.00 元。

② 猪舍和其他设备

a. 母猪限位舍

　16 套×400 元/套（规格 2.2 米×0.7 米）＝6400.00 元

b. 产仔舍

　6 套×1800 元/套（规格 2.2 米×1.8 米）＝10800.00 元

c. 保育舍

　6 套×1600 元/套（规格 2.2 米×2.8 米）＝9600.00 元

d. 小型饲料机

$$1 台×3000 元/台＝3000 元$$

e. 消毒机、小推车、风机以及器械等 10000.00 元

小计 39800.00 元。

③ 征地费用　1000 米² 年租金 4000 元。

④ 引种费用

母猪 25 头×1500 元/头＝37500.00 元

公猪 3000 元/头×1 头＝3000.00 元

小计 40500.00 元。

固定资金合计 203300.00 元。

（2）流动资金

① 母猪饲养费用　每头母猪年饲养费用为 4250.00 元，25 头母猪半年需要饲料费用 53125.00 元。

② 后备母猪到开产费用　25 头母猪为 25000.00 元（1000 元/头）。

③ 肥猪育肥费用　250 头猪费用为 150000.00 元（600 元/头）。

④ 人工、药品及饲料储备费用为 50000.00 元。

合计 278125.0 元。

完成此项目需要预算资金 481425.00 元。

3. 效益估算

（1）总投资　481425.00 元。

① 固定资产投资 203300.00 元。

② 流动资金 278125.00 元。

（2）净收入（按 2007 年价格计算）

① 出栏肉猪　500 头×200 元/头＝100000.00 元（每头猪净利

200元）。

② 淘汰母猪收入用于后备猪培育，猪粪等副产品收入抵消管理费用。

（3）投资利润率　$100000 \div 481425 \times 100\% \approx 20.77\%$。

（4）投资回收期　$481425 \div 100000 \approx 4.81$ 年。

4. 盈亏分析

（1）成本

① 折旧费　基建投入119000.0元，利用年限15年，年折旧总额7933.0元；设备投资39800.0元，利用年限5年，年折旧费7960.0元，租地租金4000.0元，合计每头育肥猪分摊39.8元。

② 种猪摊销费　每头种猪价值3000元（25头母猪1头公猪），种猪利用4年，每头母猪年生产肉猪20头，则每头育肥猪摊销费是39元。

③ 饲料费用　包括母猪饲料费用和育肥猪饲料费用。每头母猪年消耗饲料费4250.00元，公猪消耗5000元，每头仔猪分摊饲料费用为222.5元；每出栏1头肥猪需饲料费用600元，则饲料成本为822.5元/头。

④ 人工工资、药品费用　60元/头（按每出栏肥猪每千克0.6元计）。

⑤ 水电费、疫苗费、兽药费用等　20元/头。

总成本981.3元/头。

（2）收入　全年出栏肥猪500头，按出栏体重100千克/头，单价11.8元/千克，每头猪收入1180.00元。

（3）盈利

每头猪盈利1180.0元/头−981.3元/头=198.7元/头。

全场年盈利198.7元/头×500头=99350.00元。

第六节　办场手续和备案

确定开办猪场后必须要登记注册，并在有关部门备案。

一、项目建设申请

（一）用地审批

近年来，传统农业向现代农业转变，农业生产经营规模不断扩大，农业设施不断增加，对于设施农用地的需求越发强烈（设施农用地是指直接用于经营性养殖的畜禽舍、工厂化作物栽培或水产养殖的生产设施用地及其相应附属设施用地，农村宅基地以外的晾晒场等农业设施用地）。

《国土资源部、农业部关于完善设施农用地管理有关问题的通知》（国土资发〔2010〕155号）对设施农用地的管理和使用作出了明确规定，将设施农用地具体分为生产设施用地和附属设施用地，认为它们直接用于或者服务于农业生产，其性质不同于非农业建设项目用地，依据《土地利用现状分类》（GB/T 21010—2007），按农用地进行管理。因此，对于兴建养猪场等农业设施占用农用地的，不需办理农用地转用审批手续，但要求规模化畜禽养殖的附属设施用地规模原则上控制在项目用地规模7%以内（其中，规模化养牛、养羊的附属设施用地规模比例控制在10%以内），最多不超过15亩。养猪场等农业设施的申报与审核用地按以下程序和要求办理：

1. 经营者申请

设施农业经营者应拟定设施建设方案，方案内容包括项目名称、建设地点、用地面积，拟建设施类型、数量、标准和用地规模等；并与有关农村集体经济组织协商土地使用年限、土地用途、补充耕地、土地复垦、交还和违约责任等有关土地使用条件。协商一致后，双方签订用地协议。经营者持设施建设方案、用地协议向乡镇政府提出用地申请。

2. 乡镇申报

乡镇政府依据设施农用地管理的有关规定，对经营者提交的设施建设方案、用地协议等进行审查。符合要求的，乡镇政府应及时将有关材料呈报县级政府审核；不符合要求的，乡镇政府及时通知经营者，并说明理由。涉及土地承包经营权流转的，经营者应依法先行与农村集体经济组织和承包农户签订土地承包经营权流转合同。

3. 县级审核

县级政府组织农业部门和国土资源部门进行审核。农业部门重点就设施建设的必要性与可行性，承包土地用途调整的必要性与合理性，以及经营者农业经营能力和流转合同进行审核，国土资源部门依据农业部门审核意见，重点审核设施用地的合理性、合规性以及用地协议，涉及补充耕地的，要审核经营者落实补充耕地情况，做到先补后占。符合规定要求的，由县级政府批复同意。

（二）环保审批

由本人向项目拟建所在乡镇提出申请并选定养殖场拟建地点，报县环保局申请办理环保手续（出具环境评估报告）。

【注意】环保审批需要附项目的可行性报告，与工艺设计相似，但应包含建场地点和废弃物处理工艺等内容。

二、养殖场建设

按照县国土资源局、环保局、县发改经信局批复进行项目建设。开工建设前向县农业局或畜牧局申领"动物防疫合格证申请表""动物饲养场、养殖小区动物防疫条件审核表"，按照审核表内容要求施工建设。

三、动物防疫合格证办理

养殖场修建完工后，向县农业局或畜牧局申请验收，县农业局派专人按照审核表内容到现场逐项审核验收，验收合格后办理动物防疫合格证。

四、工商营业执照办理

凭动物防疫合格证到县工商局按相关要求办理工商营业执照。

五、备案

养殖场建成后需到当地县畜牧部门进行备案。备案是畜牧兽医行政主管部门对畜禽养殖场（指建设布局科学规范、隔离相对严格、主体明确单一、生产经营统一的畜禽养殖单元）、养殖小区（指布局符合乡镇土地利用总体规划、建设相对规范、畜禽分户饲养、经营统一进行的畜禽养殖区域）的建场选址、规模标准、养殖条件予以核查确认，并进行信息收集管理的行为。

（一）备案的规模标准

养猪场设计存栏规模 300 头以上、家禽养殖场 6000 只以上、奶牛养殖场 50 头以上、肉牛养殖场 50 头以上、肉羊养殖场 200 只以上、肉兔养殖场 1000 只以上应当备案。

各类畜禽养殖小区内的养殖户达到 5 户以上。生猪养殖小区设计存栏 300 头以上、家禽养殖小区 10000 只以上、奶牛养殖小区 100 头以上、肉牛养殖小区 100 头以上、肉羊养殖小区 200 只以上、肉兔养殖小区 1000 只以上应当备案。

（二）备案具备的条件

申请备案的畜禽养殖场、养殖小区应当具备下列条件：

一是建设选址符合城乡建设总体规划，不在法律法规规定的禁养区，地势平坦干燥，水源、土壤、空气符合相关标准，距村庄、居民区、公共场所、交通干线 500 米以上，距离畜禽屠宰加工厂、活畜禽交易市场及其他畜禽养殖场或养殖小区 1000 米以上。

二是建设布局符合有关标准规范，畜禽舍建设科学合理，动物防疫消毒、畜禽污物和病死畜禽无害化处理等配套设施齐全。

三是建立畜禽养殖档案，载明法律法规规定的有关内容；制定并实施完善的兽医卫生防疫制度，获得动物防疫合格证；不得使用国家禁止的兽药、饲料、饲料添加剂等投入品，严格遵守休药期规定。

四是有为其服务的畜牧兽医技术人员，饲养畜禽实行全进全出，同一养殖场和养殖小区内不得饲养两种（含两种）以上畜禽。

第二章

科学建设猪场

　　猪场的建设直接关系到猪场隔离卫生和环境条件的优劣，关系到猪场建设的成败。需要科学选择场址，并进行合理规划布局和设计建筑猪舍，配备完善的设备设施，搞好环境管理，才能维持猪场良好的隔离卫生和适宜环境条件，保证猪群的健康，促进生产性能的充分发挥，获得较好的生产效果。

第一节　场址选择

　　猪场场址的选择，主要是对场地的地势、地形、土质、水源、陆地运动场以及周围环境、交通、电力、青绿饲料供应、放牧条进行全面的考察。猪场场址的选择必须在养猪之前作好周密计划，选择最合适的地点建场。

一、地势、地形

　　场地地势应高燥，地面应有坡度。场地高燥，这样排水良好，地面干燥，阳光充足，不利于微生物和寄生虫的滋生繁殖；否则，地势低洼，场地容易积水，潮湿泥泞，夏季通风不良，空气闷热，有利于蚊蝇等的滋生，冬季则阴冷。地形要开阔整齐，向阳、避风，特别是要避开西北方向的山口和长形谷地，保持场区小气候状况相对稳定，减少冬季寒风的侵袭。猪场应充分利用自然的地形、地物，如树林、河流等作为场界的天然屏障。既要考虑猪场避免其他周围环境的污染，远离污染源（如化工厂、屠宰场等），又要注意猪场是否污染周围环境（如对周围居民生活区造成污染等）。

二、土质

猪场内的土壤，应该是透气性强、毛细管作用弱、吸湿性和导热性小、质地均匀、抗压性强的土壤，以沙质土壤最适合，便于雨水迅速下渗。愈是贫瘠的沙性土地，愈适于建造猪舍。这种土地渗水性强。如果找不到贫瘠的沙土地，至少要找排水良好、暴雨后不积水的土地，保证在多雨季节不会变得潮湿和泥泞，有利于保持猪舍内外干燥。土质要洁净而未被污染。

三、水源

在生产过程中，猪的饮食、饲料的调制、猪舍和用具的清洗，以及饲养管理人员的生活，都需要使用大量的水，因此，猪场必须有充足的水源。水源应符合下列要求：

一是水量要充足，既要能满足猪场内的人、猪用水和其他生产、生活用水，还要能满足防火以及以后发展等所需。

二是水质要求良好，不经处理即能符合饮用标准的水最为理想。此外，在选择时要调查当地是否因水质而出现过某些地方性疾病等。

三是水源要便于保护，以保证水源经常处于清洁状态，不受周围环境的污染。

四是要求取用方便，设备投资少，处理技术简便易行。

四、位置

猪场是污染源，也容易受到污染。猪场生产大量产品的同时，也需要大量的饲料，所以，猪场场地要兼顾交通和隔离防疫，既要便于交通，又要便于隔离防疫。猪场距居民点或村庄、主要道路要有 300～500 米距离，大型猪场要有 1000 米距离。猪场要远离屠宰场、畜产品加工厂、兽医院、医院、造纸场、化工厂等污染源，远离噪声大的工矿企业，远离其他养殖企业。猪场要有充足稳定的电源，周边环境要安全。

第二节 规划布局

猪场的规划布局就是根据拟建场地的环境条件，科学确定各区的位置，合理确定各类房舍、道路、供排水和供电等管线、绿化带等的相对位置及场内防疫卫生的安排。猪场的规划布局是否合理，直接影响到猪场的环境控制和卫生防疫。集约化、规模化程度越高，规划布局对其生产的影响越明显。场址选定以后，要进行合理的规划布局。猪场的性质、规模不同，建筑物的种类和数量亦不同，规划布局也不同。科学合理的规划布局可以有效地利用土地面积，减少建场投资，保持良好的环境条件和管理的高效方便。

实际工作中猪场规划布局应遵循以下原则：一是便于管理，有利于提高工作效率；二是便于搞好防疫卫生工作；三是充分考虑饲养作业流程的合理性；四是节约基建投资。

一、分区规划

猪场通常根据生产功能，分为生产区、生活管理区和隔离区等。

（一）生活管理区

生活管理区包括办公室、食堂、宿舍、库房及其他用房等，是猪场经营管理活动的场所，与社会联系密切，易造成疫病的传播和流行，该区的位置应靠近大门，并与生产区分开，外来人员只能在管理区活动，不得进入生产区。场外运输车辆不能进入生产区。职工生活区设在上风向和地势较高处，以免相互污染。

（二）生产区

生产区是猪生活和生产的场所，该区的主要建筑为各种畜舍以及生产辅助建筑物。生产区应位于全场中心地带，地势应低于生活管理区，并在其下风向；但要高于病畜管理区，并在其上风向。生产区内饲养着不同日龄的猪，因为日龄不同，其生理特点、环境要求和抗病力也不同，所以要分小区规划，日龄小的猪群放在安全地带（上风向、地势高的地方）。公猪舍应建在猪场的上风向，与母猪舍保持一定距离。后备猪舍、肥猪舍应建在距场大门近的地方，以便于运输。饲料库可以建在与生产区围墙同一平行线上，用饲料车直接将饲料送入料库；人工授精室应安排在公猪的一侧，如承担场外母猪的配种任务，场内、场外应设双重门。

（三）隔离区

病猪隔离区是主要用来治疗、隔离和处理病猪的场所。为防止疫病传播和蔓延，该区应在生产区的下风向，并在地势最低处，远离生产区。焚尸炉和粪污处理地设在最下风处。隔离猪舍应尽可能与外界隔绝。该区四周应有自然的或人工的隔离屏障，设单独的道路与出入口。

二、猪舍间距

猪舍间距影响猪舍的通风、采光、卫生、防火。猪舍密集，间距过小，场区的空气环境容易恶化，微粒、有害气体和微生物含量过高，增加病原含量和传播机会，容易引起猪群发病。为了保持场区和猪舍环境良好，猪舍之间应保持适宜的距离。适宜间距为猪舍高度的3～5倍。

三、猪舍朝向

猪舍朝向的选择与通风换气、防暑降温、防寒保暖以及猪舍采光等环境效果有关。朝向选择应考虑当地的主导风向、地理位置、采光和通风排污等情况。猪舍朝南，即猪舍的纵轴方向为东西向，对我国大部分地区的开放舍来说是较为适宜的。这样的朝向，在冬季可以充分利用太阳辐射的温热效应和射入舍内的阳光防寒保温；夏季辐射面积较小，阳光不易直射舍内，有利于猪舍防暑降温。

四、道路

在保证各生产环节联系方便的前提下，猪场道路应尽量保持直而短。同时还要注意下面几点：

（一）设置两条道

猪场设置清洁道和污染道，清洁道和污染道要分开。清洁道供饲养管理人员、清洁的设备用具、饲料和猪产品等清洁物品等使用，污染道供清粪、污浊的设备用具、病猪等污染物使用。清洁道和污染道不能交叉，否则对卫生防疫不利。

（二）道路要求

路面要结实，排水良好，不能太光滑，向两侧有10%的坡度。主干道宽度为5.5～6.5米。一般支道2～3.5米。

五、贮粪场

猪场设置粪尿处理区。贮粪场靠近道路，有利于粪便的清理和运输。贮粪场（池）设置应注意：贮粪场应设在生产区和猪舍的下风处，与住宅、猪舍之间保持有一定的卫生间距（距猪舍30～50米），并应便于运往农田或进行其他处理；贮粪池的深度以不受地下水浸渍为宜，底部应较结实，贮粪场和污水池要进行防渗处理，以防粪液渗漏污染水源和土壤；贮粪场底部应有坡度，使粪水可流向一侧或集液井，以便取用；贮粪池的大小应根据猪场每天排粪量多少及贮藏时间长短而定。

六、绿化

绿化不仅有利于场区和猪舍温热环境的维持和空气洁净，而且可以美化环境，猪场建设必须注重绿化。搞好道路绿化、猪舍之间的绿化，建设好场区周围以及各小区之间的隔离林带、场区北面防风林带、南面和西面的遮阳林带等。

七、不同规模猪场的规划布局举例

（一）专业户猪场规划布局

1. 规模和工艺

规模为50头基础母猪，采用三段制饲养工艺（哺乳仔猪、保育猪、育肥猪）。

2. 猪群结构

基础群有35～40头猪，包括空怀待配母猪、妊娠母猪和种用公猪；分娩哺育群有临产和哺乳母猪10～15头；后备群有25～90千克的后备猪5头；哺乳和刚断奶仔猪100～150头；保育仔猪100～150头（体重在20～25千克）；育肥群有180～220头（体重

25～95 千克）。总存栏数 450～550 头。

3. 建筑面积

饲料工具及办公用房 60 米^2，基础群及后备群 200 米^2，分娩及哺育群 120 米^2，保育舍 80 米^2，育肥舍 360 米^2，辅助建筑 40 米^2，总面积 860 米^2。

4. 猪场的平面布局

如图 2-1 所示。

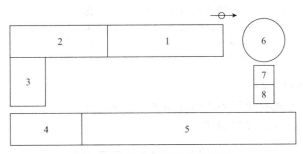

图 2-1　专业户猪场平面布局图

1—猪舍；2—分娩舍；3—值班室；4—保育舍；

5—育肥舍；6—污水池；7—粪场；8—装猪台

（二）养猪小区的规划布局

1. 规模和工艺

规模为 550 头基础母猪，生猪存栏总量 5000～6000 头。采用三段饲养工艺（哺乳仔猪、保育猪、育肥猪）。

2. 猪群结构

550 头基础母猪划分为 22 个生产单元，每个单元由一户管理。每个单元的猪群结构是：母猪 25 头，种公猪 1 头，哺乳仔猪80头，断奶仔猪 70 头（体重 20 千克以内），育肥猪 180 头（体重 20～95 千克）。

3. 单元设计

单元占用建筑面积：450 米^2，其中产床 6～8 个，前置式（2.8 米×1.5 米），保育栏 4～6 个（3 米×2 米），单体限位栏 18～20 个（2.0 米×0.6 米），公猪栏 1～2 个（2.0 米×3.5 米），育肥栏 14 个（4.5 米×2 米）。单元结构图如图 2-2 所示。

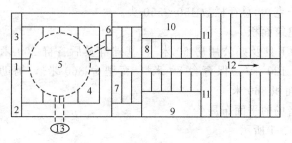

图 2-2　养猪小区单元结构图

1—消毒池；2—饲料间；3—值班室；4—产房；5—沼气池；
6—进料口；7—保育舍；8—限位栏；9—公猪栏；
10—后备栏；11—育肥栏；12—出口；13—出渣口

4. 整体布局

整体布局要兼顾隔离防疫和统一管理，每个单元要保持10～20米距离。平面布局图如图 2-3。

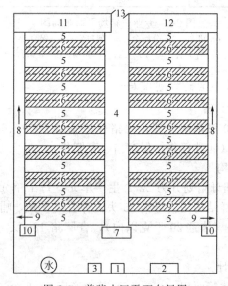

图 2-3　养猪小区平面布局图

1—门卫；2—办公室；3—水电设施；4—净道；5—生产单元；
6—绿化带；7—消毒室；8—污道；9—围墙；10—装猪台；
11—污水处理设施；12—猪粪处理设施；13—后门

（三）规模猪场的规划布局

1. 规模和工艺

基础母猪 300 头，年出栏商品肉猪 5000 头的规模。采用四段育肥工艺（哺乳仔猪、保育猪、育成猪、育肥猪）。

2. 猪群结构

基础母猪 300 头（空怀 63 头、妊娠 159 头、分娩 78 头），后备母猪 26 头，种公猪及后备公猪 15 头，哺乳仔猪 600 头，幼猪 654 头，育肥猪 1500 头，总存栏 3098 头，全年上市 5148 头猪。

3. 建筑和场地面积

（1）总建筑面积 4260 米^2。其中：后备猪舍 320 米^2；空怀和怀孕母猪舍 640 米^2；分娩猪舍 640 米^2；保育舍 360 米^2；育成舍 360 米^2；育肥舍 1280 米^2；附属用房 660 米^2。

（2）场地总面积 19000 米^2。每栋猪舍间隔 9 米，净道宽 4 米，污道宽 3 米，围墙外留 3 米，生活区与生产区距离 20 米。排污区与生产区 20 米距离，占地面积 300 米^2。

4. 平面布局

如图 2-4 所示。

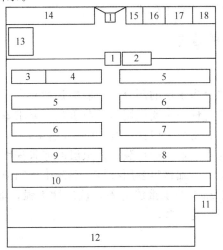

图 2-4　300 头基础母猪猪场平面布局图

1—消毒室；2—更衣室；3—后备猪舍；4—空怀猪舍；5—妊娠猪舍；6—分娩猪舍；
7—保育猪舍；8—育成猪舍；9，10—育肥猪舍；11—装猪台；12—污水粪尿处理；
13—饲料库；14—饲料加工间；15—门卫；16—办公室；17—宿舍；18—食堂

第三节　猪舍建设

一、猪舍类型

(一) 按屋顶形式分类

猪舍按屋顶形式分，有单坡式、双坡式、平顶式等。单坡式一般跨度小，结构简单，造价低，光照和通风好，适合小规模猪场。双坡式一般跨度大，双列猪舍和多列猪舍常用该形式，其保温效果好，但投资较多。

(二) 按墙的结构和有无窗户分类

按墙的结构和有无窗户分有开放式、半开放式和封闭式。开放式是三面有墙一面无墙，通风透光好，不保温，造价低。半开放式是三面有墙一面半截墙，保温稍优于开放式。封闭式是四面有墙，又可分有窗和无窗两种。

(三) 按猪栏排列分类

按猪栏排列分，有单列式、双列式和多列式，见图 2-5。

二、猪舍的结构

(一) 基础

基础是指墙突入土层的部分，是墙的延续和支撑，决定了墙和猪舍的坚固和稳定性。主要作用是承载重量。要求基础要坚固、防潮、抗震、抗冻、耐久，应比墙宽 10～15 厘米，具有一定的深度，根据猪舍的总荷重、地基的承载力、土层的冻胀程度及地下水情况确定基础的深度。基础材料多用石料、混凝土预制或砖。如地基属于黏土类，由于黏土的承重能力差，抗压性不强，加强基础处理，基础应设置得深和宽一些。

(二) 地面

要求保暖、坚实、平整、不透水，易于清扫消毒。传统土质地面保温性能好，柔软、造价低，但不坚实，渗透尿水，清扫不便，不易于保持清洁卫生和消毒；现代水泥地面坚固、平整，易于清

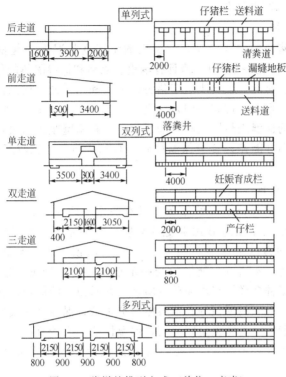

图 2-5　猪栏的排列方式（单位：毫米）

扫、消毒，但质地太硬，容易造成猪的蹄伤、腿病和风湿症等，对猪的保健不利；砖砌地面的结构性能介于前两者之间。为了便于冲洗清扫，清除粪便，保持猪栏的卫生与干燥，有的猪场部分或全部采用漏缝地板。常用的漏缝地板材料有水泥、金属、塑料等，一般是预制成块，然后拼装。选用不同材料与不同结构的漏缝地板，应注意其经济性（地板的价格与安装费要经济合理）、安全性（过于光滑或过于粗糙以及具有锋锐边角的地板会损伤猪蹄与乳头。因此，应根据猪的不同体重来选择合适的缝隙宽度）、保洁性（劣质地板容易藏污纳垢，需要经常清洁。同时脏污的地板容易打滑，还隐藏着多种病原微生物）、耐久性（不宜选用需要经常维修以及很快会损坏的地板）和舒适性（地板表面不要太硬，要有一定的保暖性）。

（三）墙

墙是猪舍的主要结构，对舍内的温湿度状况保持起重要作用（散热量占 35%～40%）。墙具有承重、隔离和保温隔热的作用。墙体的多少、有无，主要决定于猪舍的类型和当地的气候条件。要求墙体坚固、耐久、抗震、耐水、防火，结构简单，便于清扫消毒，要有良好的保温隔热性能和防潮能力。石料墙壁坚固耐用，但导热性强，保温性能差；砖墙保温性好，有利于防潮，也较坚固耐久，但造价高。

（四）屋顶

屋顶是猪舍最上层的屋盖，具有防水、防风沙、保温隔热和承重的作用。屋顶的形式主要有坡屋顶、平屋顶、拱形屋顶，炎热地区用钟楼式和半钟楼式屋顶。要求屋顶防水、保温、耐久、耐火、光滑、不透气，能够承受一定重量，结构简便，造价便宜。屋顶材料多种多样，有水泥预制屋顶、瓦屋顶、砖屋顶、石棉瓦和钢板瓦屋顶、草料屋顶等。草料屋顶造价低，保温性能最好，但不耐用，易漏雨；瓦屋顶坚固耐用，保温性能仅次于草屋顶，但造价高；石棉瓦和钢板瓦屋顶最好内面铺设隔热层，提高保温隔热性能。

（五）门窗

双列猪舍中间过道为双扇门，要求宽度不小于 1.5 米，高度 2 米。单列猪舍走道门要求宽度不少于 1 米，高度 1.8～2.0 米。猪舍门一律要向外开。寒冷地区设置门斗。

窗户的大小以采光面积与地面面积之比来计算，种猪舍要求 1∶（8～10）；育肥猪舍为为 1∶（15～20）。窗户距地面高 1.1～1.3 米，窗顶距屋檐 0.4 米，两窗间隔距离为其宽度的 2 倍，后窗的大小无一定标准。为增加通风效果，可增设地窗。

三、不同猪舍的建筑要求

（一）公猪舍

公猪舍一般为单列半开放式，舍内温度要求 15～20℃，风速为

0.2 米/秒，内设饲喂通道，外有小运动场，以增加种公猪的运动量，一圈一头。

（二）空怀母猪舍

应靠近种公猪舍，设在种公猪舍的下风向，使母猪的气味不干扰公猪，公猪的气味可以刺激母猪发情。栏圈布置多为双列式，面积一般为 7～9 米²，一般每栏饲养空怀母猪 4～8 头，使其相互刺激促进发情。猪圈地面坡度 25％，地表不要太光滑，以防母猪跌倒。也有用单圈饲养，一圈一头。舍温要求 15～20℃，风速 0.2 米/秒。也可将种公猪舍和空怀母猪舍合为一栋，中间设置配种间隔开。

（三）妊娠母猪舍

妊娠母猪分为小群和单体栏两种饲养方式，各有利弊。小群饲养可以增加怀孕母猪的活动量，降低难产的比例，延长利用年限，但看膘情饲喂难度大，相互咬架有造成流产的危险；单体栏可以使怀孕母猪的膘情适度，但活动量小，肢蹄不健壮，难产的比例较高。群养舍内为中间留走廊的双列式，每栏的面积 10 米²，一栏 3～4 头；单体栏双列和多列均可。配种后的前 4 周内易流产，最好使用单体栏饲养。

（四）分娩哺乳舍

舍内设有分娩栏，布置多为两列或三列式。舍内温度要求 15～20℃，风速为 0.2 米/秒。

1. 地面分娩栏

采用单体栏，中间部分是母猪限位架，两侧是仔猪采食、饮水、取暖等活动的地方。母猪限位架的前方是前门，前门上设有槽和饮水器，供母猪采食、饮水，限位架后部有后门，供母猪进入及清粪操作。可在栏位后部设漏缝地板，以排除栏内的粪便和污物。

2. 网上分娩栏

主要由分娩栏、仔猪围栏、钢筋编织的漏缝地板网、保温箱、支腿等组成。钢筋编织的漏缝地板网通过支腿架在粪沟上面，母猪分娩栏再安架到漏缝地板网上，粪便很快就通过漏缝地板网掉入粪沟，防止了粪尿污染，保持了网面上的干燥，大大减少了仔猪下痢等疾病发病率，从而提高仔猪的成活率、生长速度和饲料利用率。

（五）仔猪保育舍

舍内温度要求26～30℃，风速为0.2米/秒。可采用网上保育栏，1～2窝一栏网上饲养，用自动落料食槽，自由采食。网上培育，减少了仔猪疾病的发生，有利于仔猪健康，提高了仔猪成活率。

仔猪保育栏主要由钢筋编织的漏缝地板网、围栏、自动落料食槽、连接卡等组成。猪栏由支腿支撑架设在粪沟上面。猪栏的布置多为双列或多列式，底网有全漏缝和半漏缝两种。

（六）生长舍、育肥舍和后备母猪舍

这三种猪舍均采用大栏地面群养方式，自由采食，其结构形式基本相同，只是在外形尺寸上因饲养头数和猪体大小的不同而有所变化。生长栏和育肥栏提倡原窝饲养，故每栏养猪8～12头，每头占栏面积1～1.2米^2，内配食槽和饮水器；后备母猪栏一般每栏饲养4～5头，内配食槽。

四、各类猪舍建筑示意图

（一）后备配种猪舍

见图2-6。

（二）妊娠母猪舍

见图2-7。

（三）分娩舍

见图2-8。

（四）保育舍

见图2-9。

（五）育肥舍

见图2-10。

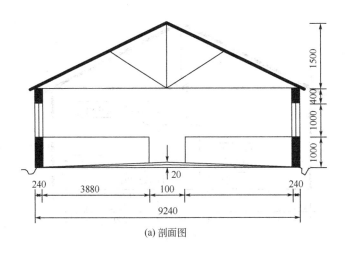

(a) 剖面图

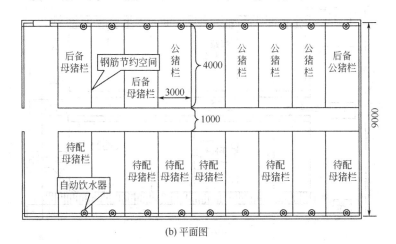

(b) 平面图

图 2-6 后备配种猪舍建筑剖面图和平面图（单位：毫米）

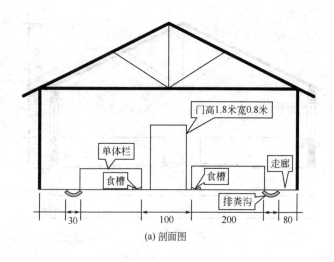

(a) 剖面图

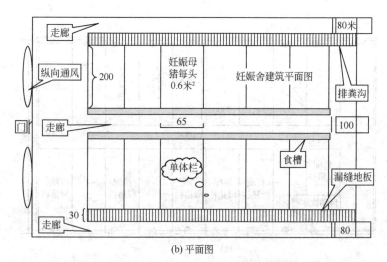

(b) 平面图

图 2-7　妊娠母猪舍建筑剖面图和平面图（单位：厘米）

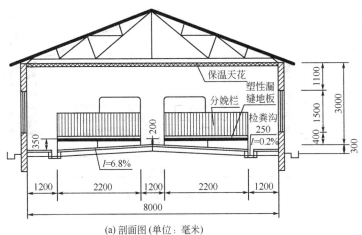

(a) 剖面图 (单位：毫米)

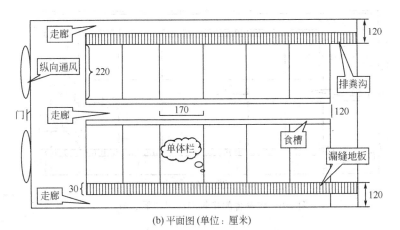

(b) 平面图 (单位：厘米)

图 2-8　分娩舍 (产房) 建筑剖面图和平面图

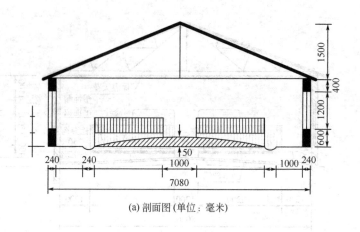

(a) 剖面图(单位：毫米)

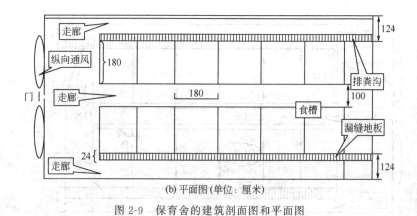

(b) 平面图(单位：厘米)

图 2-9　保育舍的建筑剖面图和平面图

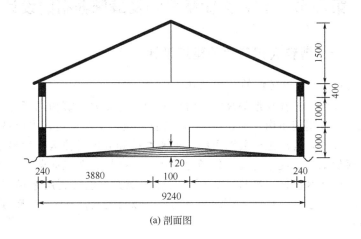

(a) 剖面图

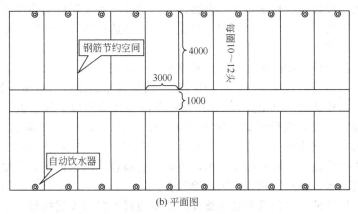

(b) 平面图

图 2-10 育肥舍的建筑剖面图和平面图（单位：毫米）

第四节　塑料大棚猪舍和发酵床养猪的设计

一、塑料大棚猪舍的建筑设计

（一）猪场建设的一般要求

地址要选择在地势高燥、背风向阳，无高大建筑物遮蔽处。坐北向南或稍偏东南，不超过 15°，交通方便，水源充足，水质良好，用电方便，远离主要公路干线，远离城镇和居民居住区，远离畜禽屠宰加工厂，便于防疫。猪场建设在地势高燥、背风向阳、通风良好、地下水位低、给排水方便、安静的地方，也可利用老场改造。猪场的大小，应根据养猪的数量而定，以每头猪占 0.8~1 米² 地面为宜。

（二）猪舍建筑设计要求

1. 塑料大棚的设计要求

因地制宜，经济适用，满足猪的生理需要，便于饲养管理。塑料大棚设计是否科学合理，直接影响到猪舍获得太阳能的多少和热能的散失情况，是能否为养猪生长发育提供适宜环境条件的关键。

2. 棚舍的建筑指标

猪舍应采用砖木结构，片石地基，水泥硬化地面。舍顶为联合式，后坡长，为草泥瓦顶（即硬棚），前坡可用钢筋或木材做支架，冬季用塑膜覆盖（最好为双层）。夏季揭去塑膜用以通风采光；建筑面积以养猪数量而定，密度为 1~1.2 米²/头，每圈以养 8~10 头为宜。猪床要高出地面 0.1 米，用砖立砌一层做成砖床或用木板制成木板猪床，隔栏高 1.0 米，每圈设有喂食及饮水设施，采用干粉料饲喂，自然通风，人工辅助照明。

棚舍的入射角及塑膜的坡度是建筑塑料大棚的关键指标。塑料大棚的入射角是指塑料薄膜的顶端与地面中央一点的连线和地面间的夹角，要大于或等于当地冬至正午时的太阳高度角。猪舍的入射角要求大于 35°~40°；塑膜的坡度是指塑膜与地面之间的夹角，应控制在 55°~60°，这样可以获得较高的透光率。

猪舍通常为半拱形。跨度 5~6 米，脊高 2.5 米，前墙 0.7 米，后墙 1.7～1.8 米，前墙到脊垂直距离 1.75 米，棚面弧度 25～30 厘米，横杆间距 60～80 厘米，双膜间距 5～8 厘米。保温顶棚，砖混结构。

每圈深 3.5 米，走道 1～1.2 米，工作通道中央下设宽 0.4 米、深 0.4 米、水泥砌成的 U 形暗粪尿沟，在粪尿沟的一端或中央设置 1 米×1 米×1 米的集粪池，上铺钢筋水泥板。定时揭去集粪池上的水泥盖板，清除其中的粪尿污水。在猪圈隔墙顶部硬棚上设 0.3 米×0.3 米的气孔（两舍共用一个排气孔），并能随时启闭。圈内设水槽或饮水器和自动喂料槽。猪舍地面及粪尿沟坡度为 3%～5%。

3. 棚舍的建筑

建棚时，应根据上述指标要求，因地制宜建造。在薄膜与墙地面和前后坡的接触处要用泥土压实封严，确保棚舍的密闭性；在棚舍顶部的背风面要设置排气口，排气口上应安有风帽；在南墙或圈门处设置进气口，进气口面积为排气口面积的一半。一般养 10 头育肥猪可设置 2 个规格为 25 米×5 米的排气口，无论排气口还是进气口都具有可调性，可以随时打开和关闭。

（1）猪床 猪床要有 5% 左右坡度，向出粪口倾斜。猪床用水泥或石块建成，便于粪尿排出和冲洗。

（2）食槽 食槽靠近工作走道与猪舍隔墙，2/3 在隔墙之下，1/3 在圈内。

（3）出粪口 出粪口设在靠近沿墙猪床地面最低处，每栏设一个，并在棚外装有小门，要求关启方便。

（4）排气装置 应在硬棚最高处，用砖砌成排气管道或用塑料材料制作排气管，上安风帽。排气管道要求关启方便。

4. 塑料大棚的管理

（1）备有纸被和草帘 夜晚将纸被和草帘覆盖在薄膜表面，以利保温，白天卷起固定在顶部。

（2）要保持薄膜的清洁 及时擦净薄膜表面沾附的灰尘、水滴，以免影响透光率。

（3）适时通风换气 通风换气一般在中午前后进行，每次至少 6～20 分钟。如果饲养猪数量多，跨度大，每日可通风换气 2～3 次。

5. 使用注意事项

(1) 塑棚施工在冻结前进行，扣棚时间在 10 月下旬，气温降至 5℃左右；拆棚时间在翌年 3 月下旬，气温回升至 10℃以上。

(2) 及时清理膜上积雪、积霜和棚内粪便污水，随时粘补破损膜。棚内粪便应及时清扫干净，以免增加舍内的湿度和氨气，保持圈舍卫生。

(3) 合理掌握通风换气，换气时间掌握在外界气温回升时进行。保持圈舍内空气无污染，以不刺眼为宜，舍内相对湿度不超标；天气较冷时，夜间要在塑棚上面覆盖草帘以利保温，等次日气温较高时将帘子卷起。

(4) 拆棚以后进入炎热季节可采取遮阴措施，以最高温度不超过 32℃为宜。

二、发酵床养猪的设计

发酵床零排放生态养猪就是用锯末、秸秆、稻壳、米糠、树叶等农林业生产下脚料配以专门的微生态制剂——益生菌来垫圈养猪，猪在垫料上生活，垫料里的特殊有益微生物能够迅速降解猪的粪尿排泄物。这样，不需要冲洗猪舍，从而没有任何废弃物排出猪场，猪出栏后，垫料清出圈舍就是优质有机肥。从而创造出一种零排放、无污染的生态养猪模式。

1. 发酵床生态养猪特点

(1) 降低基建成本，提高土地利用率　省去了传统养猪模式中不可或缺的粪污处理系统（如沼气池等）投资，提高了土地的利用效率。

(2) 降低运营成本，节省人工

① 节水　因无须冲洗圈舍，可节约用水 90%以上。

② 节省饲料　猪的粪便在发酵床上一般只需三天就会被微生物分解，粪便给微生物提供了丰富营养，促使有益菌不断繁殖，形成菌体蛋白，猪吃了这些菌体蛋白不但补充了营养，还能提高免疫力。另外，由于猪的饲料和饮水中也配套添加微生态制剂，在胃肠道内存在大量有益菌，这些有益菌中的一些纤维素酶、半纤维素酶类能够分解秸秆中的纤维素、半纤维素等，采用这种方法养殖，可

以增加粗饲料的比例，减少精料用量，从而降低饲养成本。加之猪生活环境舒适，生长速度快，一般可提前10天出栏。根据生产实践，节省饲料在一般都在10%以上。

③ 降低药费成本 猪生活在发酵床上，更健康，不易生病，减少医药成本。

④ 节省能源 发酵床养猪冬暖夏凉。不用采用地暖、空调等设备，大大节约了能源。冬天发酵产生的热量可以让地表温度达到20℃左右，解决了圈舍保温问题；夏天，只是通过简单的圈舍通风和遮阴，就解决了圈舍炎热的问题。

（3）废物利用 垫料和猪的粪尿混合发酵后，直接变成优质的有机肥。

（4）提高猪肉品质，更有市场竞争优势 目前用该方式养猪的企业，生猪收购价格比普通方式每千克高出0.4～1.0元，而在消费市场上，猪肝的价格是普通养殖方式的数倍。

2. 发酵床生态养猪的技术路线

见图2-11。

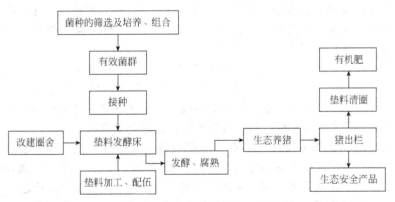

图2-11 发酵床生态养猪技术路线图

3. 发酵床生态养猪的操作要点

（1）猪舍的建设 发酵床养猪的猪舍可以在原建猪舍的基础上稍加改造，也可以用温室大棚。一般要求猪舍东西走向，坐北朝南，充分采光，通风良好。

（2）发酵床类型　发酵床分地下式发酵床和地上式发酵床两种。南方地下水位较高，一般采用地上式发酵床，地上式发酵床在地面上砌成，要求有一定深度，再填入已经制成的有机垫料。北方地下水位较低，一般采用地下式发酵床，地下式发酵床要求向地面以下深挖 90～100 厘米，填满制成的有机垫料。

（3）垫料制作　发酵床主要由有机垫料组成，垫料主要成分是稻壳、锯末、树皮木屑碎片、豆腐渣、酒糟、粉碎秸秆、干生牛粪等，占 90%，其他 10% 是土和少量的粗盐。猪舍填垫总厚度约 90厘米。条件好的可先铺 30～40 厘米深的木段、竹片，然后铺上锯屑、秸秆和稻壳等。秸秆可放在下面，然后再铺上锯末。土的用量为总材料的 10% 左右，要求是没有用过化肥、农药的干净泥土；盐用量为总材料的 0.3%；益生菌菌液每平方米用 2～10 千克。

将菌液、稻壳、锯末等按一定比例混合，使总含水量达到60%，保证有益菌大量繁殖。用手紧握材料，手指缝隙湿润，但不至于滴水。加入少量酒糟、稻壳、焦炭等发酵也很理想。材料准备好后，在猪进圈之前要预先发酵，使材料的温度达 50℃，以杀死病原菌；而 50℃ 的高温不会伤害而且有利于乳酸菌、酵母菌、光合作用细菌等益生菌的繁殖。猪进圈前要把床面材料搅翻以便使其散热。材料不同，发酵温度不一样。

（4）育肥猪的导入和发酵床管理　一般育肥猪导入时体重为20 千克以上，导入后不需特殊管理。同一猪舍内的猪尽量体重接近，这样可以保证集中出栏，效率高。发酵床养猪总体来讲与常规养猪的日常管理相似，但也有些不同，其管理要点如下：

① 猪的饲养密度　根据发酵床的情况和季节不同，饲养密度不同。一般以每头猪占地 1.2～1.5 米^2 为宜，小猪可适当增加饲养密度。如果管理细致，更高的密度也能维持发酵床的良好状态。

② 发酵床面的干湿　发酵床面不能过于干燥，一定的湿度有利于微生物繁殖，如果过于干燥还可能会导致猪发生呼吸系统疾病，可定期在床面喷洒益生菌扩大液。床面湿度必须控制在 60% 左右，水分过多应打开通风口调节湿度，过湿部分及时清除。

③ 驱虫　导入前一定要用相应的药物驱除寄生虫，防止将寄生虫带入发酵床，以免猪在啃食菌丝时将虫卵再次带入体内而

发病。

④ 密切注意益生菌的活性 必要时要再加入益生菌液调节益生菌的活性，以保证发酵能正常进行。猪舍要定期喷洒益生菌液。

⑤ 控制饲喂量 为利于猪拱翻地面，猪的饲料喂量应控制在正常量的 80%。猪一般在固定的地方排粪、撒尿，当粪尿成堆时挖坑埋上即可。

⑥ 禁止化学药物 猪舍内禁止使用化学药品和抗生素类药物，防止杀灭和抑制益生菌，使得益生菌的活性降低。

⑦ 通风换气 圈舍内湿气大，必须注意通风换气。

第五节 猪场设备

选择与猪场饲养规模和工艺相适应、先进、经济的设备是提高生产水平和经济效益的重要措施。如果资金和技术力量都很雄厚，则应配备齐全各种机械设备；规模稍小的猪场则可以以半机械化为主，凡是人工可替代的工作，均实施手工劳动。一般规模猪场的主要设备有猪栏、饮水设备、饲喂设备、清粪设备、通风设备、升温降温设备、运输设备和卫生防疫设备等。

一、猪栏

（一）公猪栏和配种栏

公猪一般采用个体散养，以避免打斗，并使之有一定活动空间。猪栏规格为 2.4 米×3米×1.2 米（见图 2-12）。其结构有两种：一是全金属栅栏，这种结构便于观察猪群，容易消毒清洁，但造价高，相互易干扰；二是砖墙间隔加全金属栏门，这种结构的通风性能差，但造价低。

配种栏的规格与公猪栏相同，围栏最好用砖墙。栏内可以设置配种架，供配种使用。地面不应太光滑，可用粗绳制成 5×5 的小方格，以免配种时打滑。

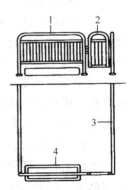

图 2-12 公猪栏
1—前栏；2—栏门；
3—隔栏；4—饲槽

（二）母猪栏

母猪的饲养方式有三种：

第一种是空怀和妊娠期全期都是单体限位栏饲养。这种方式的特点是占地面积小，便于观察母猪发情和及时配种，母猪不争食、不打架，避免互相干扰，减少机械性流产，但个体栏投资大，母猪运动量小，不利于延长繁殖母猪使用寿命。

第二种是空怀或空怀、妊娠前期小群栏养（每栏3～5头），妊娠后期单体限位栏饲养。

第三种是空怀和妊娠全期都采用小群饲养。中小型猪场多采用第二种方式，既能延长母猪利用年限，减少流产，又可适当降低猪舍面积。

单体母猪限位栏的规格（长×宽×高）为（2.0～2.2）米×（0.6～0.65）米×1米。栅结构可以是金属的，也可以是水泥结构，但栏门应采用金属。单体母猪限位栏有后进前出和后进后出两种。

母猪小群栏的结构有两种，即全金属栅栏或砖墙间隔加金属栏门。猪栏大小主要根据每栏饲养的头数和占栏面积确定，平均每头猪占栏面积为1.8～2.5米²。其长宽尺寸可根据猪舍规格和栏架布置来决定，高一般为0.9～1米。

（三）母猪分娩栏

母猪分娩栏是猪场最重要的栏具，对提高仔猪成活率、断奶窝重和猪场效益有重大影响，目前猪场普遍采用母猪分娩栏。母猪分娩栏采用高床全漏缝地板，其长度一般为2.2～2.3米，宽度为1.7～2.0米，离地高度15～30厘米（图2-13），栏中间设置母猪限位栏，两侧是仔猪的采食、饮水、取暖和活动区，母猪限位栏的宽度为0.6～0.65米，高度1米。

（四）仔猪保育栏

刚断奶转入仔猪保育栏的仔猪，其生活上发生了很大的转变，由与母猪一起生活过渡到完全独立生活，对环境的适应能力差，对疾病的抵抗力较弱，而这段时间又是仔猪生长最旺盛的时期。因此，一定要为小猪提供一个清洁、干燥、温暖、空气新鲜的生长环

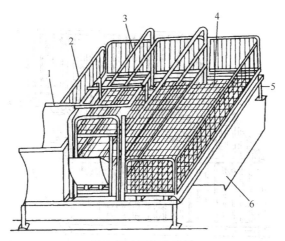

图 2-13　母猪分娩栏

1—保温箱；2—仔猪围栏；3—分娩栏；4—钢筋编制板网；5—支腿；6—粪沟

境进行保育。

我国现代化猪场多采用高床网上保育栏（图 2-14），主要由金属编织漏缝地板网、围栏、自动食槽、连接卡、支腿等组成。金属编织网通过支架设在粪尿沟上（或实体水泥地面上），围栏由连接卡固定在金属漏缝地板网上，相邻两栏在间隔处设有一个双面自动食槽，供两栏仔猪自由采食，每栏安装一个自动饮水器。网上饲养仔猪，粪尿随时通过漏缝地板落入粪沟中，保持网床上干燥、清洁，使仔猪避免粪便污染，减少疾病发生，大大提高仔猪的成活率，是一种较为理想的仔猪保育设备。

仔猪培育栏的尺寸，视猪舍结构不同而定。常用的有栏长 2 米，栏宽 1.7 米，栏高 0.6 米，侧栏间隙 6 厘米，离地面高度为 0.25～0.30 厘米，可养 10～25 千克的仔猪 10～12 头，使用效果很好。

在生产中，因地制宜，保育栏也采用金属和水泥混合结构，东西面隔栏用水泥结构，南北面栅栏仍用金属，这样既可节省一些金属材料，又可保持良好通风。

保育栏也可以全部采用水泥结构，既节省金属材料，又可降低造价。

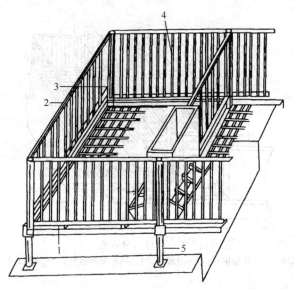

图 2-14　仔猪保育栏
1—连接板；2—围栏；3—漏缝地板；4—自动落料饲槽；5—支腿

（五）生长猪栏与育肥猪栏

目前猪场的生长猪栏和育肥猪栏均采用大栏饲养，其结构类似，只是面积大小稍有差异，有的猪场为了减少猪群转群麻烦，给猪带来应激，常把这两个阶段合并为一个阶段，采用一种形式的栏。生长猪栏与育肥猪栏有实体、栅栏和综合 3 种结构。常用的有以下 2 种类型：一种是采用全金属栅栏和全水泥漏缝地板条，也就是全金属栅栏架安装在钢筋混凝土板条地面上，相邻两栏在间隔栏处设有一个双面自动饲槽，供两栏内的生长猪或育肥猪自由采食，每栏安装一个自动饮水器供自由饮水；另一种是采用水泥隔墙及金属大栏门，地面为水泥地面，后部有 0.8～1.0 米宽的水泥漏缝地板，下面为粪尿沟。生长育肥猪栏的栏栅也可以全部采用水泥结构，只留一金属小门。常用规格（长×宽×高）为：生长栏 4.5 米×2.4 米×0.8 米；育肥栏 4.5 米×3.6 米×0.9 米。

二、喂料设备

（一）饲槽

在养猪生产中，无论采用机械化送料饲喂还是人工饲喂，都要选配好饲槽。

1. 自动食槽

在培育、生长、育肥猪群中，一般采用自动食槽使猪进行自由采食。自动食槽就是在食槽的顶部装有饲料贮存箱，贮存一定量的饲料，随着猪的吃食，饲料在重力的作用下，不断落入食槽内。因此，自动食槽可以间隔较长时间加一次料，大大减少了喂饲工作量，提高了劳动生产率。自动食槽多用水泥、铸铁等制成。自动食槽又分为单面食槽和双面食槽，单面食槽只能在食槽的一侧下料，双面食槽则可在食槽的两侧同时下料，见图 2-15。自动食槽的主要参数见表 2-1。

水泥制单面自动食槽　　　铸铁制双面自动食槽　　　不锈钢与铸铁制仔猪自动食槽

图 2-15　自动食槽

表 2-1　自动食槽的主要参数

猪群	高/毫米	宽/毫米	采食间隙/毫米	前缘高度/毫米
仔猪	400	400	140	100
幼猪	600	600	180	120
生长猪	700	600	230	150
育肥前期至 60 千克	850	800	270	180
育肥后期至 100 千克	850	800	330	180

2. 限量食槽

限量食槽用于公猪、母猪等需要限量饲喂的猪群，小群饲养的母猪和公猪用的限量食槽以一般用水泥、铸铁制成，仔猪限量食槽多用水泥、不锈钢、铸铁或工程塑料制成，造价低廉，坚固耐用。养猪场常用的限量食槽见图 2-16，其水泥食槽的主要尺寸参数见表 2-2。

普通限量食槽(水泥)　　　母猪食槽(铸铁)　　　仔猪食槽(铸铁，不锈钢，工程塑料)

图 2-16　养猪场常用限量食槽

表 2-2　水泥食槽的主要尺寸参数

猪群	宽/毫米	高/毫米	底厚/毫米
仔猪	200	100～120	40
幼猪、生长猪	300	150～180	50
育肥猪、母猪	400	200～220	60

每头猪所需要的饲槽长度大约等于猪肩部宽度，不足时会造成饲喂时争食，太长不但造成饲槽浪费，个别猪还会踏入槽内吃食，弄脏饲料。所以对长料槽，其料槽中间需有钢筋或水泥将长料槽分成小格，便于饲喂。每头猪采食所需的饲槽长度见表 2-3。

表 2-3　每头猪采食所需的饲槽长度

猪群	体重/千克	每头猪所需饲槽长度/厘米
仔猪	15 以下	18
幼猪	30 以下	20
生长猪	40 以下	23

猪群	体重/千克	每头猪所需饲槽长度/厘米
育肥猪	60 以下	27
	75 以下	28
	100 以下	33
繁殖猪	100 以下	33
	100 以上	50

（二）加料车

加料车广泛应用于将饲料由饲料仓出口装送至食槽。如定量饲养的配种栏、妊娠母猪栏和分娩栏的食槽。加料车有手推机动加料车和手推人工加料车两种。

三、饮水设备

猪场生产过程中需要大量的水。供水、饮水设备是猪场不可缺少的。

（一）供水设备

猪场供水设备包括水的提取、贮存、调节、输送分配等部分，即水井取水、水塔贮存和输送管道等。供水可分为自流式供水和压力供水。猪场一般采用压力供水，供水系统包括供水管道、过滤器、减压阀（或补水箱）和自动饮水器等部分。

（二）饮水设备

猪场的饮水设备主要有自动饮水器和水槽。水槽有水泥槽和石槽等，投资少，但卫生条件差且浪费水，有些专业户使用。目前猪场最常用的是鸭嘴式自动饮水器或乳头式饮水器（见图 2-17），既保证了饮水卫生和减少了水的浪费，又提高了劳动效率，管理方便。自动饮水器的离地高度，仔猪为 $25\sim30$ 厘米，中猪为 $50\sim60$ 厘米，成年猪为 $75\sim85$ 厘米。乳头式饮水器安装时一般应使其与地面成 $45°\sim75°$ 倾角。

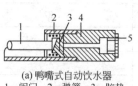
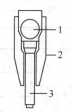

(a) 鸭嘴式自动饮水器　　　　　(b) 乳头自动饮水器
1—阀门；2—弹簧；3—胶垫；　　1—钢球；2—饮水器体；3—阀杆
4—阀体；5—栅盖

图 2-17　饮水设备

四、通风设备

(一) 自然通风

自然通风即不借助任何动力使猪舍内外的空气流通。为此，在建造猪舍时，应把猪场（舍）建在地势开阔、无风障、空气流通较好的地方；猪舍之间的距离不要太小，一般为猪舍屋檐高度的 3～5 倍；猪舍要有足够大的进风口和排风口，以利于形成穿堂风；猪舍应有天窗和地窗，有利于增加通风量。在炎热的夏季，可利用昼夜温差进行自然通风，夜深后将所有通风口开启，直至第二天上午气温上升时再关闭所有通风口，停止自然通风。依靠门窗及进出气口的开启来完成。有的猪舍在屋脊安装自动排风机。自动排风机结构见图 2-18。

自然通风排风机　　　　　　　　轴流式排风机

图 2-18　猪场常用的通风换气扇

（二）机械通风

机械通风即以风机为动力迫使空气流动的通风方式。机械通风换气是封闭式猪舍环境调节控制的重要措施之一。在炎热季节利用风机强行把猪舍内污浊的空气排出舍外，使舍内形成负压区，舍外新鲜空气在内外压差的作用下通过进气口进入猪舍。机械通风常用的是轴流式风机，结构见图2-18，参数见表2-4。

表2-4　猪舍常用风机性能参数

项目	HRJ-71型	HRJ-90型	HRJ-100型	HRJ-125型	HRJ-140型
风叶直径/毫米	71	90	100	125	140
风叶转速/(转/分钟)	560	560	560	360	360
风量/(米³/分钟)	295	445	540	670	925
全压/帕	55	60	62	55	60
噪声/分贝	≤70	≤70	≤70	≤70	≤70
输入功率/千瓦	0.55	0.55	0.75	0.75	1.1
额定电压/伏	380	380	380	380	380
电机转速/(转/分钟)	1350	1350	1350	1350	1350
安装外形尺寸（长×宽×厚）/毫米	810×810×370	1000×1000×370	1100×1100×370	1400×1400×400	1550×1550×400

传统的设备有窗户、通风口、排气扇等，但是这些设备不足以适应现代集约化、规模化的生产形式。现代的设备是"可调式墙体卷帘"及"配套湿帘抽风机"。卷帘的优点在于它可以代替房舍墙体，节约成本，而且既可保暖又可取得良好的通风效果。

五、降温和升温设备

（一）降温设备

1.风机降温

当舍内温度不很高时，采用水蒸发式冷风机，降温效果良好。

2. 喷雾降温

用自来水经水泵加压，通过过滤器进入喷水管道后从喷雾器中喷出，在舍内空间蒸发吸热，使舍内空间蒸发吸收热量，降低舍内温度。

（二）升温设备

1. 整体供热

猪舍用热和生活用热都由中心锅炉提供，各类猪舍的温差靠散

热片的多少来调节。国内许多养猪场都采用热风炉供热，可保持较高的温度，升温迅速，便于管理。

2. 分散局部供热

可采用红外线灯供热，主要用于分娩舍仔猪箱内保温培育和仔猪舍内补充温度。红外线灯供热简单、方便、灵活（图 2-19）。

图 2-19　红外线灯

六、消毒设备

1. 人员的清洗消毒设施

对本场人员和外来人员进行清洗消毒。一般在猪场入口处设有人员脚踏消毒池，外来人员和本场人员在进入场区前都应经过消毒池对鞋进行消毒。在生产区入口处设有消毒室（见图 2-20），消毒

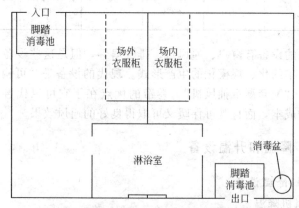

图 2-20　猪场生产区入口的人员消毒室示意图

室内设有更衣间、消毒池、淋浴间和紫外线消毒灯等。本场工作人员及外来人员在进入生产区时，都应经过淋浴、更换专门的工作服和鞋、通过消毒池、接受紫外线灯照射等过程，方可进入生产区。紫外线灯照射的时间要达到 15～20 分钟。

2. 车辆的清洗消毒设施

猪场的入口处设置车辆消毒设施，主要包括车轮清洗消毒池和车身冲洗喷淋机（见图 2-21）。

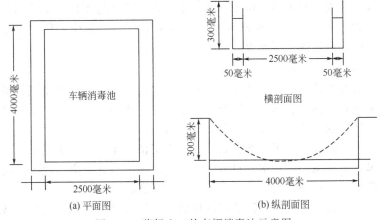

图 2-21　猪场入口的车辆消毒池示意图

3. 场内清洗消毒设施

猪场常用的场内清洗消毒设施有高压冲洗机、喷雾器和火焰消毒器。其中高压冲洗机使用最多最广泛，见图 2-22。

(a) 简易压力式消毒喷壶　　(b) 背负式电动消毒喷雾器　　(c) 高压电动消毒喷雾器

图 2-22　猪场常用的消毒设备

七、粪尿处理设备

粪污处理关系到猪场和周边的环境，也关系到猪群的健康和生产性能的发挥。设计和管理猪场必须考虑粪污的处理方式和设备配置，以便于对猪的粪尿进行处理，使环境污染减少到最低限度。

（一）水冲粪

粪尿污水混合进入缝隙地板下的粪沟，每天数次从沟端的水喷头放水冲洗。粪水顺粪沟流入粪便主干沟，进入地下贮粪池或用泵抽吸到地面贮粪池。水泥地面，每天用清水冲洗猪圈，猪圈内干净，但是水资源浪费严重。

（二）干清粪

清粪工艺的主要方法是，粪便一经产生便分流，干粪由机械或人工收集、清扫、运走，尿及冲洗水则从下水道流出，分别进行处理。干清粪工艺分为人工清粪和机械清粪两种。

人工清粪只需用一些清扫工具、人工清粪车等。其优点是设备简单，节省电力，一次性投资少，还可以做到粪尿分离，便于后面的粪尿处理；缺点是劳动量大，生产效率低。

机械清粪包括铲式清粪和刮板清粪。机械清粪的优点是可以减轻劳动强度，节约劳动力，提高工效；缺点是一次性投资较大，还要花费一定的运行维护费用。而且中国目前生产的清粪机在使用可靠性方面还存在欠缺，故障发生率较高，由于工作部件上粘满粪便，因而维修困难。此外，清粪机工作时噪声较大，不利于畜禽生长，因此中国的养猪场很少使用机械清粪。

第三章

科学配制饲粮

饲料是猪生活和生产的物质基础，也是充分发挥其生产性能最重要的环境条件。只有根据猪的生理特点、营养需求科学地选择饲料和配制饲粮，才能取得较好的饲养效果。

第一节　饲料的养分和种类

一、饲料的养分

饲料中含有猪所需要的各种营养物质，主要有水、粗蛋白质、碳水化合物、粗脂肪、矿物质和维生素等六种，它们在猪体内相互作用，表现出其营养功能。

（一）水

各种饲料中都含有水，但因饲料的种类不同其含水量差异很大。一般植物性饲料含水量在5%～95%之间。在同一种植物性饲料中，由于其收割期不同，水分含量也不尽相同，随其逐渐成熟而减少。

饲料中含水量的多少与其营养价值、贮存状况密切相关。含水量高的饲料，单位质量中含干物质较少，其中养分含量也相对较少，故其营养价值也低，且容易腐败变质，不利于贮存与运输。适宜贮存的饲料，要求含水量在14%以下。

水是猪生活和生长发育必需的营养素，对猪体内正常物质代谢有特殊作用。水不仅是猪体的主要成分，如猪体内含水量在33%～66%之间，主要分布于体液（如血液、淋巴液）、肌肉等组织中，而且也是各种营养物质的溶剂。猪体内各种营养物质的消化、吸收以及代谢废物的排出必须先溶于水中才能进行。水的比热容大，导热性好，蒸发可以吸收大量的热量，可以很好地调节体温。生产中人们忽视水的营养作用，缺水比其他养分不足对猪的危害更大。如果水不足，饲料消化率和猪的生产力就会下降，严重时会影响猪体健康，甚至引起死亡。

若体内水分减少8％时出现严重的干渴感觉，食欲丧失，消化作用减慢；减少10％时导致严重的代谢紊乱；减少20％则导致死亡。高温环境下缺水，后果更为严重。因此，必须在饲养全期供给充足、清洁的饮水。

猪所需要的水分来自饮水、饲料水和体内代谢水。饲料水因饲料种类不同有较大的差异。猪需水量的85％～95％来自饮水。

（二）粗蛋白质

粗蛋白质是饲料中含氮物质的总称，包括纯蛋白质和氨化物。氨化物在植物生长旺盛时期和发酵饲料中含量较多（占含氮量的30％～60％），成熟子实含量很少（占含氮量的3％～10％）。氨化物主要包括未合成蛋白质分子的个别氨基酸，植物体内由无机氮、硝酸盐和氨合成蛋白质的中间产物，以及植物蛋白质经酶类和细菌分解后的产物。

各种饲料中粗蛋白质的含量和品质差别很大，就其含量而言，动物性饲料中最高（40％～80％），油饼类次之（30％～40％），糠麸及禾本科子实类较低（7％～13％）。就其质量而言，动物性饲料、豆科及油饼类饲料中蛋白质较好。一般来说，饲料中粗蛋白质含量愈多，蛋白质品质愈好，其营养价值就愈高。

1. 蛋白质的营养作用

蛋白质是动物体内胶质状态的含氮有机物，是构成猪体组织的重要营养物质之一。猪本身不能利用土壤和空气中的含氮化合物在体内合成蛋白质，其需要的蛋白质必须由饲料不断供给。其主要作用如下：

（1）构成组织、体细胞的基本原料　猪的肌肉、神经、内脏器官、血液等，均以蛋白质为基本成分，尤以生长、繁殖的猪更为突出。

(2) 组成猪体内许多活性物质的原料 蛋白质是组成生命活动所必需的各种酶、激素、抗体以及其他许多生命活性物质的原料。机体只有借助于这些物质，才能调节体内的新陈代谢并维持其正常的生理机能。

(3) 在体内分解提供能量 蛋白质在体内也可以分解供能（每克约为 16.74 千焦），或转变为糖和脂肪等。

由于蛋白质具有上述营养作用，所以日粮中缺乏蛋白质，不但影响猪的生长发育和健康，而且会降低猪的生产力和畜产品的品质，如体重减轻、生长停止、产仔率低、初生重及断奶重小等。但日粮中蛋白质也不应过多，如过多，不仅会造成浪费，而且长期饲喂将引起机体代谢紊乱以及蛋白质中毒，从而使得肝脏和肾脏由于负担过重而遭受损伤。因此，应根据猪的不同生理状态及生产力制定合理的饲粮，蛋白质水平是保证动物健康、提高饲料和日粮利用率、降低生产成本、提高动物生产力的重要环节。

2. 蛋白质中的氨基酸

蛋白质是由氨基酸组成的，蛋白质的营养价值取决于氨基酸的组成，其品质的优劣是通过氨基酸的数量与比例来衡量的。氨基酸的组成和猪体内代谢相适应，品质则好。具体来说，就是蛋白质中必需氨基酸的含量以及比例平衡性越好，品质越高。

氨基酸在营养学上分为必需氨基酸和非必需氨基酸。凡是猪体内不能合成或合成数量满足不了需要，必须由饲料供应的氨基酸，叫必需氨基酸。猪需要的必需氨基酸有赖氨酸、苏氨酸、缬氨酸、组氨酸、苯丙氨酸、异亮氨酸、亮氨酸、蛋氨酸、色氨酸、精氨酸；凡是猪体内合成较多或需要较少，不需由饲料来供给，也能保证猪正常生长的氨基酸（即必需氨基酸以外的）均为非必需氨基酸。猪需要的非必需氨基酸有甘氨酸、丙氨酸、丝氨酸、谷氨酸、天冬氨酸、脯氨酸、胱氨酸、半胱氨酸、羟脯氨酸。

必需氨基酸是重要的氨基酸，蛋白质的全价性不仅表现在必需氨基酸的种类齐全，且其含量的比例也要恰当，也就是氨基酸在饲料中必须保持平衡性。同时，如果非必需氨基酸含量不足，猪的生长同样受阻。非必需氨基酸和必需氨基酸之间的比例一般为 45%

和 55％。

赖氨酸是动物体内不能自行合成的氨基酸，生长猪特别需要赖氨酸，生长速度越快，生长强度越高，需要的赖氨酸也越多。一般把赖氨酸叫做"生长性氨基酸"，猪只能利用 L-赖氨酸。

蛋氨酸在猪体内的作用是多方面的，资料表明，猪体内 80 多种反应都需要蛋氨酸的参与，故可称蛋氨酸为"生命性氨基酸"。

因此，赖氨酸和蛋氨酸特别重要。鱼粉之所以营养价值高，就是因为其中的蛋氨酸、赖氨酸含量高，相比之下，植物蛋白中的含量则少得多。在饲料中适当添加一些赖氨酸、蛋氨酸，就能把原来饲料中未被利用的氨基酸充分利用起来。植物蛋白饲料，如能添加适量的赖氨酸及蛋氨酸，则可大为提高蛋白质的营养价值。

3. 氨基酸的互补作用

畜禽体蛋白的合成和增长、旧组织的修补和恢复、酶类和激素的分泌等均需要有各种各样的氨基酸，但饲料蛋白质中的必需氨基酸，由于饲料种类的不同，其含量有很大差异。例如，谷类蛋白质含赖氨酸较少，而含色氨酸则较多；有些豆类蛋白质含赖氨酸较多，而色氨酸含量又较少。如果在配合饲料时把这两种饲料混合应用，即可取长补短，提高其营养价值。这种作用就叫做氨基酸的互补作用。

根据氨基酸在饲粮中存在的互补作用，则可在实际饲养中有目的地选择适当的饲料，进行合理搭配，使饲料中的氨基酸能起到互补作用，以改善蛋白质的营养价值，提高其利用率。

4. 影响饲料蛋白质营养作用的因素

（1）日粮中蛋白质水平　日粮中蛋白质水平即蛋白质在日粮中占有的数量，若过多或缺乏均会造成危害，这里着重是从蛋白质的利用率方面加以说明的。蛋白质数量过多不仅不能增加体内氮的沉积，反而会使尿中分解不完全的含氮物数量增多，从而导致蛋白质利用率下降，造成饲料浪费；反之，日粮中蛋白质含量过低，也会影响日粮的消化率，造成机体代谢失调，严重影响畜禽生产力的发挥。因此，只有维持合理的蛋白质水平，才能提高蛋白质利用率。

（2）日粮中蛋白质的品质　蛋白质的品质是由组成它的氨基酸种类与数量决定的。凡含必需氨基酸的种类全、数量多的蛋白质，其全价性高，品质也好，则称其为完全价值蛋白质；反之，全价性低，品质差，则称其为不完全价值蛋白质。若日粮中蛋白质的品质好，则其利用率高，且可节省蛋白质的喂量。蛋白质的营养价值，可根据可消化蛋白质在体内的利用率作为评定指标，也就是蛋白质的生物学价值，实质是氨基酸的平衡利用问题，因为体内利用可消化蛋白合成体蛋白的程度，与氨基酸的比例是否平衡有着直接的关系。

必需氨基酸与非必需氨基酸的配比问题，也与提高蛋白质在体内的利用率有关。首先要保证氨基酸不充作能源，主要用于氮代谢；其次要保证足够的非必需氨基酸，防止必需氨基酸转移到非必需氨基酸的代谢途径。近年来，通过对氨基酸营养价值研究的进展，使得蛋白质在日粮中的数量趋于降低，但这实际上已满足了猪体内蛋白质代谢过程中对氨基酸的需要，提高了蛋白质的生物学价值，因而节省了蛋白质饲料。在饲养实践中规定配合日粮饲料应多样化，使日粮中含有的氨基酸种类增多，产生互补作用，以达到提高蛋白质生物学价值的目的。

（3）氨基酸的有效性　氨基酸的含量常以氨基酸占饲粮或蛋白质的百分比表示。饲料中的氨基酸不仅种类、数量不同，其有效性也有很大的差异。有效性是指饲料中氨基酸被猪体利用的程度，利用程度越高，有效性越好，现在一般用可利用氨基酸来表示。可利用氨基酸（或可消化氨基酸、有效氨基酸）是指饲粮中可被动物消化吸收的氨基酸。各饲料的氨基酸平均消化率为 75%。蛋氨酸消化率高于 80%。同一种氨基酸在不同饲料中的消化率也有很大差异，使用不同的饲料原料，如用豆粕和杂粕，配成氨基酸含量完全相同的饲粮，其饲养效果会有较大的差异，这就是可利用氨基酸含量不同引起的结果，在生产中具有重要意义。如果生产中能根据饲料的可利用氨基酸进行日粮配合，能够更好地满足猪对氨基酸的需要。

（4）日粮中各种营养物质的关系　日粮中的各种营养因素都是彼此联系、互相制约的。近年来在动物饲养实践活动中，人们越来越注意到了日粮中能量蛋白比的问题。经消化吸收的蛋白质，在正常情况下有 70%～80% 被用来合成体组织，另有 20%～30% 的蛋白质在体内分解，放出能量，其中分解的产物随尿排出体外。但当日粮中能量不足时，体内蛋白质分解加剧，用以满足动物对能量的需求，从而降低了蛋白质的生物学价值。因此，在饲养实践中应供给足够的量，避免价值高的蛋白质被作为能量利用。

另外，当日粮能量降低时，畜禽为了满足对能量的需要势必增加采食量，如果日粮中蛋白质的百分比不变，则会造成浪费；反之，日粮中能量增高，采食量减少，则蛋白质的进食量相应减少，这将造成畜禽生产力下降。因此，日粮中能量与蛋白质含量应有一定的比例，如"能量蛋白比"恰是表示此关系的指标。

(5) 饲料的调制方法　豆类和生豆饼中含有胰蛋白酶抑制素，其可影响蛋白质的消化吸收，但经加热处理破坏抑制素后，则会提高蛋白质利用率。应注意的是，加热时间不宜过长，否则会使蛋白质变性，反而降低蛋白质的营养价值。

(6) 合理利用蛋白质养分的时间因素　在猪体内合成一种蛋白质时，须同时供给数量上足够和比例上合适的各种氨基酸。因而，如果因饲喂时间不同而不能同时达到体组织时，必将导致先到者已被分解，后至者失去用处，结果氨基酸的配套和平衡失常，影响利用。

5. 蛋白质的消化吸收和代谢

猪食入的蛋白质进入消化道后，在胃蛋白酶、十二指肠胰蛋白酶和糜蛋白酶的作用下，蛋白质降解为多肽。小肠中多肽在羧基肽酶和氨基肽酶作用下变为游离氨基酸和寡肽，寡肽能被吸收入肠激膜经二肽酶水解为氨基酸。由小肠吸收的游离氨基酸通过血液进入肝脏。猪小肠可将短肽直接吸收入血液，而且这些短肽的吸收率比游离的氨基酸还高，其顺序为三肽＞二肽＞游离氨基酸。肽在黏膜细胞内也被分解为氨基酸。新生仔猪可以吸收母乳中少量完整蛋白质，如能直接吸收免疫球蛋白，所以给新生仔猪吃上初乳并获得抗体是非常重要的。

(三) 碳水化合物

碳水化合物是构成植物组织的主要成分，计占其干物质的50％～75％，而在一些谷物子实中，碳水化合物的含量可高达80％，是各种动物日粮的主要组成成分。碳水化合物主要包括淀粉、纤维素、半纤维素、木质素及一些可溶性糖类。它在猪体内分解后（主要指淀粉和糖）产生热量，用以维持体温和供给体内各组织器官活动所需要的能量。

1. 碳水化合物的营养作用

（1）猪体组织的构成物质 碳水化合物普遍存在于猪体内各组织中。例如，核糖和脱氧核糖是细胞核酸的组成成分，糖脂是神经细胞的组成成分等。许多糖类与蛋白质化合形成糖蛋白，低级核酸与氨基化合形成氨基酸。

（2）猪体内能量的主要来源 正常情况下，碳水化合物的主要作用是在动物体内氧化供能。碳水化合物的产热量虽然低于同等重量的脂肪，但因植物性饲料富含碳水化合物，所以猪主要依靠它氧化供能来满足生理上的需要。

（3）猪体内的营养储备 碳水化合物在猪体内可转变为糖原和脂肪以作为营养储备。当猪的能量得到满足后，多余的葡萄糖合成糖原储存在肝脏和肌肉中，以便在采食的能量不足或饥饿时迅速水解补充能量；当采食的碳水化合物合成糖原仍有剩余时，则用以合成脂肪储存于体内，以备能量不足时动用。

（4）调整肠道菌群 对于一些寡糖类碳水化合物，由于肠道消化酶系中没有其合适的水解酶，因而不能在消化道中被水解消化吸收。但是它们却可以作为肠道中有益微生物的能源，不仅有利于益生菌的生长繁殖，同时还能阻断有害菌在黏膜细胞的吸附，从而可以有效地调节肠道微生物菌群的平衡，促进机体的健康。

2. 碳水化合物对猪的影响

日粮中碳水化合物不足时，影响猪的生长发育；过多时，会影响其他营养物质的含量。饲料中缺乏粗纤维时会引起猪便秘，并降低其他营养物质的消化率。猪对日粮中的粗纤维消化吸收能力差。日粮中粗纤维含量过多，便会降低其营养价值。一般来说，在猪的日粮中，粗纤维含量不宜超过8%。

（四）粗脂肪

饲料中能被有机溶剂（如醚、苯等）浸出的物质称为粗脂肪，包括真脂和类脂（如固醇、磷脂等）。各种饲料中都含有粗脂肪，豆科饲料含脂量高，禾本科饲料含脂量低。

饲料中一般均含有脂肪约 5%，脂肪含热能高，其热能是碳水化合物或蛋白质的 2.25 倍。猪体内沉积大量脂肪，主要在体组织合成脂肪酸。合成脂肪酸的主要原料是乙酰辅酶 A，它主要来自葡萄糖。脂肪和某些氨基酸也可以产生乙酰辅酶 A，由乙酰辅酶 A 生成甘油三酯。但猪不能合成某些脂肪酸，必须由日粮供给或通过体内特定前体物合成，对机体正常机能和健康具有重要保护作用的脂肪酸称必需脂肪酸。必需脂肪酸有亚油酸和花生四烯酸，亚油酸必须通过日粮中供给，花生四烯酸可由日粮直接供给，也可以通过供给足量的亚油酸在体内进行分子转化而合成。必需脂肪酸缺乏症表现为皮肤损害，出现角质鳞片，毛细血管变得脆弱，免疫力下降，生长受阻，幼龄、生长迅速的动物反应更敏感。猪能从饲料中获得所需的必需脂肪酸，在常用饲料中必需脂肪酸含量比较丰富，一般不会缺乏。一般说来，猪亚油酸需要量占饲粮的 0.1%。用常规饲料配合猪的饲料，一般不会发生脂肪缺乏症，除哺乳期和早期断乳仔猪配合饲粮中添加脂肪外，其他类别饲粮一般无需添加。

脂肪是体细胞的组成成分，也是脂溶性维生素的携带者，脂溶性维生素（维生素 A、维生素 D、维生素 E、维生素 K）必须以脂肪作溶剂在体内运输，若日粮中缺乏脂肪时，则影响这一类维生素的吸收和利用，容易导致猪脂溶性维生素缺乏症。

（五）矿物质

饲料中含有大量矿物质，由于饲料种类不同、收获时期不同，矿物质的种类和含量有较大差异。矿物质元素是动物营养中的一大类无机营养素，它虽不含能量，但却是组成猪体的重要成分之一。矿物质元素在体内有着确切的生理功能和代谢作用，它们具有调节血液和其他液体的浓度、酸碱度及渗透压，保持平衡，促进消化神经活动、肌肉活动和内分泌活动的作用。猪需要的矿物质元素有钙、磷、钠、钾、氯、镁、硫、铁、铜、钴、碘、锰、锌、硒等，其中前 7 种是常量元素（占体重 0.01% 以上），后几种是微量元素。饲料中矿物质元素含量过多或缺乏都可能产生不良的后果。常见的矿物质元素见表 3-1。

表 3-1 常见的矿物质元素

名称	功能	缺乏或过量危害	备注
钙、磷	钙、磷是猪体内含量最多的元素，是骨骼和牙齿生长需要的元素，此外还对维持神经、肌肉等正常生理活动起重要作用	缺乏会导致猪食欲减退，体质消瘦，异食癖；幼猪出现佝偻病；妊娠母猪产死胎、畸形和弱仔多；泌乳母猪泌乳减少，跛行和奶瘫；公猪缺钙、磷时，精子发育不正常，影响配种工作 过量的钙能与磷相结合成不易溶解的三磷酸钙，猪不能吸收	日粮中谷物和麸皮比例大，这些饲料中磷多于钙，猪日粮钙与磷容易缺乏，给猪补充钙更迫切；日粮中的钙与磷应当保持适当的比例。一般猪日粮中钙、磷比例为 (1.1～1.5)：1。一般说来，青绿多汁饲料中含钙、磷较多，且比例合适。谷物与糠麸中所含的磷，有半数或半数以上是猪不能利用的植酸磷，以精饲料为主的日粮，补加含有钙和磷的骨粉或磷酸氢钙，补加量一般可按混合精料的 1% 来搭配
氯、钠、钾	对维持机体渗透压、酸碱平衡与水的代谢有重要作用。食盐既是营养物质又是调味剂。它能增强猪的食欲，促进消化，提高饲料利用率，是猪不可缺少的矿物质饲料	缺钠会使猪对养分的利用率下降，且影响母猪的繁殖 缺氯导致猪生长受阻 钾缺乏时，肌肉弹性和收缩力降低，肠道膨胀。在热应激条件下，易发生低钾血症	一般食盐占日粮精料中的 0.3%～0.5% 即供应足够。如果用含盐多的饲料，如酱油渣、咸鱼粉来喂猪，则日粮中的食盐量必须减少，甚至不喂，以免引起食盐中毒。一次喂入 125～250 克食盐，猪就发生中毒死亡
镁	镁是构成骨质必需的元素、酶的激活剂，有抑制神经兴奋性等功能。它与钙、磷和碳水化合物的代谢有密切关系	镁缺乏时，猪肌肉痉挛，神经过敏，不愿站立，平衡失调，抽搐，甚至突然死亡 中毒剂量尚不清楚	猪对镁的需要量较低，占日粮 0.03%～0.04% 即可。奶中含有镁，可供哺乳仔猪的需要；生长猪对镁的需要不高于幼猪。谷实和饼粕中镁利用率为 50%～60%

名称	功能	缺乏或过量危害	备注
铁	铁为形成血红蛋白、肌红蛋白等必需的元素。猪体内65%的铁存在于血液中，它与血液中氧的运输、细胞内的生物氧化过程关系密切	缺铁发生营养性贫血症，其表现是生长减慢，精神不振，背毛粗糙，皮肤多皱及黏膜苍白。典型症状是由于横膈肌活动微弱或痉挛性抽搐而引起痉挛。尸体剖检可发现脏肿大，脂肪肝，血液稀薄，腹水，明显的心脏扩张，脾肿而硬等	青饲料中含铁较多，经常饲喂青饲料的猪不缺铁。猪乳中含铁很少，因此，以吃奶为主的哺乳仔猪，又是在水泥地面的圈内，既不喂青饲料，又不接触土壤，最容易患贫血症，影响生长发育，甚至导致死亡。在猪饲料中补充硫酸亚铁有防止缺铁的功效
铜	铜虽不是血红素的组成成分，但它在血红素的形成过程中起催化作用。铜还与骨骼发育、中枢神经系统的正常代谢有关，也是机体内各种酶的组成成分与活化剂	缺铜发生贫血，骨骼畸形，腿弯曲，跛行，心血管异常，神经障碍，生长受阻，甚至发生妊娠反常和流产 铜过多，生长缓慢，血红素含量低，黄疸，甚至死亡	猪对铜的需要量不大，一般饲料均可满足。在猪日粮中补加铜（120～200毫克/千克），具有促进生长作用，可提高日增重与饲料利用率。猪越小，高铜促生长的作用越显著。采用高铜喂猪，必须相应提高日粮中铁与锌的含量，以降低铜的毒性，同时还要防止钙的含量过多
锌	锌是猪体多种代谢所必需的营养物质，参与维持上皮细胞和被毛的正常形态，维持激素正常作用	缺锌使皮肤抵抗力下降，发生表皮粗糙，皮屑多，结痂，脱毛，食欲减退，日增重下降，饲料利用率降低。母猪则产仔数减少，仔猪初生重下降，泌乳量少等	生长猪的需要量为50毫克/千克左右，妊娠母猪为55毫克/千克左右。如果日粮中钙过多，影响锌的吸收，就会提高锌的需要量。养猪生产中，常用硫酸锌来补锌，效果明显

续表

名称	功能	缺乏或过量危害	备注
锰	锰是几种重要生物催化剂（酶系）的组成部分，与激素关系十分密切。对发情、排卵、胚胎、乳房及骨骼发育，泌乳及生长都有影响	缺锰导致骨骼变形，四肢弯曲和缩短，关节肿胀式跛行，生长缓慢等 摄入量过多，会影响钙、磷的利用，引起贫血	需要量一般为 20 毫克/千克。如果钙、磷含量多，锰的需要量就要增加。常用硫酸锰来补充锰
碘	碘是合成甲状腺素的主要成分，对营养物质代谢起调节作用	妊娠母猪如果日粮中缺碘，所产仔猪颈大（甲状腺肿大），无毛与少毛，皮肤粗厚并有水肿。大多数仔猪出生时还存活着，甚至体重大于健康猪，可是身体虚弱，经常是在出生后几天内陆续死亡，成活率较低	正常需要量，一般为 0.14～0.35 毫克/千克。向日粮中补加 0.2 毫克/千克就能满足需要。碘的缺乏具地区性，缺碘地区可向食盐内补加碘化钾。如用含碘化钾 0.07% 的食盐，则在日粮中加入 0.5% 食盐，即可满足需要
硒	硒是猪生命活动必需的元素之一。硒的作用与维生素 E 的作用相似。补硒可降低猪对维生素 E 的需要量，并减轻因维生素 E 缺乏给猪带来的损害	用缺硒的饲料喂猪，容易发生缺硒症。观察到肝坏死，肌肉营养不良及白肌病；母猪缺硒时，发情不规律或不发情，受孕率低，胚胎易被吸收或妊娠过程中死胎或产弱仔等。给母猪补硒，对提高母猪繁殖力与仔猪成活率有好处。种公猪缺硒，睾丸退化，性欲下降，影响配种	硒与维生素的代谢关系密切，当同时缺乏维生素 E 和硒时，缺硒症会很快表现出来；硒不足，但维生素 E 充足，猪的缺硒症则不容易表现出来。白肌病的防治：仔猪生后 1 周内肌内注射 0.1% 亚硒酸钠溶液；治疗量加倍；也可在产前 1 个月给妊娠母猪肌内注射 5 毫升。如果在日粮中添加硒进行预防，一般为 0.3 毫克/千克。试验证明，给生长猪喂亚硒酸钠，日粮中含硒量高达 5 毫克/千克，也不会中毒

（六）维生素

维生素是一组化学结构不同，营养作用、生理功能各异的低分子有机化合物，猪对其需要量虽然很少，但生物作用很大，主要以辅酶和催化剂的形式广泛参与体内代谢的多种化学作用，从而保证机体组织器官的细胞结构功能正常，调控物质代谢，以维持猪体健康和各种生产活动。缺乏时，可影响正常的代谢，出现代谢紊乱，危害猪体健康和正常生产。维生素的种类很多，但归纳起来分为两大类：一类是脂溶性维生素，包括维生素 A、维生素 D、维生素 E 及维生素 K 等；另一类维生素是水溶性维生素，主要包括 B 族维生素和维生素 C。饲料中含有多种维生素，但饲料的种类、收获时期、处理方法等会影响其维生素的种类和含量。常见的维生素见表 3-2。

表 3-2　常见的维生素

名称	主要功能	缺乏症状	主要来源
维生素 A	可以维持呼吸道、消化道、生殖道上皮细胞或黏膜的结构完整与健全，增强机体对环境的适应力和对疾病的抵抗力	食欲减退，发生夜盲症。仔猪生长停滞，眼睑肿胀，皮毛干枯，易患肺炎；母猪不发情或发情微弱，容易流产、产死胎或无眼球仔猪；公猪性欲不强，精液品质不良等	青绿多汁饲料含有大量胡萝卜素（维生素 A 原），在猪的肝脏、小肠及乳腺中转化为维生素 A，供机体利用。必要时，可补充维生素添加剂或鱼肝油
维生素 D	降低肠道 pH 值，从而促进钙、磷的吸收，保证骨骼正常发育	缺乏维生素 D 影响钙、磷的吸收，其缺乏症如同钙、磷缺乏症。饲料内钙、磷含量充足，比例也合适，如果维生素 D 不足，会影响钙、磷的吸收与利用。维生素 D 充分，钙、磷比例达 6.5∶1 都不会影响钙、磷的吸收	如鱼肝油等动物性饲料内含量较多；青干草内含麦角固醇，在紫外线照射下转变为维生素 D_2。皮肤中的 7-脱氢胆固醇，在紫外线照射下转变为维生素 D_3。经常喂绿色干草粉或让猪多晒太阳，就不会发生维生素 D 的缺乏症。舍内饲养需补充维生素添加剂或鱼肝油

续表

名称	主要功能	缺乏症状	主要来源
维生素 E	一种抗氧化剂和代谢调节剂，与硒和胱氨酸有协同作用，对消化道和体组织中的维生素 A 有保护作用，能促进猪的生长发育和繁殖率提高	公猪射精量少，精子活力大大下降，严重时睾丸萎缩退化，不产生精子；母猪受胎率下降，受胎后胚胎易被吸收或中途流产或产死胎；幼猪发生白肌病，严重时突然死亡	青绿饲料、麦芽、种子的胚芽与棉籽油内含有较丰富的维生素 E。猪处于逆境时需要量增加
维生素 K	催化合成凝血酶原（具有活性的是维生素 K_1、维生素 K_2 和维生素 K_3）	凝血时间过长，血尿与呼吸异常，仔猪会发生全身性皮下出血	绿色植物如苜蓿、菠菜等含维生素较多，动物的肝脏内含量也不少
维生素 B_1（硫胺素）	参与碳水化合物的代谢，维持神经组织和心肌正常，提高胃肠消化机能	食欲减退，胃肠机能紊乱，心肌萎缩或坏死，神经炎症、疼痛、痉挛等	糠麸、青饲料、胚芽、草粉、豆类、发酵饲料、酵母粉、硫胺素制剂
维生素 B_2（核黄素）	对体内氧化还原、调节细胞呼吸、维持胚胎正常发育及雏猪的生活力起重要作用	食欲不振，生长停止，皮毛粗糙，有时有皮屑、溃疡及脂肪溢出的现象，眼角分泌增多；母猪怀孕期缩短，胚胎早期死亡，泌乳力下降；公猪睾丸萎缩。有时会出现所产仔猪全部死亡，或产后数小时死亡的现象	存在于青饲料、干草粉、酵母、鱼粉、糠麸、小麦等饲料中，有核黄素制剂；当猪舍寒冷时，猪的核黄素需要量就会增加
维生素 B_3（泛酸）	辅酶 A 的组成成分，与碳水化合物、脂肪和蛋白质的代谢有关	运动失调，四肢僵硬，鹅步，脱毛等。怀孕母猪发生胚胎夭折及吸收，严重时母猪几乎不能繁殖	存在于酵母、糠麸、小麦中；长期喂熟料，易患泛酸缺乏症，采用生饲料喂猪，并在日粮中搭配豆科青草、糠麸、花生饼等含泛酸多的饲料

续表

名称	主要功能	缺乏症状	主要来源
维生素 B_5（烟酸或尼克酸）	某些酶类的重要成分，与碳水化合物、脂肪和蛋白质的代谢有关	皮肤脱落性皮炎，食欲下降或消失，下痢，后肢、肌肉麻痹，唇舌有溃疡病变，贫血，大肠有溃疡病变，体重减轻，呕吐等	酵母、豆类、糠麸、青饲料、鱼粉、烟酸制剂
维生素 B_6（吡哆醇）	蛋白质代谢的一种辅酶，参与碳水化合物和脂肪代谢，在色氨酸转变为烟酸和脂肪酸过程中起重要作用	食欲减退，生长慢；严重缺乏时，眼周围出现褐色渗出液、抽搐、共济失调、昏迷和死亡	禾谷类子实及加工副产品
维生素 H（生物素）	以辅酶形式广泛参与各种有机物的代谢	过度脱毛、皮肤溃烂和皮炎、眼周渗出液、嘴黏膜炎症、蹄横裂、脚垫裂缝并出血	存在于鱼肝油、酵母、青饲料、鱼粉、糠；饲养在漏缝地板圈内的猪可适当补充生物素
胆碱	胆碱是构成卵磷脂的成分，参与脂肪和蛋白质代谢；蛋氨酸等合成时所需的甲基来源	幼猪表现为增重减慢、发育不良、被毛粗糙、贫血、虚弱、共济失调、步态不平衡和蹒跚、关节松弛和脂肪肝；母猪繁殖机能和泌乳下降；仔猪成活率低，断乳体重小	小麦胚芽、鱼粉、豆饼、甘蓝、氯化胆碱
维生素 B_{11}（叶酸）	以辅酶形式参与嘌呤、嘧啶、胆碱的合成和某些氨基酸的代谢	贫血和白细胞减少，繁殖和泌乳紊乱。一般情况下不易缺乏	青饲料、酵母、大豆饼、麸皮、小麦胚芽
维生素 B_{12}（钴胺素）	以钴酰胺辅酶形式参与各种代谢活动；有助于提高造血机能和日粮蛋白质的利用率	贫血，骨髓增生，肝脏和甲状腺增大，母猪易引起流产、胚胎异常和产仔数减少	动物肝脏、鱼粉、肉粉、猪舍内的垫草

续表

名称	主要功能	缺乏症状	主要来源
维生素C（抗坏血酸）	具有可逆的氧化和还原性，广泛参与机体的多种生化反应；能刺激肾上腺皮质合成；促进肠道内铁的吸收，使叶酸还原成四氢叶酸；提高抗热应激和逆境的能力	易患坏血病，生长停滞，体重减轻，关节变软，身体各部出血、贫血，适应性和抗病力降低	青饲料、维生素C添加剂

（七）能量

在饲料有机物中都蕴藏着化学能，在猪体内代谢过程中逐步释放能量提供其各种需要。能量对猪具有重要的营养作用，猪在一生中的全部生理过程（呼吸、血液循环、消化吸收、排泄、神经活动、体温调节、生殖和运动）都离不开能量。能量不足就会影响猪的生长和繁殖，没有能量猪就无法生存。猪在进行物质代谢的同时，也伴随着能量的代谢和转换。

饲料中各种营养物质的热能总值称为饲料总能。饲料中各种营养物质在猪的消化道内不能被全部消化吸收，不能消化的物质随粪便排出，粪中也含有能量，食入饲料的总能量减去粪中的能量，才是被猪消化吸收的能量，这种能量称为消化能。故猪饲料中的能量都以消化能来表示，其表示方法是兆焦/千克或千焦/千克。

猪对能量的需要包括本身的代谢维持需要和生产需要。影响能量需要的因素很多，如环境温度、猪的类型、品种、不同生长阶段及生理状况、生产水平等。日粮的能量值在一定范围，猪每天的采食量多少可由日粮的能量值而定，所以饲料中不仅要有一个适宜的能量值，而且与其他营养物质比例要合理，使猪摄入的能量与各营养素之间保持平衡，提高饲料的利用率和饲养效果。

猪的能量来源于饲料中的碳水化合物、脂肪和蛋白质。碳水化合物是来源最广泛，而且在饲粮中占比例最大的营养物质，是猪主要的能量来源。其主要成分包括单糖、双糖、多糖以及粗纤维。在谷实类饲料中含可溶性单糖和双糖很少，主要是淀粉，所以它是猪的主要能量来源。淀粉在消化道内由淀粉酶消化成葡萄糖后吸收进入血液成血糖。在体内生物氧化供能。家畜对可溶性糖和淀粉消化率为 $95\%\sim100\%$。$2\sim3$ 周龄前的仔猪，由于消化道中胰腺分泌胰淀粉酶不足，故饲喂大量淀粉饲料的仔猪生长较差。在 7 日龄之前，饲喂葡萄糖和乳糖仔猪能有效利用；饲料粗纤维中一般含有纤维素，半纤维素和木质素，其组成比例不稳定，纤维素和半纤维素为多聚糖，木质素是苯（基）丙烷基衍生物的不完形多聚体，为难以消化的物质。猪小肠中无消化粗纤维的酶，故不能消化纤维素和半纤维素，但粗纤维到大肠中经微生物的发酵作用，其消化的主要产物为挥发性脂肪酸，由它供给的能量约为维持能量需要的 $5\%\sim28\%$。粗纤维消化率高低受纤维来源、木质化程度、日粮中含量和加工程度影响，因而变化较大。粗纤维的利用受饲粮的物理与化学成分、日粮营养水平、动物日龄等影响，猪对粗纤维消化率变化很大。生长育肥猪日粮中粗纤维水平没有恒定的值，一般认为体重 20 千克左右的生长猪，饲粮粗纤维水平为 6%，也有人认为猪饲粮中低木质素的中性洗涤纤维水平应小于或等于 5%。日粮中粗纤维水平过高，则降低饲料有机物质消化率和能量消化率。在育肥后期日粮中，可利用较高水平的粗纤维，限制采食量，可减少体脂肪的沉积，提高胴体品质，日粮中粗纤维含量增加 1 个百分点，背膘厚度约减少 0.5 毫米。脂肪含热能高，其热能是碳水化合物或蛋白质的 2.25 倍，也是能量主要来源。蛋白质是猪体能量的来源之一，当猪日粮中的碳水化合物、脂肪的含量不能满足机体需要的热能时，体内的蛋白质可以分解氧化产生热能。但蛋白质供能不仅不经济，而且容易加重机体的代谢负担。能量在猪体内的转化过程见图 3-1。

二、猪饲料的种类

猪饲料种类繁多，养分组成和营养价值各异。按其性质一般分为能量饲料、蛋白质饲料、青饲料与青贮饲料、粗饲料、矿物质饲料、维生素饲料和饲料添加剂。

（一）能量饲料

能量饲料是指干物质中粗纤维含量在 18% 以下，粗蛋白质在

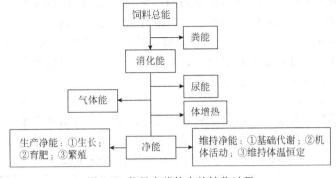

图 3-1　能量在猪体内的转化过程

20％以下的饲料。这类饲料主要包括禾本科的谷实饲料和它们加工后的副产品、动植物油脂和糖蜜等，是猪饲料的主要成分，用量占日粮的 60％～70％左右。

1. 玉米

玉米是养猪生产中最常用的一种能量饲料，具有很好的适口性和消化性。

玉米含能量高（代谢能达 14.27 兆焦/千克），粗纤维含量低（仅 2％左右），而无氮浸出物 70％左右，主要含淀粉，其消化率可达 90％。

玉米的脂肪含量为 3.5％～4.5％，是大麦或小麦的 2 倍。玉米含亚油酸较多，可以达到 2％，是所有谷物饲料中含量最高的。亚油酸（十八碳二烯脂肪酸）不能在动物体内合成，只能靠饲料提供，是必需脂肪酸。动物缺乏时繁殖机能受到破坏，生长受阻，皮肤发生病变。猪日粮中要求亚油酸含量为 1％，如果玉米在猪日粮中的配比达到 50％以上，则仅玉米就可满足猪对亚油酸的需要。

玉米蛋白质含量较低，一般占饲料的 8.6％，蛋白质中的几种必需氨基酸含量少，特别是赖氨酸和色氨酸。玉米含钙少，磷也偏低，喂时必须注意补钙。近年来，培育的高蛋白质玉米、高赖氨酸玉米等饲料用玉米，营养价值更高，饲喂效果更好。一般情况下，玉米用量可占到猪日粮的 20％～80％。

玉米子实不易干，含水量高的玉米容易发霉，尤以黄曲霉菌和赤霉菌危害最大。黄曲霉毒素可直接毒害有关酶和 DNA 模板，具有致癌作用。赤霉烯酮与雌激素作用有相似之处。据试验，日粮中含 0.0002％赤霉烯酮可使母猪卵巢病变，抑制发情，减少产仔数，公猪性欲降低，配种效果变差。0.006％～0.008％可使初产母猪全部流产，在生产上应引起注意。

2. 高粱

子实代谢能水平因品种而异。壳少的子实，代谢水平与玉米相近，是很好的能量饲料。高粱的粗脂肪含量不高，只有 2.8％～3.3％，含亚油酸也少，约为 1.13％。蛋白质含量高于玉米，但单宁（鞣酸）含量较多，使味道发涩，适口性差。在配合猪日粮时，夏季比例控制在 10％～15％，冬季在 15％～20％为宜。

3. 小麦

小麦是我国人民的主要口粮，极少作为饲料。但在某些年份或地区，其价格低于玉米时，可以部分代替玉米作饲料。欧洲北部国家的能量饲料主要是麦类，其中小麦用量较大。

小麦的能量（14.36 兆焦/千克）、粗纤维含量与玉米相近，粗脂肪含量低于玉米。但粗蛋白含量高于玉米，且氨基酸比其他谷实类完全，B 族维生素丰富。缺点是缺乏维生素 A、维生素 D，小麦内含有较多的非淀粉多糖，黏性大，粉料中用量过大粘嘴，降低适口性。整粒或碾碎喂猪较好，但磨得过细不好。在等量取代玉米饲喂育肥猪时，可能因能值较低而降低饲料的利用率，但可节约部分蛋白质，并改善屠体品质，防止背膘变厚。

在猪的配合饲料中使用小麦，一般用量为 10％～30％。如果饲料中添加 β-葡聚糖酶和木聚糖酶等酶制剂，小麦用量可占 30％～40％。

4. 大麦

大麦有带壳的"皮大麦"（草大麦）和不带壳的"稞大麦"（青稞）两种，通常饲用的是皮大麦。代谢能水平较低，约为 11.51 兆焦/千克。适性好，粗纤维 5％左右，可促进动物肠道蠕动，使消化机能正常。

大麦粗蛋白质含量高于玉米（11％），蛋白质品质比玉米好，其赖氨酸含量是谷实类中较高者（0.42％～0.44％）。大麦粗脂肪含量低（2%），脂肪酸中一半为亚油酸。

大麦不适宜喂仔猪，但若是脱壳、压片以及蒸煮处理后则可取代部分玉米喂仔猪。以大麦喂育肥猪，日增重与玉米效果相当，但饲料转化率不如玉米。在猪饲料中用量不宜超过25%。由于大麦脂肪含量低，蛋白质含量高，是育肥后期的理想饲料，能获得脂肪白、硬度大、背膘薄、瘦肉多的猪肉。

5. 稻谷、糙米和碎米

稻谷主要用于加工成大米后作为人的粮食，产稻区已有将稻谷作为饲料的倾向，尤其是早熟稻。稻谷因含有坚实的外壳，故粗纤维含量高（8.5%左右），是玉米的4倍多；可利用消化能值低（11.29～11.70兆焦/千克）；粗蛋白质含量较玉米低，粗蛋白质中赖氨酸、蛋氨酸和色氨酸与玉米近似；稻谷钙少，磷多，含锰、硒较玉米高，含锌较玉米低。总之，稻谷适口性差，饲用价值不高，仅为玉米的80%～85%，限制了其在配合饲料中的使用量。稻谷去壳后称糙米，其代谢能值高（13.94兆焦/千克），蛋白质含量为8.8%，氨基酸组成与玉米相近。糙米的粗纤维含量低（0.7%），且维生素比碎米更丰富。因此，以磨碎糙米的形式作为饲料，是一种较为科学、经济地利用稻谷的好方法。糙米用于猪饲料可完全取代玉米，不会影响猪的增重，饲料利用效率还很高，肉猪食后其脂肪比喂玉米的硬。

6. 麦麸

麦麸是由小麦的果皮、种皮、糊粉层和未剥脱干净的胚乳粉粒所组成。因其具有一定能值，含粗蛋白质也较多，价格便宜，在饲料中广泛应用。

麦麸含能量低，但蛋白质含量较高，各种成分比较均匀，且适口性好，是猪的常用饲料。麦麸的容积大，质地疏松，有轻泻作用，可用于调节营养浓度；麦麸适口性好，含有较多的B族维生素，对母猪具有调养消化道的机能，是种猪的优良饲料；对育肥猪可提高肉质，使胴体脂肪色白而硬。但是喂量过多会影响增重，用量不宜超过5%；对妊娠母猪和哺乳母猪不宜超过饲粮的30%。

7. 米糠

米糠是糙米加工成白米时分离出来的种皮、糊粉层与胚的混合物。加工白米越精，含胚乳物质越多，米糠的能量含量越高。米糠的粗蛋白质含量比较麦麸低，比玉米高，品质也比玉米好，赖氨酸含量高达0.55%。米糠的粗脂肪含量很高，可达15%，因而能值也居糠麸类饲料之首。其脂肪酸的组成多属不饱和脂肪酸，油酸和亚油酸占79.2%，脂肪中还含有2%～5%的天然维生素E，B族维生素含量也很高，但缺乏维生素A、维生素D、维生素C。米糠粗灰分含量高，钙磷比例极不平衡，磷含量高，但所含磷约有86%属植酸磷，利用率低且影响其他元素的吸收利用。米糠在贮存中极易氧化、发热、霉变和酸败，最好用鲜米糠或脱脂米糠饼（粕）喂猪。新鲜米糠对猪的适口性好，但喂量过多，会产生软脂肪，降低胴体品质。喂肉猪不得超过20%。仔猪应避免使用，因易引起下痢。经加热破坏其胰蛋白酶抑制因子后可增加用量。

8. 高粱糠

主要是高粱子实的外皮。脂肪含量较高，粗纤维含量较低，代谢能略高于其他糠麸，蛋白质含量10%左右。有些高粱糠含单宁较高，适口性差，易致便秘。

9. 次粉（四号粉）

次粉是面粉工业加工副产品，营养价值高，适口性好。但和小麦相同，多喂时也会产生粘嘴现象，制作颗粒料时则无此问题。一般可占日粮的10%为宜。

10. 糠饼

糠饼是米糠榨油后的产品，也称脱脂米糠，因蛋白质含量低，所以属于能量饲料。用脱脂米糠饲喂仔猪适口性好，也不易引起腹泻，且较米糠耐贮藏。

11. 油脂饲料

这类饲料油脂含量高，其发热量为碳水化合物或蛋白质的2.25倍。油脂饲料包括各种油脂，如动物油脂、豆油、玉米油、菜籽油、棕榈油等以及脂肪含量高的原料，如膨化大豆、大豆磷脂等。在饲料中加入少量的脂肪饲料，除了作为脂溶性维生素的载体外，能提高日粮中的能量浓度。妊娠后期和哺乳前期饲粮中添加油脂，仔猪成活率提高2.6个百分点；断奶仔猪数每窝增加0.3头；母猪断奶后6天发情率由28%提高到92%，30天内发情率由60%提高

96%。仔猪开食料中加入糖和油脂，可提高适口性，对于开食及提前断奶有利。生长育肥猪饲粮加入3%～5%油脂，可提高增重5%和降低耗料10%。一般各类猪添加油脂水平为：妊娠、哺乳母猪10%～15%，仔猪开食料5%～10%，生长育肥猪3%～5%。肉猪体重达到60千克以后不宜使用。

12. 根茎瓜类

用作饲料的根茎瓜类主要有马铃薯、甘薯、南瓜、胡萝卜、甜菜等（见表3-3）。其含有较多的碳水化合物和水分，粗纤维和蛋白质含量低，适口性好，具有通便和调养作用，是猪的优良饲料。可以提高肉猪增重，对哺乳母猪有催乳作用。

表3-3　根茎瓜类饲料特点

名称	特点
甘薯	产量高，以块根中干物质计算，比玉米、水稻产量高得多。茎叶是良好的青饲料。薯块含水分高且淀粉多，粗纤维少，是很好的能量饲料。但粗蛋白含量低，钙少，富含钾盐。猪喜食，生喂熟喂都行，对育肥猪和母猪有促进消化和增加乳量的效果。染有黑斑的不宜饲喂
木薯	热带多年生灌木，薯块富含淀粉，叶片可以养蚕，制成干粉含有较多的蛋白质，可以用作猪饲料。木薯含有氰化物，食多可中毒。削皮或切成片浸在水中1～2天或切片晒干放在无盖锅内煮沸3～4小时。猪饲料中木薯用量不能超过25%
马铃薯	块茎主要成分是淀粉，粗蛋白含量高于甘薯，其中非蛋白氮很多。含有有毒物质龙葵精（茄素）。喂猪时应去掉芽，并煮熟喂较好。煮熟可提高适口性和消化率，生喂不仅消化率低，还会影响生长
南瓜	多作蔬菜，也是喂猪的优质高产饲料。南瓜中无氮浸出物含量高，其中多为淀粉和糖类，还有丰富的胡萝卜素，各类猪都可喂，特别适用于繁殖和泌乳母猪。喂南瓜的猪肉质香味，但肉色发黄。南瓜应充分成熟后收获，过早收获，含水量大，干物质少，适口性差，不耐贮藏
饲用甜菜	饲料甜菜中无氮浸出物主要是糖分，也含有少量淀粉与果胶物质，适用于饲喂肥猪。切碎或打浆饲喂，或经过短暂贮藏后再喂，使其中的大部分硝酸盐转化为天冬酰胺。甜菜青贮，一年四季都可喂猪

13. 糟渣类饲料

糟渣类饲料是禾谷类、豆科子实和甘薯等原料在酿酒、制酱、制醋、制糖及提取淀粉过程中残留的糟渣产品，包括酒糟、酱糟、醋糟、糖糟、豆腐渣、粉渣等。它们的共同特点是水分含量较高

(65%～90%)；干物质中淀粉较少；粗蛋白质等其他营养物质都较原料含量约增加2倍；B族维生素含量增多，粗纤维也增多。糟渣类饲料的营养价值因制作方法不同差异很大。干燥的糟渣有的可作蛋白质补充料或能量饲料，但有的只能作粗料。糟渣类饲料大部分以新鲜状态喂猪，随着配合饲料工业发展，我国干酒精已开始在猪的配合饲料中应用。未经干燥处理的糟渣类饲料含水量较多，不易保存，非常容易腐败变质，而干制品吸湿性较强，容易霉烂，不易贮藏，利用时应引起注意。

(1) 粉渣　粉渣是淀粉生产过程中的副产物，干物质中主要成分为无氮浸出物、水溶性维生素，蛋白质和钙、磷含量少。鲜粉渣含可溶性糖，经发酵产生有机酸，pH值一般为4.0～4.6，存放时间越长，酸度越大，易被腐败菌和霉菌污染而变质，丧失饲用价值。用粉渣喂猪必须与其他饲料搭配使用，并注意补充蛋白质和矿物质等营养成分。猪的配合饲粮中，小猪不超过30%，大猪不超过50%，哺乳母猪饲料中不宜加粉渣，尤其是干粉渣，否则乳中脂肪变硬，易引起仔猪下痢。鲜粉渣宜青贮保存，以防止霉败。

(2) 豆腐渣　豆腐渣饲用价值高，干物质中粗蛋白质和粗脂肪含量多，适口性好，消化率高。但豆腐渣也含有抗胰蛋白质酶等有害因子，宜熟喂。生长育肥猪饲粮中可配入30%的豆腐渣。鲜豆腐渣因水分高，易腐败，宜加入5%～10%的碎秸秆青贮保存。

(3) 啤酒糟　鲜啤酒糟的营养价值较高，粗蛋白质含量占干重的22%～27%，粗脂肪占6%～8%，无氮浸出物占39%～48%，亚油酸3.23%，钙多磷少。鲜啤酒糟含水分80%左右，易发酵而腐败变质，直接就近饲喂效果最好，或青贮一段时间后饲喂，或将鲜啤酒糟脱水制成干啤酒糟再喂。啤酒糟具有大麦芽的芳香味，含有麦芽碱，适于喂猪，尤其是生长育肥猪，但不宜喂小猪。啤酒糟含粗纤维量较多，在猪饲料中只能用15%左右，且宜与青、粗饲料搭配使用。

(4) 白酒糟　白酒糟的营养价值因原料和酿造方法不同而有较大差异。白酒糟是原料发酵提取碳水化合物后的剩余物，粗蛋白质、粗脂肪、粗纤维等成分所占比例相应提高，无氮浸出物含量则相应较低，B族维生素含量较高。

白酒糟作为猪饲料可鲜喂、打浆喂或加工成干酒糟粉饲喂。生长育肥猪饲粮中可加鲜酒糟 20%，干酒糟粉宜控制在 10% 以内。含有大量谷壳或麦壳的酒糟，用量减半。酒糟喂猪，营养全，有"火性饲料"之称，喂量过多易引起便秘或酒精中毒。仔猪、繁殖母猪和种公猪不宜喂酒糟，因酒精会影响仔猪生长发育和猪的繁殖力。

（5）酱糟及醋糟　这两种糟的营养价值也因原料和加工工艺不同而有差异，蛋白质、粗纤维、粗脂肪含量都较高，无氮浸出物含量较低，维生素也较缺乏。醋糟中含醋酸，有酸香味，能增进猪的食欲，但不能单一饲喂，最好与碱性饲料混喂，防止中毒。酱糟含盐量高，一般 7% 左右，适口性差，饲用价值低，但产量较高。酱糟喂猪宜与其他能量饲料搭配使用，同时多喂青绿多汁饲料，防止食盐中毒。生长育肥猪饲粮中用量不超过 10%。

（6）酒糟残液　是酿酒过程中蒸煮、发酵粮食后的副产品，含有丰富的 B 族维生素和未知生长因子（UFG）。酒糟残液主要用于补充维生素，在猪饲粮中加入适量酒糟残液，可起调味作用，并可促进生长。

（7）糖蜜　是糖厂的副产品。我国的糖蜜资源主要有甘蔗糖蜜和甜菜糖蜜，产量为糖产量的 25%～30%，是一种具有开发潜力的能量饲料资源。糖蜜含糖分高，是一种高能饲料，B 族维生素含量高，微量元素较齐全，但可消化蛋白质极少。糖蜜适口性好，是猪喜食的饲料。在生长育肥猪饲粮中加 10%～15% 的糖蜜，可取得较好的饲喂效果。用糖蜜代替玉米可节约粮食，降低生产成本。

（二）蛋白质饲料

猪的生长发育和繁殖以及维持生命都需要大量的蛋白质，通过饲料供给。蛋白质饲料干物质中粗蛋白质含量在 20% 以上（含20%），粗纤维含量在 18% 以下（不含 18%），可分为植物性蛋白质饲料、动物性蛋白质饲料和单细胞蛋白质饲料三大类（见表3-4）。一般在日粮中占 10%～30%。

表 3-4　蛋白质饲料的类型及营养特点

类型	来源	营养特点
植物性蛋白质饲料	榨油工业副产品	（1）蛋白质含量高（20%～45%），饼类高于子实，氨基酸平衡，蛋白质利用率高；（2）无氮浸出物含量低（30%）；（3）脂肪含量变化大，油籽类含量高，非油类含量低，饼粕类也有较大差异；（4）粗纤维含量不高，平均为 7%；（5）矿物质含量与谷类子实相似，钙少磷多，维生素含量不平衡，B 族维生素含量丰富，而胡萝卜素含量较少；（6）使用量大，适口性较差
动物性蛋白质饲料	屠宰厂、水产品加工厂和皮革厂的下脚料、鱼粉及蚕蛹等	（1）蛋白质含量高，除肉骨粉（30.1%）外，粗蛋白质含量均在 40% 以上，高者可达 90%；（2）蛋白品质好各种氨基酸含量较平衡，一般饲粮中易缺乏的氨基酸在动物性蛋白中含量都较多，且易于消化；（3）糖类含量少，几乎不含粗纤维，粗脂肪含量变化大；（4）矿物质、维生素含量和利用率高，动物蛋白质饲料中钙、磷含量较植物蛋白质饲料高，且比例适宜，B 族维生素含量丰富，特别是核黄素、维生素 B_{12} 含量相当多；（5）含有未知生长因子（UFG），能促进动物对营养物质的利用和有利于动物生长
单细胞蛋白质饲料	包括一些微生物和单细胞藻类，如各种酵母、蓝藻、小球藻类等	（1）蛋白质含量较高（40%～80%），但蛋氨酸、赖氨酸和胱氨酸受限；（2）核酸含量较高，酵母类含 6%～12% 核酸，藻类含 3.8%，细菌类含 20%；（3）维生素含量较丰富，特别是酵母，它是 B 族维生素最好的来源之一，矿物质含量不平衡，钙少磷多；（4）适口性较差，如酵母带苦味，藻类和细菌类具有特殊的不愉快的气味。 单细胞蛋白质饲料的营养价值较高，且繁殖力特别强，是蛋白质饲料的重要来源，很有开发利用价值。根据单细胞蛋白质饲料的营养特点，在猪配合饲料中宜与饼（粕）类饲料搭配使用，并平衡钙、磷比例。我国发展饲料酵母生产的资源丰富，各类糟渣均可用于生产酵母。酵母喂猪效果好。生长育肥猪前、后期饲粮中分别配用 6% 和 4% 的酒精酵母，可提高猪日增重和饲料利用率

1. 豆科子实

子实常用作饲料的豆科植物有大豆、豌豆和蚕豆（胡豆）。在我国大豆的种植面积较大，总产量比豌豆、蚕豆多，用作饲料的约占 30%。这类饲料除具有植物性蛋白质饲料的一般营养特点外，最大的特点是蛋白质品质好，赖氨酸含量接近 2%，与能量饲料配合使用，可弥补部分赖氨酸缺乏的弱点。但该类饲料含硫氨基酸受限。另一特点是脂溶性的维生素 A、维生素 D 较缺乏。豌豆、蚕豆的维生素 A 比大豆稍多，B 族维生素也仅略高于谷实类。

豆科子实含有抗胰蛋白酶、皂素、血细胞凝集素和产生甲状腺肿的物质，它们影响该类饲料的适口性、消化率以及动物的一些生理过程，这些物质经适当热处理即会失去作用。因此，这类饲料应当熟喂，且喂量不宜过高，一般在饲粮中配给 $10\%\sim20\%$，否则会使肉质变软，影响胴体品质。

2. 大豆饼（粕）

大豆饼（粕）是养猪业中应用最广泛的蛋白质补充料。因榨油方法不同，其副产物可分为豆饼和豆粕两种，含粗蛋白质 $40\%\sim50\%$，各种必需氨基酸组成合理，赖氨酸含量较其他饼（粕）高，但蛋氨酸缺乏。消化能为 $13.18\sim14.65$ 兆焦/千克；钙、磷、胡萝卜素、维生素 D、维生素 B_2 含量少；胆碱、烟酸的含量高。适口性好，豆饼（粕）在猪饲粮中用量：生长猪 $5\%\sim20\%$，仔猪 $10\%\sim25\%$，育肥猪 $5\%\sim16\%$，妊娠母猪 $4\%\sim12\%$，哺乳母猪 $10\%\sim12\%$。在生长迅速的生长猪的玉米-豆饼型饲粮中，宜补充动物蛋白饲料或添加合成氨基酸。

3. 花生饼（粕）

花生饼的粗蛋白质含量略高于豆饼，为 $42\%\sim48\%$，精氨酸和组氨酸含量高，赖氨酸含量低。粗纤维含量低，适口性好于豆饼，是猪喜欢吃的一种蛋白质饲料，与豆饼配合使用效果较好。但因其脂肪含量高，且不饱和脂肪酸多，喂量不宜过多。生长育肥猪饲粮用量不超过 15%，否则胴体软化；仔猪、繁殖母猪的饲粮用量以低于 10% 为宜。花生饼脂肪含量高，不耐贮藏，易染上黄曲霉而产生黄曲霉毒素，这种毒素对猪危害严重。因此，污染黄曲霉的花生饼不能喂猪。

4. 棉籽饼（粕）

我国棉籽饼（粕）产量大，用作饲料的比例较低，是一种很有开发潜力的植物性蛋白质饲料资源。由于加工工艺不同分为饼（带壳榨油的称棉籽饼，脱壳榨油的称棉仁饼。棉籽饼含粗蛋白质 $17\%\sim28\%$；棉仁饼含粗蛋白质 $39\%\sim40\%$）和粕。一般说的棉籽饼（粕）是指棉仁饼（粕）。

棉籽饼（粕）氨基酸组成中赖氨酸缺乏，粗纤维含量高（$10\%\sim$

14%），含消化能 12.13 兆焦/千克左右，矿物质含量很不平衡。在棉籽内，含有棉酚和环丙烯脂肪酸，对家畜健康有害。喂前应脱毒，可采用长时间蒸煮或 0.05%$FeSO_4$ 溶液浸泡等方法，以减少棉酚对猪的毒害作用。其用量生长育肥猪不超过 10%，母猪不用或很少量。

棉籽饼（粕）限量喂猪时，添加 0.13%～0.28%的赖氨酸，或与豆粕、血粉、鱼粉配合饲喂，能提高饲料营养价值。在生长育肥猪饲料中，棉籽饼（粕）与菜籽饼各以 10%比例配合，可以代替20%的豆粕，且不降低育肥性能。若再添加适量的碘，可以抑制甲状腺肿大，维持机体正常基础代谢水平，从而提高猪的日增重和改善饲料转化率。此外还应注意补钙。

我国已培育出低棉酚含量的棉花品种，含游离棉酚为 0.009%～0.04%，在生长育肥猪和母猪日粮中，低棉酚棉籽饼（粕）可有效地替代 50%的大豆饼（粕）。

5. 菜籽饼（粕）

菜籽饼含粗蛋白质 35%～40%，赖氨酸比豆粕低 50%，氨基酸组成较为平衡，含硫氨基酸高于豆粕 14%；粗纤维含量为12%，影响其有效能值，有机质消化率为 70%。可代替部分豆饼喂猪。由于菜籽饼中含有毒物质（芥子苷），喂前宜采取脱毒措施。

菜籽饼（粕）不脱毒只能限量饲喂，配合饲料中用量一般为：生长育肥猪 10%～15%；繁殖母猪 3%～5%。

脱毒菜籽饼（粕）适宜于各类猪。用减毒菜籽饼（粕）喂体重20 千克左右仔猪，饲粮中的配合比例可以达到 16%～25%，猪均无中毒性不良反应。用生物工程脱毒，可代替饲粮中的全部豆粕和鱼粉，配合比例高达 27%，效果良好，经济效益显著。如能补充赖氨酸，可提高菜籽饼（粕）的利用率。

6. 芝麻饼

芝麻饼是芝麻榨油后的副产物，含粗蛋白质 40%左右，蛋氨酸含量高，适当与豆饼搭配喂猪，能提高蛋白质的利用率，一般在配合饲料中用量可占 5%～10%。由于芝麻饼含脂肪多而不宜久贮，最好现粉碎现喂。

7. 葵花饼

葵花饼有带壳和脱壳的两种。优质的脱壳葵花饼含粗蛋白质40%以上、粗脂肪5%以下、粗纤维10%以下，B族维生素含量比豆饼高，可代替部分豆饼喂猪，不宜作为饲粮中蛋白质的唯一来源，与豆粕等配合可以提高饲养效果。一般在配合饲料中用量可占10%。带壳的不宜超过5%。

8. 亚麻籽饼（胡麻籽饼）

亚麻籽饼蛋白质含量在29.1%～38.2%之间，高的可达40%以上，但赖氨酸仅为豆饼的1/3。含有丰富的维生素，尤以胆碱含量为多，而维生素D和维生素E很少。其营养价值高于芝麻饼和花生饼。母猪和生长育肥猪的平衡饲粮中用量为5%～8%，在浓缩料中可用到20%，与大麦、小麦配合优于与玉米配合使用。适口性不佳，具有轻泻作用，用量过多，会降低猪脂硬度。

9. 鱼粉

鱼粉是最理想的动物性蛋白质饲料，其蛋白质含量高达45%～60%，而且在氨基酸组成方面，赖氨酸、蛋氨酸、胱氨酸和色氨酸含量高。鱼粉中含丰富的维生素A和B族维生素，特别是维生素B_{12}。另外，鱼粉中还含有钙、磷、铁等。用鱼粉来补充植物性饲料中限制性氨基酸不足，效果很好。一般在配合饲料中用量可占2%～5%。由于鱼粉的价格较高，掺假现象较多，使用时应仔细辨别和化验。使用鱼粉要注意盐含量，若盐分超过猪的饲养标准规定量，极易造成食盐中毒。

10. 血粉

血粉是屠宰场的另一种下脚料，是很有开发潜力的动物性蛋白质饲料之一。蛋白质的含量很高，达80%～82%，但血粉加工所需的高温对氨基酸产生破坏作用，且血粉可消化性差，有特殊的臭味，适口性差，在生长育肥猪日粮中用量为3%～6%，添加异亮氨酸更好。

近年来推广发酵血粉。发酵既可以提高蛋白质的消化率，也可增加氨基酸的含量。饲粮中加入3%～5%的发酵血粉，可提高日增重9%～12%，降低饲料消耗。血粉与花生饼（粕）或棉籽饼（粕）搭配效果更好。

11. 肉骨粉

肉联厂的下脚料及病畜的废弃肉经高温处理制成,是一种良好的蛋白质饲料。肉骨粉粗蛋白质含量达40%以上,蛋白质消化率高达80%,赖氨酸含量丰富,蛋氨酸和色氨酸较少,钙、磷含量高,比例适宜,因此是猪很好的蛋白质和矿物质补充饲料,用量可占日粮的5%～10%,最好与其他蛋白质补充料配合使用。肉骨粉易变质,不易保存。如果处理不好或者存放时间过长,发黑、发臭,则不宜作饲料。

12. 蚕蛹粉

蚕蛹粉含粗蛋白质68%左右,且蛋白质品质好,限制性氨基酸含量高,可代替鱼粉补充饲粮蛋白质,并能提供良好的B族维生素。但脂肪含量高(10%以上),具有特殊气味,影响适口性,不耐贮藏,产量少,价格高。在配合饲料中用量:体重20～35千克生长育肥猪5%～10%,体重36～60千克猪2%～8%,体重60～90千克猪1%～5%。

13. 羽毛粉

羽毛粉是禽类屠宰后干净及未变质的羽毛,经过高压处理的产品。羽毛的基本成分是蛋白质,其中主要为角蛋白,在天然状态下角蛋白不能在胃中消化。现代加工技术将羽毛中蛋白质局部水解,提高了适口性和消化率。水解羽毛粉含粗蛋白质近80%,但蛋氨酸、赖氨酸、色氨酸和组氨酸含量低,使用时要注意氨基酸平衡问题,应该与其他动物性饲料配合使用。一般在配合饲料中用量为3%～5%,过多会影响猪的生长和生产。

14. 油渣

油渣是皮革工业下脚料,是目前还未开发利用的一种动物性蛋白质饲料。我国皮革工业每年产出的油渣约15万吨。据报道,在生长育肥猪基础饲粮中加入10%左右的油渣和10%的大豆饼(粕),能取得明显的增重效果,提高饲料利用率。

15. 酵母饲料

酵母饲料是在一些饲料中接种专门的菌株发酵而成,既含有较多的能量和蛋白质,又含有丰富的B族维生素和其他活性物质,蛋白质消化率高,能提高饲料的适口性及营养价值,一般含蛋白质

20%～40%。但如果用蛋白质丰富的原料生产酵母混合饲料，再掺入皮革粉、羽毛粉或血粉之类的高蛋白饲料，也可使产品的蛋白质含量提高到60%以上。酵母饲料中含有未知生长因子，有明显的促生长作用。但其味苦，适口性差，一般仔猪饲料中使用3%～5%，肉猪饲料中使用3%。

（三）青饲料与青贮饲料

1. 青饲料

凡用作饲料的绿色植物，如人工栽培牧草、野草、野菜、蔬菜类、作物茎叶、水生植物等都可作为猪的青饲料。青饲料水分含量高，如陆生青饲料水分含量在75%～90%，水生植物性饲料水分含量约为95%以上。蛋白质含量高，品质较好。由于青饲料都是植物体的营养器官，所以养分较全，一般含赖氨酸较多，蛋白质品质优于谷实类饲料蛋白质。以鲜样计，禾本科牧草与蔬菜类的蛋白质含量为1.5%～3.0%，豆科牧草则为3.2%～4.4%；以干样计，禾本科牧草和蔬菜类粗蛋白质含量可达13%～15%，豆科牧草可高达18%～24%；含有精饲料所缺乏的钙、铁，还是猪维生素营养的来源，特别是胡萝卜素和B族维生素。但青饲料的能值低，鲜重含消化能1.26～2.51兆焦/千克，粗纤维含量变化大（10%～30%）。

青饲料的化学性质为碱性，有助于日粮的消化、肠道蠕动，有通便作用，在猪的保健上具有重要作用，可促进猪的发育、提高产仔率、改善肉质、预防胃溃疡等，所以，适量喂给青饲料是必要的。建议饲粮中用量（干物质）为：生长育肥猪3%～5%；妊娠母猪25%～50%；泌乳母猪15%～35%。在青饲料不充足的情况下，应优先保证种猪。青饲料的营养特点见表3-5。

表3-5　青饲料的营养特点

种类	营养特点
天然牧草	天然牧草的利用因时因地而异。猪可利用的天然牧草主要有禾本科、豆科、菊科和莎草科四大类。禾本科和豆科牧草适口性好，饲用价值高；菊科和莎草科牧草粗蛋白质含量介于豆科和禾本科之间，但因菊科牧草有特殊气味，莎草科牧草质硬且味淡，饲用价值较低

续表

种类		营养特点
栽培牧草	豆科牧草	豆科牧草有苜蓿、紫云英、蚕豆苗、三叶草、苕子等。该类牧草除具有青饲料的一般营养特点外，钙含量高，适口性好。豆科牧草生长过程中，茎木质化较早、较快，现蕾期前后粗纤维含量急剧增加，蛋白质消化率急剧下降，从而降低营养价值。因此，用豆科牧草喂猪要特别注意适时刈割
	禾本科牧草	禾本科牧草主要有青饲玉米、青饲高粱、燕麦、大麦、黑麦草等。该类牧草富含糖类，蛋白质含量较低，粗纤维含量因生长阶段不同而异，幼嫩期喂猪适口性好，这是猪喜食的青绿饲料，也是调制优质青贮饲料和青干草粉的好材料
	紫草科和菊科牧草	紫草科的聚合草、菊科的串叶松香草在我国各地也广泛种植，也是猪常用的优质青绿饲料。这两种牧草的蛋白质含量很高，干物质接近30%。该类牧草可鲜喂，切碎或打浆后拌适量粉料饲喂适口性好，一般成年母猪喂10千克/（天·头）左右，对提高繁殖性能有益。此外，还可制成品质优良的青贮饲料，或快速晒干制成干草粉喂猪
青饲作物		包括叶菜类（白菜、甘蓝、牛皮菜等）、根茎叶类（甘薯藤、甜菜叶茎、瓜类茎叶等）、农作物叶类（油菜叶等）。该类饲料干物质营养价值高，粗蛋白质含量占干物质的16%～30%，粗纤维含量变化较大，为12%～30%。粗纤维含量较低的叶菜类可生喂，粗纤维含量较高的茎叶类可青贮或制成干草粉饲喂
水生饲料		主要有水浮莲、水葫芦、水花生和水浮萍。含水量特别高，能量价值很低，只在饲料很紧缺时适当补饲，长期饲喂猪易发生寄生虫病

2. 青贮饲料

将青饲料在厌氧条件下经乳酸菌发酵调制保存的青绿多汁饲料，为青贮饲料。青贮可以防止饲料养分继续氧化分解而损失，保质保鲜。青贮饲料水分含量高（80%～90%），干物质能量价值高，消化能在以 12.14 兆焦/千克以上。粗纤维含量较高（12%～30%）。粗蛋白含量因原料种类不同而有差异，变化范围为16%～30%，大部分为非蛋白氮。青贮饲料具芳香味，柔软多汁，适口性好。通过青贮可以让猪常年吃上青绿饲料。生产中常用的青贮设施主要有青贮窖、青贮塔和青贮袋。对青贮设施的要求是不漏水，不透气，密封好，内部表面光滑平坦。

（1）青贮方法

① 常规青贮

a. 适时收割原料　青贮料的营养价值除与原料种类、品种有关外，收割时期也直接影响品质，适时收割能获得较高的收获量和最好的营养价值。

b. 切碎装填　切碎的目的是便于装填时压实，增加饲料密度，创造厌氧环境，促进乳酸菌生长发育，同时也提高了青贮设施的利用率，且便于取用和家畜采食。装填原料时必须用人力或借助机械层层压实，尤其是周边部位压得越紧越好。装填过程中不要带入任何杂质。

c. 密封　装填完毕，立即密封、覆盖，隔绝空气，严禁雨水浸入。密封后尚需经常检查，发现漏气、漏水，立即修补。

② 半干青贮　原料收割后适当晾晒，使原料含水量迅速降到 $45\%\sim55\%$，切碎，迅速装填，压紧密封，控制发酵温度在 $40^\circ C$ 左右。日常管理同常规青贮。半干青贮能减少饲料营养损失，兼有干草和常规青贮的优点，干物质含量比常规青贮饲料高一倍。

③ 混合青贮　将营养含量不同的青饲料合理搭配后进行青贮。常用的混合青贮法有干物质含量高、低搭配青贮和含可发酵糖太少的原料与富含糖的原料混合青贮两种方法。

④ 加添加剂青贮　除在装填原料时加入适当添加剂外，其他操作方法与常规青贮方法相同。使用添加剂的目的在于保证乳酸菌繁殖的条件，促进青贮发酵，改善青贮饲料的营养价值，有利于青贮饲料的长期保存。常用青贮添加剂有发酵促进剂、发酵抑制剂、好气性变质抑制剂和营养性添加剂四大类。

（2）青贮饲料的品质鉴定　青贮饲料在饲用前或饲用过程中要进行品质鉴定，确保饲用优良的青贮饲料。优质的青贮饲料 pH 值 $3.8\sim4.2$，游离酸含量 2% 左右，其中乳酸占 $1/3\sim1/2$，无腐败，颜色绿色或黄绿色，有芳香味，柔软湿润，保持茎、叶、花原状，松散；如严重变色或变黑，刺鼻臭味，茎、叶结构保持差，黏滑或干燥、粗硬、腐烂，pH 值 4.6～5.2 者为低劣青贮饲料，不能饲喂。

（3）青贮饲料的饲用　青贮饲料是一种良好的饲料，但必须按营养需要与其他饲料搭配使用。青贮原料来源极广，常用的有甘薯藤叶、白菜帮、萝卜缨、甘蓝帮、青刈玉米、青草等。豆科植物如苜蓿、紫云英等含蛋白质多，含碳水化合物少，单独青贮效果不佳，应与含可溶性碳水化合物多的植物，如甘薯藤叶、青刈玉米等混贮。单独用甘薯藤叶青贮时，因其含可溶性碳水化合物多，贮后酸度过大，应适当加粗糠混贮或分层加粗糠混贮。青贮 1 个月后即可开封启用，饲用量应逐渐增加。仔猪和幼猪宜喂块根、块茎类青贮饲料。生长育肥猪用量以 1～1.5 千克/（头·天）为宜，哺乳母猪以 1.2～2.0 千克/（头·天）为宜，妊娠母猪以 3.0～4.0 千克/（头·天）为宜，妊娠最后 1 个月用量减半。

青贮饲料不宜过多饲喂，否则可能因酸度过高而影响胃内酸度或体内酸碱平衡，降低采食量。质量差的青贮饲料按一般用量饲喂，也可能产生不适或引起代谢病。

（4）青贮饲料的管理　青贮饲料一旦开封启用，就必须连续取用，用多少取多少。由表及里一层一层地取，使青贮料始终保持一个平面，切忌打洞取用。取料后立即封盖，以防二次发酵或雨水浸入，使料腐烂。发现霉烂变质的青贮饲料，应及时取出抛弃，防止猪食用后中毒。

（四）粗饲料

粗饲料是指粗纤维在 18% 以上的饲料，主要包括干草类、蒿秆类、糠壳类、树叶类等。粗饲料来源广泛，成本低廉，但粗纤维含量高，不容易消化，营养价值低，容积大，适口性差。经加工处理，养猪生产中可利用一部分。尤其是其中的优质干草在粉碎以后，如豆科干草粉，仍是较好的饲料，是猪冬季粗蛋白质、维生素以及钙的重要来源。由于粗纤维不易消化，因此其含量要适当控制，适宜比例是 5%～15%。使用粗饲料，对于增加饲粮容积、限制饲粮能量浓度、提高瘦肉率、预防妊娠母猪过肥有一定意义。

1. 青草粉

青草粉是将适时刈割的牧草快速干燥后粉碎而成的青绿色草粉，是重要的蛋白质、维生素饲料资源。优质青草粉在国际市场上的价格比黄玉米高20%左右。青草粉的营养特点：①可消化蛋白含量高，为16%～20%，各种氨基酸齐全；②粗纤维含量较高，为22%～35%，但消化率可达70%～80%，有机物质消化率46%～70%；③矿物质、维生素含量丰富，豆科青草粉中，钙含量足以满足动物需要，所含维生素的种类多，有叶黄素、维生素C、维生素K、维生素E、B族维生素等；④含有微量元素及其他生物活性物质。有人把青草粉称为蛋白质、维生素补充料，质量优于精料，是猪配合饲料中不可缺少的部分。

根据青草粉的营养特点，可与以禾本科饲料为主的饲粮配合使用，以提高饲粮的蛋白质含量。在配合饲粮中加入15%的青草粉，稍加饼（粕）类或动物性饲料，即可使粗蛋白质含量达到猪所需要的水平，大大节省粮食。但因青草粉粗纤维含量较高，配合比例不宜过大，2～4月龄断奶仔猪宜控制在10%以内为好。但也有资料报道，在猪饲粮中加入20%～25%青草粉代替部分精料，取得了良好的饲喂效果。

2. 树叶粉

我国林业青绿饲料资源丰富，许多树叶可以制成树叶粉加以利用。

（1）针叶粉 主要含维生素和一定量的蛋白质，尤其是胡萝卜素含量高。可以直接配入饲料中周期性饲喂，连续使用15～20天，然后间隔7～10天，以免影响猪肉品质。由于含有松脂气味和挥发性物质，添加量不宜过多，猪饲粮中一般用5%～8%。

（2）阔叶粉 阔叶粉也可作为配合饲料的原料，按5%～10%的比例加入猪饲粮中，可以提高日增重和饲料利用率。据报道，用刺槐叶粉喂猪，饲粮中加入5%～10%可代替部分麸皮和提高棉籽饼（粕）的营养价值。饲粮中加入10%～20%，不但可以取代相应比例的粮食，还可减少8%的饲料消耗。

（五）矿物质饲料

猪的生长发育、机体的新陈代谢需要钙、磷、钠、钾、硫等多种矿物质元素，上述青绿饲料、能量饲料、蛋白质饲料中虽均含有矿物质，但含量远不能满足猪的需要，因此在猪日粮中常常需要专门加入矿物质饲料。

1. 食盐

食盐主要用于补充猪体内的钠和氯，保证猪体正常新陈代谢，还可以增进猪的食欲，用量可占日粮的 0.3%～0.5%。

2. 钙磷补充饲料

（1）骨粉或磷酸氢钙　含有大量的钙和磷，而且比例合适。添加骨粉或磷酸氢钙，主要用于补充饲料中含磷量的不足。

（2）贝壳粉、石粉、蛋壳粉　三者均属于钙质饲料。贝壳粉是最好的钙质矿物质饲料，含钙量高，又容易吸收；石粉价格便宜，含钙量高，但猪吸收能力差；蛋壳粉可以自制，将各种蛋壳经水洗、煮沸和晒干后粉碎即成。蛋壳粉的吸收率也较好，但要严防传播疾病。

（六）饲料添加剂

饲料添加剂是指在那些常用饲料之外，为补充满足动物生长、繁殖、生产各方面营养需要或为某种特殊目的而加入配合饲料中的少量或微量的物质。其目的是强化日粮的营养价值或满足猪的特殊需要，如保健、促生长、增食欲、防霉、改善饲料品质和畜产品质量。

常用饲料添加剂见表 3-6。

表 3-6　常用饲料添加剂

种类		作用
营养性添加剂（指用于补充饲料营养成分的少量或微量物质）	维生素添加剂	在粗放条件下，猪能采食大量的青饲料，一般能够满足猪对维生素的需要。在集约化饲养下，猪采食高能高蛋白的配合饲料，猪的生产性能高，对维生素的需要量大大增加，因此，必须在饲料中添加多种维生素。添加时按产品说明书要求的用量，饲料中原有的含量只作为安全裕量，不予考虑。猪处于逆境时对这类添加剂需要量加大
	微量元素添加剂	主要是含有需要元素的化合物，这些化合物一般有无机盐类、有机盐类和微量元素-氨基酸螯合物。添加微量元素不考虑饲料中含量，把饲料中的作为"安全裕量"

续表

种类		作用
营养性添加剂（指用于补充饲料营养成分的少量或微量物质）	氨基酸添加剂	目前人工合成而作为饲料添加剂进行大批量生产的是赖氨酸、蛋氨酸、苏氨酸和色氨酸，以前两者最为普及。以大豆饼为主要蛋白质来源的日粮，添加蛋氨酸可以节省动物性饲料用量，豆饼不足的日粮添加蛋氨酸和赖氨酸，可以大大强化饲料的蛋白质营养价值，在杂粕含量较高的日粮中添加赖氨酸可以提高日粮的消化利用率。赖氨酸是猪饲料的第一限制性氨基酸，故必须添加，仔猪全价饲料中添加量为 $0.1\%\sim0.15\%$，育肥猪添加 $0.05\%\sim0.02\%$。育肥猪饲料中添加赖氨酸，还能改善肉的品种，提高瘦肉率
非营养性饲料添加剂	抗生素添加剂	预防猪的某些细菌性疾病，或猪处于逆境，或环境卫生条件差时，加入一定量的抗生素添加剂有良好效果。常用的抗生素有青霉素、链霉素、金霉素、土霉素等
	中草药饲料添加剂	中草药饲料添加剂毒副作用小，不易在产品中残留，且具有多种营养成分和生物活性物质，兼具有营养和防病的双重作用。其天然、多能、营养的特点，可起到增强免疫作用、激素样作用、维生素样作用、抗应激作用、抗微生物作用等
	酶制剂（酶是动物、植物机体合成、具有特殊功能的蛋白质。酶是促进蛋白质、脂肪、碳水化合物消化的催化剂，并参与体内各种代谢过程的生化反应）	在猪饲料中添加酶制剂，可以提高营养物质的消化率。目前，在生产中应用的酶制剂可分为两类： 其一是单一酶制剂。如淀粉酶、脂肪酶、蛋白酶、纤维素酶和植酸酶等。豆粕、棉粕、菜粕和玉米、麸皮等作物子实中的磷有70%为植酸磷而不能被猪利用，白白地随粪便排出体外。这不仅造成资源的浪费，污染环境，并且植酸在动物消化道内以抗营养因子存在而影响钙、镁、钾、铁等阳离子和蛋白质、淀粉、脂肪、维生素的吸收。植酸酶则能将植酸（六磷酸肌醇）水解，释放出可被吸收的有效磷，这不但消除了抗营养因子，增加了有效磷，而且还提高了其他营养素的吸收利用率。 其二是复合酶制剂。复合酶制剂是由一种或几种单一酶制剂为主体，加上其他单一酶制剂混合而成，或者由一种或几种微生物发酵获得。复合酶制剂可以同时降解饲料中多种需要降解的底物（多种抗营养因子和多种养分），可最大限度地提高饲料的营养价值。国内外饲料酶制剂产品主要是复合酶制剂。如：以蛋白酶、淀粉酶为主的饲用复合酶，主要用于补充动物内源酶的不足；以葡聚糖酶为主的饲用复合酶，主要用于以大麦、燕麦为主原料的饲料；以纤维素酶、果胶酶为主的饲用复合酶，主要作用是破坏植物细胞壁，使细胞中的营养物质释放出来，易于被消化酶作用，促进消化吸收，并能消除饲料中的抗营养因子，降低胃肠道内容物的黏稠度，促进动物的消化吸收；以纤维素酶、蛋白酶、淀粉酶、糖化酶、葡聚糖酶、果胶酶为主的饲用复合酶，具有更强的助消化作用

续表

种类		作用
非营养性饲料添加剂	微生态制剂（有益菌制剂或益生素）	将动物体内的有益微生物经过人工筛选培育，再经过现代生物工程工厂化生产，专门用于动物营养保健的活菌制剂。其内含有十几种甚至几十种畜禽胃肠道有益菌，如加藤菌、EM、益生素等；也有单一菌制剂，如乳酸菌制剂。不过，在养殖业中除一些特殊的需要外，都用多种菌的复合制剂。它除了以饲料添加剂和饮水剂饲用外，还可以用来发酵秸秆、畜禽粪便制成生物发酵饲料，既提高粗饲料的消化吸收率，又变废为宝，减少污染。微生态制剂进入消化道后，首先建立并恢复其内的优势菌群和微生态平衡，并产生一些消化菌、类抗生素物质和生物活性物质，从而提高饲料的消化吸收率，降低饲料成本；抑制大肠杆菌等有害菌感染，增强机体的抗病力和免疫力，可少用或不用抗菌类药物；明显改善饲养环境，使猪舍内的氨、硫化氢等臭味减少70%以上
	酸制（化）剂（用以增加胃酸，激活消化酶，促进营养物质吸收，降低肠道 pH，抑制有害菌感染） 有机酸化剂	在以往的生产实践中，人们往往偏好有机酸，这主要源于有机酸具有良好的风味，并可直接进入体内三羧酸循环。有机酸化剂主要有柠檬酸、延胡索酸、乳酸、丙酸、苹果酸、戊酮酸、山梨酸、甲酸（蚁酸）、乙酸（醋酸）。不同的有机酸各有其特点，但使用最广泛而且效果较好的是柠檬酸、延胡索酸
	无机酸化剂	包括强酸，如盐酸、硫酸；也包括弱酸，如磷酸。其中磷酸具有双重作用，既可作日粮酸化剂，又可作为磷源。无机酸和有机酸相比，具有较强的酸性及较低成本
	复合酸化剂	复合酸化剂是利用几种特定的有机酸和无机酸复合而成，能迅速降低 pH，保持良好的生物性能及最佳添加成本
	低聚糖（寡聚糖）	由 $2\sim10$ 个单糖通过糖苷键连接成直链或支链的小聚合物的总称。种类很多，如异麦芽低聚糖、异麦芽酮糖、大豆低聚糖等。它们不仅具有低热、稳定、安全、无毒等良好的理化特性，而且由于其分子结构的特殊性，饲喂后不能被单胃动物消化道的酶消化利用，也不会被病原菌利用，而直接进入肠道被乳酸菌、双歧杆菌等有益菌分解成单糖，再按糖酵解的途径被利用，促进有益菌增殖和消化道的微生态平衡，对大肠杆菌、沙门氏菌等病原菌产生抑制作用，因此，亦被称为化学微生态制剂。它与微生态制剂的不同点在于，它主要是促进并维持动物体内已建立的正常微生态平衡；而微生态制剂则是外源性的有益菌群，在消化道可重建、恢复有益菌群并维持其微生态平衡

续表

种类		作用
非营养性饲料添加剂	糖萜素	是从油茶饼（粕）和菜籽饼（粕）中提取的、由30%的糖类、30%的萜皂素和有机酸组成的天然生物活性物质。它可促进畜禽生长，提高日增重和饲料转化率，增强猪机体的抗病力和免疫力，并有抗氧化、抗应激作用，降低产品中镉、铅、汞、砷等有害元素的含量，改善并提高产品色泽和品质
	大蒜	大蒜是餐桌上常备之物，有悠久的调味、刺激食欲和抗菌历史。有诱食、杀菌、促生长、提高饲料利用率和畜产品品质的作用。用于饲料添加剂的有大蒜粉和大蒜素
	驱虫保健剂	主要是一些抗球虫、绦虫和蛔虫等药物
	防霉剂（饲料保存时期较长时，需要添加防霉剂）	防霉（腐）剂种类很多，如甲酸、乙酸、丙酸、丁酸、乳酸、苯甲酸、柠檬酸、山梨酸及相应酸的有关盐。饲料防霉剂主要有有机酸类（如丙酸、山梨酸、苯甲酸、乙酸、脱氢乙酸和富马酸等）、有机酸盐（如丙酸钙、山梨酸钠、苯甲酸钠、富马酸二甲酯等）和复合防霉剂。生产中常用的防霉剂有丙酸钙、丙酸钠、霉敌等
	抗氧化剂	饲料存放过程中易氧化变质，不仅影响饲料的适口性，而且降低饲用价值，甚至还会产生毒素，造成猪的死亡。所以，长期贮存饲料，必须加入抗氧化剂。抗氧化剂种类很多，目前常用的抗氧化剂多由人工化学合成，如丁基化羟基甲苯（BHT）、乙氧基喹啉（山道喹）、丁基化羟基茴香醚（BHA）等。抗氧化剂在配合饲料中的添加量为0.01%～0.05%
	其他添加剂	除以上介绍的添加剂外，还有调味剂（如乳酸乙酯、葱油、茴香油、花椒油等）、激素类等

三、猪的常用饲料营养成分

猪的常用饲料营养成分见表3-7。

表 3-7　中国饲料成分及营养价值表（2012 年，第 23 版）

中国饲料号(CFN)	饲料名称	饲料描述	猪消化能/兆焦/千克	干物质/%	粗蛋白质/%	粗脂肪/%	粗纤维/%	粗灰分/%	赖氨酸/%	蛋氨酸/%	钙/%	总磷/%	有效磷/%
4-07-0278	玉米	成熟，高蛋白质，优质	14.39	86.0	9.4	3.1	1.2	1.2	0.26	0.19	0.09	0.22	0.09
4-07-0288	玉米	成熟，高赖氨酸，优质	14.43	86.0	8.5	5.3	2.6	1.3	0.36	0.15	0.16	0.25	0.09
4-07-0279	玉米	成熟，GB/T 17890—1990，1级	14.27	86.0	8.7	3.6	1.6	1.4	0.24	0.18	0.02	0.27	0.11
4-07-0280	玉米	成熟，GB/T 17890—1990，2级	14.18	86.0	7.8	3.5	1.6	1.3	0.23	0.15	0.02	0.27	0.11
4-07-0272	高粱	成熟，NY/T，1级	13.18	86.0	9.0	3.4	1.4	1.8	0.18	0.17	0.13	0.36	0.12
4-07-0270	小麦	混合小麦，成熟，GB 1351—2008，2级	14.18	88.0	13.4	1.7	1.9	1.9	0.35	0.21	0.17	0.41	0.13
4-07-0274	大麦(裸)	裸大麦，成熟，GB/T 11760—2008，2级	13.56	87.0	13.0	2.1	2.0	2.2	0.44	0.14	0.04	0.39	0.13
4-07-0277	大麦(皮)	皮大麦，成熟，GB 10367—89，1级	12.64	87.0	11.0	1.7	4.8	2.4	0.42	0.18	0.09	0.33	0.12
4-07-0281	黑麦	子粒，进口	13.85	88.0	9.5	1.5	2.2	1.8	0.35	0.15	0.05	0.30	0.11
4-07-0273	稻谷	成熟，晒干，NY/T，2级	11.25	86.0	7.8	1.6	8.2	4.6	0.29	0.19	0.03	0.36	0.15
4-07-0276	糙米	除去外壳的大米，GB/T 18810—2002，1级	14.39	87.0	8.8		0.7	0.6	0.32	0.20	0.03	0.35	0.13
4-07-0275	碎米	加工精米后的副产品，GB/T 5503—2009，1级	15.06	88.0	10.4	2.2	1.1	1.6	0.42	0.22		0.35	0.12
4-07-0479	粟(谷子)	合格，带壳，成熟	12.93	86.5	9.7	2.3	6.8	2.7	0.15	0.25	0.12	0.30	0.09
4-04-0067	木薯干	木薯干片，晒干 GB 10369—89，合格	13.10	87.0	2.5	0.7	2.5	1.9	0.13	0.05	0.27	0.09	—

续表

中国饲料号 （CFN）	饲料名称	饲料描述	猪消化能 /（兆焦/千克)	干物质 /%	粗蛋白质 /%	粗脂肪 /%	粗纤维 /%	粗灰分 /%	赖氨酸 /%	蛋氨酸 /%	钙/%	总磷 /%	有效磷 /%
4-04-0068	甘薯干	甘薯干片，晒干 NY/T 121—1989，合格	11.80	87.0	4.0	0.8	2.8	3.0	0.16	0.06	0.19	0.02	—
4-08-0104	次粉	黑面，黄粉，下面，NY/T 211—92，1级	13.68	88.0	15.4	2.2	1.5	1.5	0.59	0.23	0.08	0.48	0.15
4-08-0105	次粉	黑面，黄粉，下面，NY/T 211—92，2级	13.43	87.0	13.6	2.1	2.8	1.8	0.52	0.16	0.08	0.48	0.15
4-08-0069	小麦麸	传统制粉工艺 GB 10368—89，1级	9.37	87.0	15.7	3.9	6.5	4.9	0.63	0.23	0.11	0.92	0.28
4-08-0070	小麦麸	传统制粉工艺 GB 10368—89，2级	9.33	87.0	14.3	4.0	6.8	4.8	0.56	0.22	0.10	0.93	0.28
4-08-0041	米糠	新鲜，不脱脂 NY/T，2级	12.64	87.0	12.8	16.5	5.7	7.5	0.74	0.25	0.07	1.43	0.20
4-10-0025	米糠饼	未脱脂，机榨 NY/T，1级	12.51	88.0	14.7	9.0	7.4	8.7	0.66	0.26	0.14	1.69	0.24
4-10-0018	米糠粕	浸提或预压浸提，NY/T，1级	11.55	87.0	15.1	2.0	7.5	8.8	0.72	0.28	0.15	1.82	0.25
5-09-0127	大豆	黄大豆，成熟 GB 1352—86，2级	16.61	87.0	35.5	17.3	4.3	4.2	2.20	0.56	0.27	0.48	0.14
5-09-0128	全脂大豆	湿法膨化，GB 1352—86，2级	17.74	88.0	35.5	18.7	4.6	4.0	2.20	0.53	0.32	0.40	0.14
5-10-0241	大豆饼	机榨，GB 10379—89，2级	14.39	89.0	41.8	5.8	4.8	5.9	2.43	0.60	0.31	0.50	0.17
5-10-0103	大豆粕	去皮，浸提或预压浸提 NY/T，1级	15.06	89.0	47.9	1.5	3.3	4.9	2.99	0.68	0.34	0.65	0.22
5-10-0102	大豆粕	浸提或预压浸提，NY/T，2级	14.26	89.0	44.2	1.9	5.9	6.1	2.68	0.59	0.33	0.62	0.21

续表

中国饲料号 （CFN）	饲料名称	饲料描述	猪消化能/兆焦/千克	干物质/%	粗蛋白质/%	粗脂肪/%	粗纤维/%	粗灰分/%	赖氨酸/%	蛋氨酸/%	钙/%	总磷/%	有效磷/%
5-10-0118	棉籽饼	机榨，NY/T 129—1989，2级	9.92	88.0	36.3	7.4	12.5	5.7	1.40	0.41	0.21	0.83	0.28
5-10-0119	棉籽粕	浸提，GB 21264—2007，1级	9.41	90.0	47.0	0.5	10.2	6.0	2.13	0.65	0.25	1.10	0.38
5-10-0117	棉籽粕	浸提，GB 21264—2007，2级	9.68	90.0	43.5	0.5	10.5	6.6	1.97	0.58	0.28	1.04	0.36
5-10-0220	棉籽蛋白	脱酚，低温一次浸出，分步萃取	10.25	92.0	51.1	1.0	6.9	5.7	2.26	0.86	0.29	0.89	0.29
5-10-0183	菜籽饼	机榨，NY/T 1799—2009，2级	12.05	88.0	35.7	7.4	11.4	7.2	1.33	0.60	0.59	0.96	0.33
5-10-0121	菜籽粕	浸提GB/T 23736—2009，2级	10.59	88.0	38.6	1.4	11.8	7.3	1.30	0.63	0.65	1.02	0.35
5-10-0116	花生仁饼	机榨，NY/T，2级	12.89	88.0	44.7	7.2	5.9	5.1	1.32	0.39	0.25	0.56	0.16
5-10-0115	花生仁粕	浸提，NY/T 133—1989，2级	12.43	88.0	47.8	1.4	6.2	5.4	1.40	0.41	0.27	0.56	0.17
1-10-0031	向日葵仁饼	壳仁比35：65，NY/T，3级	7.91	88.0	29.0	2.9	20.4	4.7	0.96	0.59	0.24	0.87	0.22
5-10-0242	向日葵仁粕	壳仁比16：84，NY/T，2级	11.63	88.0	36.5	1.0	10.5	5.6	1.22	0.72	0.27	1.13	0.29
5-10-0243	向日葵仁粕	壳仁比24：76，NY/T，2级	10.42	88.0	33.6	1.0	14.8	5.3	1.13	0.69	0.26	1.03	0.26
5-10-0119	亚麻仁饼	机榨，NY/T，2级	12.13	88.0	32.2	7.8	7.8	6.2	0.73	0.46	0.39	0.88	—
5-10-0120	亚麻仁粕	浸提或预压浸提，NY/T，2级	9.92	88.0	34.8	1.8	8.2	6.6	1.16	0.55	0.42	0.95	—
5-10-0246	芝麻饼	机榨，CP 40%	13.39	92.0	39.2	10.3	7.2	10.4	0.82	0.82	2.24	1.19	0.22

续表

中国饲料号（CFN）	饲料名称	饲料描述	猪消化能/兆焦/千克)	干物质/%	粗蛋白质/%	粗脂肪/%	粗纤维/%	粗灰分/%	赖氨酸/%	蛋氨酸/%	钙/%	总磷/%	有效磷/%
5-11-0001	玉米蛋白粉	玉米去胚芽、淀粉后面的面筋部分 CP60%	15.06	90.1	63.5	5.4	1.0	1.0	1.10	1.60	0.07	0.44	0.16
5-11-0002	玉米蛋白粉	同上，中等蛋白质产品，CP50%	15.61	91.2	51.3	7.8	2.1	2.0	0.92	1.14	0.06	0.42	0.15
5-11-0008	玉米蛋白粉	同上，中等蛋白质产品，CP40%	15.02	89.9	44.3	6.0	1.6	0.9	0.71	1.04	0.12	0.50	0.31
5-11-0003	玉米蛋白饲料	玉米去胚芽、淀粉后的含皮残渣	10.38	88.0	19.3	7.5	7.8	5.4	0.63	0.29	0.15	0.70	0.17
4-10-0026	玉米胚芽饼	玉米湿磨后的胚芽，机榨	14.69	90.0	16.7	9.6	6.3	6.6	0.70	0.31	0.04	0.50	0.15
4-10-0244	玉米胚芽粕	玉米湿磨后的胚芽，浸提	13.72	90.0	20.8	2.0	6.5	5.9	0.75	0.21	0.06	0.50	0.15
5-11-0007	DDGS	玉米酒精糟及可溶物，脱水	14.35	89.2	27.5	10.1	6.6	5.1	0.87	0.56	0.05	0.71	0.48
5-11-0009	蚕豆粉浆蛋白粉	蚕豆去皮制粉丝后的浆液，脱水	13.51	88.0	66.3	4.7	4.1	2.6	4.44	0.60	0.00	0.59	0.18
5-11-0004	麦芽根	大麦芽副产品干燥	9.67	89.7	28.3	1.4	12.5	6.1	1.30	0.37	0.22	0.73	—
5-13-0044	鱼粉（CP 67%）	进口，GB/T 19164—2003，特级	13.47	92.4	67.0	8.4	0.2	16.4	4.97	1.86	4.56	2.88	2.88
5-13-0046	鱼粉（CP 60.2%）	沿海产的海鱼粉，脱脂，12 样平均值	12.55	90.0	60.2	4.9	0.51	12.8	4.72	1.64	4.04	2.90	2.90
5-13-0077	鱼粉（CP 53.5%）	沿海产的海鱼粉，脱脂，11 样平均值	12.93	90.0	53.5	10.0	0.8	20.8	3.87	1.39	5.88	3.00	3.20
5-13-0036	血粉	鲜猪血，喷雾干燥	11.42	88.0	82.8	0.4	0	3.2	6.67	0.74	0.29	0.31	0.31
5-13-0037	羽毛粉	纯净羽毛，水解	11.59	88.0	77.9	2.2	0.7	5.8	1.65	0.59	0.20	0.68	0.68

续表

中国饲料号(CFN)	饲料名称	饲料描述	猪消化能/(兆焦/千克)	干物质/%	粗蛋白质/%	粗脂肪/%	粗纤维/%	粗灰分/%	赖氨酸/%	蛋氨酸+胱氨酸/%	钙/%	总磷/%	有效磷/%
5-13-0038	皮革粉	废牛皮，水解	11.51	88.0	74.7	0.8	1.6	0.9	2.18	0.80	4.40	0.15	0.15
5-13-0047	肉骨粉	屠宰下脚料，带骨干燥粉碎	11.84	93.0	50.0	8.5	2.8	31.7	2.60	0.67	9.20	4.70	4.70
5-13-0048	肉粉	脱脂	11.30	94.0	54.0	12.0	1.4	22.3	3.07	0.80	7.69	3.88	3.88
1-05-0074	苜蓿草粉(CP 19%)	一茬盛花期，烘干，NY/T，1级	6.95	87.0	19.1	2.3	22.7	7.6	0.82	0.21	1.40	0.51	0.51
1-05-0075	苜蓿草粉(CP 17%)	一茬盛花期，烘干，NY/T，2级	6.11	87.0	17.2	2.6	25.6	8.3	0.81	0.20	1.52	0.22	0.22
1-05-0076	苜蓿草粉(CP 14%~15%)	NY/T，3级	6.23	87.0	14.3	2.1	29.8	10.1	0.60	0.18	1.34	0.19	0.19
5-11-0005	啤酒糟	大麦酿造副产品	9.41	88.0	24.3	5.3	13.4	4.2	0.72	0.52	0.32	0.42	0.14
7-15-0001	啤酒酵母	啤酒酵母菌粉，QB/T 1940—94	14.81	91.7	52.4	0.4	0.6	4.7	3.38	0.83	0.16	1.02	0.46
4-13-0075	乳清粉	乳清，脱水低乳糖含量	14.39	94.0	12.0	0.7	0.0	9.7	1.10	0.20	0.87	0.79	0.79
5-01-0162	酪蛋白	脱水	17.27	91.0	84.4	0.6	0.0	3.6	6.99	2.57	0.36	0.32	0.32
5-14-0503	明胶	食用	11.72	90.0	88.6	0.5	0.0	0.3	3.62	0.76	0.49	0.00	0.00
4-06-0076	牛奶乳糖	进口，含乳糖80%以上	14.10	96.0	3.5	0.5	0.0	10.0	0.14	0.03	0.52	0.62	0.62
4-06-0077	乳糖	食用	14.77	96.0	0.3	0.0	0.0	0.0					
4-06-0078	葡萄糖	食用	14.06	90.0	0.3	0.0	0.0	0.0					
4-06-0079	蔗糖	食用	15.90	99.0	0.0	0.0	0.0	0.5			0.04	0.01	0.01
4-02-0889	玉米淀粉	食用	16.74	99.0	0.3	0.2	0.0	0.0			0.00	0.03	0.01
4-17-0001	牛脂		33.47	99.0	0.0	98.0*	0.0	0.5			0.00	0.00	0.00
4-17-0002	猪油		34.69	99.0	0.0	98.0*	0.0	0.5			0.00	0.00	0.00
4-17-0003	家禽脂肪		35.65	99.0	0.0	98.0*	0.0	0.5			0.00	0.00	0.00
4-17-0004	鱼油		35.31	99.0	0.0	98.0*	0.0	0.5			0.00	0.00	0.00

中国饲料号 (CFN)	饲料名称	饲料描述	猪消化能 /兆焦 /千克)	干物质 /%	粗蛋白质 /%	粗脂肪 /%	粗纤维 /%	粗灰分 /%	赖氨酸 /%	蛋氨酸 /%	钙/%	总磷 /%	有效磷 /%
4-17-0005	菜籽油		36.65	99.0	0.0	98.0 *	0.0	0.5			0.00	0.00	0.00
4-17-0006	椰子油		36.61	99.0	0.0	98.0 *	0.0	0.5					
4-17-0007	玉米油		35.11	99.0	0.0	98.0 *	0.0	0.5					
4-17-0008	棉籽油		35.98	99.0	0.0	98.0 *	0.0	0.5					
4-17-0009	棕榈油		33.51	99.0	0.0	98.0 *	0.0	0.5					
4-17-0010	花生油		36.53	99.0	0.0	98.0 *	0.0	0.5					
4-17-0011	芝麻油		36.61	99.0	0.0	98.0 *	0.0	0.5					
4-17-0012	大豆油	粗制	36.61	99.0	0.0	98.0 *	0.0	0.5					
4-17-0013	葵花油		36.65	99.0	0.0	98.0 *	0.0	0.5					

　　注:"—"表示未测值;"＊"表示典型值;空格的数据代表为"0"。所有数值,无特别说明者,均表示为饲喂状态的含量数值。

第二节　猪的营养需要

　　所谓营养需要就是指猪在生长发育、繁殖、生产等生理活动中每天对能量、蛋白质、维生素和矿物质的需要量。猪的生活和生产过程实质是对各种营养物质的消耗过程,只有了解猪对各种营养物质的确切需要量,才能按照需要进行提供,既能最大限度满足猪的需要,又不会造成营养浪费。

　　饲养标准是以猪的营养需要(猪在生长发育、繁殖、生产等生理活动中每天对能量、蛋白质、维生素和矿物质的需要量)为基础的,经过多次试验和反复验证后对某一类猪在特定环境和生理状态下的营养需要得出的一个在生产中应用的估计值。在饲养标准中,详细地规定了猪在不同生长时期和生产阶段,每千克饲粮中应含有的能量、粗蛋白质、各种必需氨基酸、矿物质及维生素含量或每天需要的各种营养物质的数量。有了饲养标准,就可以按照饲养标准来设计日粮配方,进行日粮配制,避免实际饲养中的盲目性。但是,猪的营养需要受到猪的品种、生产性能、饲料条件、环境条件等多种因素影响,选择标准应该因猪制宜、因地制宜。各类猪的饲养标准见表3-8~表3-11,以供参考。

表 3-8　瘦肉型生长育肥猪每千克日粮养分含量（88％干物质）

指标	体重/千克				
	3～8	8～20	20～35	35～60	60～90
日增重/(千克/天)	0.24	0.44	0.61	0.69	0.80
采食量/(千克/天)	0.30	0.74	1.43	1.90	2.50
饲料/增重	1.25	1.59	2.34	2.75	3.13
饲粮消化能含量/兆焦	14.02	13.60	13.39	13.39	13.39
饲粮代谢能含量/兆焦	13.46	13.60	12.86	12.86	12.86
粗蛋白质 CP/%	21.0	19.0	17.8	16.4	14.5
能量/蛋白(兆焦/%)	668	716	752	817	923
赖氨酸/能量(克/兆焦)	1.01	0.85	0.68	0.61	0.55
氨基酸					
赖氨酸/%	1.42	1.16	0.90	0.82	0.70
蛋氨酸/%	0.40	0.030	0.24	0.22	0.19
蛋氨酸＋胱氨酸/%	0.81	0.66	0.52	0.48	0.40
苏氨酸/%	0.94	0.76	0.58	0.56	0.49
色氨酸/%	0.27	0.21	0.16	0.15	0.13
异亮氨酸/%	0.79	0.64	0.48	0.46	0.39
亮氨酸/%	1.42	1.13	0.85	0.78	0.63
精氨酸/%	0.56	0.46	0.35	0.30	0.21
缬氨酸/%	0.98	0.80	0.61	0.57	0.47
组氨酸/%	0.45	0.36	0.28	0.26	0.21
苯丙氨酸/%	0.85	0.69	0.52	0.48	0.40
苯丙氨酸＋酪氨酸/%	1.33	1.07	0.82	0.77	0.64
矿物质					
钙/%	0.88	0.74	0.62	0.56	0.49
总磷/%	0.74	0.58	0.53	0.48	0.43
非植酸磷/%	0.54	0.36	0.35	0.20	0.17
钠/%	0.25	0.15	0.12	0.10	0.10
氯/%	0.25	0.15	0.10	0.09	0.08
镁/%	0.04	0.04	0.04	0.04	0.04
钾/%	0.30	0.26	0.24	0.23	0.18
铜/毫克	6.0	6.0	4.50	4.00	3.50

续表

指标	体重/千克				
	3～8	8～20	20～35	35～60	60～90
碘/毫克	0.14	0.14	0.14	0.14	0.14
铁/毫克	105	105	70	60	50
锰/毫克	4.00	4.00	3.00	200	2.00
硒/毫克	0.30	0.30	0.30	0.25	0.25
锌/毫克	110	110	70	60	50
维生素和脂肪酸					
维生素 A/国际单位	2200	1800	1500	1400	1300
维生素 D_3/国际单位	220	200	170	160	150
维生素 E/国际单位	16	11	11	11	11
维生素 K/毫克	0.50	0.50			
硫胺素/毫克	1.50	1.00	1.00	1.00	1.00
核黄素/毫克	4.00	3.50	2.50	2.00	2.00
泛酸/毫克	12.00	150	10.00	8.50	7.50
烟酸/毫克	20.0	15.00	10.00	8.50	7.50
吡哆醇/毫克	2.0	1.50	1.00	1.00	1.00
生物素/毫克	0.08	0.05	0.05	0.05	0.05
叶酸/毫克	0.30	0.30	0.30	0.30	0.30
维生素 B_{12}/微克	20.0	17.50	11.00	8.00	6.00
胆碱/克	0.60	0.50	0.35	0.30	0.30
亚油酸/%	0.10	0.10	0.10	0.010	0.10

注：1. 瘦肉型是指瘦肉率高于56％的公母混养（阉公猪与青年猪各一半）。

2. 代谢能为消化能的96％。

3. 3～20千克猪的赖氨酸百分比是根据试验和经验数据的估测值，其他氨基酸需要量是根据其与赖氨酸的比例（理想蛋白质）的估测值；20～90千克猪的赖氨酸需要量是结合生长模型、试验数据和经验数据的估测值，其他氨基酸需要量是根据其与赖氨酸的比例（理想蛋白质）的估测值。

4. 矿物质需要量包括饲料原料中提供的矿物质量；对于发育公猪和后备母猪，钙、总磷和有效磷的需要量应提高0.05～0.1个百分点。

5. 维生素需要量包括饲料原料中提供的维生素量。

6. 1国际单位维生素A＝0.344微克维生素A乙酸酯。1国际单位维生素D_3＝0.025微克胆钙化醇。1国际单位维生素E＝0.67毫克D-α-生育酚或1毫克DL-α-生育酚乙酸酯。

表 3-9　肉脂型生长育肥猪每千克日粮养分含量

（一型标准，自由采食，88％干物质）

指标	体重/千克				
	3～8	8～20	20～35	35～60	60～90
日增重/千克	5～8	8～15	15～30	30～60	60～90
采食量/（千克/天）	0.22	0.39	0.50	0.60	0.70
饲料/增重	0.40	0.87	1.36	2.02	2.94
饲粮消化能含量/兆焦	1.80	2.30	2.73	3.35	4.20
饲粮代谢能含量/兆焦	13.90	13.60	12.95	12.95	12.95
粗蛋白质（CP）/%	21.0	18.2	16.0	14.0	13.0
能量∶蛋白/（千焦/%）	667	747	800	925	996
赖氨酸/能量/（克/兆焦）	0.97	0.77	0.66	0.53	0.46
氨基酸					
赖氨酸/%	1.34	1.05	0.85	0.69	0.60
蛋氨酸＋胱氨酸/%	0.65	0.52	0.43	0.38	0.34
苏氨酸/%	0.77	0.62	0.50	0.45	0.39
色氨酸/%	0.19	0.15	0.12	0.11	0.11
异亮氨酸/%	0.73	0.59	0.47	0.43	0.37
矿物质					
钙/%	0.86	0.74	0.64	0.55	0.46
总磷/%	0.67	0.60	0.55	0.46	0.37
非植酸磷/%	0.42	0.32	0.29	0.21	0.14
钠/%	0.20	0.15	0.09	0.09	0.09
氯/%	0.20	0.15	0.07	0.07	0.07
镁/%	0.04	0.04			
钾/%	0.29	0.26	0.24	0.21	0.16
铜/毫克	6.00	5.5	4.5	3.7	3.0
碘/毫克	0.13	0.13	0.13	0.13	0.13
铁/毫克	100	92	74	55	37
锰/毫克	4.0	3.0	3.0	2.0	2.0
硒/毫克	0.30	0.27	0.23	0.14	0.09
锌/毫克	100	90	75	55	46

续表

指标	体重/千克				
	3～8	8～20	20～35	35～60	60～90
维生素和脂肪酸					
维生素 A/国际单位	2100	2000	1600	1200	1200
维生素 D_3/国际单位	210	200	180	140	140
维生素 E/国际单位	15	15	10	10	10
维生素 K/毫克	0.50	0.50	0.50	0.50	0.50
硫胺素/毫克	1.50	1.00	1.00	1.00	1.00
核黄素/毫克	4.00	3.50	3.00	2.00	2.00
泛酸/毫克	12.00	14.00	8.00	7.00	6.00
烟酸/毫克	20.0	14.00	12.00	9.00	6.50
吡哆醇/毫克	2.00	1.50	1.50	1.00	1.00
生物素/毫克	0.08	0.05	0.05	0.05	0.05
叶酸/毫克	0.30	0.30	0.30	0.30	0.30
维生素 B_{12}/微克	20.00	16.50	14.50	10.0	5.00
胆碱/克	0.50	0.40	0.30	0.30	0.30
亚油酸/%	0.10	0.10	0.10	0.10	0.10

注：一型标准瘦肉率 52%±1.5%，达 90 千克体重时间为 175 天左右。其他同瘦肉型。

表 3-10　后备母猪日粮中养分含量

指标	小型猪体重/千克			大型猪体重/千克		
	10～20	20～35	35～60	20～35	35～60	60～90
消化能/(兆焦/千克)	12.55	12.55	12.13	12.55	12.34	12.13
代谢能/(兆焦/千克)	11.63	11.72	11.34	11.63	11.51	11.34
粗蛋白/%	16	14	13	16	14	13
赖氨酸/%	0.70	0.62	0.52	0.62	0.53	0.48
蛋氨酸+胱氨酸/%	0.45	0.40	0.34	0.40	0.35	0.34
苏氨酸/%	0.45	0.40	0.34	0.40	0.34	0.31
异亮氨酸/%	0.50	0.45	0.38	0.45	0.38	0.34
钙/%	0.6	0.6	0.6	0.6	0.6	0.6
磷/%	0.5	0.5	0.5	0.5	0.5	0.5

续表

指标	小型猪体重/千克			大型猪体重/千克		
	10～20	20～35	35～60	20～35	35～60	60～90
食盐/%	0.4	0.4	0.4	0.4	0.4	0.4
铁/(毫克/千克)	71	53	43	53	44	38
锌/(毫克/千克)	71	53	43	53	44	38
铜/(毫克/千克)	5	4	3	4	3	3
锰/(毫克/千克)	2	2	2	2	2	2
碘/(毫克/千克)	0.14	0.14	0.14	0.14	0.14	0.14
硒/(毫克/千克)	0.15	0.15	0.15	0.15	0.15	0.15
维生素 A/(国际单位/千克)	1560	1250	1120	1160	1120	1110
维生素 D/(国际单位/千克)	178	178	130	178	130	115
维生素 E/(国际单位/千克)	10	10	10	10	10	10
维生素 K/(毫克/千克)	2	2	2	2	2	1
维生素 B_1/(毫克/千克)	1	1	1	1	1	1.9
维生素 B_2/(毫克/千克)	2.7	2.3	2.0	2.3	2.0	1.9
烟酸/(毫克/千克)	16	12	10	12	10	9
泛酸/(毫克/千克)	10	10	10	10	10	10
维生素 B_{12}/(微克/千克)	13	10	10	10	10	10
生物素/(毫克/千克)	0.09	0.09	0.09	0.09	0.09	0.09
叶酸/(毫克/千克)	0.5	0.5	0.5	0.5	0.5	0.5

表 3-11　种猪日粮中养分含量

指标	妊娠前期母猪	妊娠后期母猪	哺乳母猪	种公猪
消化能/(兆焦/千克)	11.72	11.72	12.13	12.55
代谢能/(兆焦/千克)	11.09	11.09	11.72	12.05
粗蛋白/%	11.0	12	14	12（90千克以下为14）
赖氨酸/%	0.35	0.36	0.5	0.38
蛋氨酸＋胱氨酸/%	0.19	0.19	0.31	0.20
苏氨酸/%	0.28	0.28	0.37	0.30
异亮氨酸/%	0.31	0.31	0.33	0.33
钙/%	0.61	0.61	0.64	0.66

续表

指标	妊娠前期母猪	妊娠后期母猪	哺乳母猪	种公猪
磷/%	0.49	0.49	0.46	0.53
食盐/%	0.32	0.32	0.44	0.35
铁/(毫克/千克)	65	65	70	71
锌/(毫克/千克)	42	42	44	44
铜/(毫克/千克)	4	4	4.4	5
锰/(毫克/千克)	8	8	8	9
碘/(毫克/千克)	0.11	0.11	0.12	0.12
硒/(毫克/千克)	0.13	0.13	0.09	0.13
维生素 A/(国际单位/千克)	3200	3300	1700	3531
维生素 D/(国际单位/千克)	160	160	172	177
维生素 E/(国际单位/千克)	8	8	9	8.9
维生素 K/(毫克/千克)	1.7	1.7	1.7	1.8
维生素 B_1/(毫克/千克)	0.8	0.8	0.9	2.6
维生素 B_2/(毫克/千克)	2.5	2.5	2.6	0.9
烟酸/(毫克/千克)	8	8	9	8.9
泛酸/(毫克/千克)	9.7	9.8	10	10.6
维生素 B_{12}/(微克/千克)	12	13	13	13.3
生物素/(毫克/千克)	0.08	0.08	0.09	0.09
叶酸/(毫克/千克)	0.5	0.5	0.5	0.52

第三节　猪的日粮配合

一、配合饲料的种类

(一) 添加剂预混料

添加剂预混料是由营养物质添加剂（维生素、氨基酸和微量元素）和非营养物质添加剂（抗生素、抗氧化剂、驱虫剂等）组成，并以石粉或小麦粉为载体，按规定量进行预混合的一种产品，可供养殖场平衡混合料之用。另外还有单一的预混料，如微量元素预混料、维生素预混料、复合预混料等。预混料是全价配合饲料的重要组成部分，虽然只占全价配合饲料的 0.25％～3％，却是提高饲料产品质量的核心部分。

（二）浓缩饲料

浓缩饲料又称平衡用配合饲料，是由添加剂预混料、蛋白质饲料、常量矿物质饲料等按比例配合而成。蛋白质含量一般为30％～75％。浓缩饲料常见的有一九料（1 份浓缩饲料与 9 份能量饲料混合）、二八料（2 份浓缩饲料与 8 份能量饲料混合）、三七料（3 份浓缩饲料与 7 份能量饲料混合）和四六料（4 份浓缩饲料与 6 份能量饲料混合）。

（三）全价配合饲料

全价配合饲料是根据猪的需要，把多种饲料原料和添加剂预混料按一定的加工工艺配制而成的均匀一致、营养价值完全的饲料。浓缩料加上能量饲料就配成全价饲料。

配合饲料的料型有粉状、颗粒状和液状，一般以粉状为主。粉料中各单种饲料的粉碎细度应一致，才能均匀配合成营养全面的配合饲料，适用于自动喂食装置。颗粒料是将全价配合饲料经加热压缩而成一定的颗粒，有圆筒形，也有扁形、圆形或角状的。颗粒料容易采食，多用于哺乳仔猪和断奶仔猪。液状料多用于乳猪的代乳料饲用。

总之，预混料和浓缩饲料是半成品，不能直接饲用，而全价配合饲料是最终产品，三者的关系见图 3-2。

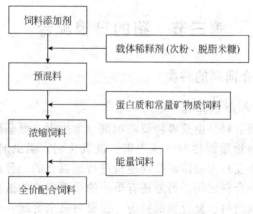

图 3-2　配合饲料种类及其关系

二、猪日粮配合的原则

(一) 营养原则

配合日粮时，应该以猪的饲养标准为依据。但猪的营养需要是个极其复杂的问题，饲料的品种、产地、保存好坏会影响饲料的营养含量，猪的品种、类型、饲养管理条件等也能影响营养的实际需要量，温度、湿度、有害气体、应激因素、饲料加工调制方法等也会影响营养需要和消化吸收。因此，在生产中原则上按饲养标准配合日粮，也要根据实际情况作适当的调整。

(二) 生理原则

配合日粮时，必须根据各类猪的不同生理特点，选择适宜的饲料进行搭配和合理加工调制。如哺乳仔猪，粗纤维含量应控制在5%以下。豆类饲料应炒熟粉碎，增加香味和适口性。成年猪对粗纤维的消化能力增强，可以提高粗饲料用量，扩大粗饲料选择范围。还要注意日粮的适口性、容重和稳定性。要注意饲料原料的多样化，既能提高适口性，又能充分利用饲料营养的互补性，见表3-12。

表3-12　不同饲料在配合饲料中的适宜参考用量　单位：%

饲料种类	妊娠料	哺乳料	开口料	生长育肥料	浓缩料
动物脂 (稳定化)	0	0	0~4	0	0
大麦	0~80	0~80	0~25	0~85	0
血粉	0~3	0~3	0~4	0~3	0~10
玉米	0~80	0~80	0~40	0~85	0
棉籽饼	0~5	0~5	0	0~5	0~20
菜籽饼	0~5	0~5	0	0~5	0~5
鱼粉	0~5	0~5	0	0~12	0~40
亚麻饼	0~5	0~5	0	0~5	0~20
骨肉粉	0~10	0~5	0~5	0~5	0~30
高粱	0~80	0~80	0~30	0~85	0
糖蜜	0~5	0~5	0~5	0~5	0~5

饲料种类	妊娠料	哺乳料	开口料	生长育肥料	浓缩料
燕麦	0~40	0~15	0~15	0~20	0
燕麦（脱壳）	0	0	0~20	0	0
脱脂奶	0	0	0~20	0	0
大豆饼	0~20	0	0~25	0~20	0~85
小麦	0~80	0~80	0~30	0~85	0
麦麸	0~30	0~10	0~10	0~20	0~20
酵母	0~3	0~3	0~3	0~3	0~5
稻谷	0~50	0~50	0	0~50	0

（三）经济原则

养猪的饲料费用一般要占养猪成本的70%~80%。因此，配合日粮时，应就地取材，选用营养丰富、价格低廉的饲料原料来配合日粮，以降低生产成本，提高经济效益。同时，配合饲料必须注意混合均匀，才能保证配合饲料的质量。

（四）安全性原则

饲料安全关系到猪群健康，更关系到食品安全和人民健康。所以，配制的饲料要符合国家饲料卫生质量标准，饲料中含有的物质、品种和数量必须控制在安全允许的范围内，有毒物质、药物添加剂、细菌总数、霉菌总数、重金属等不能超标。

三、猪的饲料配方设计要点

（一）根据不同的生理阶段设计配方

1. 乳猪（3~5周龄以前）、仔猪（6~8周龄以前）和生长猪（20~50千克体重）配合饲料配方设计

重点是考虑消化能、粗蛋白、赖氨酸和蛋氨酸的数量和质量。3~5周以前的小猪更应坚持高消化能、高蛋白质质量的配方设计原则。低于50千克的猪，生产性能的80%~90%靠这些营养物质发挥作用。此外，尽可能考虑使用生长促进剂和与仔猪健康有关的保健剂，有利于最大限度提高乳、仔猪和生长猪的生长速度和饲料

利用效率。

2. 育肥猪的饲料配方设计

首先考虑满足猪生长所需要的消化能，其次是满足粗蛋白质需要。微量营养物质和非营养性添加剂可酌情考虑。育肥最后阶段的饲料配方应考虑饲料对胴体质量的影响，保证适宜胴体质量具有重要商品价值，但需要选用符合安全肉猪生产有关规定的添加剂。

3. 妊娠母猪饲料配方可以参考育肥猪饲粮配方设计

微量营养素的考虑原则与泌乳母猪明显不同。应根据妊娠母猪的限制饲养程度，保证在有限的采食量中能供给充分满足需要的微量营养物质，特别要注意有效供给与繁殖有关的维生素 A、维生素 D、维生素 E、生物素、叶酸、烟酸、胆碱及微量元素锌、碘、锰等。

4. 泌乳母猪饲料配方设计

考虑的营养重点是消化能、蛋白质和氨基酸的平衡。泌乳高峰期更要保证这些营养物质的质量，否则会造成母猪动用体内储存的营养物质维持泌乳，导致体况明显下降，严重影响下一周期的繁殖性能。泌乳母猪泌乳量大，采食量也大，微量营养素特别是微量元素供给不超过需要量。

（二）合理选择利用饲料原料

饲料原料的选择利用，一要保证质量，二要考虑原料的适宜用量。同样的饲料原料能配制出营养价值不同的配合饲料。任何一种饲料原料，不是随便可以配制的。饲料原料在一定范围内具有线性相加效应。选用适宜的饲料原料、适宜的用量组合，配制的配合饲料饲养效果最好。不适宜饲料、不适宜用量组合或适宜饲料、不适宜用量组合都不能达到最好的饲养效果。

四、猪日粮配方设计方法

配合日粮首先要设计日粮配方，有了配方，然后"照方抓药"。猪日粮配方的设计方法很多，如四角法、线性规划法、试差法、计算机法等。目前多采用试差法和计算机法。

（一）试差法

试差法是畜牧生产中常用的一种日粮配合方法。此法是根据饲养标准及饲料供应情况，选用数种饲料，先初步规定用量进行试配，然后将其所含养分与饲养标准对照比较，可通过调整饲料用量使之符合饲养标准的规定。应用试差法一般经过反复的调整计算和对照比较。

【例1】肉脂型生长育肥猪体重35～60千克，现用玉米、大麦、豆粕、棉粕、小麦麸、大米糠、国产鱼粉、贝壳粉、骨粉、食盐和1％的预混剂等饲料设计一个饲料配方。

第一步，根据饲养标准，查出35～60千克育肥猪的营养需要（表3-13）。

表3-13 35～60千克育肥猪每千克饲粮的营养含量

消化能/(兆焦/千克)	粗蛋白/%	钙/%	磷/%	赖氨酸/%	蛋氨酸＋胱氨酸/%	食盐/%
12.97	14	0.50	0.41	0.52	0.28	0.30

第二步，根据饲料原料成分表查出所用各种饲料的养分含量，见表3-14。

表3-14 各种饲料的养分含量

饲料	消化能/(兆焦/千克)	粗蛋白/%	钙/%	磷/%	赖氨酸/%	蛋氨酸＋胱氨酸/%
玉米	14.27	8.7	0.02	0.27	0.24	0.38
大麦	12.64	11	0.09	0.33	0.42	0.36
豆粕	13.51	40.9	0.30	0.49	2.38	1.20
棉粕	9.92	40.05	0.21	0.83	1.56	2.07
小麦麸	9.37	15.7	0.11	0.92	0.59	0.39
大米糠	12.64	12.8	0.07	1.43	0.74	0.44
国产鱼粉	13.05	52.5	5.74	3.12	3.41	1.00
贝壳粉			32.6			
骨粉			30.12	13.46		

第三步，初拟配方。根据饲养经验，初步拟定一个配合比例，然后计算能量蛋白质营养物质含量。初拟的配方和计算结果如表3-15。

表 3-15 初拟配方及配方中能量蛋白质含量

饲料	比例/%	代谢能/（兆焦/千克）	粗蛋白/%
玉米	58	8.277	5.046
大麦	10	1.264	1.10
豆粕	6	0.811	2.434
棉粕	4	0.397	1.620
小麦麸	10	0.937	1.57
大米糠	6	0.758	0.768
国产鱼粉	4	0.522	2.10
合计	98	12.966	14.66

第四步，调整配方，使能量和蛋白质符合营养标准。由表中可以算出能量比标准少 0.004 兆焦/千克，蛋白质多 0.66%，用能量较高的玉米代替鱼粉，每代替 1% 可以增加能量 0.012 兆焦 [(13.05－14.27)×1%]，减少蛋白质 0.438[(52.5－8.7)×1%]。替代后能量为 12.978 兆焦/千克，蛋白质为 14.22%，与标准接近。

第五步，计算矿物质和氨基酸的含量，如表 3-16。

表 3-16 矿物质和氨基酸含量

饲料	比例/%	钙/%	磷/%	赖氨酸/%	蛋氨酸＋胱氨酸/%
玉米	59	0.012	0.159	0.142	0.224
大麦	10	0.009	0.035	0.042	0.036
豆粕	6	0.018	0.029	0.143	0.072
棉粕	4	0.008	0.033	0.062	0.083
小麦麸	10	0.011	0.092	0.059	0.039
大米糠	6	0.004	0.086	0.044	0.026
国产鱼粉	3	0.172	0.094	0.102	0.03
合计	98	0.234	0.520	0.594	0.510

根据上述配方计算得知，饲粮中钙比标准低 0.266%，磷满足需要。只需要添加 0.8%（0.266÷32.6×100%）的贝壳粉。赖氨酸和蛋氨酸＋胱氨酸超过标准，不用添加。补充 0.3% 的食盐和 1% 的预混剂。最后配方总量为 100.1%，可在玉米中减去 0.1%，不用再计算。一般能量饲料调整不大于 1% 的情况下，日粮中的能量、蛋白质指标引起的变化不大，可以忽略。

第六步：列出配方和主要营养指标。

饲料配方：玉米 58.9%、大麦 10%、豆粕 6%、棉粕 4%、小麦麸 10%、大米糠 6%、国产鱼粉 3%、贝壳粉 0.8%、食盐 0.3%、预混剂 1%，合计 100%。

营养水平：消化能 12.987 兆焦/千克、粗蛋白 14.22%、钙 0.50%、磷 0.52%、蛋氨酸＋胱氨酸 0.51%、赖氨酸 0.59%。

（二）计算机法

应用计算机设计饲料配方可以考虑多种原料和多个营养指标，且速度快，能调出最低成本的饲料配方。现在应用的计算机软件，多是应用线性规划，就是在所给饲料种类和满足所求配方的各项营养指标的条件下，能使设计的配方成本最低。但计算机也只能是辅助设计，需要有经验的营养专家进行修订、原料限制，以及最终的检查确定。

（三）四角法

四角法又称对角线法，此法简单易学，适用于饲料品种少、指标单一的配方设计。特别适用于使用浓缩料加上能量饲料配制成全价饲料。其步骤是：

① 划一个正方形，在其中间写上所要配的饲料的粗蛋白质百分含量，并与四角连线。

② 在正方形的左上角和左下角分别写上所用能量饲料（玉米）、浓缩料的粗蛋白质百分含量。

③ 沿两条对角线用大数减小数，把结果写在相应的右上角及右下角，所得结果便是玉米和浓缩料配合的份数。

④ 把两者份数相加之和作为配合后的总份数，以此作除数，分别求出两者的百分数，即为它们的配比率。

【例 2】 用含粗蛋白质 20% 的浓缩料和含粗蛋白质 8.4% 的玉米

相配合，设计一个含粗蛋白质 13%（60～90 千克育肥猪）的饲料配方。

8.4 (玉米)　　　　　　　20−13=7份

13

20 (浓缩饲料)　　　　　13−8.4=4.6份

玉米 $\dfrac{7}{7+4.6}\times 100\% \approx 60\%$

浓缩饲料 $\dfrac{4.6}{7+4.6}\times 100\% \approx 40\%$

第四节　猪饲料的实用配方

一、猪复合预混料配方举例

见表 3-17、表 3-18。

表 3-17　2%仔猪复合预混料配方

原料名称	每吨全价料中的添加量/千克	每千克预混料中有效成分含量/克	组成百分比/%
华罗多维	0.300	30	1.5
50%氯化胆碱	0.800	80	4
富思特微矿	0.500	50	2.5
98.5%赖氨酸	1.00	100	5.0
5%喹乙醇	2.00	200	10.0
10%阿散酸	8.00	800	40
25%乙氧基喹啉	0	1	0.05
油脂	0	2	0.1
次粉	0	737	36.85
合计		2000	100

表 3-18 1%生长猪复合预混料配方

原料名称	每吨全价料中的添加量/千克	每千克预混料中的有效成分含量/克	组成百分比/%
华罗多维	0.250	25	2.5
50%氯化胆碱	0.250	25	2.5
富思特微矿	0.200	20	2.0
98.5%赖氨酸	0.700	70	7.0
4%黄霉素	0.050	5	0.5
50% BHT	0	0.25	0.025
油脂	0	2	0.2
次粉	0	852.75	85.275
合计		1000	100

注：BHT 为 2,6-二叔丁基对甲酚，是一种抗氧化剂。

二、猪的全价配合饲料配方举例

(一) 乳猪（哺乳仔猪）料配方

见表 3-19～表 3-21。

表 3-19 乳猪（哺乳仔猪）料配方（2～3 周）（一） 单位:%

饲料原料	配方 1	配方 2	配方 3	配方 4	配方 5	配方 6	配方 7
黄玉米粉	28.15	26.75	30.75	16.45	44.2	17.85	31.65
豆粕	15.10	14.10	27.00	24.2	22.75	25.2	30.10
脱脂奶粉	40.0	40.0	10.0	20.0	10.0	20.0	10.0
乳清粉	0	0	20.0	20.0	10.0	20.0	20.0
进口鱼粉	2.5	2.5	2.5	2.5	0	2.5	0
糖	10.0	10.0	5.0	10	10.0	10.0	5.0
苜蓿烘干草粉	0	2.5	0	2.5	0	0	0
油脂	2.5	2.5	2.5	2.5	0	2.5	1.0
碳酸钙	0.4	0.4	0.5	0.5	0.7	0.5	0.5
脱氟磷酸氢钙	0.1	0	0.5	0	1.1	0.2	0.5
碘化食盐	0.25	0.25	0.25	0.25	0.25	0.25	0.25
仔猪预混剂	1.0	1.0	1.0	1.0	1.0	1.0	1.0

表 3-20　乳猪（哺乳仔猪）料配方（2～3 周）（二）　单位：%

饲料原料	配方 1	配方 2	配方 3	配方 4	配方 5	配方 6	配方 7
黄玉米粉	43.75	47.5	49.15	51.85	55.0	54.5	44.5
豆粕	25.8	24.5	27.8	25.2	22.0	27.5	37.5
脱脂奶粉	0	5.0	0	5.0	0	0	0
乳清粉	15.0	10.0	15.0	10.0	20.0	15.0	15.0
进口鱼粉	2.5	2.5	0	0	0	0	0
糖	5.0	5.0	5.0	5.0	0	0	0
苜蓿烘干草粉	2.5	0	0	0	0	0	0
油脂	2.5	2.5	0	0	0	0	0
碳酸钙	0.75	0.7	0.75	0.7	0.75	0.5	0.5
脱氟磷酸氢钙	0.95	1.05	1.05	1.0	1.0	1.25	1.25
碘化食盐	0.25	0.25	0.25	0.25	0.25	0.25	0.25
仔猪预混剂	1.0	1.0	1.0	1.0	1.0	1.0	1.0

表 3-21　乳猪（哺乳仔猪）料配方（5～10 千克体重）　单位：%

饲料原料	配方 1	配方 2	配方 3	配方 4	配方 5	配方 6	配方 7
黄玉米	60.5	54.3	53.8	60.0	64	65.0	60.3
麸皮	0	0	0	0	7.4	5.0	3.0
豆粕	31.0	39.8	37	34.6	22.0	25.0	25
石粉	0.2	0.6	1.6	1.0	0	0	0
磷酸氢钙	2.1	2.0	2.1	1.1	1.5	0	1.5
食盐	0.3	0.3	0.5	0.3	0	0	1.2
进口鱼粉	0	0	0	0	3.0	4.0	7.0
酵母	0	0	0	0	0	0	1.0
乳清粉	0	0	0	0	0	0	0
柠檬酸	2.0	2.0	2.0	2.0	0	0	0
油脂	2.9	0	2.0	0	0	0	0
复合添加剂	1.0	1.0	1.0	1.0	1.0	1.0	1.0
复合霉制剂	0	0	0	0	1.1	0	0

（二）保育仔猪料配方

见表 3-22、表 3-23。

表 3-22　保育仔猪料配方（一）（10～20 千克）　单位：%

饲料原料	配方 1	配方 2	配方 3
玉米	58.9	60.83	59.66
次粉	15.0	15.0	0
麸皮	0	0	0
豆粕	9.7	0	11.8
进口鱼粉	3.0	0	14.9
国产鱼粉	0	8.0	3.0
菜籽饼	5.0	8.3	0
棉饼	5.0	5.0	5.0
豆油	0	0	2.3
赖氨酸	0.2	0.5	0.3
蛋氨酸	0	0.17	0.14
石粉	1.5	0.7	0.8
磷酸氢钙	0.5	0.2	0.9
食盐	0.2	0.3	0.2
复合添加剂	1.0	1.0	1.0

表 3-23　保育仔猪料配方（二）（10～20 千克）　单位：%

饲料原料	配方 1	配方 2	配方 3	配方 4	配方 5	配方 6
玉米	59.27	62.31	59.85	43.50	65.25	56.62
炒小麦	0	0	0	13.17	0	0
麸皮	10.23	6.54	10.97	0	0	6.94
豆粕	0	16.21	19.60	11.68	0	16.15
膨化大豆	24.27	5.40	0	6.34	9.35	0
乳清粉	0	0	0	10.85	17.01	9.77
CP60% 的鱼粉	4.04	1.89	4.66	6.34	3.23	6.15

续表

饲料原料	配方 1	配方 2	配方 3	配方 4	配方 5	配方 6
蚕蛹	0	1.35	0	0	2.55	0
菜籽饼	0	2.16	0	3.5	0	0
饲料酵母	0	0	0	1.81	0	0
油脂	0	1.44	2.70	1.25	0	0
碳酸钙	0.65	0.58	0.59	0.51	0.45	2.65
磷酸氢钙	0.91	1.30	0.89	0.21	1.34	0.46
食盐	0.20	0.10	0.30	0.20	0.30	0.54
碳酸氢钠	0	0.25	0	0.20	0	0.20
赖氨酸	0.02	0.08	0.02	0	0	0
蛋氨酸	0.02	0.01	0.01	0	0.03	0
预混料[1]	0.30	0.30	0.30	0.30	0.30	0.30
复合多维	0.03	0.03	0.10	0.03	0.03	0.03
生长促进剂[2]	0.01	0.01	0.01	0.01	0.01	0.01
调味剂	0.05	0.04	0	0.1	0.15	0

① 预混料组成：硫酸亚铁 7.8594%、硫酸锌 6.9435%、硫酸铜 8.2722%、硫酸锰 3.0972%、碘化钾 0.0045%、亚硒酸钠 0.0117%、碳酸氢钠 3.8115%。

② 生长促进剂可选用土霉素，喹乙醇或其他抗生素。

(三) 生长育肥猪饲料配方

见表 3-24～表 3-27。

表 3-24　生长育肥猪饲料配方（20～60 千克）　单位：%

饲料原料	配方 1	配方 2	配方 3	配方 4	配方 5	配方 6
玉米	31.48	61.60	56.45	36.76	58.75	59.70
大麦	41.87	0	0	30.00	0	0
高粱	0	3.84	0	0	0	0
小麦	8.37	7.17	0	0	0	0
稻谷	0	0	11.27	0	0	0
细米糠	0	0	12.40	0	7.43	9.74

续表

饲料原料	配方1	配方2	配方3	配方4	配方5	配方6
麸皮	0	10.25	0	13.25	13.2	13.31
豆粕	6.85	4.65	6.94	6.85	5.49	4.39
膨化大豆	0	5.41	0	0	4.94	4.83
棉饼	4.48	0	0	5.71	3.28	0
CP60%的鱼粉	3.30	3.09	0	0	0	2.63
蚕蛹	0	0	4.63	4.77	0	0
菜籽饼	0	0	5.78	0	4.40	3.35
油脂	1.56	1.79	0	0	0	0
碳酸钙	0.58	0.73	0.97	0.87	1.06	1.05
磷酸氢钙	0.54	0.51	0.60	0.75	0.42	0.05
食盐	0.30	0.30	0.30	0.30	0.30	0.30
赖氨酸	0.13	0.11	0.12	0.18	0.17	0.11
蛋氨酸	0	0.01	0	0.02	0.02	0
碳酸氢钠	0.20	0.20	0.20	0.20	0.20	0.20
预混料①	0.30	0.30	0.30	0.30	0.30	0.30
复合多维	0.03	0.03	0.03	0.03	0.03	0.03
生长促进剂②	0.01	0.01	0.01	0.01	0.01	0.01

① 预混料组成：硫酸亚铁7.8594%、硫酸锌6.9435%、硫酸铜8.2722%、硫酸锰3.0972%、碘化钾0.0045%、亚硒酸钠0.0117%、碳酸氢钠3.8115%。

② 生长促进剂可选用土霉素，喹乙醇或其他抗生素。

表3-25　生长育肥猪饲料配方（肉脂型）　　单位：%

饲料原料	20~35千克体重				35~60千克体重				60~90千克体重			
	配方1	配方2	配方3	配方4	配方1	配方2	配方3	配方4	配方1	配方2	配方3	配方4
玉米	53.0	37.0	37.7	20.0	59.3	42.0	40.4	22.0	42.0	62.4	46.9	30.0
豆粕	19.0	0	14.4	0	12.4	0	10.8	0	0	9.1	4.3	0
小麦麸	20.0	15.0	33.0	14.0	20.0	15.0	34.0	15.0	15.0	20.0	34.0	5.0
三七统糠	6.5	0	13.0	4.0	6.8	0	13.0	0	0	7.2	13.0	8.0

饲料原料	20~35千克体重				35~60千克体重				60~90千克体重			
	配方1	配方2	配方3	配方4	配方1	配方2	配方3	配方4	配方1	配方2	配方3	配方4
花生饼	0	12.0	0	10.0	0	6.0	0	3.0	2.0	0	0	5.0
稻谷	0	0	0	0	0	0	0	0	0	0	0	0
木薯干粉	0	2.0	0	5.0	0	2.0	0	8.0	7.0	0	0	35.0
小麦	0	0	0	30.0	0	0	0	35.0	0	0	0	0
进口鱼粉	0	5.0	0	5.0	0	5.0	0	5.0	4.0	0	0	5.0
蚕豆粉	0	0	0	10.0	0	0	0	10.0	0	0	0	10.0
碎米	0	27.0	0	0	27.0	0	0	0	27.0	0	0	0
石粉	0	1.5	0	0	0	2.0	0	0	2.0	0	0	0
贝壳粉	1.2	0	1.4	1.5	1.2	0	1.3	1.5	0	1.0	1.3	1.5
食盐	0.3	0.5	0.5	0.5	0.3	1.0	0.5	0.5	1.0	0.3	0.5	0.5
合计	100	100	100	100	100	100	100	100	100	100	100	100

注：维生素添加剂和微量元素添加剂按照说明添加。

表3-26 生长育肥猪饲料配方（瘦肉型） 单位：%

饲料原料	20~35千克体重				35~60千克体重				60~90千克体重			
	配方1	配方2	配方3	配方4	配方1	配方2	配方3	配方4	配方1	配方2	配方3	配方4
玉米	52.0	59.0	55.0	62.6	63.5	61.0	61.5	50.0	67.0	65.0	66.0	79.0
高粱	10.0	5.5	7.0	10.0	0	5.0	8.0	13.0	0	0	10.0	0
小麦麸	10.0	8.0	12.0	5.0	10.0	11.0	13.4	16.0	22.0	5.0	13.5	10.0
豆粕	25.6	17.0	0	18.1	20.0	15.0	12.2	12.0	0	10.0	6.0	3.0
豆饼	0	0	0	0	0	0	0	0	3.0	0	0	5.0
葵花籽饼	0	0	0	0	0	2.5	0	0	5.0	0	0	0
菜籽饼	0	9.0	10.0	0	0	0	0	2.0	0	0	0	0
花生饼	0	0	0	0	0	3.0	0	0	0	0	0	0
胡麻饼	0	0	4.0	0	0	0	0	0	0	0	0	0
豌豆	0	0	0	0	0	0	0	0	0	0	0	0
青干草粉	0	0	5.5	0	3.5	0	0	0	0	3.0	0	0

饲料原料	20～35 千克体重				35～60 千克体重				60～90 千克体重			
	配方1	配方2	配方3	配方4	配方1	配方2	配方3	配方4	配方1	配方2	配方3	配方4
血粉	0	0	4.0	0	0	0	3.0	0	0	0	3.0	0
鱼粉	0	0	0	3.5	0	0	0	0	0	0	0	0
豆腐渣	0	0	0	0	0	0	0	5.0	0	0	0	0
大麦	0	0	0	0	0	0	0	0	0	15.0	0	0
石粉	0	0	0	0	0	0	0.5	0.6	0	0	0	0
贝壳粉	0	0	0	0.5	1.0	0	0	0	1.0	0	0	1.0
骨粉	0.5	0.5	0	0	0	1.0	0	0	1.0	1.0	0.7	1.0
食盐	0.4	0.5	0.5	0.3	0.5	0.5	0.4	0.4	0.5	0.5	0.3	0.5
添加剂	1.5	0.5	2.0	0	1.5	1.0	1.0	1.0	0.5	0.5	0.5	0.5
合计	100	100	100	100	100	100	100	100	100	100	100	100

注：添加剂含有维生素和微量元素。

表 3-27　生长育肥猪饲料配方（60～90 千克）　单位：%

饲料原料	配方1	配方2	配方3	配方4	配方5	配方6
玉米	73.31	57.41	36.30	57.68	70.91	74.75
大麦	0	20.13	0	0	0	0
高粱	0	0	40.35	0	0	0
小麦	0	0	0	8.5	0	0
统糠	0	0	0	0	7.4	0
细米糠	5.02	4.02	0	9.71	0	0
麸皮	4.09	0	5.19	10.12	6.07	5.11
豆粕	0	0	5.25	0	0	0
膨化大豆	2.92	5.82	0	0	0	6.72
棉饼	6.43	5.45	5.67	0	0	5.11
蚕蛹	0	0	0	0	3.03	0
菜籽饼	5.85	4.77	4.72	11.24	9.86	4.21
油脂	0	0	0	0	0	1.63

续表

饲料原料	配方 1	配方 2	配方 3	配方 4	配方 5	配方 6
碳酸钙	0.53	0.43	0.53	0.67	0.75	0.39
磷酸氢钙	0.86	1.02	0.96	1.03	0.98	1.13
食盐	0.3	0.30	0.30	0.30	0.30	0.30
赖氨酸	0.16	0.12	0.19	0.21	0.17	0.12
蛋氨酸	0	0	0.01	0.01	0	0
碳酸氢钠	0.2	0.20	0.20	0.20	0.20	0.20
预混料①	0.30	0.30	0.30	0.30	0.30	0.30
复合多维	0.03	0.03	0.03	0.03	0.03	0.03

① 预混料组成：硫酸亚铁 4.7156%、硫酸锌 4.8605%、硫酸铜 0.4136%、硫酸锰 3.26136%、碘化钾 0.0053%、亚硒酸钠 0.0134%、碳酸钙铁 16.378%。

（四）种猪的饲料配方

见表 3-28。

表 3-28　种猪的饲料配方　　　单位：%

饲料原料	妊娠饲料配方			泌乳饲料配方			种公猪	
	配方 1	配方 2	配方 3	配方 1	配方 2	配方 3	非配种期	配种期
玉米	75.95	74.50	59.00	76.40	65.42	62.89	60.49	68
统糠	0	0	6.43	0	6.99	7.52	0	0
麸皮	10.54	8.13	12.00	3.83	9.41	10.70	15	1.0
鱼粉①	3.69	5.06	5.62	3.03	5.07	3.33	0	1.2
豆粕	4.22	0	6.56	6.06	0	0	19	25.2
饲料酵母	0	0	0	0	4.34	0	0	0
葵花籽饼	0	0	0	0	0	2.83	0	0
棉饼	0	0	0	0	0	5.10	0	0
苜蓿	3.26	4.34	8.43	0	0	0	3.0	2.0
菜籽饼	0	0	0	3.00	7.24	5.67	0	0
大豆	0	5.79	0	4.92	0	0	0	0
碳酸钙	0.02	0.34	0.12	0.24	0.20	0.42	0	0

饲料原料	妊娠饲料配方			泌乳饲料配方			种公猪	
	配方 1	配方 2	配方 3	配方 1	配方 2	配方 3	非配种期	配种期
磷酸氢钙	1.67	1.16	1.00	1.68	0.61	0.80	2.0	2.0
食盐	0.30	0.30	0.30	0.30	0.30	0.30	0.5	0.5
赖氨酸	0	0.02	0.13	0.13	0.07	0.09	0	0
蛋氨酸	0	0.01	0.06	0.06	0	0	0	0
预混料②	0.30	0.30	0.30	0.30	0.30	0.30	0	0
复合多维	0.04	0.04	0.04	0.04	0.04	0.04	0	0
抗生素	0.01	0.01	0.01	0.01	0.01	0.01	0.01	0.01

①　鱼粉的蛋白质含量为 60%。

②　预混料组成：硫酸亚铁 5.2305%、硫酸锌 3.23462%、硫酸铜 0.3306%、硫酸锰 0.8748%、碘化钾 0.0052%、亚硒酸钠 0.0119%、碳酸钙 20.0828%；抗生素选用四环素类，如土霉素、金霉素等。

注：公猪料另外添加维生素和微量元素。

第四章

科学选择优良品种

生产性能的发挥决定着品种和环境条件，只有选择优良品种，才可能取得较好的经济效益。优良品种是指适合一定地区、一定饲养环境条件和一定市场需求的能够获得高产的品种。

第一节　猪的品种类型和品种介绍

一、品种类型

我国猪种资源丰富。根据猪肉瘦肉率多少，一般将猪分为脂肪型品种、兼用型品种、瘦肉型品种。

（一）瘦肉型猪

瘦肉型猪是指以生产瘦肉为主要特征的猪种，其猪肉瘦肉多、肥肉少（脂肪比例占胴体 30％左右）、瘦肉率在 55％以上。体躯长浅，整个身体呈流线型，前后肢间距宽，头颈较轻，臀部发达，肌肉丰满，一般体长大于胸围 15～20 厘米，背膘厚在 2.5～3 厘米以下。在标准饲养管理下，6 月龄体重可达 90～100 千克。代表品种有丹麦长白猪、英国大约克夏、美国杜洛克和中国三江白猪。

（二）脂肪型猪

脂肪型猪胴体脂肪多，一般脂肪占胴体比例的 55％～60％，胴体瘦肉率在 45％以下，整个外形呈方砖形。体躯宽，深而不长，四肢短，头颈较粗，体长与胸围之比相等或差不超过 2 厘米，背膘厚在 4 厘米以上。代表品种有两广小花猪、内江猪、八眉猪、陆川猪、英国老巴克夏猪。

（三）兼用型猪

兼用型猪的体型和生产性能介于瘦肉型和脂肪型之间。胴体瘦肉率为 50%～55%，背膘厚为 2.5～3.5 厘米。猪肉品质优良，风味可口，产肉和产脂肪能力均较强。体型中等，背腰宽阔，中躯短粗，后躯丰满，体质结实，性情温顺，适应性强。我国地方猪种大多属于这一类型。

二、品种介绍

（一）国内地方品种

1. 太湖猪

（1）产地与分布　产于江苏、浙江的太湖地区，由二花脸、梅山、枫泾、米猪等地方类型猪组成。主要分布在长江下游的江苏、浙江和上海交界的太湖流域，故统称"太湖猪"。品种内类群结构丰富，有广泛的遗传基础。肌肉脂肪较多，肉质较好。

（2）外貌特征　头大额宽，额部皱纹多、深，耳特大，软而下垂，耳尖同嘴角齐或超过嘴角，形如大蒲扇。全身被毛黑色或青灰色，毛稀。腹部皮肤呈紫红色，也有鼻吻或尾尖呈白色的。梅山猪的四肢末端为白色，米猪骨骼较细致。

（3）生产性能　成年公猪体重 150～200 千克，成年母猪体重 150～180 千克。性成熟早。公猪 4～5 月龄时，精液品质已基本达到成年公猪的水平。母猪在一个发情期内排卵较多。太湖猪生长速度较慢。屠宰率 65%～70%，胴体瘦肉率较低。太湖猪是世界上猪品种中产仔最多的，初产母猪平均产仔数 12 头以上，活仔数 11 头以上；3 胎及 3 胎以上母猪平均产仔数 16 头，活仔数 14 头以上；最高窝产仔数达到 36 头。

（4）杂交利用效果　用苏白猪、长白猪和约克夏猪作父本与太湖猪母猪杂交，一代杂种猪日增重分别为 506 克、481 克和 477 克。用长白猪作父本，与梅二（梅山公猪配二花脸母猪）杂种猪母猪进行杂交，后代日增重可达 500 克；用杜洛克猪作父本，与长×二（长白公猪配二花脸母猪）杂种猪母猪进行三品种杂交，其杂种猪的瘦肉率较高，在体重 87 千克时屠宰，胴体瘦肉率 53.5%。

2. 民猪

(1) 产地与分布　原产于东北和华北部分地区。

(2) 外貌特征　民猪头中等大，面直长，耳大、下垂。体躯扁平，背腰狭窄，臀部倾斜。四肢粗壮。全身被毛黑色，密而长，鬃毛较多，冬季密生绒毛。

(3) 生产性能　性成熟早，母猪 4 月龄左右出现初情，体重 60 千克时卵泡已成熟并能排卵。母猪发情特征明显，配种受胎率高。公猪一般于 9 月龄、体重 90 千克左右时配种；母猪 8 月龄、体重 80 千克左右时初配。初产母猪产仔数 11 头左右，3 胎及 3 胎以上母猪产仔数 13 头左右；体重 18～90 千克的育肥期内，日增重 458 克左右；体重 60 千克和 90 千克时屠宰，屠宰率分别为 69％和 72％左右，胴体瘦肉率分别为 52％和 45％左右。民猪体质健壮，耐寒，产仔数多，脂肪沉积能力强，胴体瘦肉率高，肉质好，适于放牧粗放管理。

(4) 杂交利用效果　用民猪作父本，分别与东北花猪、哈白猪和长白猪母猪杂交，所得反交一代杂种，育肥期日增重分别为 615 克、642 克和 555 克。以民猪作母本产生的一代杂种猪母猪，再与第三品种公猪杂交所得后代，育肥期日增重比二品种杂交又有提高。

3. 内江猪

(1) 产地与分布　产于四川省的内江地区。主要分布于内江、资中、简阳等市、县。

(2) 外貌特征　内江猪体型较大，头大嘴短，颜面横纹深陷成沟，额皮中部隆起成块。耳中等大、下垂。体躯宽深，背腰微凹，腹大，四肢较粗壮。皮厚，全身被毛黑色，鬃毛粗长。根据头形可分为"狮子头""二方头"和"毫杆嘴"3 种类型。

(3) 生产性能　成年公猪体重约 169 千克，母猪体重约 155 千克，公猪一般 5～8 月龄初次配种，母猪 6～8 月龄初次配种。初产母猪平均产仔数 9.5 头，3 胎及 3 胎以上母猪平均产仔数 10.5 头。在中等营养水平下限量饲养，体重 13～91 千克阶段，饲养期 193 天，日增重 404 克。体重 90 千克屠宰，屠宰率 67％，胴体瘦肉率 37％。内江猪对外界刺激反应迟钝，对逆境适应性好（对高温和寒冷都能适应）。

（4）杂交利用效果 内江猪与地方品种或培育品种猪杂交，一代杂种猪日增重和每千克增重消耗饲料均表现杂种优势。用内江猪与北京黑猪杂交，杂种猪体重 22～75 千克阶段，日增重 550～600克，每千克增重消耗配合饲料 2.99～3.45 千克，杂种猪日增重杂种优势率为 63%～74%。用长白公猪与内江母猪杂交，一代杂种猪日增重杂种优势率为 36.2%，每千克增重消耗配合饲料比双亲平均值低 67%～71%。胴体瘦肉率 45%～50%。

4. 荣昌猪

（1）产地与分布 主要分布在四川省荣昌县和隆昌县。

（2）外貌特征 荣昌猪体型较大。头大小适中，面微凹。耳中等大、下垂。额面皱纹横行，有旋毛。背腰微凹，腹大而深，臀稍倾斜。四肢细小，结实。除两眼四周或头部有大小不等的黑斑外，被毛均为白色。

（3）生产性能 成年公猪体重平均 158 千克，成年母猪平均体重 144 千克。荣昌公猪 4 月龄性成熟，5～6 月龄可用于配种；母猪初情期为 71～113 天，初配以 7～8 月龄、体重 50～60 千克较为适宜。在选育群中，初产母猪平均产仔数 8.5 头，经产母猪平均产仔数 11.7 头。

在较好营养条件下，14.7～90 千克体重生长阶段，日增重 633克。体重 87 千克时屠宰，屠宰率 69%，瘦肉率 39%～46%。荣昌猪适应性强，瘦肉率较高，配合力较好，鬃质优良。

（4）杂交利用效果 长白公猪与荣昌母猪的配合力较好，日增重杂种优势率为 14%～18%，饲料利用率的杂种优势率为 8%～14%；用汉普夏、杜洛克公猪与荣昌母猪杂交，一代杂种猪胴体瘦肉率可达 49%～54%。

5. 金华猪

（1）产地与分布 产于浙江省金华地区。分布于东阳、浦江、义乌和金华等地。

（2）外貌特征 金华猪体型中等偏小。耳中等大、下垂。背微凹，腹大微下垂，臀较倾斜。四肢细短，蹄坚实呈玉色。毛色以中间白、两头黑为特征，即头颈和臀尾部为黑皮黑毛，体躯中间为白皮白毛，故又称"两头乌"或"金华两头乌猪"。金华猪头形可分寿字头、老鼠头2种。

（3）生产性能　成年公猪平均体重112千克，体长127厘米；成年母猪平均体重97千克，体长122厘米。公猪100日龄时已能采得精液，其质量已近似成年公猪。母猪110日龄、体重28千克时开始排卵。初产母猪平均产仔数10.5头，活仔数10.2头；3胎以上母猪平均产仔数13.8头，活仔数13.4头。金华猪在体重17～76千克阶段，平均饲养期127天，日增重464克。体重67千克屠宰，屠宰率72%，胴体瘦肉率43%。金华猪具有性情温驯，母性好，性成熟早和产仔多等优良特性，皮薄骨细，肉质好，是优质火腿原料。

（4）杂交利用效果　用丹麦长白公猪与金华母猪杂交，杂种猪体重13～76千克阶段，日增重362克，胴体瘦肉率51%。用丹麦长白猪作父本，与约克夏公猪配金华母猪的杂种母猪杂交，其杂种猪在中等营养水平下饲养，体重18～75千克阶段日增重381克，胴体瘦肉率58%。

6. 大花白猪

（1）产地与分布　产于广东省珠江三角洲一带。主要分布在广东省。

（2）外貌特征　体型中等大小。耳稍大，下垂，额部多有横皱纹。背部较宽、微凹，腹较大。被毛稀疏，毛色为黑白花，头臀部有大块黑斑，腹部、四肢为白色，背腰部及体侧有大小不等的黑斑，在黑白色的交界处有黑皮白毛形成的"晕"。

（3）生产性能　成年公猪体重130～140千克，体长135厘米左右；成年母猪体重105～120千克，体长125厘米左右；大花白公猪6～7月龄开始配种，母猪90日龄出现第一次发情。初产母猪平均产仔数12头，3胎以上经产母猪平均产仔数13.5头。在较好的饲养条件下，大花白猪体重20～90千克阶段，需饲养135天，日增重519克。体重70千克屠宰，屠宰率70%，胴体瘦肉率43%。大花白猪耐热耐湿，繁殖力较高，早熟易肥，脂肪沉积能力强。

（4）杂交利用效果　用长白猪、杜洛克猪作父本，与大花白猪的母猪杂交，一代杂种猪体重 20～90 千克阶段，日增重分别为 597 克（长大杂交猪）和 583 克（杜大杂交猪）；体重 90 千克屠宰，屠宰率分别为 69%（长大杂交猪）和 70%（杜大杂交猪）。

（二）国内培育品种

1. 三江白猪

（1）产地与分布　产于东北三江平原，是由长白猪和东北民猪杂交培育而成的我国第一个瘦肉型猪种。

（2）外貌特征　头轻嘴直，耳下垂。背腰宽平，腿臀丰满，四肢粗壮，蹄坚实，具有瘦肉型猪的体躯结构。被毛全白，毛丛稍密。

（3）生产性能　成年公猪体重 250～300 千克，母猪体重 200～250 千克。性成熟较早，初情期约在 4 月龄，发情征兆明显，配种受胎率高，极少发生繁殖疾患。初产母猪产仔数 9～10 头，经产母猪产仔数 11～13 头。60 日龄断奶仔猪窝重 160 千克。6 月龄育肥猪体重可达 90 千克，每千克增重消耗配合饲料 3.5 千克。在农场条件下饲养，190 日龄体重可达 85 千克。体重 90 千克屠宰，胴体瘦肉率 58%。眼肌面积为 28～30 厘米^2，腿臀比例 29%～30%。三江白猪具有生长快、省料、抗寒、胴体瘦肉多、肉质良好等特点。

（4）杂交利用效果　与哈白猪、苏白猪或大约克夏猪正反交，日增重提高。用杜洛克猪作父本与三江白猪母猪杂交，子代日增重为 650 克。体重 90 千克屠宰，胴体瘦肉率 62% 左右。

2. 湖北白猪

（1）产地与分布　湖北白猪产于湖北省武汉市及华中地区，是由大白猪、长白猪与本地通城猪、监利猪和荣昌猪杂交培育而成的瘦肉型猪品种。

（2）外貌特征　全身被毛白色。头稍轻直长，两耳前倾稍下垂。背腰平直，中躯较长，腹小，腿臀丰满，肢、胯结实。

（3）生产性能　成年公猪体重 250～300 千克，母猪体重 200～250 千克；小公猪 3 月龄、体重 40 千克时出现性行为。小母猪初情期在 3～3.5 月龄，性成熟期在 4～4.5 月龄，初配的适宜年龄 7.5～8 月龄。母猪发情周期 20 天左右，发情持续期 3～5 天。初产母猪产仔数 9.5～10.5 头，3 胎以上经产母猪产仔数 12 头以上。

在良好的饲养条件下，6 月龄体重可达 90 千克。体重 90 千克屠宰，屠宰率 75%。腿臀比例 30%～33%，胴体瘦肉率 58%～62%。

（4）杂交利用效果　用杜洛克公猪与湖北白猪母猪进行杂交效果最好，日增重为 611 克，胴体瘦肉率 64%。

3. 上海白猪

（1）产地与分布　培育于上海地区，主要是由大约克夏猪、苏白猪和太湖猪杂交培育而成。现有生产母猪 2 万头左右，主要分布在上海市郊的上海县和宝山县。

（2）外貌特征　上海白猪体型中等偏大，体质结实。头面平直或微凹，耳中等大小略向前倾。背宽，腹稍大，腿臀较丰满。全身被毛为白色。

（3）生产性能　成年公猪体重 250 千克左右，体长 167 厘米左右；母猪体重 177 千克左右，体长 150 厘米左右。公猪多在 8～9 月龄、体重 100 千克以上开始配种。母猪初情期为 6～7 月龄，发情周期 19～23 天，发情持续期 2～3 天。母猪多在 8～9 月龄配种。初产母猪产仔数 9 头左右，3 胎及 3 胎以上母猪产仔数 11～13 头。

上海白猪体重在 20～90 千克阶段，日增重 615 克左右；体重 90 千克屠宰，平均屠宰率 70%。眼肌面积 26 厘米^2，腿臀比例 27%，胴体瘦肉率平均 52.5%。

（4）杂交利用效果　用杜洛克猪或大约克夏猪作父本与上海白猪母猪杂交，一代杂种日增重为 700～750 克；杂种猪体重 90 千克屠宰，胴体瘦肉率 60% 以上。

4. 北京黑猪

（1）产地与分布　北京黑猪主要由北京市双桥农场、北郊农场用巴克夏猪、约克夏猪、苏白猪及河北定县黑猪杂交培育而成。

（2）外貌特征　头大小适中，两耳向前上方直立或平伸，面微凹，额较宽。颈肩结合良好，背腰宽且平直。四肢健壮，腿臀部较丰满，体质结实，结构匀称。全身被毛呈黑色。成年公猪体重 260 千克左右，体长 150 厘米左右；成年母猪体重 220 千克左右，体长 145 厘米左右。

（3）生产性能　母猪初情期为 6～7 月龄，发情周期为 21 天，发情持续期 2～3 天。小公猪 6～7 月龄、体重 70～75 千克时可用于配种。初产母猪每胎产仔数 9～10 头，经产母猪平均每胎产仔数 11.5 头，活仔数 10 头。母猪母性好。

北京黑猪在体重 20～90 千克阶段，日增重达 600 克以上；体重 90 千克屠宰，屠宰率 72%～73%，胴体瘦肉率 49%～54%。

（4）杂交利用效果　与长白猪、大约克夏猪和杜洛克猪杂交效果较好。用长白猪作父本与北京黑猪母猪杂交，一代杂种猪日增重 650～700 克，胴体瘦肉率 54%～56%。

5. 新淮猪

（1）产地与分布　育成于江苏省淮阴地区，主要用约克夏猪和淮阴猪杂交培育而成。主要分布在江苏省淮阴和淮河下游地区。

（2）外貌特征　头稍长，嘴平直微凹，耳中等大小，向前下方倾垂。背腰平直，腹稍大但不下垂。臀略斜，四肢健壮。除体躯末端有少量白斑外，其他被毛呈黑色。

（3）生产性能　成年公猪体重 230～250 千克，体长 150～160 厘米；成年母猪体重 180～190 千克，体长 140～145 厘米。公猪于 103 日龄、体重 24 千克时即开始有性行为；母猪于 93 日龄、体重 21 千克时初次发情。初产母猪产仔数 10 头以上，产活仔数 9 头；3 胎及 3 胎以上经产母猪产仔数 13 头以上，产活仔数 11 头以上。在以青绿饲料为主搭配少量配合饲料的饲养条件下饲料利用率较高。

新淮猪从 2 月龄到 8 月龄，育肥期日增重 490 克。育肥猪最适屠宰体重 80～90 千克。体重 87 千克时屠宰，屠宰率 71%，膘厚 3.5 厘米，眼肌面积 25 厘米^2，腿臀重占胴体重 25%。胴体瘦肉率 45% 左右。

（4）杂交利用效果　用内江猪与新淮猪进行二品种杂交，其杂种猪 180 日龄体重达 90 千克，60～180 日龄日增重 560 克。用杜洛克公猪配二花脸母猪的一代公猪与新淮母猪杂交，杂种猪日增重 590～700 克，屠宰率 72% 以上，腿臀占胴体重 27%，胴体瘦肉率 50% 以上。

6. 山西黑猪

（1）产地与分布　主要用巴克夏猪、内江猪、山西本地猪杂交培育而成。主要分布在大同、忻县、原平、五台和太谷等地。

（2）外貌特征　头大小适中，额宽有皱纹，嘴中等长而粗，面微凹。耳中等大，稍向前倾，下垂。臀宽，稍倾斜。四肢健壮，体型结构匀称。全身被毛呈黑色。

（3）生产性能　成年公猪平均体重 197 千克，体长 157 厘米；成年母猪平均体重 188 千克，体长 155 厘米。公猪一般在 8 月龄、体重 80 千克时开始配种；母猪初情期平均为 156 日龄，发情周期 19～21 天，发情持续期 3～5 天。初产母猪产仔数 10 头左右，产活仔数 9 头左右；3 胎以上经产母猪平均产仔数 11.5 头，平均产活仔数 10.3 头。

体重 20～90 千克阶段，日增重 611 克；体重 90 千克，屠宰率 72%，胴体瘦肉率 42%～45%。

（4）杂交利用效果　与长白公猪和大约克夏母猪杂交效果较好。一代杂种猪日增重 560 克。体重 90 千克屠宰，屠宰率 70%左右，胴体瘦肉率 50%。用长白猪作父本与大约×黑（大约克夏猪公猪配山西黑猪母猪）杂种猪母猪杂交，杂种猪日增重 547 克，胴体瘦肉率 55%。

7. 汉中白猪

（1）产地与分布　汉中白猪培育于陕西省汉中地区，主要用苏白猪、巴克夏猪和汉江黑猪杂交培育而成。现有种猪 1 万头左右，主要分布于汉中市、南郑县和城固县等地。

（2）外貌特征　头中等大，面微凹，耳中等大小，向上向外伸展。背腰平直，腿臀较丰满，四肢健壮。体质结实，结构匀称，被毛全白。

（3）生产性能　成年公猪体重 210～220 千克，体长 145～165 厘米；成年母猪体重 145～190 千克，体长 140～150 厘米。小公猪体重 40 千克左右时出现性行为；小母猪体重 35～40 千克时初次发情。公猪体重 100 千克、10 月龄，母猪体重 90 千克、8 月龄时开始配种。母猪发情周期一般为 21 天，发情持续期初产母猪 4～5 天，经产母猪 2～3 天。初产母猪平均产仔数 9.8 头，经产母猪平均产仔数 11.4 头。在体重 20～90 千克阶段，日增重 520 克。体重 90 千克屠宰，屠宰率 71%～73%，胴体瘦肉率 47%。

（4）杂交利用效果　汉中白猪与荣昌猪进行正反杂交，其杂种猪日增重 610～690 克。体重 90 千克屠宰，屠宰率 70％以上。用杜洛克猪作父本与汉中白猪母猪杂交，其杂种猪日增重 642 克，胴体瘦肉率 55％左右。

8. 浙江中白猪

（1）产地与分布　培育于浙江省，主要是由长白猪、约克夏猪和金华猪杂交培育而成的瘦肉型品种。

（2）外貌特征　体型中等，头颈较轻，面部平直或微凹，耳中等大呈前倾或稍下垂。背腰较长，腹线较平直，腿臀肌肉丰满。全身被毛白色。

（3）生产性能　青年母猪初情期 5.5～6 月龄，8 月龄可配种。初产母猪平均产仔 9 头，经产母猪平均产仔 12 头。生长育肥期平均日增重 520～600 克，190 日龄左右体重达 90 千克。90 千克体重时屠宰，屠宰率 73％，胴体瘦肉率 57％。对高温、高湿气候条件有较好适应能力，是生产商品瘦肉猪的良好母本。

（4）杂交利用效果　用杜洛克猪作父本，一代杂种猪 175 日龄体重达 90 千克，体重 20～90 千克阶段，平均日增重 700 克。体重 90 千克时屠宰，胴体瘦肉率 61.5％。

9. 甘肃白猪

（1）产地与分布　甘肃白猪是用长白猪和苏联大白猪为父本，用八眉猪与河西猪为母本，通过育成杂交的方法培育而成。

（2）外貌特征　头中等大小，脸面平直，耳中等大略向前倾。背平直，体躯较长，体质结实。后躯较丰满，四肢坚实。全身被毛呈白色。

（3）生产性能　成年公猪体重 242 千克，体长 155 厘米；成年母猪体重 176 千克，体长 146 厘米。公母猪适宜配种时间为 7～8 月龄，体重 85 千克左右，发情周期 17～25 天，发情持续期 2～5 天。平均产仔数 9.59 头，产活仔数 8.84 头。体重 20～90 千克期间，平均日增重 648 克。体重 90 千克屠宰，屠宰率 74％，胴肉率 52.5％。

（4）杂交利用效果　作为母系与引入瘦肉型猪种公猪杂交，其杂种猪生长快，省饲料。

10. 广西白猪

（1）产地与分布　广西白猪是用长白猪、大约克夏猪的公猪与当地陆川猪、东山猪的母猪杂交培育而成。

（2）外貌特征　头中等长，面侧微凹，耳向前伸。肩宽胸深，背腰平直稍弓，身躯中等长。胸部及腹部肌肉较少。全身被毛呈白色。

（3）生产性能　成年公猪平均体重 270 千克，体长 174 厘米；成年母猪平均体重 223 千克，体长 155 厘米。据经产母猪 215 窝的统计，平均产仔数 11 头左右，初生窝重 13.3 千克，20 日龄窝重 44.1 千克，60 日龄窝重 103.2 千克。生后 173～184 日龄体重达 90 千克。体重 25～90 千克育肥期，日增重 675 克以上。体重 95 千克屠宰，屠宰率 75％以上，胴体瘦肉率 55％以上。

（4）杂交利用效果　作为母系与杜洛克公猪杂交，其杂种猪生长发育快，省饲料，杂种优势明显。用广西白猪母猪先与长白猪公猪杂交，再用杜洛克猪为终端父本杂交，其三品种杂种猪日增重平均为 646 克。体重 90 千克屠宰，屠宰率 76％，瘦肉率 56％以上。

三、引进品种

1. 长白猪（兰德瑞斯猪）

（1）产地与分布　产于丹麦，是丹麦本地猪与英国大约克夏猪杂交后经长期选育而成的。现在长白猪已分布于我国各地。按引入先后，长白猪可分为英瑞系（老三系）和丹麦系（新三系）。英瑞系长白猪适应性较强，体型较粗壮，产仔数较多，但胴体瘦肉率较低；丹麦系长白猪适应性较差，体质较弱，产仔数不如英瑞系，但胴体瘦肉率较高。

（2）外貌特征　头小、清秀，颜面平直。耳向前倾，平伸，略下耷。大腿和整个后躯肌肉丰满，体躯前窄后宽呈流线型。体躯长，有 16 对肋骨，乳头 6～7 对，全身被毛白色。

（3）生产性能　成年公猪体重 400～500 千克，母猪 300 千克左右。成熟较晚，公猪一般在生后 6 月龄时性成熟，8 月龄时开始配种。母猪发情周期为 21～23 天，发情持续期 2～3 天，妊娠期为 112～116 天。初产母猪产仔数 8～10 头，经产母猪产仔数 9～13

头。在良好的饲养条件下，长白猪生长发育迅速，6 月龄体重可达 90 千克以上，日增重 500～800 克。体重 90 千克时屠宰，屠宰率为 69%～75%，胴体瘦肉率为 53%～65%。

(4) 杂交利用效果　长白猪作父本进行经济杂交，一代杂种猪可获得较高的生长速度和较多的瘦肉。如与我国地方品种或培育品种杂交的，后代日增重可以达到 550～600 克，胴体瘦肉率 47%～55%。

2. 大约克夏猪（大白猪）

(1) 产地与分布　18 世纪在英国育成，是世界上著名的瘦肉型猪品种。引入我国后，经过多年培育驯化，已经有了较好的适应性。目前，我国已经引入了英系（英国）、法系（法国）、加系（加拿大）和美系（美国）等大约克夏猪。

(2) 外貌特征　大约克夏猪毛色全白，头颈较长，面宽微凹，耳中等大，直立，体躯长，胸深广，背平直稍呈弓形，四肢和后躯较高。

(3) 生产性能　成年公猪体重 250～300 千克，成年母猪体重 230～250 千克。性成熟较晚，生后 5 月龄的母猪出现第一次发情，发情周期 18～22 天，发情持续期 3～4 天。母猪妊娠期平均 115 天。初产母猪产仔数 9～10 头，经产母猪产仔数 10～12 头，产活仔数 10 头左右。生后 6 月龄体重可达 100 千克左右。消化能 13.4 兆焦/千克，粗蛋白质 16%，自由采食时，从断奶至 90 千克阶段日增重为 700 克左右，每千克增重消耗配合饲料 3 千克左右。体重 90 千克时屠宰，屠宰率 71%～73%。眼肌面积 30～37 厘米^2，胴体瘦肉率 60%～65%。

(4) 杂交利用效果　作为父本与地方品种和培育品种杂交，增重率和胴体瘦肉率都有很大提高。在与外来品种猪杂交时常作为母本利用。

3. 杜洛克猪（红毛猪）

(1) 产地与分布　原产于美国东北部的新泽西州等地，前些年从美国、匈牙利和日本等国引入我国，现已遍布全国。

(2) 外貌特征　被毛为棕红色，但深浅不一，有的金黄色，有的深褐色，都是纯种，耳中等大小前倾，面微凹，体躯深广，背平或略呈弓形，后躯发育好，腿部肌肉丰满，四肢长。

（3）生产性能 性成熟较晚，母猪一般在 6～7 月龄、体重 90～110 千克开始第一次发情，发情周期 21 天左右，发情持续期 2～3 天，妊娠期 115 天左右。初产母猪产仔数 9 头左右，经产母猪产仔数 10 头左右。

在良好的饲养条件下，180 日龄体重达 90 千克。在体重 25～100 千克阶段，平均日增重 650 克。体重 100 千克屠宰，屠宰率 75%，胴体瘦肉率 63%～64%。背膘厚 2.65 厘米，眼肌面积 37 厘米^2，肌肉脂肪含量 3.1%，肉色良好。

（4）杂交利用效果 用杜洛克公猪与地方猪（如荣昌猪）进行杂交，一代杂种猪日增重可达 500～600 克，胴体瘦肉率 50% 左右。与培育品种母猪（如上海白猪）杂交，一代杂种猪日增重可达 600 克以上，胴体瘦肉率 56%～62%。在杂交利用中一般作为父本。

4. 皮特兰猪

（1）产地与分布 原产于比利时，这个品种比其他瘦肉猪品种形成晚，是由法国的贝叶杂交猪与英国的巴克夏猪进行回交，然后再与英国大白猪杂交育成的。

（2）外貌特征 毛色呈灰白色并带有不规则的深黑色斑点，偶尔出现少量棕色毛。头部清秀，颜面平直，嘴大且直，双耳略微向前。体躯呈圆柱形，腹部平行于背部，肩部肌肉丰满，背直而宽大。体长 1.5～1.6 米。

（3）生产性能 公猪一旦达到性成熟就有较强的性欲，采精调教一般一次就会成功，射精量 250～300 毫升，精子数每毫升达 3 亿个。母猪母性不亚于我国地方猪品种，仔猪育成率在 92%～98%。母猪的初情期一般在 190 日龄，发情周期 18～21 天。产仔数 10 头左右，产活仔数 9 头左右。

生长速度快，6 月龄体重可达 90～100 千克，日增重 750 克左右，每千克增重消耗配合饲料 2.5～2.6 千克，屠宰率 76%，瘦肉率可高达 70%。但瘦肉的肌纤维比较粗。皮特兰猪对外界环境非常敏感，在运动、运输、角斗时，有时会突然死亡（也称应激症）。这种猪的肉质很差，多为灰白水样肉，即瘦肉呈灰白颜色，肉质松软，渗水。

（4）杂交利用效果　由于皮特兰猪产肉性能高，多用作父本进行二元或三元杂交。如用皮特兰猪公猪配上海白猪母猪，其杂种猪育肥期的日增重可达 650 克。体重 90 千克屠宰，其胴体瘦肉率达 65％。用皮特兰猪公猪配长白猪与上海白猪的杂交母猪，获得三元杂种猪育肥期日增重为 730 克左右，料肉比为 2.99：1，胴体瘦肉率 65％左右。

5. 波中猪

（1）产地与分布　1950 年左右在美国俄亥俄州的西南部育成。

（2）外貌特征　毛被黑色，"六点白"（即四肢下端、嘴和尾尖有白毛），体躯宽深而长，四肢结实，肌肉特别发达，瘦肉比重高，是国外大型猪种之一。

（3）生产性能　成年公猪重 390～450 千克，母猪重 300～400千克。原先的波中猪是美国著名的脂肪型品种，近十年来经过几次类型上的大杂交已育成瘦肉型品种。

6. PIC 配套系猪

（1）产地与分布　是英国种猪改良公司培育的配套系猪种。该种猪采用分子遗传学原理，应用分子标记辅助选择技术、BLUP（最佳线性无偏预测）技术、胚胎移植和人工授精技术培育出具有不同特点的专门化父、母本品系。

（2）外貌特征　外貌类似于长白猪，后腿、臀部肌肉发达。

（3）生产性能　父系突出生长速度、饲料利用率和产肉性状的选择，母系突出哺乳力、年产胎次、窝产仔数、优良肉质和适应性的选择，充分利用杂种优势和性状互补原理，进行五系优化配套，达到当今世界养猪生产的最高水平。母猪年产胎次 2.2～2.4 胎，窝均产活仔数 10.5～12 头。商品猪达 90～100 千克体重日龄 155天；料肉比（2.6～2.8）：1；商品猪屠宰率 78％以上，商品猪胴体瘦肉率 66％以上，腿臀丰满，结构匀称，体型紧凑，一致性好，适应国内外不同市场需求。

7. 拉康伯猪

（1）产地与分布　这种猪是在加拿大拉康伯地区的一个试验场，于 1942 年开始用巴克夏与柴斯特白杂交后，再与长白猪杂交选育而成的肉用型新品种。

（2）外貌特征 毛色全白，体躯长，头、耳、嘴与长白猪相似。

（3）生产性能 长得快，肉猪育肥期短。目前拉康伯猪已成为加拿大主要品种之一，它的良种登记头数仅次于约克夏猪、汉普夏猪和长白猪，居第 4 位。

第二节 猪的经济杂交

经济杂交可以最大限度地发挥猪种的遗传基因潜力，有效地提高了养猪的经济效益。杂种猪能集中双亲的优点，表现出生活力强、繁殖力高、体质健壮、生长快、饲料利用率高、抗病力强等特点。用杂种猪育肥，可以增加产肉量，节约饲料，降低成本，提高养猪的经济效益。目前，大部分的商品育肥猪也是杂种猪。

一、猪的经济杂交原理

经济杂交的基本原理是利用杂种优势。即猪的不同品种、品系或其他种用类群杂交后所产的后代在生产力、生活力等方面优于其纯种亲本，这种现象称为杂种优势。

但是，并非所有的"杂种"都有"优势"。如果亲本间缺乏优良基因，或亲本间的纯度很差，或两亲本群体在主要经济性状上基因频率没有太大的差异，或在主要性状上两亲本群体所具有的基因的显性与上位效应都很小，或杂种缺乏充分发挥杂种优势的环境条件，这样都不能表现出理想的杂种优势。

二、猪的经济杂交方式

（一）亲本选择

猪的经济杂交目的是通过杂交提高母猪的繁殖成绩、商品肉猪的生长速度和饲料利用率等经济性状，这就要求亲本种群在这几项性能上具有良好的表现。但是，作为杂交的父本、母本由于各自担任的角色不同，因而在性状选择方面的要求亦有差异。

1. 父本品种的选择

父本品种直接影响杂种后代的生产性能，因而要求父本品种生长速度快，饲料利用率高，胴体品质好，性成熟早，精液品质好，性欲强，能适应当地环境条件，符合市场对商品肉猪的要求。在我国推广的"二元杂交"中，根据各地进行配合力测定结果，引入的长白猪、大约克夏猪、杜洛克猪、皮特兰猪等品种，均可供作父本选择的对象。在"三元杂交"中，除母本种群外，还涉及两个父本种群，由于在第二次杂交中所用的母本为 F_1 代种母猪，为使 F_1 代种母猪具有较好的繁殖性能，因此在第一父本选择时，应选用与纯种母本在生长育肥和胴体品质上能够互补的、繁殖性能较好的引入品种。第二父本亦应着重从生长速度、饲料利用率和胴体品质等性能上选择。研究表明，在三元杂交中以引入的大约克夏猪、长白猪等品种作第一父本较好，而第二父本宜选用杜洛克猪、汉普夏猪、皮特兰猪等。

2. 母本品种的选择

由于母本需要的数量多，应选择在当地分布广、适应性强的本地猪种、培育猪种或现有的杂种猪作母本，猪源易解决，便于在本地区推广。同时注意所选母本应具有繁殖力强、母性好、泌乳力高等优点，体型不要太大。我国绝大多数地方猪种和培育猪种都具备作为母本品种的条件。

(二) 杂交方式

生产中，杂交的方式多种多样，比较简便实用的方式主要有二元杂交、三元杂交和双杂交。

1. 二元杂交

二元杂交即利用两个不同品种（品系）的公母猪进行固定不变的杂交，利用一代杂种的杂种优势生产商品育肥猪。如用长白猪公猪与太湖猪母猪交配，生产的长太二元杂交猪作为商品育肥猪；用杜洛克猪公猪与湖北白猪母猪交配，生产的杜湖杂种猪作为商品育肥猪。这是生产中最简单、应用最广泛的一种杂交方式，杂交后能获得最高的后代杂种优势率。其杂交模式如下：

杜洛克猪(♂)×湖北白猪(♀)

↓

杜湖二元杂交猪(商品生产)

2. 三元杂交

三元杂交是从两品种杂交的杂种一代母猪中选留优良的个体，再用第三品种交配，所生后代全部作为商品育肥猪。进行两次杂交，可望得到更高的杂种优势，所以三品种杂交的总杂种优势要超过二品种。目前生产中此模式使用较为广泛。其杂交模式如下：

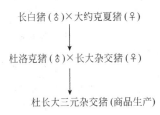

3. 双杂交

双杂交是以两个二元杂交为基础，由其中一个二元杂交后代中的公猪作父本，另一个二元杂交后代中的母猪作母本，再进行一次简单杂交，所得的四元杂交猪作为商品猪育肥。这种方式杂种优势更明显，但程序复杂，需要较严格的物质和技术条件。杂交模式如下：

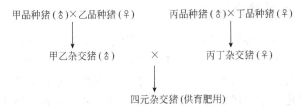

（三）猪的不同杂交组合模式

生产中常见猪的不同杂交组合模式见表4-1。

表4-1 猪的不同杂交组合模式

杂交方式	组合模式	举例
二元杂交	引进品种（♂）×地方品种（♀）	用丹麦长白猪公猪与太湖猪或金华猪或荣昌猪等杂交
	引进品种（♂）×培育品种（♀）	杜洛克猪作父本与浙中白猪杂交
	引进品种（♂）×引进品种（♀）	长白公猪与大约克夏母猪杂交

杂交方式	组合模式	举例
三元杂交	引进品种（♂）×［引进品种（♂）×地方品种（♀）］（♀）	荣昌猪、内江猪、太湖猪等为母本，以国外良种瘦肉猪大约克夏、长白为第一、二父本生产长大本三元杂交猪
	引进品种（♂）×［引进品种（♂）×培育品种（♀）］（♀）	三江白猪、上海白猪、北京黑猪等为母本，以国外良种瘦肉猪大约克夏、长白为第一、二父本生产长大本三元杂交猪
	引进品种（♂）×［引进品种（♂）×引进品种（♀）］（♀）	杜洛克、长白、大约克夏三品种杂交生产杜长大三元杂交猪
双杂交	［引进品种（♂）×引进品种（♀）］×［引进品种（♂）×引进品种（♀）］	用杜洛克、长白、大约克夏、皮特兰四品系杂交生产四元杂交猪
	［引进品种（♂）×引进品种（♀）］×［引进品种（♂）×地方品种（♀）］	长白与大约克夏生产父本猪，杜洛克和太湖猪生产母本猪，然后再进行杂交

三、良种繁育体系

商品猪的良种繁育体系是将纯种选育、良种扩繁和商品肉猪生产有机结合形成一套体系。在体系中，将育种工作和杂交扩繁任务划分给相对独立而又密切配合的育种场和各级猪场来完成，使各个环节专门化，是现代化养猪业的系统工程。原种猪群、种猪群、商品猪繁殖群和肥猪群分别由原种场、纯种繁殖场、商品猪繁殖场和育肥场饲养，父母代不应自繁，商品代不应留种，这样才能保证整个生产系统的稳产、高产和高效益。

（一）良种繁育体系的组成

1. 原种猪场（群）

原种猪群指经过高度选育的种猪群，包括基础母猪的原种群和杂交父本选育群。原种猪场的任务主要是强化原种猪品种，不断提高原种猪生产性能，为下一级种猪群提供高质量的更新猪。

猪群必须健康无病，每头猪的各项生产指标均应有详细记录，技术档案齐全。饲养条件要相对稳定，定期进行疫病检疫和监测，定期进行环境卫生消毒等。原种猪场一般配有种猪性能测定站和种公猪站，测定规模应依原种猪头数而定。种猪性能测定站可以和种猪生产相结合，如果性能测定站是多个原种场共用的，则这种公共测定站不能与原种场建在一起，以防疫病传播。为了充分利用这些优良种公猪，可以通过建立种公猪站，以人工授精的形式提高利用效率，减少种公猪的饲养数量。

2. 种猪场

种猪场主要任务是扩大繁殖种母猪，同时研究适宜的饲养管理方法和良好的繁殖技术，提高母猪的活仔率和健仔率。

3. 杂种母猪繁育场

在三元及多元杂交体系中，以基础母猪与第一父本猪杂交生产杂种母猪，是杂种母猪繁育场的根本任务。杂种母猪应进行严格选育，选择重点应放在繁育性能上，注意猪群年龄结构，合理组成猪群，注意猪群的更新，以提高猪群的生产力。

4. 商品猪场

其任务是进行肥猪生产，重点放在提高猪群的生长速度和改进育肥技术上。提高饲养管理水平，降低育肥成本，达到提高生产量之目的。

在一个完整的繁育体系中，上述各个猪场的比例应适宜，层次分明，结构合理。各场分工明确，重点任务突出，将猪的育种、制种和商品生产融于一体，真正从整体上提高养猪的生产效益。

（二）良种繁育体系结构

良种繁育体系结构见图4-1。

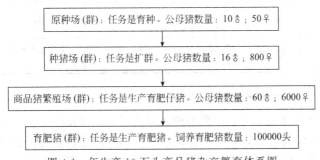

图4-1 年生产10万头商品猪杂交繁育体系图

第三节　优良猪种的选择和引进

一、优良猪种的选择

种猪质量不仅影响肉猪的生长速度和饲料转化率，而且还影响肉猪的品质。只有选择具有高产潜力、体型良好、健康无病的优质种猪，并进行良好的饲养管理，才能获得优质的商品仔猪，才能为快速育肥奠定坚实的基础。

（一）品种选择

根据生产目的和要求确定杂交模式，选择需要的优良品种。如生产中，为提高肉猪的生长速度和胴体瘦肉率，人们常用引进品种进行杂交生产三元杂交商品猪。因为引进品种生长速度快，饲料利用率高，胴体瘦肉率高，屠宰率较高，并且经过多年的改良，它们的平均窝产仔数也有所提高，肉猪市场价格高。如我国近年引进数量较多、分布较广的有长白猪、大约克夏猪、杜洛克猪、皮特兰猪等（表 4-2）。

表 4-2　几种主要引进瘦肉型品种猪的比较

品种名称	原产地	特性	缺陷
长白猪	丹麦	母性较好，产仔多，瘦肉率高，生长快，是优良的杂交母本	饲养条件要求高，易患肢蹄病
大约克夏猪（大白猪）	美国	繁殖性能好，产仔多，作母本较好	眼肌面积小，后腿比重小
杜洛克猪	美国	瘦肉率高，生长快，饲料利用率高，是理想的杂交终端父本	胴体短，眼肌面积小
皮特兰猪	比利时	后腿和腰特别丰满，瘦肉率极高	生长速度较慢，易产生劣质肉

（二）体型外貌选择

种猪的外貌要求是体型匀称，膘情适中，胸宽体健，腿臀肌肉发达，肢蹄发育良好，个体性征明显，具有种用价值且无任何遗传疾患。种公猪还要求睾丸发育良好，轮廓明显，左右大小一致，不允许有单睾、隐睾或阴囊疝，包皮积尿不明显。乳头数不少于 7 对，排列整齐均匀，发育正常。种母猪还要求外生殖器发育正常，乳房形质良好，排列整齐均匀，无瞎乳头、翻乳头或无效乳头，大小适中且乳头数不少于 7 对。

（三）种猪场的选择

要尽可能从规模较大、历史较长、信誉度较高的大型良种猪场购进良种猪。购猪时要注意查看或索取种猪卡片及种猪系谱档案，确保其为优良品种的后裔并具有较高的生产水平。

二、猪场种猪的引进

为提高猪群总体质量和保持较高的生产水平，达到优质、高产、高效的目的、猪场和养殖户都经常要向质量较好的种猪场引进种猪和仔猪。

（一）引种前应做的准备工作

1. 制订引种计划

猪场和养殖户应结合自身的实际情况，根据种群更新计划确定所需品种和数量，有选择性地购进能提高本场种猪某种性能，满足自身要求，并只购买与自己的猪群健康状况相同的优良个体；如果是加入核心群进行育种的，则应购买经过生产性能测定的种公猪或种母猪。新建猪场应从生产规模、产品市场和猪场未来发展方向等方面进行计划，确定所引进种猪的数量、品种和级别，是外来品种（如大约克夏、杜洛克或长白）还是地方品种，是原种、祖代还是父母代。根据引种计划，选择质量高、信誉好的大型种猪场引种。

2. 应了解的具体问题

（1）疫病情况　调查各地疫病流行情况和各种种猪质量情况，必须从没有危害严重的疫病流行地区，并经过详细了解的健康种猪场引进，同时了解该种猪场和免疫程序及其具体措施。

（2）种猪场种猪选育标准　公猪须了解其生长速度（日增重）、饲料转化率（料比）、背膘厚（瘦肉率）等指标，母猪要了解其繁殖性能（如产仔数、受胎率、初配月龄等）。种猪场引种最好能结合种猪综合选择指数进行选种，特别是从国外引种时更应重视该项工作。

3. 隔离舍的准备工作

猪场应设隔离舍，要求距离生产区最好有 300 米以上距离，在种猪到场前的 30 天（至少 7 天），应对隔离栏及其用具进行严格消毒，可选择质量好的消毒剂，如中山"腾俊"有机氯消毒剂，进行多次严格消毒。

（二）选种时应注意的问题

1. 种猪健康

种猪要求健康，无任何临床病征和遗传疾患（如脐疝、瞎乳头等），营养状况良好，发育正常，四肢要求结合合理、强健有力，体形外貌符合品种特征和本场自身要求，耳号清晰，纯种猪应打上耳牌，以便标示。种公猪要求活泼好动，睾丸发育匀称，包皮没有较多积液。成年公猪最好选择见到母猪能主动爬跨、猪嘴中有大量白沫、性欲旺盛的公猪。种母猪生殖器官要求发育正常，阴户不能过小和上翘，应选择阴户较大且松弛下垂的个体，有效乳头应不低于 6 对，分布均匀对称，四肢要求有力且结构良好。

2. 注意观察挑选

种猪场应尽量满足客户的要求，设专用销售观察室供客户挑选，确保种猪质量和维护顾客利益。

3. 免疫记录和系谱资料齐全

要求供种场提供该场免疫程序及所购买的种猪免疫接种情况，并注明各种疫苗的注射日期。种公猪最好能经测定后出售，并附测定资料和种猪三代系谱。

4. 检疫无疾病

销售种猪必须经本场兽医临床检查无猪瘟（HC）、传染性萎缩性鼻炎（AR）、布氏杆菌病（Rr）等病症，并由兽医检疫部门出具检疫合格证方能准予出售。

（三）种猪运输时应注意的事项

1. 车辆选择及消毒

最好不使用运输商品猪的外来车辆装运种猪。在运载种猪前 24 小时开始，使用高效的消毒剂对车辆和用具进行两次以上的严格消毒，然后空置 1 天后装猪。装猪前再用刺激性较小的消毒剂

（如中山"腾俊"双链季铵盐络合碘）彻底消毒一次，并开具消毒证。

2. 车辆处理

长途运输的车辆，车厢最好能铺上垫料，冬天可铺上稻草、稻壳、木屑，夏天铺上细沙，以减少种猪肢蹄损伤。所装载的猪只数量不要过多，装得太密会引起挤压而导致种猪死亡。运载种猪的车厢面积应为猪只纵向表面积的 1.5 倍。最好将车厢隔成若干个隔栏，安排 4～6 头猪为一个隔栏，隔栏最好用光滑的水管制成，避免刮伤种猪。达到性成熟的公猪应单独隔开，并喷洒带有较浓气味的消毒药（如复合酚），以免公猪间相互打架。

3. 减少应激和损伤

运输过程中应想方设法减少种猪应激和肢蹄损伤，避免在运输途中死亡和感染疾病。要求供种场提前 2～3 小时对准备运输的种猪停止投喂饲料。赶猪上车时不能赶得太急，注意保护种猪的肢蹄，装猪后应固定好车门。

4. 运输前适当用药

长途运输的种猪，应对每头种猪按 1 毫升/10 千克注射长效抗生素（如辉瑞"得米先"或腾俊"爱富达"），以防止猪群途中感染细菌性疾病；对临床表现特别兴奋的种猪，可注射适量氯丙嗪等镇静剂。随车应准备一些必要的工具和药品，如绳子、铁丝、钳子、抗生素、镇痛退热剂以及镇静剂等。

5. 运输要平稳

长途运输的运猪车应尽量行驶高速公路，避免堵车，每辆车应配备两名驾驶员交替开车，行驶过程中应尽量避免急刹车；途中应注意选择没有停放其他运载动物车辆的地点就餐，决不能与其他装运猪只的车辆一起停放。

6. 保持适宜温度

冬季要注意保暖，夏天要重视降温防暑，尽量避免在酷暑期装运种猪。夏天运种猪应避免在炎热的中午装猪，可在早晨和傍晚装运；途中应注意经常供给充足的饮水，有条件时可准备西瓜供种猪采食，防止种猪中暑；并寻找可靠的水源为种猪淋水降温，一般日淋水 3～6 次。

7. 避免日晒和寒风直吹猪体

运猪车辆应备有帆布，若遇到烈日或暴雨时，应将帆布遮盖在车顶上面，防止烈日直射和暴风雨袭击种猪，车厢两边的帆布应挂起，以便通风散热；冬季帆布应挂在车厢前上方以便挡风取暖。

8. 加强途中管理

长途运输时可先配制一些电解质溶液，用时加上奶粉，在路上供种猪饮用。运输途中要适时停饮，检查有无病猪，大量运输时最好能准备一辆备用车，以免运输途中出现故障，停留时间太长而造成不必要的损失。

应经常注意观察猪群，如出现呼吸急促、体温升高等异常情况，应及时采取有效的措施，可注射抗生素和镇痛退热针剂，并用温度较低的清水冲洗猪身降温，必要时可采用耳尖放血疗法。

（四）种猪到场后应做的事情

1. 隔离与观察

种猪到场后必须在隔离舍隔离饲养 30～45 天，严格检疫，特别是对布氏杆菌病、伪狂犬病等疫病要特别重视，须采血经有关兽医检疫部门检测，确认为没有细菌感染和病毒野毒感染，并检测猪瘟、口蹄疫等抗体情况。如果直接转进猪场生产区，极可能带来新的疾病，或者由不同菌株引发相同的疾病。

2. 到场后管理

种猪到达目的地后，立即对卸猪台、车辆、猪体及卸车周围地面进行消毒，然后将种猪卸下，按大小、公母进行分群饲养，有损伤、脱肛等情况的种猪应立即隔开单栏饲养，并及时治疗处理。

先给种猪提供饮水，休息 6～12 小时方可供给少量饮料，第二天开始可逐渐增加饲喂量，5 天后才能恢复正常饲喂量。种猪到场后的前 2 周，由于疲劳加上环境的变化，机体对疫病的抵抗力会降低，饲养管理上应注意尽量减少应激，可在饲料中添加抗生素（可用泰妙菌素 50 毫克/千克，金霉素 150 毫克/千克）和多种维生素，使种猪尽快恢复正常状态。

3. 免疫驱虫

种猪到场 1 周开始，应按本场的免疫程序接种猪瘟等各类疫苗，7 月龄的后备猪在此期间可做一些引起繁殖障碍疾病的防疫注射，如细小病毒疫苗、乙型脑炎疫苗等。种猪在隔离期内，接种各种疫苗后，应进行一次全面驱虫，可使用多拉菌素（如辉瑞的通灭）或长效伊维菌素等广谱驱虫剂按 1 毫克/33 千克体重皮下注射进行驱虫，使其能充分发挥生长潜能。

隔离期结束后，对该批种猪进行体表消毒，再转入生产区投入生产。

第五章

科学饲养管理

科学饲养管理是办好猪场的保证。通过精心饲养培育出优质的仔猪和后备猪，加强种猪繁殖期的管理，可以使种猪生产出数量多、质量优的仔猪，增加每头母猪生产的育肥猪数量，提高繁殖率和出栏率，降低单位产品成本，获得更好的效益。

第一节　仔猪的饲养管理

仔猪是发展养猪生产的基础。仔猪阶段生长发育最强烈，可塑性最大，饲料利用率最高，最有利于定向选育。仔猪培育是增加养猪数量、提高猪群质量、巩固遗传效果、降低生产成本的关键时期。仔猪阶段分哺乳仔猪阶段和断奶仔猪阶段。由于仔猪的生理特点是生长发育快和生理上的不成熟，造成仔猪饲养难度大，成活率低。培育仔猪的基本任务是获得最高的成活率和最大的断奶窝重。

一、哺乳仔猪的饲养管理

哺乳期仔猪是指从出生到断奶前的仔猪。这一阶段是仔猪培育的最关键环节，仔猪出生后的生存环境发生了根本的变化：由在母体内通过脐带靠母体血液进行气体交换，供给氧气和排出二氧化碳，转变为通过自身呼吸系统进行自主呼吸；由母体的恒温环境而不需进行体温调节转变为随着外界环境温度的变化而需要自身调节以维持体温的恒定。由于环境的突然改变，加之哺乳仔猪的热调节能力差，脂肪层薄，对温热环境变化敏感，又缺乏先天性免疫力（在母体内处于无菌环境，不需产生抗体以抵抗病原菌），其抵抗力、适应力和抗病力比较差，导致哺乳期仔猪死亡率明显高于其他生理阶段。因此，降低仔猪死亡率和增加仔猪体重是养好哺乳期仔猪的关键。

（一）哺乳期仔猪的生理特点和习性

由于初生仔猪生理上的不成熟，因此在其出生后的早期阶段，常因饲养管理不当影响其生长发育，甚至造成死亡。必须掌握初生仔猪的生理特点和习性，采取相应的饲养管理措施，以降低初生仔猪的死亡率。

1. 生长发育快，机能代谢旺盛，利用养分能力强

由于猪胚胎生长期短，同胎仔猪数量又多，使得出生时发育不充足，头的比例大，四肢不健壮，器官发育不完善，对外界抵抗力低，极容易因意外而造成死亡。仔猪出生时，体重小，不到成年体重的1%，但出生以后生长发育很快。仔猪出生后，为了弥补胚胎期内发育不足，生后的前2个月生长发育特别迅速，一般初生重1千克左右，30日龄时增长至5~6千克，60日龄可达到10~15倍，这是任何家畜不能比的。由于猪生长迅速，需要为其提供充足的营养，在哺乳期，特别是30日龄前，必须保证充足的母乳供给，以满足仔猪生长迅速的需要。

仔猪迅速生长是以旺盛的物质代谢为基础的。特别是蛋白质代谢和钙、磷代谢要比成年猪高得多。10日龄仔猪的热能代谢高于成年猪7.7倍左右。一般生后20日龄的仔猪，每日每千克体重沉积蛋白质9~14克，相当于成年猪的30~50倍；对乳蛋白的消化率为99.8%，利用率为70%~90%；每增重1兆焦需要代谢净能302.08兆焦，为成年母猪（95.3兆焦）的3倍多；每千克增重需钙7~9克、磷4~5克。由此可见，仔猪对营养物质的需要，无论在数量上还是质量上都比成年猪高，对营养不全或营养不足反应也十分敏感。营养物质数量不足、质量差或某些养分的比例失调，轻则影响仔猪生长，重者造成大批死亡。因此，对仔猪应供给全价而充足的平衡日粮，进行科学的饲养管理。

猪体内水分、蛋白质和矿物质的含量是随年龄的增长而降低的，而沉积脂肪的能力则随年龄的增长而提高。形成蛋白质所需要的能量比形成脂肪所需要的能量约少40%（形成1千克蛋白质只要

24267.2千焦净能，而形成1千克脂肪则要39329.6千焦净能）。所以小猪要比大猪长得快，能更有效地利用饲料。故在哺乳期除有效利用母乳外，应特别注意合理补料，加强培育，以便充分发挥其最大的生长潜力，这对以后提高饲料利用率、缩短育肥期、增加胴体瘦肉率和提高经济效益都有特殊的重要意义。

2. 消化器官的重量和容积小，消化机能不完善

猪的消化器官在胚胎内虽已形成，但出生时其相对重量和容积较小，机能发育不完善。如猪出生时胃仅为体重的0.44%，重4～8克，容纳乳汁25～50克，以后才随年龄的增长而迅速长大，到20日龄，胃重增长到35克左右，容积扩大3～4倍；小肠在哺乳期内也迅速生长，长度约增加5倍，容积扩大50～60倍。消化器官发育的晚熟，导致消化腺分泌及消化机能不完善。初生仔猪胃内仅有凝乳酶，而胃蛋白酶很少，约为成年猪的1/4～1/3。同时，胃底腺不发达，不能制造盐酸，缺乏游离的盐酸，胃蛋白酶就没有活性，呈胃蛋白酶原状态，不能消化蛋白质，特别是植物蛋白，这时只有肠腺和胰腺的发育比较完全，肠淀粉酶、胰蛋白酶和乳糖酶活性较高，食物主要是在小肠内消化。初生仔猪可以吃乳而不能利用植物性饲料，对乳蛋白的吸收率可达92%～95%，猪乳干物质的1/3是脂肪，也可吸收80%，但对长链脂肪酸的消化力则较小。

在胃液的分泌上，成年猪由于条件反射作用，即使胃内没有食物，同样能大量分泌胃液。而仔猪的胃和神经系统之间的联系还没有完全建立，缺乏条件反射性的胃液分泌，只有食物进入胃内直接刺激胃壁后，才分泌少量胃液。到35～40日龄，胃蛋白酶才表现出消化能力，仔猪才可利用乳汁以外的多种饲料，并进入"旺食"阶段。直到2.5～3月龄，盐酸的浓度才接近成年猪的水平。

哺乳仔猪消化机能不完善的另一表现是食物通过消化道的速度太快。食物进入胃内后，完全排空（胃内食物通过幽门进入十二指肠的过程）所需的时间：15日龄时约为1.5小时；30日龄为3～5小时；60日龄时为16～19小时；30日龄喂人工乳的食物残渣通过消化道要12小时，而大豆蛋白则需要24小时；到70日龄时，不论蛋白来源如何都约需35小时。饲料的形态也影响食物通过的速度，颗粒饲料是25.3小时，粉料是47.8小时。

哺乳仔猪消化器官容积小，消化液分泌少，消化机能差，构成了它对饲料的质量、形态和饲喂方法、次数等饲养要求方面的特殊性，生产中必须按照仔猪的营养特点进行科学的饲喂。

3. 体温调节机能不完善，对寒冷的应激能力差

初生仔猪皮下脂肪少，脂肪含量仅为体重的 1%，且多为细胞膜的成分，不能起到保温的作用；仔猪大脑皮层调节气温中枢发育不完善，调节体温的能力差，不能进行正常的化学调节，即在寒冷的刺激下，不能利用血液中的碳水化合物转化为热能来维持体温。同时，由于中枢对血糖的依赖程度相当大，如果环境温度低于适中区，即使调节血液循环也很难维持热平衡。维持体温的热量来源是血中的葡萄糖和肝脏中的肝糖原。但初生仔猪体内的能源储存是很有限的，每 100 毫升血液中的血糖含量只有 100 毫克，如吃不到初乳，2 天之内可降至 10 毫克，甚至更少，甚至发生低血糖而昏迷。初生仔猪因被毛稀少，表面体积相对较大，即增加了体热的散失，若身上有羊水，则散热更快。据测定，仔猪身上的 10 毫升羊水，若依靠体温使其完全蒸发，需耗能 20.9 兆焦以上，这对初生仔猪是极大的负担。因此，对仔猪保温是养好仔猪的特殊护理要求。

据资料介绍，初生仔猪的临界温度是 35℃，如果初生仔猪处在 13~24℃ 条件，在生后的第 1 个小时，体温可下降 1.7~7℃。如果初生仔猪暴露在 1℃ 的环境中，2 小时可冻昏、冻僵，甚至冻死。6 日龄仔猪体温调节机能还很差，9 日龄才得到改善，20 日龄时接近完善。根据仔猪这一特点，在寒冷的冬季与早春产仔时，要特别注意搞好防寒保温工作。

4. 缺乏先天性免疫力，容易患病

免疫抗体是一种大分子 γ-球蛋白，由于母猪血管与胎儿脐带血管之间被 6~7 层组织隔开（人 3 层，牛、羊 5 层），限制了母猪抗体通过血液向胎儿转移，所以母体这种免疫抗体不能通过母体血管直接输送给胎儿，故使仔猪出生时缺乏先天免疫力。只有吃到初乳以后，靠初乳把母猪的抗体传递给仔猪，并过渡到自体产生抗体获得免疫力。仔猪出生后通过吸吮母猪的初乳而获得免疫的这种免疫方式称为被动免疫或后天免疫。

母猪的初乳中乳蛋白含量高达 7%，占干物质的 34%，其中绝

大部分是免疫球蛋白。每 100 毫升初乳中含总蛋白 15000 微克，其中 60%～70%是 γ-球蛋白。初乳与常乳中的营养成分见表 5-1。初乳中的 γ-球蛋白维持时间很短，3 天后即降至 500 毫克以下。仔猪出生后的 24 小时内，肠道上皮细胞处于原始状态，具有很大的渗透性。仔猪吸食初乳后，可以不经转化直接被吸收到血液中，使仔猪血清中 γ-球蛋白很快升高，免疫力迅速增加。随着仔猪肠道的发育，上皮的渗透性发生改变，对大分子 γ-球蛋白（抗体）的吸收能力也随着改变。有人测定过，在出生后 0～3 小时内，肠道上皮对抗体的吸收能力为 100%，9～12 小时后即下降为 5%～10%。如果初生仔猪不能尽早地吃足初乳，初乳中的免疫球蛋白就不能透过肠壁进入仔猪血液中。为此，在 24～36 小时内初生仔猪吃足初乳，是防止仔猪患病、提高仔猪成活率的关键。在仔猪初生期环境温度亦影响免疫球蛋白的吸收程度，其原因有二：一是寒冷使仔猪变得不活跃，食欲减退，不愿去吃初乳而减弱被动免疫能力；二是寒冷使肠道上皮的通透性发生改变，不能接受或少量接受母乳中的抗体，而使仔猪免疫能力下降，导致疾病发生。因此，加强保温，尽早吃上充足的初乳是提高仔猪免疫力、减少发病的有效措施。

表 5-1　初乳与常乳中的营养成分

成分	初乳					常乳
	出生	3 小时	6 小时	12 小时	24 小时	
脂肪/%	7.2	7.3	7.8	7.2	8.7	7～9
蛋白质/%	18.9	17.5	15.2	9.2	7.3	5～6
乳糖/%	2.5	2.7	2.9	3.4	3.9	5

仔猪由初乳中获取的抗体在体内降低的速度很快，半衰期最长的只有 2 周龄左右，而自身抗体的产生约在 10 日龄以后，30～35 日龄前数量很少，35～42 日龄才达到成年猪的水平。因此，3 周龄是抗体极低的阶段，最易患下痢。此时仔猪已开始吃食，胃液中又缺乏游离盐酸，对随饲料和饮水进入胃内的病原微生物没有抑制作用，这是仔猪多病的又一重要原因。

免疫球蛋白分为 IgG、IgA 和 IgM 三型，其分布、来源和作用各异。初乳中以 IgG 为主，约占 80%，IgA 占 15%，IgM 占 5%；常乳中 IgA 约占 60%，IgG 占 30%。自产抗体以 IgM 为主，IgA 次之。IgG 主要在血清中起杀菌作用，IgA 抑制大肠杆菌活动。

初乳中除含有免疫球蛋白外，维生素含量对新生仔猪有特殊的保护作用，初乳中维生素的含量取决于母猪妊娠期的营养供给，与免疫球蛋白的情况类似。分娩后初乳中维生素 A、维生素 D、维生素 E、维生素 C、B 族维生素以及微量元素含量都要比常乳高出数倍，仔猪吃到初乳越晚，得到的生物活性物质越少，抵抗疾病的能力越差。

5. 仔猪行为特性

(1) 戏耍和舔食行为　刚出生的仔猪在生理上要比牛、马等动物早熟。强壮的初生仔猪产后即刻能起立和蹒跚行走，产后 5~8 分钟，即会在短距离内自行走向母猪寻找乳头。产后 2 小时即能离开母猪走动，产后第 1 天即可自由在栏内走动，产后第 4 天就会跑步、嬉戏、舔栏地，产后第 9 天会互相爬背，2 周龄后仔猪的嬉戏行为显著增多，几周后则追逐和跳跃成为常见活动，其活动时间主要在上午 9~11 时、下午 3~5 时。产后第 4~11 天时，在喂诱食料时，少数仔猪会来舔食少量诱食料，其中第 9~11 天舔食者占 80%。用幼嫩的山芋藤叶等青绿料、甜味料、煮熟料做成小丸状饲料诱食，可提前到产后第 6 天，有的仔猪在产后第 7 天就会随母猪吃嫩青草。到第 12~14 天（最早第 9 天）时部分仔猪已会上槽吃料。在诱食情况下，部分仔猪产后第 5 天即能自由进出仔猪补料栏，初生仔猪开始饮水时间一般在产后第 5 天，夏天还会提前。据此，我们可以合理安排仔猪补料时间、饮水时间和补料方法。

(2) 吃乳行为　哺乳仔猪以母乳为主要食物来源，由于仔猪胃肠容积小，排空速度快，所以需每天多次吮乳。且随着仔猪日龄增长，每天哺乳次数和每次哺乳的持续时间都逐渐减少。母猪哺乳间隔期，在分娩当天不定，生后第 2 周平均为 60 分钟左右，以后逐渐延长，到离乳前为 86 分钟左右，且夜间比白昼稍长。母猪 1 次哺乳所需时间，分娩当天最长，平均 8 分钟左右，其后逐渐缩短，但变幅不大。母猪每次哺乳时的泌乳时间也是分娩当天最长，为 46.7 秒，第 3 天为 22 秒，以后逐渐缩短，到离乳前为 11.1 秒。母猪的每天哺乳次数，产后第 3 天为每天 24 次，第 7 天为 26.4 次，其后逐渐减少，到离乳时为每天 16.6 次，整个哺乳期平均每天 22 次，其中白天 11.3 次，夜间 10.7 次。仔猪每天的吮乳量，在分娩当天每千克体重 373 克，第 3~7 天为 316~319 克，以后随着发育增长而减少，到离乳前为 31 克。母猪的泌乳量随窝产仔数增加而增多，而每头仔猪 1 天吮乳量与窝产仔数成反比。

（3）睡眠行为　仔猪从出生到 5 周龄期间，每天用于睡眠的时间是不变的，并且每次睡眠的持续时间也基本不变。例如，仔猪每小时大约睡眠 26 分钟，在出生后最初 5 周龄中就相当稳定。此后，随日龄增大，活动时间增多，睡眠时间逐渐减少。如 5 周龄内幼仔猪的睡眠时间平均每天约为 10.5 小时，到 3~4 月龄时则减少到一天 8 小时左右。

（4）采食行为　仔猪 6~10 日龄开始出现采食，40 日龄前后采食次数明显增多，至 60 日龄高达 25 次，40~60 日龄平均 21.8 次，每次采食 14.48 分钟，间隔 42.84 分钟。随着日龄增大，每次采食时间延长，间隔时间缩短。仔猪在一天中采食最活跃时间为上午 7~11 时和下午 4~7 时，我们应该抓住此规律，在此时间段内做好仔猪补料工作。仔猪的饮水出现在 3~10 日龄，40~60 日龄日均 11.5 次，每次 8.28 秒，随日龄增大而延长。仔猪在 35 日龄前的哺乳期内，有 51.3％在吮乳后采食，断乳期（35~60 日龄）有 52.5％在休息后采食。早期断乳仔猪，往往会互相拱挤和啃咬，特别是在吃料后。在某些应激条件下，如拥挤、空气质量不佳、光线过强、饲料中某些营养元素的缺乏，会发展成咬尾或咬耳现象。

（二）哺乳仔猪死亡的原因及养好仔猪的关键时期

哺乳仔猪死亡历来是养猪生产中的一大损失。死亡率的高低与饲养方式有密切关系，其主要影响因素有：分娩栏和育仔栏的设计，分娩舍内的温湿度控制，仔猪保温箱的加热方式，疾病的控制，以及母猪的营养和卫生条件等。在传统的养猪条件下，哺乳仔猪的死亡还与垫草量关系较大。

1. 死亡原因

有关资料表明，下痢死亡占 31.16％，肺炎死亡占 14.73％，发育不良死亡占 8.12％，贫血死亡占 8.5％，寄生虫致死占

5.19%，而压死或冻死的仔猪占死亡总数的 12.75%。仔猪的死亡与其生理特点有密切关系。仔猪抗病能力弱，容易感染病菌；体温调节能力差，怕冷，常因环境温度不适患感冒而引发肺炎死亡；刚出生的仔猪，身体软弱，活动能力差，如果护理不当，常会被母猪踩压而死。所以，只有为仔猪提供适宜的环境条件，加强饲养管理，减少病菌感染，才能减少死亡。

2. 死亡时间

正常饲养管理条件下，仔猪死亡与仔猪日龄有关，仔猪死亡时间分布示意图如图 5-1。由图可以看出，随仔猪日龄的增长，仔猪死亡率逐步下降。因此，抓好早期的饲养管理至关重要。

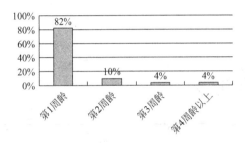

图 5-1　仔猪死亡时间分布示意图

3. 死亡体重

初生重对仔猪死亡率也有一定影响，引入瘦肉型品种猪初生重不足 1 千克的仔猪存活希望很小，并且在以后的生长发育过程中，落后于全窝平均水平。仔猪初生重与母猪妊娠后期的能量摄入直接相关，胎儿体重的 50% 左右是临产前的 20 天累积的，因而增加妊娠母猪能量摄入可提高初生仔猪的重量，增加能量储备，提高初乳中脂肪含量，并降低断奶前仔猪的死亡率。

4. 养好哺乳仔猪的关键性时期

仔猪出生后生活环境发生了剧烈变化，由原来在母体内靠胎盘进行气体交换、摄取营养和排泄废物转变为自行呼吸、采食和排泄；在母体子宫内所处的环境条件稍稳定，出生后直接与复杂的外界环境相接触，由于调节体温的机能不健全，对寒冷的抵抗能力差，机体内能源储存有限，脂肪和血糖的含量少，若不采取保温措施，常会被冻僵、冻死；在母体子宫内处于无菌环境，出生后不仅处于有菌环境，而且不能从母体获得足够的抗体，因而抗病力极弱，容易得病死亡。因此，仔猪在 7 日龄以内，是第一个关键性时期，应加强护理。母猪的泌乳量一般在分娩后 21 天达到高峰，之后逐渐下降。仔猪的生长发育随日龄的增长而迅速上升（图 5-2），仔猪对营养物质的需求增加，如不及时给仔猪补饲，容易造成仔猪增重缓慢、瘦弱、患病或死亡。因此，7 日龄训练仔猪开食是养好仔猪的第二个关键性时期。仔猪 4 周龄前后食量增加，是仔猪过渡到全部靠采食饲料独立生活的重要准备时期，为安全断乳作好准备。乳猪断乳则是养好乳猪的第三个关键性时期。

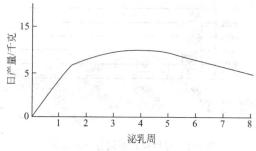

图 5-2　母猪泌乳量变化曲线

（三）哺乳仔猪饲养管理要点

初生仔猪对外界适应能力很差，抵抗力弱，若饲养管理稍不细致，就容易引起死亡。特别是头 5 天，死亡率最高。为提高仔猪成活率和断奶窝重，养育中应采取以下措施：

1. 抓好初生关，提高仔猪成活率

让仔猪出生后获得足够的母乳，是保证仔猪发育健壮的关键，做好防寒、防压、防病工作是提高成活率的基本措施。

（1）固定乳头，吃足初乳　母猪产后 3 天内分泌的乳汁，称为初乳。初乳中含有丰富的蛋白质、维生素和免疫抗体、镁盐等；初乳酸度高，有利于消化。初乳中的各种养分，在小肠内几乎能全部吸收。初乳对仔猪有特殊的生理作用，能增强仔猪的抗病能力，促进健康，提高抗寒能力，促进胎便排泄。仔猪出生后，即应放在母猪身边吃初乳。如果初生仔猪吃不到初乳，则很难成活，所以初乳对仔猪是不可缺少和替代的。仔猪在出生后前几天，进行固定乳头的训练，乳头一旦固定下来，一般到断奶很少更换。实行固定乳头的措施，既能保证每头仔猪吃足初乳，同时又能提高全窝仔猪的均匀度。初生仔猪开始吃乳时，往往互相争夺乳头，强壮的仔猪占据前边的乳头，而弱小的往往吃不上或造成争夺咬伤母猪乳头或仔猪颊部，引起母猪烦躁不安，影响母猪正常放乳甚至导致其拒绝哺乳，最后强壮的仔猪强占出乳多的乳头，甚至一头仔猪强占 2 个乳头，弱小仔猪只能吸吮出乳少的乳头，结果就会形成一窝仔猪中强的愈强，弱的愈弱，到断乳时体重相差悬殊，严重的甚至会造成弱小仔猪死亡。要使全窝仔猪生长均匀健壮，提高成活率，应在仔猪出生后 2～3 天内，进行人工辅助，固定乳头，让仔猪吃好初乳。即母猪分娩后，第一次哺乳时，先用湿毛巾擦净母猪腹部和乳房、乳头，挤掉乳头内前几滴乳，再将仔猪放在母猪身边，让仔猪自寻乳头，待多数仔猪找到乳头后，对个别弱小或争夺乳头的强壮仔猪再适当调整。将发育较差、初生重小的仔猪放在前边乳头上吮乳，使其多吃初乳，以弥补其先天不足，体大强壮的仔猪固定在后边乳汁较少的奶头上。饲养员监视吮乳仔猪，不许打乱次序，每次哺乳都坚持既定顺序，经过几天的调教，仔猪就能按固定的顺序吮乳。这样不仅可以减少弱小仔猪死亡，而且还可使全窝仔猪发育匀称。对于初产母猪，此法可促使其后部乳房的发育，对提高其以后几胎的泌乳量和带仔数有重要作用。人工固定乳头，一般采用"抓两头顾中间"的办法，即把一窝中最强的、最弱的和最爱抢奶的控制住，强制其吃指定的乳头。至于一般的仔猪则可以让其自由选择乳头。在固定奶头时，最好先固定下边的一排，然后再固定上边的一排，这样既省事也容易固定好。此外，在乳头未固定前，让母猪朝一个方向躺卧，以利于仔猪识别自己吸吮的乳头。给仔猪固定乳头是一项细致的工作，特别是开始阶段，一定要细心照顾，必要时，可用各种颜色在仔猪身上打记号，便于辨认每头仔猪，以缩短固定乳头的时间。

（2）防压防踩　仔猪生后 1 周内，压死、踩死数占总死亡数的绝大部分。这是由于初生仔猪体质较弱，行动不灵活，不会吸乳以及对复杂的外界环境不适应。特别是寒冷季节，仔猪喜欢挤在一起，好钻草堆或钻入母猪腹底部取暖，稍有不慎，就有可能被母猪压死、踩死。在分娩后的第 1 天，由于母猪过分疲劳而不愿意活动，故很少压死仔猪；母猪压死仔猪的现象一般是在母猪排粪的时候发生。据观察，母猪通常一昼夜排粪 6～7 次，其中白天 4～5 次，平均 4 次，夜晚 2 次，即半夜及快天亮时各排 1 次。因此，初生仔猪的管理中，一定要掌握母猪的排粪习性，加强管理，防止仔猪受压被踩。尤其是大型母猪或过肥的母猪，体格笨重，腹大下垂，起卧时更易踩死、压死仔猪。此外，初生仔猪个体小，生活力弱或患病，也易造成压死。防止母猪踩死、压死仔猪，可以采取以下措施：

① 保持母猪安静，减少母猪压死仔猪的机会。仔猪出生后如让其自由吮乳，容易发生仔猪争夺乳头咬架，造成母猪烦躁不安，时起时卧，易压死、踩死仔猪。故应在第一次哺乳时就人工辅助固定乳头，这是防止仔猪争夺乳头的有效措施。

② 剪掉仔猪獠牙。仔猪吸乳时，往往由于尖锐的獠牙咬痛母猪的乳头或仔猪面颊，造成母猪起卧不安，容易压死、踩死仔猪。故仔猪出生后，应及时用剪子或钳子剪掉仔猪獠牙，但要注意断面的整齐。

③ 保持环境安静。防止突然声响，避免母猪受惊，踩压仔猪。

④ 设置护仔间或护仔栏。中小型养猪场，最好有专用产房，产房内设有铝合金材料或镀锌弯管焊接合成的分娩栏，每头母猪都安置在分娩栏内，从而可大大降低踩死、压死仔猪的可能性。在不采用分娩栏产仔的猪舍，除应保持圈舍的安静，注意提高产房的温度，保持地面平整，防止垫草过长、过厚外，可在栏圈内设置护仔间（以后可供补饲用），定时放出喂奶，这是保温和防止仔猪被压、被踩的有效办法。如果没有护仔间，也可在头 5 天内采用护仔筐，将母仔分开，每隔 60～90 分钟哺乳一次。还可在猪床靠墙的一面或三面用钢管、圆木或毛竹（直径 5～10 厘米）在离墙和地面各25～30 厘米外装设护仔栏，以防母猪靠墙卧时，将仔猪挤压到墙边或身下致死。如发现母猪压住仔猪，可拍打母猪耳根，或提起母猪尾巴，令其站起，救出仔猪。

（3）防寒保暖　初生仔猪大脑皮层不发达，皮下脂肪层薄，被毛稀疏，调节体温能力差，怕冷。其体温比成年猪高 1℃ 以上，维持体温的单位代谢体重所需能量为成年猪的 3 倍。利用热源基质能力差，出生 24 小时基本不能利用乳脂肪和乳蛋白质氧化供热，主要热源是靠分解体内储备的糖原和母乳的乳糖。在气温较高的条件下，仔猪 24 小时后氧化脂肪供热的能力才加强；而在低温环境下（5℃），仔猪需经 60 小时后，才能有效地利用乳脂氧化供热。因此，初生仔猪保温差，需热多，产热少，很怕冷，尤其最初几天最为严重。仔猪的生长最适宜温度是：1～7 日龄为 28～32℃，8～30 日龄时为 25～28℃，31～60 日龄时为 23～25℃。

仔猪的保温措施很多，可根据条件因地制宜选择。一般小猪场可通过调节仔猪的产仔季节，在春秋季节适宜月份产仔。如全年产仔，应设产房，堵塞风洞，加铺垫草，保持舍内干燥。在仔猪躺卧处加铺厚垫草，天冷时，可在仔猪窝的上面悬吊一束干草，让仔猪钻在下面取暖。这种方法既简便，效果又好。规模猪场在产圈内设置保温箱，保温箱可以是木制、铝板、塑料、砖或水泥等，容量约 1 米^3，固定于产圈或产床的一角，留一个仔猪出入口（宽 20 厘米、高 30 厘米），内悬挂一个 250 瓦的红外线灯泡（仔猪躺卧处的温度，用随时调节红外线灯泡的高度来控制）或在保温箱内铺设电保温板（表 5-2）。仔猪出生后经几次训练，就会习惯自由出入。吃完乳后进去休息，需要吃乳时出来。这样，仔猪既不会被冻死，又可避免压死、踩死。同时还可用作补料间，一物多用，效果较好。

表 5-2　红外线灯（250 瓦）的温度　　　　　　　　单位：℃

高度	灯下水平距离					
	0 厘米	10 厘米	20 厘米	30 厘米	40 厘米	50 厘米
50 厘米	34	30	25	20	18	17
40 厘米	38	34	21	17	17	17

（4）寄养并窝　一头母猪所能哺乳的仔猪数受其有效乳头数的限制，同时也受到营养状态的限制。当分娩仔猪数超过母猪的有效乳头数，或母猪分娩后死亡、缺乳等，可以采取寄养或并窝的措

施，以提高仔猪的成活率。并窝就是将母猪产仔数较少的 2～3 窝仔猪合并起来，给其中一头产乳性能好的母猪哺育，让其他母猪提早发情。而寄养则是将一头或数头母猪所产的多余的仔猪，另找一头母猪哺养，或者将全窝仔猪分别由其他几头母猪哺养。在出现下列情况时，应该实行寄养、并窝：

① 母猪无乳　母猪丧失泌乳能力，产后因病不能养育仔猪和母猪死亡等情况，均需要给仔猪寻找代哺母猪，实施寄养。

② 母猪寡产或产仔过多　老母猪产仔少或者母猪产仔过多超过了母猪的有效乳头数，则需要将多余的仔猪寄养给其他代哺母猪。

③ 仔猪弱小　种猪场或母猪专业户，在分娩母猪多而且集中的情况下，让仔猪吃足初乳后，将出生日龄相近的仔猪按体质强弱分配给一头母猪哺养，就可以避免因弱小仔猪抢不着乳头而形成"乳僵"猪，或因吸不到母乳而饿死。

由于母猪多余的乳头在 3 天内会丧失泌乳能力，因此，应尽快进行仔猪寄养或并窝。为使寄养或并窝获得成功，所寄养或并窝的仔猪，其产期应接近，否则会出现以大欺小、以强凌弱的现象，或者大的仔猪霸占 2 个以上乳头，致使弱小仔猪抢不到乳头变成"乳僵猪"或被饿死。同时，过继的仔猪一定要吃到初乳，若是将没吃到初乳的仔猪寄养给 3 天以后的母猪身边，这些仔猪将不能成活。另外，所选择的代哺母猪必须要母性强，性情温顺，泌乳量高；不宜选择性情粗暴的母猪作代哺母猪，否则寄养、并窝将难以成功。并窝寄养时，可能发生被寄养的仔猪不认代哺乳母猪而拒绝吃乳的情况，一般多发生于先产的仔猪往后产的窝里寄养时。其解决办法是，将寄养的仔猪暂停哺乳 2～3 小时，待仔猪感到饥饿时，就会自己寻找代哺乳母猪的多余乳头吃乳；如果个别仔猪还继续拒绝吃乳，可人工辅助把乳头放入其仔猪口中，强制挤奶哺乳，这样强化 2～3 次，寄养可获得成功。另外，也可能发生代哺乳母猪不认寄养仔猪而拒绝哺乳并追咬仔猪的情况。母猪主要是靠嗅觉来辨别自己的仔猪和别的仔猪，因此，在寄养时可先将母猪隔开，然后把寄养的和原有的仔猪放在一起 0.5～1 小时，使两窝仔猪的气味一致，而且这时母猪的乳房已膨胀，仔猪已有饥饿感，再将其放出哺乳，即易寄养成功；或将寄养的仔猪与原有仔猪同放一窝内，向窝内喷洒少量的酒，混淆仔猪间的气味，然后再让代哺母猪哺乳。

在母猪产仔多而又无寄养、并窝条件时，可采用轮流哺乳方法。把仔猪分为两组，其中一组与母猪乳头数相等，两组轮流哺乳，必要时加喂牛乳或羊乳，并进行早期断乳。这种方法较费劳力，工作繁重，夜间尚需值班人员照顾仔猪。对于超过了母猪的有效乳头数的多产仔猪或母猪死亡的初生仔猪，在无寄养条件时，在24小时以内送到初生仔猪交易市场进行交易。对于产仔少于母猪有效乳头数的，则需要购买同期出生的仔猪进行代哺乳，以提高母猪的年生产力和仔猪的育成率。重庆市荣昌县是优良地方品种猪——荣昌猪的保种基地县，农民历来都有饲养母猪的习惯，饲养1～2头母猪的居多。至20世纪90年代初开始，农民就自发地在荣昌县石河镇形成了一个初生仔猪交易市场，经过几年发展，此法至今已在全县范围内得到推广。初生仔猪交易市场的形成和发展，调节了农户初生仔猪的余缺，不仅提高了荣昌县仔猪的育成率，而且对增加农户的经济效益和提高养猪效益都具有重要作用。此法值得在饲养母猪多的地区推广。为了避免血统混杂，寄养时需要给仔猪打耳号，以便识别。

（5）人工乳哺育　若母猪产仔后泌乳不足或无乳，在仔猪无寄养条件时，需配制人工乳才能使其正常生长发育，以提高仔猪的成活率和育成率。近年来在养猪生产中，为了提高母猪的利用率，对仔猪普及早期断奶或超早期断奶（出生2周内断奶）技术。

人工乳的适口性应好，消化率高，配制的营养成分与浓度应与猪乳相似，主要是由动物蛋白质、动物脂肪、矿物质、维生素和抗生素等组成，具有促进发育和预防疾病的作用。

2. 抓好补饲关，提高仔猪断奶重

提前诱饲、早期补饲是提高哺乳仔猪断奶重的关键措施。

（1）仔猪早期补饲的重要性　仔猪生长最快，此阶段是保证饲料用率高和单位增重耗料低的关键时期。随着仔猪日龄的增加，其体重及营养需要每日俱增。从母猪的泌乳规律来看，母猪的泌乳量在20天左右达到泌乳高峰，以后又逐渐下降，此时仔猪生长发育加快，对营养的需要也越来越多，这就出现了仔猪的营养需要与母猪乳汁供应的矛盾。传统的养猪方法是在仔猪 20～30 日龄才给仔猪补饲饲料，由于补饲时间迟，在母猪泌乳下降时，仔猪还不能采食饲料，不能从饲料中得到足够的营养补充，因而营养不足、体重下降，瘦弱，抗病力下降，易发生血痢等疾病，严重影响仔猪发育，甚至形成僵猪死亡。解决这个矛盾的办法就是"提前诱食、早期补饲"，即在仔猪和生后 7～8 天开始用诱食料（或称"开口料"），引诱仔猪开口吃饲料，逐渐养成采食饲料的习惯，待母猪泌乳下降时，仔猪已能大量采食饲料，这时通过补饲饲料供给仔猪快速生长的营养所需，以弥补母乳的不足。

（2）哺乳仔猪早期补饲的优点

① 促进消化器官发育，增强消化功能。经早期补饲的仔猪胃的容积（680～740 毫升）比未补饲的（370～430 毫升）大 1 倍左右，容纳食物的数量多。由于食物进入胃，刺激胃壁，激活胃蛋白酶原，从而促进蛋白质消化。

② 提高饲料转化率。饲料通过母体转化成奶，再通过仔猪吃乳被吸收，消化率仅为 20％～30％；而饲料不经过母体，直接由仔猪利用的转化率为 50％～60％，提高 1 倍左右。由此可见，饲料直接由仔猪利用更为经济。

③ 提高断奶重和成活率。经补饲的仔猪消化器官发育良好，营养物质充足，生长发育快，体质好，抗病力增强。

④ 缩短母猪繁殖周期，提高年产仔数。采用早期补饲，仔猪增重快，可提前 10～20 天断奶，母猪哺乳期掉膘不严重，体质好，断奶后可及时配种，从而缩短了繁殖周期。

（3）诱食的方法　仔猪出生后 3～5 日龄，活动量显著增加，有时离开母猪到圈外啃咬硬物或拱掘地面；7～10 日龄开始长牙，齿龈发痒也正是训练的好机会。诱食一般从 7～10 日龄开始，经过 7～14 天的诱食训练，仔猪就习惯吃料，进入旺食期。在生产实践中，诱食方法有以下几种：

① 饲喂甜食　仔猪喜食甜食，对 7～10 日龄的仔猪诱食时，应选择香甜、清脆、适口性好的饲料，如带甜味的南瓜、胡萝卜切成小块，或将炒熟的麦粒、谷粒、豌豆、玉米、黄豆、高粱等喷上糖水或糖精水，并裹上一层配合饲料，拌少许青料，于上午 9 时至

下午 3 时之间，放在仔猪经常游玩的地方，任其自由采食。

② 强制诱食　母猪泌乳量高时，仔猪恋乳而不愿提早吃料，必须采取强制性措施。应将配合饲料加糖水调制成糊状，涂抹于仔猪嘴唇上，让其舔食。仔猪经过 2～3 天强制诱食后，便会自行吃料。

③ 喂黄土料　仔猪 7～10 日龄开始长牙，齿龈发痒，喜欢啃食和拱土，此时可将炒熟的粒状饲料撒在新鲜的红黏土上，让仔猪一边拱土，一边吃食。

④ 以大带小　仔猪有模仿和争食的习性。可以将已学会吃食的仔猪和还没学会吃料的仔猪放在一起吃料，利用仔猪模仿和争食的习性，能很快地引诱仔猪吃食。

⑤ 铁片上喂料　把给仔猪诱食的饲料撒在铁片上，或放在金属的浅盘内，利用仔猪喜欢舔食金属的习性，达到诱食的目的。

⑥ 少喂勤添　仔猪具有"料少则抢，料多则厌"的习性，所以诱食的饲料要少喂勤添，促进仔猪吃料而不浪费饲料。

⑦ 母仔分开　诱食期间，将母猪和仔猪分开，让仔猪先吃料后吃奶。每次间隔时间为 1～2 小时。

（4）加强补料　由于仔猪阶段消化机能不健全，仔猪对乳汁以外其他营养物质的消化能力受到限制。为了获得满意的断奶重，除保证母猪的泌乳性能外，提高仔猪料的质量是极为重要的。哺乳仔猪对饲料的反应特别敏感，用于哺乳仔猪的饲料一定要营养全面，易消化，适口性好，并具有一定的抗菌抑菌能力，仔猪采食后不易拉稀等。从母乳的营养水平来看，常乳中含 19% 的干物质，其中含乳蛋白 5.5%、乳糖 5%、乳脂 7.5%、消化能 22.2 兆焦/千克。乳脂占全乳干物质的 40% 左右，最符合仔猪的消化特点。因此，仔猪料的营养特点应尽量与母乳相符，体现高能量低蛋白的特性。从乳猪料的原料组成来看，如果能选用一部分乳制品（如奶粉或乳清粉），其效果最好。乳清粉中含乳糖 70% 以上，乳蛋白 10.96%～15%，消化能 13.2 兆焦/千克，具有非常好的适口性（甜味）和消化性。其他原料可选择燕麦（去壳、压偏）、小麦、部分大麦、玉米等作为能量饲料。这些原料最好经过炒熟或膨化加工，效果更好。蛋白质原料除奶粉外，还可选择优质的鱼粉、经过加工的豆粕、经过炒熟的或膨化的全脂大豆。保持胃肠道适宜 pH 值是发挥消化酶活性和控制有害微生物的重要保证。肠道病原微生物如大肠杆菌、沙门氏菌、葡萄球菌等细菌最适的 pH 是 6～8，pH4 以下才能失活。所以，可以添加柠檬酸、甲酸钙或富马酸（延胡索酸）以降低胃肠道的 pH 值，减少病原微生物的感染和痢疾，改善饲料的适口性。仔猪喜爱甜、香的口味，所以仔猪料中还可以加糖（葡萄糖或蔗糖），并经过制粒等加工工艺，制成粒度大小适宜、口感香甜的乳猪料。

此外，乳猪料中还可以选择使用高铜（120×10^{-6}～200×10^{-6}微克/千克）和杆菌肽锌、硫酸黏菌素等抗生素，也可用生物制剂如乳酸杆菌等，作为哺乳仔猪的添加剂，来提高仔猪增重和降低仔猪下痢的发病率。仔猪补料的方法有以下几种：

① 仔猪补料的传统方法　补料的方法一般是少喂勤添，保证饲料新鲜。每日喂料 4～6 次，饲喂量由少至多，进入旺食期后，夜间可多喂 1 次。同时，应以幼嫩多汁的青饲料配合饲喂，效果更好。母猪泌乳量高时，所带仔猪往往不易上料，则应有意识地进行"逼料"，即每次喂乳后，把仔猪关进补料间，时间为 1～1.5 小时，仔猪产生饥饿感后会对补料间的饲料或青料产生一定的兴趣，迫其吃料。但应注意关的时间不宜过长，以免影响母猪的正常泌乳。仔猪 35 日龄后，生长加快，采食量大增，此时除白天增加补饲次数外，在晚上 9～12 时增喂 1 次饲料。

② 全价颗粒饲料补饲的方法　目前，在国内市场上均有不同品牌、种类繁多的全价饲料，这类饲料具有价高质好的特点。乳猪料为颗粒状或粉状，每千克含消化能 13.26～13.67 兆焦、粗蛋白 18%～20%、粗纤维 3%～4%、粗脂肪 3%～5%、钙 0.7%～0.9%、磷 0.6%～0.8%，同时含有多种维生素和微量元素，是哺乳仔猪理想的补饲料，也适用于 7～30 千克断奶的哺乳仔猪。使用乳猪全价饲料还具有仔猪生长快、发病少和腹泻少的优势。但在使用该类饲料时，应注意以下几方面：第一，全价颗粒料直接饲喂哺乳仔猪，不要用水拌湿，严禁蒸煮；第二，撒在地面或食槽内的饲料，要防止母猪或其他畜禽偷食，撒饲地面应选择平坦、清洁、干燥、无杂物场地，否则会浪费饲料；第三，因为该类饲料是完全饲

料，不必再添加其他饲料和任何添加剂；第四，实行少喂勤添，让每头仔吃饱为止；第五，供给仔猪清洁饮水，并保持昼夜不断。

③ 预混料的补饲方法　猪用预混料含有哺乳仔猪必需的各种矿物质元素、生长促进剂和保健药物，适于农村家庭使用，对于粗放饲养的猪只，效果更为明显。其能防止多种肠道疾病和营养不良引起的生长停滞等代谢性疾病，促进动物细胞分裂及蛋白质合成，使猪只快速生长和提高饲料利用率。其方法是将选用的添加剂预混料按要求的配合比例，用自产的饲料与之均匀混合，配制成补饲料待用。补饲时，按需补饲的饲料量称取粉状料，用少量水分将其发湿，调制成湿粉料，撒于饲槽内，任仔猪自由采食。补饲时，仍须做到少喂勤添，至仔猪吃饱为止。在使用该类饲料时应注意：第一，不能多种添加剂预料混合使用；第二，仔猪饲料尽量多样化搭配，让仔猪吃饱；第三，不可将其放入40℃以上的饲料中饲喂，更不能放入锅中煮沸；第四，将其置于阴凉干燥处保存，每次使用后应及时封上袋口，防止受潮。

（5）加强补铁　铁是形成血红蛋白和肌红蛋白所必需的微量元素。仔猪缺铁时，血红蛋白便不能正常生成，影响血液运输氧和二氧化碳的功能而发生贫血。新生仔猪体内储存40～50毫克铁；仔猪出生后1周内，母猪从乳中每天能供给1～1.3毫克左右的铁（每100克母乳含铁0.2毫克，小猪每天能吃到500～650克乳）；仔猪出生后2周的母乳，每天能供给2.3毫克铁。然而，哺乳仔猪每天需铁7～11毫克，这就发生了供求矛盾，如不及时补铁，7天后仔猪会表现出缺铁，因此新生仔猪（3～4日龄）必须补铁。

生产中常采用口服和肌内注射含铁制剂的方法补铁。上海郊区及其他地方，有用红壤补铁的习惯，具体做法是：取10厘米以下的深层土，在铁锅中焙炒，加少量盐后，散放在仔猪补饲间内，仔猪舔食后，可补充其所需要的铁。此外，还可用1000毫升水加上2.5克硫酸亚铁和1克硫酸铜配制成铁铜溶液。每日每头10毫升，可涂于母猪乳头上，也可用奶瓶灌服。但在大群生产中此法不易坚持，因此效果不佳。

在大群生产中推荐用肌内注射的方法。注射的铁剂有氨基酸螯合铁或右旋糖酐铁（即市售"牲血素"或"血宝"），仔猪出生后

3～4 天，在颈部肌内注射，补充量为 100 毫克。若补铁后仍有贫血现象，应再补充 100～250 毫克。目前，我国各地广泛使用"右旋糖酐铁钴注射液"给仔猪补铁。其用法与用量：一般要求注射 2 次，新生仔猪 3 日龄肌内注射 1～2 毫升，10 日龄注射 2 毫升；也可 3 日龄一次肌内注射 3～4 毫升，以后不再注射。各地猪场反映：该注射液不仅能有效地预防仔猪贫血，而且还能预防仔猪白痢。因为贫血仔猪体弱、抗病力下降，最容易发生仔猪白痢。

（6）补充硒　在我国东北等广大地区，土壤中硒的含量相当稀少，在这些地区生长的农作物及其子实中（用作饲料）硒的含量极微。硒作为谷胱甘肽过氧化物酶的成分，能防止细胞线粒体脂类过氧化，与维生素 E 一起，对保护细胞膜的正常功能起重要作用。当饲料中缺硒时，仔猪突然发病。猪病多为营养状况中上等或生长快的。病猪表现出体温正常或偏低，叫声嘶哑，行走摇摆，进而后肢瘫痪。有的病猪排出灰绿色或灰黄色稀便，皮肤和可视黏膜苍白，眼睑水肿。病猪食欲减退，增重缓慢，严重者死亡。对缺硒的仔猪应及早补硒。一般仔猪生后 3～5 天肌内注射 0.1％亚硒酸钠生理盐水 0.5 毫升，断奶时再注射 1 毫升。

（7）补充水　水是猪所需要的主要养分之一。缺水会导致食欲下降，消化作用减缓，损害仔猪健康。由于仔猪代谢旺盛，需水分较多，5～8 周龄仔猪需水量为其体重的 1/5。同时，母猪乳中含脂率高，仔猪常感口渴，因此需水量较大。若不及时补水，仔猪便会饮用圈内不清洁的水或尿液而易发生下痢。因此，在仔猪 3～5 日龄起，就应在补料间内设置饮水槽，保证清洁饮水的供给。提早补充饮水，不仅能帮助仔猪消化，防止下痢，而且还能使仔猪精神活泼，皮毛光亮。

另外，由于哺乳仔猪缺乏盐酸，20 日龄前可用含 0.08％盐酸水喂饮仔猪，能起到活化胃蛋白酶的作用。据试验，仔猪 60 日龄重可提高 13％。

3. 疾病预防

仔猪腹泻是养猪生产中的一个重要问题，对提高仔猪育成率和断奶窝重有很大影响，妨碍仔猪多活快长。据调查，仔猪因腹泻而死亡数占整个哺乳期仔猪死亡总数的 30％。哺乳仔猪有 2 个时期容易发生腹泻：第一个时期是生后 3～5 日龄，多为黄痢；第二个时期是在 2～3 周龄前后发生，多为白痢和奶痢。必须贯彻"预防为主"的方针，采取综合措施防止仔猪腹泻。对已发生腹泻的个体，应及时治疗，以减少损失。为防止传染病的发生，在仔猪 40 日龄时，对仔猪进行猪瘟、猪丹毒、猪肺疫和仔猪副伤寒等主要传染病的预防注射。

4. 仔猪适时去势

凡不留种用的仔猪，均应早期去势，促进生长。去势时间一般为公猪 20～30 日龄，母猪 30～40 日龄，仔猪体重 5～10 千克。早期去势不仅伤口愈合快，手术简便，对仔猪造成的损伤较小，而且去势后能加速仔猪生长。

二、断奶期仔猪的饲养管理

断奶仔猪是指仔猪断奶后（一般 28～35 日龄）至 70 日龄左右的仔猪。就体重而言，一般为 6～7 千克到 20 千克左右的仔猪。由于断奶仔猪不再吃乳，从而失去了母乳的营养来源，同时还要转圈分群，进行合群饲养，造成环境条件及饲料的巨大变化，形成了对仔猪的一个极大应激，造成仔猪消化不良、采食不足、精神紧张，进而严重影响仔猪的生长发育，甚至发病死亡。因此，维持哺乳期内的生活环境和饲料条件，做好饲料、环境、管理制度的过渡，是养好断奶仔猪的关键。

（一）仔猪早期断奶的优点

随着畜牧科学技术的发展，人们为了提高母猪的繁殖效率，提高仔猪的成活率和饲料效率，仔猪的断奶日龄在不断提早，由传统的 45～60 日龄断奶已逐渐提早到 21～35 日龄甚至更早，如超早期断奶（8～12 日龄）等。早期断奶优点表现在：

1. 提高母猪年生产力

母猪年生产力一般是指每头母猪一年所提供的断奶仔猪数。

2. 减少母猪哺乳期失重

提前给仔猪断奶，减少了母猪的哺乳时间，从而也就减少了哺乳母猪的哺乳期营养消耗，减少了母猪体重在哺乳期的损失量。据纪孙瑞（1994 年）研究，早期断奶的母猪体况普遍较好，21～35

日龄断奶的母猪失重为 $19\% \sim 22\%$，60 日龄断奶的母猪失重为 $33\% \sim 49\%$。而且前者一般断奶后 $3 \sim 7$ 天发情，后者需 $7 \sim 10$ 天发情，但两种母猪下一胎的产仔数十分接近。

3. 提高仔猪的均匀度与育成率

实验表明，$21 \sim 35$ 日龄断奶的仔猪，其生长发育较 60 日龄断奶的仔猪整齐。这是由于 35 日龄前仔猪的营养主要来自母乳，而不同位置乳头的泌乳量是不同的，因而仔猪往往发育不均匀。断乳后，仔猪摄取的饲料量逐日增多，饲料成为仔猪的主要营养来源。一些在哺乳期生长较慢的仔猪，由于具有生长补偿作用而吃料较多，生长相对较快，体重逐渐追赶上来。到 60 日龄时，全窝仔猪的生长发育就会变得较均匀，使窝内仔猪体重很接近，从而可获得较大断奶窝重。

仔猪的育成率也与断奶日龄有关。据实验，21 日龄断奶仔猪育成率可达 100%，28 日龄断奶的为 98.5%，35 日龄断奶的为 92%。不同断奶日龄的仔猪育成率的这种差异，主要是由于母猪的干扰造成的。如哺乳时间长，仔猪被母猪踩死、压死、咬死及粪便污染导致的仔猪发病死亡的概率会相应增加。

4. 提高仔猪的饲料利用率

仔猪出生后越早断奶，母猪在哺乳期的耗料就越少。从饲料利用率考虑，仔猪断乳后直接摄取饲料所获得的饲料利用率，要比断乳前饲料通过母猪摄取，然后转化为乳汁，再由仔猪吮吸转化为体组织的要高。因为家畜对饲料的利用效率每转化一次就要损失 20%，当然两次转化不如一次转化的效率高。据实验，21 日龄和 35 日龄断奶仔猪的每千克增重耗料量要比 60 日龄断奶的分别下降 22.6% 和 31.5%。

5. 提高分娩猪舍和设备的利用率

在规模化养猪场，若实行仔猪早期断奶，可缩短母猪的哺乳期，减少了母猪占用产仔栏的时间，从而提高了分娩猪舍和设备的利用率，提高了每个产仔栏的年产仔窝数和断奶仔猪头数，相应降低了生产 1 头断奶仔猪的产仔栏设备的生产成本。如一条年生产 5000 头商品猪的生产线，由计划的 4 周龄断奶改为 3 周龄断奶，每个产栏的年产断奶窝和年产断奶仔猪头数约提高了 15%。

（二）早期断乳的适宜日龄

如上所述，实行仔猪早期断奶有诸多优点，但是，早期断奶的适宜日龄也并非越早越好。这是因为，实行早期断奶的前提条件是要求养猪企业必须具备良好的断奶仔猪培育设备和条件，如：温湿度适宜的断奶仔猪舍和网上饲养设备，营养丰富、全价且适口性好、易消化的早期断乳仔猪饲料，较高水平的饲养断奶仔猪的饲养管理水平和经验，以及高素质的饲养人员队伍。如果上述条件不具备，早期断乳不仅不能取得良好效果（包括生产水平的提高和良好的经济效益），反而会给养猪生产带来很大损失。再则，超早期断奶的母猪，其断奶后繁殖器官尚未恢复正常机能，需要一定时间，至再次发情配种时间会相应延长，且再次配种后的下一胎产仔数也会受到不同影响。因此，仔猪早期断奶的适宜日龄不能一概而论，也不是越早越好，而应视养猪生产单位具体情况而定。一般而言，生产单位条件较好，饲养设备、人员素质和饲养管理水平较高的，可以适当提早断奶；而条件不具备的生产单位应适当晚些断奶。在生产实践中，仔猪早期断奶的时间应根据哺乳仔猪的发育状况、采食量、环境控制的条件及饲养管理水平等因素而决定。一般要求断奶时仔猪体重应达到 5 千克以上，日采食量应在 25 克以上。但对于一般猪场，以 35 日龄断奶较为稳妥，因这时的仔猪所需营养已有 50% 左右来自饲料，日采食量已达 200 克以上，个体重已达 8.5 千克以上，适应和抵御逆境的能力已较强，不会因断奶遭受较大影响。

（三）早期断奶应激所引起的生理变化

早期断奶对仔猪而言是一个综合应激，主要包括心理、营养和环境三大方面。心理应激主要是由于母仔分离所引起的。仔猪失去母猪的爱抚和保护，并且在并窝分群中还要发生咬斗和重新争夺群体中的位次等。营养应激是仔猪由吮乳改变为采食干饲料来获取营养，消化酶系统和生理环境均不相适应。环境应激是由于仔猪从分娩栏转移至断乳仔猪栏所引起的，周围环境、物理温度、群居条件、伙伴关系等均发生了很大变化，从而对仔猪产生很大的影响。这些应激因子会使断奶仔猪一时很难适应，需要一段时间的调整。以上三种应激中以营养应激最为激烈，影响程度也最大，会引起仔猪失重，血糖、胰岛素、生长激素和肝糖原水平降低，胃液 pH、氢化可的松、游离脂肪酸水平提高。而另外两种应激的影响则相对较小，而且通过人为调控可得到较大改进，进一步降低对仔猪的影响。上述应激对仔猪引起如下生理反应：

1. 抗病力降低

断乳应激可降低血液抗体水平，抑制细胞免疫力和免疫水平，引起仔猪抗病力减弱，易导致拉稀和生病等。资料显示，早期断奶与自然吮乳相比，2～3 周龄仔猪表现显著的免疫反应抑制，而 5 周龄断奶仔猪与吮乳仔猪相比无差异。限制性饲养的仔猪的免疫反应能力比自由采食仔猪明显降低，采食量对断乳仔猪的免疫反应能力和生长至关重要。

2. 消化系统紊乱

(1) 小肠黏膜上皮绒毛萎缩 3 周龄前的仔猪正常小肠黏膜上皮绒毛呈现纤长手指状，隐窝较小，断乳后 1 周内则绒毛变为较短的平滑舌状，隐窝加深。这种形态上的变化，影响小肠黏膜功能，导致小肠绒毛刷状缘分泌的消化酶活性降低。小肠黏膜形态结构的变化主要是由于饲料类型改变所引起的。断乳后 5 天左右，黏膜高度与隐窝深度的比值达到最低，断乳后第 11 天恢复。饲粮变化引起的绒毛萎缩的机制是：减少隐窝新生细胞的形成，而没有加速肠绒毛表面细胞的丢失。此外，轮状病毒也会引起再生性绒毛高度的萎缩，肠吸收面积减小，发生腹泻。这是因为病毒复制主要在肠绒毛细胞中进行之故。轮状病毒与大肠杆菌联合感染，则导致腹泻尤为严重。大肠杆菌产生的热稳定肠毒素 B 亚型（STb）可能也与绒毛萎缩有关，如将肠黏膜暴露于 STb 时会引起其结构改变，表现为绒毛吸收细胞丢失和绒毛部分萎缩。肠毒素大肠杆菌感染的断奶仔猪，若暴露于适度的慢性冷应激时，极易出现腹泻，说明冷应激是腹泻发病率上升的诱发因素。

(2) 消化酶活性下降 仔猪在 0～4 周龄期间，胰脂肪酶、胰蛋白酶、胰淀粉酶、胃蛋白酶、胃蛋白分解酶活性逐周成倍增长；但 4 周龄断奶后，1 周内各种消化酶活性降低到断奶前水平的 1/3；经 2 周后，除胰脂肪酶活性仍无明显恢复外，其他酶的恢复甚至超过断奶前水平。在未断奶仔猪 0～5 周龄期间仔猪肠道中脂肪酶活性逐周几乎成倍增长，但 21 日龄或 35 日龄断奶则使其活性停止增长，经 1～2 周后才会重新增长。仔猪断奶后不同消化器官的同一消化酶活性（尤其是淀粉酶）恢复速度也不同，肠道组织消化酶活性恢复速度快于胰腺组织。由此可见，消化酶活性降低可能是早期断奶仔猪断奶后 1～2 周内消化不良、生长缓慢的一个重要原因。

（3）胃内酸性环境恶化　成年猪胃液正常 pH 为 2.0～3.5，这是胃蛋白酶激活的最佳酸性环境，而仔猪胃液 pH 要低于 4 才有利于乳蛋白消化，若喂大豆蛋白或鱼粉蛋白，则需达到 pH2～3。可是仔猪胃底腺细胞分泌盐酸的能力很弱，胃酸明显不足。乳猪可以通过吮吸母乳而获得较多量的乳糖，因为乳糖可以被胃中乳酸杆菌分解成乳酸，可弥补胃酸不足，仍可使胃内酸性环境维持在较低水平。同时，母乳缓冲能力强，比普通固体饲料更容易酸化。仔猪采食酪蛋白和右旋糖饲料之后 2 小时之内，因采食而上升的胃液 pH 可回落到 2 以下，而采食大豆蛋白和右旋糖饲料则需 4 小时。此外，哺乳仔猪 1 天吃乳次数多而每次的吮食量却并不多，因此不会出现像采食固体饲料的仔猪那样因一顿采食大量饲料而使胃液 pH 大幅度升高，不必暂时性大量分泌盐酸来促使胃液 pH 回落。故哺乳仔猪尽管胃分泌盐酸能力很弱，但仍消化良好。早期断奶仔猪的情况就不同了，由于胃酸不足，乳糖来源断绝，饲料中的一些蛋白质及无机阳离子还会与胃酸结合，同时一顿大量采食固体饲料，采食后胃液 pH 会上升到 5.5，一直到 8～10 周龄时，仔猪胃液 pH 才会很少受采食影响，而达到成年猪的水平。断乳仔猪的胃液 pH 过高，酸化环境恶化，使胃蛋白酶活性降低，饲料中蛋白质的消化率降低，并进而破坏肠道的微生态环境。

（4）消化能力降低　无论是大肠杆菌感染还是非感染仔猪，由于消化系在应激条件下的一系列生理变化，断乳后其肠道的消化能力和吸收能力均有下降。仔猪断乳后第 1 天至第 2 天拒食或少食，第 3 天至第 4 天则因饥饿，又超量采食饲料，结果引起食物消化不良，大量未消化饲料移行到后段肠道。如果大肠中存留大量碳水化合物，则有利于糖分解菌的繁殖，使碳水化合物分解产酸，酸又增强肠道蠕动，加速食糜通过肠道，影响营养物的消化吸收，并引起腹泻。如果回肠末端和大肠中存留大量蛋白质和氨基酸，促进糖-蛋白分解菌（如大肠杆菌、变形杆菌和梭状芽孢杆菌）的繁殖，使蛋白质分解、产酸和产胺，胺又刺激肠黏膜，加速食糜通过，微生物群落改变，肠内渗透压升高，使分泌量进一步增加，出现所谓渗透性腹泻。

3. 肠道微生物区系结构改变

动物肠道微生物区系在维持动物健康方面起着重要作用。据研究，初生仔猪肠道大肠杆菌和链球菌在出生后 2 小时内就出现，出生后 5～6 小时已达到很高水平，而乳酸菌出现较晚，出生后 48 小时才构成优势菌落。在正常情况下，这些微生物中的有益微生物占优势，有害微生物的繁殖受到抑制，逐步形成一个对健康有利的、生态平衡的肠道微生物区系。仔猪在断乳之前，由于母乳中含有抗体和消化道的有效黏膜屏障（如抗体具有抑制体内溶血性大肠杆菌繁殖、阻止细菌对肠黏膜细胞的附着、促使巨噬细胞吞噬作用；天然小肠黏膜屏障作用表现为健康动物的小肠黏膜表面经常受黏膜分泌物的淋洗，而分泌物中富含抗菌酶和抗体）可阻止病原微生物在黏膜表面的移行生长，有利于良好肠道微生物区系的建立。但仔猪断乳后，母乳断绝，胃液 pH 升高，消化系统紊乱，这样就不利于有益细菌的繁殖，而有利于有害细菌的繁殖（大肠杆菌、葡萄球菌、梭状芽孢杆菌在猪肠道中生长所需最适 pH 分别为 6～8、6.8～7.5、6～7.5，到 pH 4 以下时才能使大量病原菌失活；而 pH 3～4 却是乳酸杆菌生长最适酸度环境，因此 pH<4 时，有利于乳酸杆菌大量繁殖，而病原菌的繁殖受抑制，就能建立起良好的肠道微生物区系），再加上随饲料采食带入大量病原微生物，从而破坏了原有的良好肠道微生物区系。

4. 饲料蛋白质抗原所引起的过敏反应

饲料蛋白质可能含有会引起仔猪肠免疫系统过敏反应的抗原物质，如大豆中的大豆球蛋白、豌豆中的豆球蛋白和豌豆球蛋白等，这些饲料抗原蛋白可使仔猪发生细胞介导过敏反应，对消化系统甚至全身造成损伤。其中包括肠道组织损伤，如小肠壁上绒毛萎缩、隐窝增生等，并引起功能上的变化，如双糖酶的活性和数量下降，肠道吸收功能下降。由于肠道受损伤后，会使病原微生物大量繁殖，致使仔猪发生病原性腹泻。同时，由于仔猪对蛋白质的消化能力下降，饲料中的蛋白质未能充分消化便涌入大肠，在细菌作用下发生腐败，生成氨、胺类、酚类、吲哚、硫化氢等腐败产物。而氨对肠道黏膜细胞具有毒性作用，大多数胺类会刺激肠壁引起肠道损伤和消化功能紊乱，如组织胺进入血液会引起全身性水肿，包括肠绒毛水肿，从而致使消化道功能紊乱。酚类、吲哚、硫化氢对仔猪肠黏膜也有刺激作用。由于腐败产物数量的增加，对结肠也产生损伤，使结肠的吸收机能降低，肠液分泌量上升，引起仔猪腹泻。结肠是吸收肠道中水分和电解质的重要器官，结肠受损伤，对水分的吸收率下降，这种下降即使是轻度的（如下降仅10%），也会使粪中水分含量增加1倍。

总之，在仔猪断奶时，应该采取措施，尽可能减小应激因子对仔猪的刺激，使仔猪顺利渡过断乳期。

（四）仔猪断奶方法

仔猪断奶可采用一次断奶法、分批断奶法、逐渐断奶法和隔离式早期断奶法。

1. 一次断奶法

一次断奶法是当仔猪达到预定断奶日龄时，将母猪隔出，仔猪留原圈饲养。此法由于断奶突然，易因食物及环境突然改变而引起仔猪消化不良，又易使母猪乳房胀痛、烦躁不安，或发生乳房炎，对母猪和仔猪均不利。但此法方法简便，适宜工厂化养猪使用，并应注意对母猪和仔猪的护理，断奶前3天要减少母猪精料和青料量以减少乳汁分泌。

2. 分批断奶法

分批断奶法是在母猪断奶前数日先从窝中取走一部分个体大的仔猪，剩下的个体小的仔猪数日后再行断奶，断奶前7天左右取走窝中的一半仔猪，留下的仔猪不得少于5～6头，以维持对母猪的吮乳刺激，防止母猪在断奶前发情。

3. 逐渐断奶法

逐渐断奶法是在断奶前4～6天开始控制哺乳次数，第一天哺乳4～5次，以后逐渐减少哺乳次数，使母猪和仔猪都有一个适应过程，最后到断奶日期再把母猪隔离出去。逐渐断奶法能够缩短母猪从断奶到发情的时间间隔。

4. 隔离式早期断奶法

隔离式早期断奶法是指仔猪在 20 日龄以内，一般在 10～21 天实施断奶，并被运送到远离母猪舍以外的保育舍进行饲养，当体重增长到 25 千克左右时，再将其转移到设在另一地点的保育场，直至上市出售为止。这种方法是 1993 年以后在美国养猪界开始试行的一种新的养猪方法，称之为 SEW 方法（segregated early weaning）。这一方法的优点是：让仔猪尽早远离母猪舍，防止母猪生产场环境中经常存在的某些疾病对仔猪造成威胁，而将仔猪运到环境状况得到严格控制的保育舍饲养，从而减少仔猪发病机会，加速了仔猪的快速生长（到 10 周龄时体重可达 30～35 千克，比常规饲养的仔猪提高将近 10 千克）。其次，提早断奶，可使母猪尽快进入下一个繁殖周期，提前发情配种，提高母猪利用率。采用 SEW 管理体制所需要的几项必要条件：

（1）仔猪需要在抗体免疫保护仍然存在的时候断奶。

（2）仔猪需要从繁殖猪场移至清洁的仔猪场中，使之无法与母猪接触。保育舍的隔离条件和消毒条件要求较高，一定要保证经常消毒，严格控制传染源的传播，防止仔猪感染疾病，保证仔猪快速生长。

（3）需向断奶仔猪提供专门的饲料和圈舍，并给予格外照顾，以保证其快速生长势头。采用全进全出方式，猪舍每间装 100 头仔猪，每小间以 18～20 头仔猪为宜。

（4）进入育肥期之前再次转移到育肥猪场，再次切断疫病传播的重要环节，减少疾病发生。

（5）兽医需对繁殖母猪群进行血清学监测，检验抗体水平，以确定仔猪断奶的最佳时间和进行辅助疫苗免疫或辅助投药的最佳时机。

（6）兽医还应对有助于确定仔猪最佳断奶时间的其他有关指标进行监测。

（7）分批配对也是保证 SEW 成功的关键，应根据猪群的大小，按特定的重量标准要求事前做好分批进行的安排。

（五）断奶仔猪的技术要点

1. 合理确定断奶时间

以早期断奶为佳，但要根据猪场实际情况确定断奶日龄。因为早期断奶要求猪场具备较好条件，如要求仔猪生长发育良好，28日龄时体重在6～7.5千克左右。仔猪断乳后要有专用优质断乳饲料饲喂，这种饲料要营养丰富、易消化、适口性好、止痢性好。保育猪舍的环境条件要较优越，特别是室温（要求25～28℃左右）和通风换气条件。同时还要求饲养员有较高饲养水平，工作认真负责。具备上述条件的猪场应实行早期断奶，以提高养猪生产水平。而不具备条件的则以迟一些断奶为好，以保证猪场的稳定生产。目前我国大部分猪场宜采用28～35日龄断乳，小部分条件较好的国有和合资合作猪场可实行21～28日龄断乳。

仔猪断奶不仅要看日龄大小，还要看体重大小。一般断乳时要求仔猪应达到一定体重标准。因为断乳体重越大，以后生长速度也相对较快，且仔猪适应性强，生理机能也较完善，不易得病死亡。一般要求仔猪断乳体重应在5千克以上，否则，仔猪容易生病，而且会影响以后的生长发育。小于5千克的仔猪，应推迟断乳。

2. 合理调控猪舍环境

进猪之前的保育舍应进行彻底清洗消毒，如先用清水冲洗干净猪舍，待干燥后再用2%碱液进行全面消毒，过1天再用高锰酸钾加甲醛在密封条件下进行熏蒸，隔天打开门窗后，再用消毒水消毒一遍。保育舍舍温也要适当调整，最初断奶1周温度应比产房高1～2℃，应在25～28℃左右，以后2周降低3℃，并保持在22℃。并注意猪舍经常通风换气，保持舍内空气新鲜，无有害气体和过多灰尘。经常打扫猪舍粪便，保持猪舍干燥卫生。

3. 合理分群调栏

为了减少对断乳仔猪的应激，断乳时可采用"赶母留仔"方法，即把母猪赶到待配舍去，仔猪仍留在产房内1周，以便逐渐适应。断乳后的仔猪要合理分群，将体重大小相同的仔猪放在同一栏内饲喂，同时要注意饲养密度不宜过大，一般每栋猪舍可养不超过1500头，每栏饲养不超过25头为宜，大约每头断乳仔猪占栏面积为0.4～0.5米^2，占房舍空间为0.7～1.0米^3。在以后的饲养过程中，还会由于各种原因出现生长发育不良的猪，因此，应经常进行观察，随时将落脚猪另关一栏，单独饲养，以加强饲养管理，使其赶上其他猪的体重。

4. 认真进行调教

刚断奶的仔猪当其进入新的保育舍时，要认真对其进行调教，使其养成在固定的地方休息、采食和排泄粪便的习惯，这是保持猪舍卫生、干燥的重要手段。猪本来就有在阴暗、潮湿的墙角等地方排泄粪便，在干燥向阳的地方休息的天性，因此，饲养员在猪舍进猪之前应将猪舍打扫干净，并有意识将少量粪便堆放于粪沟和栏角处，以引诱仔猪到该处去排泄。于进猪后 1 周内按时将猪驱赶到排泄粪便处，并不断巡视，发现随地乱排泄粪便的仔猪要进行鞭打教训，并及时清扫已排粪便，保持猪舍干净，使仔猪逐渐形成定位大小便的习惯。

5. 及时换料和控料

仔猪断乳后要逐渐由哺乳仔猪料换为断乳仔猪料，但调换速度要慢，以便仔猪胃肠逐渐适应新的饲料，防止消化不良和腹泻的发生。一般断乳后 7～10 天开始换料，但每天只更换 20%，经 5～7 天即可全部调换完成。在饲料的给量上也要加以控制，断乳最初几天不能喂给过多。据上海大江公司种猪场经验，仔猪进舍第 1 天，喂给其在产房喂量的 50%，约每头每天喂 100 克左右；第 2 天开始酌情加料，每天增加料量 20% 左右；到第 2 周时每头每天可喂到 250 克料；以后加快加料速度，到第 3 周可喂到每头每天 480 克；到第 4 周可喂到 780 克。

6. 及时免疫、驱虫、去势

根据各场疫苗免疫程序，多种疫苗都要在保育期内注射，如仔猪副伤寒、猪瘟、猪丹毒等疫苗，这是猪场防病的重要内容，必须按时完成。为了使仔猪生长发育更快，猪场一般在保育期内还要对仔猪进行投药驱虫和阉割去势。但要注意这些工作最好不同时进行，以避免对猪造成更大应激打击，影响仔猪健康和生长发育。

7. 矫正仔猪咬尾、咬耳恶癖

有些猪场仔猪在保育阶段会发生咬尾巴、咬耳朵等恶癖。分析其原因，此现象与仔猪饲养密度过大、猪舍光线过强、饲料中缺乏某些营养元素、未使仔猪吃饱等因素有关。为防止仔猪咬尾巴、咬耳朵等恶癖的发生，可采取以下措施：

（1）去除病因　如适当调整饲养密度到合理水平，使每头仔猪至少占有栏地面积 0.4～0.5 米^2；补充饲料中各种微量元素，以防缺乏；调整饲料配方，防止营养物质平衡；调整猪舍内光线强度和舍温到适宜水平，以 20～22℃ 为宜；调整饲料给量，防止饲喂不足造成咬尾、咬耳恶癖。

（2）在栏内吊挂一根硬木棍，或在栏内放入一些粗树枝等让仔猪空闲时咬玩。

（3）发现有个别仔猪形成咬尾、咬耳恶癖时，应将其抓出隔离，单独饲养，防止继续咬伤其他仔猪。

（4）一旦发现有被咬伤的仔猪时，也应将其隔离，另关一栏饲养，防止被其他猪只不断啃咬已受伤的部位；并对外伤进行处理，防止继发细菌感染而发病。

（5）为防止发生咬尾现象，可于仔猪出生 1～3 天内将其尾巴在距尾根 2～3 厘米处剪掉，但要注意止血和消毒，防止出血过多和感染。

第二节　后备猪的饲养管理

后备猪（青年猪）是猪场的后备力量，及时选留高质量的后备猪，能保持种猪群较高的生产性能。应根据种猪生长发育的特点做好后备猪的选择工作，适时掌握配种月龄，并制定后备猪的免疫程序。

从仔猪育成阶段到初次配种前，是后备猪的培育阶段，培育后备猪的任务是获得体格健壮、发育良好、具有品种典型特征和种用价值高的种猪。

后备猪与商品猪不同：商品猪生长期短，饲喂方式为自由采食，体重达到 90～105 千克即可屠宰上市，追求的是高速生长的发达的肌肉组织；而后备猪是作为种用的，不仅生存期长（3～5 年），而且还担负着周期性强和较重的繁殖任务。因此，应根据种猪的生活规律，在其生长发育的不同阶段控制饲料类型、营养水平和饲喂量，使其生殖器官能够正常地生长发育，这样，可以使后备猪发育良好，体格健壮，形成发达且机能完善的消化系统、血液循环系统和生殖器官，以及结实的骨骼、适度的肌肉和脂肪组织。过高的日增重、过度发达的肌肉和大量的脂肪沉积都会影响后备猪的繁殖性能。

一、后备猪的选择

选择好后备猪，是养猪场保持较高生产水平的关键。选择标准见表5-3。

表5-3 选择标准

项目	后备公猪	后备母猪
体型外貌	头和颈较轻细，占身体的比例小，胸宽深，背宽平，体躯长，腹部平直，肩部和臀部发达，肌肉丰满，骨骼粗壮，四肢有力，体质强健，符合本品种的特征，即毛色、体型、头形、耳形要一致	外貌与毛色符合本品种要求。乳房和乳头是母猪的重要特征表现，除要求具有该品种所应有的乳头数外，还要求乳头排列整齐，有一定间距，分布均匀，无瞎、内翻乳头。外生殖器正常，四肢强健，四肢有问题的母猪会影响以后的正常配种、分娩和哺育功能。体躯有一定深度
繁殖性能	要求生殖器官发育正常，不能有遗传疾病，如疝气、隐睾、偏睾、乳头排列不整齐、瞎乳头等。遗传疾病的存在，首先影响猪群生产性能的发挥，其次是给生产管理带来许多不便，严重的可造成猪只死亡，有缺陷的公猪要淘汰；对公猪精液的品质进行检查，精液质量优良，性欲良好，配种能力强	后备种猪在6~8月龄时配种，要求发情明显，易受孕。淘汰那些发情迟缓、阴门较小、久配不孕或有繁殖障碍的母猪。当母猪有繁殖成绩后，要重点选留那些产仔数多、泌乳力强、母性好、仔猪育成多的种母猪。根据实际情况，淘汰繁殖性能表现不良的母猪
生长育肥性能	生长发育正常，精神活泼，健康无病，膘情适中。要求生长快，一般瘦肉型公猪体重达100千克的日龄在170天以下；耗料省，生长育肥期每千克增重的耗料量在2.8千克以下；背膘薄，100千克体重测量时，用超声波背膘厚度仪测定猪的倒数第三到第四肋骨离背中线6厘米处的背膘厚度在15毫米以下	可参照公猪的方法，但指标要求可适当降低，可以不测定饲料转化率，只测定生长速度和背膘厚。后备母猪选留的数量要根据公猪的配种能力来确定，不能一次选留太多，造成配种困难，每月要均衡选留

注：后备公猪的其他要求是同窝猪的产仔数在10头以上，乳头在6对以上，且排列均匀，四肢和蹄部良好，行走自如，体长，臀部丰满，睾丸大小适中，左右对称。

二、后备猪的饲养

对于后备猪的饲养要求是能正常生长发育，保持不肥不瘦的种用体况。适当的营养水平是后备猪生长发育的基本保证，过高、过低都会造成不良影响。后备猪正处于骨骼和肌肉生长迅速时期，因此，饲粮中应特别注意蛋白质和矿物质中钙、磷的供给，切忌用大量的能量饲料喂猪，从而形成过于肥胖、四肢较弱的早熟型个体。决不能将后备猪等同于成年猪或育肥猪饲养。后备猪在3～5月龄或体重35千克以前，精料比例可高些，青粗饲料宜少。当体重达到35千克以后，则应逐渐增加青粗饲料的喂量。特别是在5～6月龄以后，后备猪就有大量储积体脂肪的倾向，这时如不减少含能量高的精饲料，增加青粗饲料的比例，就会使后备猪过肥，种用价值降低。青粗饲料既能给幼猪提供营养，又能使消化器官得到应有的锻炼，提高耐粗能力。所以，利用青绿多汁饲料和粗饲料，适当搭配精料，是养好后备猪的基本保证。但后备公猪饲粮中的青粗饲料比例，应少于后备母猪，以免形成草腹大肚，影响以后配种。

可以根据后备猪的粪便状态判断青粗饲料喂量是否适当及有无过肥倾向。如果粪便比较粗大，则是青粗饲料喂量合适的表现，消化器官已得到充分发育，体内无过多的脂肪沉积，今后体格发育成健壮猪；相反，如粪便细小则说明青粗饲料喂得不够，或者猪过肥，将来体格发育成较短小猪。

后备猪的生长发育有阶段性，一般6～8月龄以前较快，以后则逐渐减慢。2～4月龄阶段的生长发育对后期发育影响很大。如果前期生长发育受阻，后期生长发育就会受到严重影响。因此，养好断奶后头2个月的幼猪，是培育后备猪的关键。如果地方品种4月龄体重能达到20～25千克，培育品种4月龄体重达到或超过35～40千克，以后的发育就会正常。2～4月龄阶段发育不好，以后就很难正常发育。

对青年母猪，在配种前7～10天进行短期优饲，即在原饲料基础上适当增加精料喂量，可增加母猪的排卵数，从而提高产仔数。配种结束后则应恢复到原来的饲养水平，去掉增喂的精料。

另外，种公猪的饲料严禁发霉变质和有毒饲料混入，饲料要有良好的适口性，体积不能过大，防止公猪腹大影响配种。饲喂方式以湿拌料日喂 3 次为宜。日粮应多样化，提高营养价值和利用率。

后备猪的饲喂方案如表 5-4。

表 5-4　后备猪的饲养方案

项目		月龄						
		2	3	4	5	6	7	8
体重/千克	大	20	30	45	60	80	100	130
	小	15	25	35	50	65	80	100
风干饲料给量占体重/%		5	4.8	4.5	4.0	3.5	3.5	3.0
粗蛋白比例/%		17	16	15	14	14	14	13
日给料次数		6	5	4	4	3	3	3

三、后备猪的管理

后备猪应该按性别、体重、强弱分群饲养，群内个体间体重相差在 2～4 千克以内，以免形成"落脚猪"。初期，每栏可养 4～6 头；后期应减到每栏 3～4 头。可实行分栏饲养，合群运动。分群初期，日喂 4 次，以后改喂 3 次；保持圈舍干燥、清洁，切忌潮湿拥挤，防止拉稀和患皮肤病。饲养人员应做到态度温和，多接近后备猪，使之性情温顺，有利于以后公猪配种采精及初产母猪人工接产。在后备猪日常管理中应注意观察初情期和发情周期是否正常。若后备母猪久不发情或发情周期不正常，应查明原因，尽早确定是否留作种用。

后备猪的运动是很重要的。运动可以锻炼体质，增强代谢机能，促进肌肉、骨骼的发育，并可防止猪过肥及患肢蹄病。因此，有条件的猪场可每天给予后备猪 1～2 小时的放牧运动；或让其在运动场自由运动，必要时可实行驱赶运动。

对于后备公猪的管理比后备母猪难度大，特别是一些性成熟早的品种，达到性成熟以后会烦躁不安，经常相互爬跨，食欲降低，因而生长迟缓。为了克服这种现象，应在后备公猪达到有性欲要求的月龄以后，实行分栏饲养，合群运动，多放牧，多运动，加大运动量，减少圈内停留的时间，这样不仅增进食欲，增强体质，而且还可避免造成猪自淫的恶癖。

四、后备猪的使用

后备猪发育到一定月龄和体重时，便有了性行为和性功能，称为性成熟。此时公母猪具有了繁殖能力，性成熟的月龄与品种、饲养管理水平和气候条件有关，公猪使用时间 9～10 月龄，体重达 120～140 千克；母猪使用时间 8～9 月龄，体重达 110～130 千克。

何时给后备母猪配种是非常重要的，过早，其生殖器官仍然在发育，排卵数量少，产仔数少，仔猪初生体重小，母猪乳腺发育不完善，泌乳量少，造成仔猪成活率低；配种过晚，由于饲养日期长，体内会沉积大量脂肪，身体肥胖，会造成内分泌失调，使母猪发生繁殖障碍，如不易发情、产仔数少、分娩困难等。

那么，何时给后备母猪配种合适呢？在达到上述月龄和体重后的第三个发情期给后备母猪配种是比较理想的。后备公猪开始使用时 1 周不能多于 2 次，使用次数过多会使母猪受胎率和产仔率下降。

第三节　种猪的饲养管理

一、猪的繁殖

（一）猪的繁殖特点

1. 公猪的繁殖特点

（1）公猪的生殖器官及其功能　公猪的生殖器官包括睾丸（性腺）、附睾、阴囊、输精管、副性腺、尿生殖道、阴茎和包皮（如图 5-3）。

① 睾丸　是公猪产生精子和分泌雄性激素的器官，左右两个对称，分别位于阴囊的两个腔内。睾丸由外到内有紧密粘在一起的固有鞘膜和白膜两层，白膜分出许多小梁伸向睾丸实质，将睾丸分成多锥体状小叶，并在睾丸纵轴上汇合成一个纵隔。每一小叶中有 3～5 条曲精细管，曲精细管的生精细胞可直接生成精子，精子发育所需要的时间为 44～45 天，公猪每克睾丸组织每日可产生精子

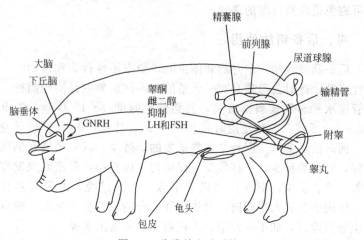

图 5-3　公猪的生殖系统

100 万～3100 万个。曲精细管间的间质细胞可产生雄激素。每一小叶内的曲精细管先汇合成直精细管，然后汇合成睾丸网，从睾丸网再分出 6～23 条睾丸输出小管，构成附睾头的一部分（如图 5-4）。

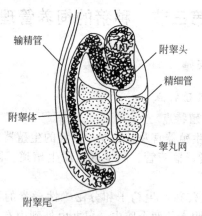

图 5-4　公猪的睾丸

　　② 附睾　是精子发育成熟和储存的器官，也是精子的输出管道。附睾由附睾头、体、尾三部分组成，左右各一个，附着于睾丸的前上方外侧，位于阴囊腔内。附睾头主要由睾丸输出小管构成，

它们再汇合成附睾管构成附睾体和尾，附睾尾过渡为输精管。附睾管内环境偏酸，缺少果糖，精子不活动，耗能也很少，精子通过附睾管时主要靠附睾管肌和上皮细胞纤毛的波动，精子从附睾头到附睾尾的时间一般为 9～12 天。在这段时间里精子的原生质滴向精子尾部移行而成熟；包裹磷脂与蛋白质以提高抗逆性；获得电荷以防止凝集；精液在此经脱水、浓缩而增加密度，以便于储存。公猪附睾内可储存精子 2000 亿，其中 70% 在附睾尾，储存 60 天仍有受精能力，但如储存过久，则活力降低，死亡精子数增加。因此，生产上应注意公猪的采精间隔，不可过长或过短。

③ 阴囊　阴囊从外向内由皮肤、内膜、睾外提肌、筋膜及壁层鞘膜构成，并由一纵隔分为两腔，两个睾丸及附睾分别位于一个腔中。阴囊的主要作用是容纳和保护睾丸及附睾，调节囊内温度，有利于精子的发育和生存。

④ 副性腺　副性腺包括精囊腺、前列腺和尿道球腺。其分泌物参与精液组成，有稀释、营养精子、冲洗尿生殖道、改善阴道环境等作用。据统计，公猪的射精量一般为 150～500 毫升，其中有 2%～5% 来自睾丸和附睾，55%～75% 来自前列腺，12%～20% 来自精囊腺，10%～25% 来自尿道球腺。前列腺分泌稀薄、浅白色、稍有腥味的弱碱性液体，可以中和进入尿道中液体的酸性，改变精子的休眠状态，使其活动能力增强；交配前阴茎勃起时所排出的少量液体即由尿道球腺分泌，具有冲洗尿生殖道的作用。尿道球腺还可分泌浅白色黏稠胶状物，在自然交配时有防止精液倒流的作用。

⑤ 输精管与尿生殖道　输精管是连接附睾管与尿生殖道之间的管道，其管壁的平滑肌发达，交配时收缩力较强，能将精子迅速送入尿生殖道内。尿生殖道是兼有排尿和排精双重功能的管道，尿生殖道的骨盆部有副性腺导管的开口。

⑥ 阴茎与包皮　阴茎是交配器官，较细，为纤维型，海绵体不发达，不勃起时也是硬的，在阴囊前形成"乙"状弯曲，勃起时伸直，阴茎呈螺旋状。

包皮是皮肤折转而成的管状鞘，有容纳和保护阴茎头的作用，在包皮腔前部背侧有一盲囊，常积有腐败的余尿、脱落的上皮和包皮腺的分泌物。有特殊的腥臭味，与公猪的强烈性气味有关。

（2）公猪的初情期与性成熟　公猪的初情期是指公猪第 1 次射出成熟精子的年龄（有人认为初情期为精液精子活率应在 10％以上，有效精子总数在 5000 万时的年龄）。猪的初情期一般为 3～6 月龄。初情期公猪的生殖器官及其机能还未发育完全，一般不宜此时参加配种，否则将降低受胎率与产仔数，并影响公猪生殖器官的正常生长发育。

公猪的性成熟是指生殖器官及其机能已发育完全，具备正常繁殖能力的年龄。一般在 5～8 月龄。适宜的配种年龄一般稍晚于性成熟的年龄，以提高繁殖力。

公猪达到初情期后，在神经和激素的支配和作用下，表现性欲冲动、求偶和交配三方面的反射，统称为性行为。

（3）公猪的射精量与精液组成　公猪的射精量大，一般为 150～500 毫升，平均 250 毫升。公猪精液由精子和精清两部分组成，在不同的射精阶段两部分的比例不同：第一阶段射出的是精子前液，主要由凝胶和液体构成，只有极少不会活动的精子，占射精总量的 10％～20％；第二阶段射出的是富含精子的部分，颜色从乳白色到奶油色，占射精总量的 30％～40％；第三阶段射出的是精子后液，由凝胶和水样液构成，几乎不含精子，占射精总量的 40％～60％。据测定，在附睾内精子储备达到稳定之后（每周 3 次连续 6 周采精，以最后 6 周采得的精液算出），射精持续时间一般为 5～10 分钟，平均 8 分钟。除了第一和第二阶段之间有一短暂间歇外，射精一般都是连续进行的。

2. 母猪的繁殖特点

（1）母猪的生殖器官及其功能　母猪的生殖器官包括卵巢、输卵管、子宫、阴道和外生殖器（如图 5-5）。

① 卵巢　卵巢位于腹腔内肾脏的后方，左右各一个，固定在子宫扩韧带的前缘上。母猪发情时能排出多个卵子，故卵巢上同时存在多个卵泡或黄体，使卵巢呈葡萄丛状。卵巢的功能是产生卵子；卵泡在发育过程中可以产生雌激素，它是导致母猪发情的直接因素；当母猪排卵后，在原位形成黄体，黄体能分泌孕酮，是母猪维持妊娠的必需激素之一。

② 输卵管　输卵管位于输卵管系膜内，是卵子受精和卵子进

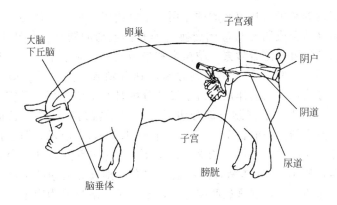

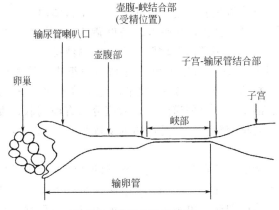

图 5-5 母猪的生殖系统

入子宫的必然通道，具有承接、运送和营养卵子、精子和合子的作用。输卵管由漏斗、壶腹和峡部组成。漏斗部靠近卵巢，接纳由卵巢排出的卵子。壶腹是输卵管的膨大部，位于输卵管靠近卵巢的1/3处，是卵子受精的部位。其余部分较细，称为峡部。输卵管与子宫连接处有输卵管子宫口，与子宫角相通。卵巢中成熟的卵泡破裂后，排出的卵子由输卵管漏斗接纳，并向子宫方向运送，到达输卵管壶腹，与逆行而上的精子相遇并受精，形成的合子一边发育一边向子宫方向运行，一般经2～6天到达子宫。

③ 子宫 子宫是胚胎生长发育的地方，也是运送精子的通道，

并具有营养精子与扶植胚胎的作用，子宫内膜可形成母体胎盘，与胎儿胎盘结合成胎儿与母体交换营养和排泄物的器官。在妊娠期，母体胎盘还可分泌雌激素、孕激素和松弛素等，对于维持妊娠具有重要作用。子宫也可分泌前列腺素，具有刺激子宫收缩、破坏黄体、使母猪再发情的作用，对于发动分娩具有重要作用。子宫由子宫角、子宫体和子宫颈三部分组成。母猪子宫角有两个，长而弯曲，很像小肠，一般长 1～1.5 米，直径 1.5～3.0 厘米。两子宫角向后汇合成短的子宫体，长 3～5 厘米。子宫体后方为管径变细的子宫颈，长 10～18 厘米，内壁上有左右两排彼此交错的半圆形突起，中部的较大，越靠近两端越小，子宫颈后端过渡为阴道，没有明显的阴道部。发情时，子宫颈管开放，所以给猪输精时不用阴道开张器，即可将输精管穿过子宫颈而插入子宫体内。

④ 阴道　阴道长约 10 厘米，是母猪的交配器官，也是胎儿产出的通道。发情时阴道内壁增厚，而且有黏液排出。

⑤ 外生殖器官　由尿生殖前庭和阴门组成，尿生殖前庭为从阴瓣到阴门裂的短管，长 5～8 厘米，是生殖道和尿道共同的管道，前庭前端底部中线上有尿道外口，前庭分布有前庭腺，发情时分泌黏液有利于公猪交配。阴门是母猪的交配器官，母猪发情时外阴部充血肿胀。

（2）母猪的初情期与性成熟　母猪的初情期是指母猪初次发情排卵的年龄。一般在 3～6 月龄，此时的生殖器官及其机能还未发育完全，发情周期往往也不正常，一般不宜参加配种，否则使受胎率与产仔数降低，并影响生殖器官的正常生长发育。

母猪的性成熟是指生殖器官及其机能已发育完全，具备正常生殖能力的年龄，一般在 5～8 月龄，适宜的配种年龄一般稍晚于性成熟的年龄，以提高繁殖力。

（3）母猪的发情周期　青年母猪初情期后每隔一定时间重复出现 1 次发情，一般把从上次发情开始到下次发情开始的间隔时间称为发情周期。母猪全年发情，不受季节限制，发情周期一般为 18～23 天，平均 21 天。在发情周期中，母猪的生殖器官发生一系列有规律的形态和生理的变化，母猪精神状态与性欲也发生相应的变化。根据这些变化，将发情周期分为 4 个阶段，即发情前期、发情

期、发情后期和间情期。

① 发情前期　此时卵巢中上一个发情周期所产生的黄体逐渐萎缩，新的卵泡开始生长。生殖道轻微充血肿胀，上皮增生，腺体活动增强。对周围环境开始敏感，表现不安，但尚无性欲表现，不接受公猪爬跨。

② 发情期　母猪的发情期一般为2～4天，此时的卵泡迅速发育，并在发情末期排卵。表现子宫充血，肌层活动加强，腺体分泌活动增加，阴门充血肿胀，并有黏液从阴门流出。母猪兴奋不安，性欲表现充分，寻找公猪，接受公猪爬跨并允许交配，若用手按压腰部，母猪呆立不动。

③ 发情后期　此时卵泡破裂排卵后开始形成黄体。子宫颈管道逐渐收缩闭合，腺体分泌活动渐减，黏液分泌量少而黏稠，子宫内膜增厚，腺体逐渐发育。母猪性欲减退，逐渐转入安静状态，不让公猪接近。

④ 间情期（休情期）　此时卵巢中的黄体已发育完全。间情期前期子宫内膜增厚，腺体增长，分泌活动增加。如果受孕，则继续发育；如果未受孕，间情期后期子宫内膜回缩，腺体变小，分泌活动停止。母猪的性欲表现完全消失，精神状态恢复正常。持续一定时间后，进入下一发情周期的发情前期。

（4）母猪的发情排卵机理　母猪发情排卵的周期性是在神经和激素的调节下进行的。母猪达到性成熟后，卵巢中即已生长着较大的卵泡。大脑皮层在接受外界阳光、温度和内在激素的刺激下而发生兴奋，并传到下丘脑。下丘脑分泌促性腺激素释放激素（GnRH），经垂体门脉系统到达垂体前叶，使之分泌促卵泡素（FSH），使卵泡生长、发育和成熟。在卵泡的发育成熟过程中，卵泡壁内膜细胞和颗粒细胞协同作用产生雌激素。当雌激素在血液中大量出现时即引起发情。同时，大量的雌激素又通过负反馈作用抑制垂体前叶分泌FSH，通过正反馈作用激发前叶分泌促黄体素（黄体生成素LH）。当血液中LH增加到和FSH成一定比例时，引起成熟卵泡破裂而排卵，排卵后残余卵泡形成黄体。黄体在垂体前叶分泌的促乳素（促黄体分泌素LTH）作用下分泌孕酮。孕酮通过负反馈作用抑制垂体前叶分泌FSH，从而为合子在子宫内膜附植作好准备。如果母猪妊娠，这时的黄体称妊娠黄体，继续分泌大量孕酮直至分娩前数天停止，发情周期因此而中断；如果母猪没有妊娠，黄体则因子宫内膜分泌的前列腺素（PGF_2）溶解破坏而逐渐萎缩退化，FSH 的分泌量又增加，促使新的卵泡发育，开始进入下一个发情周期。

（二）猪的发情和配种

1. 母猪发情的调节

母猪发情周期得以循环是下丘脑-垂体-卵巢轴所分泌的激素之间互相作用的结果。在发情季节，下丘脑的某些神经纤维分泌促性腺激素释放激素（GnRH），沿着垂体门脉循环系统到脑下垂体前叶调节促性腺激素的分泌，垂体前叶分泌 FSH 进入血液运输到卵巢，刺激卵泡发育，同时 LH 也由垂体前叶分泌到血液中，与 FSH 协同作用，促进卵泡进一步生长并分泌雌激素。雌激素又与 FSH 发生协同作用，从而使卵泡颗粒细胞的 FSH 和 LH 的受体增加，于是加大了卵巢对于这两种激素的结合性，因而加速了卵泡的生长，并增加了雌激素的分泌量。这些雌激素就由血液循环到中枢神经系统，引起母猪发情。在这里，只有在少量孕酮的作用下，中枢神经系统才能接受雌激素的刺激，母猪才会出现外部表现和交配欲，否则卵泡虽发育，也无发情的外部表现，初情期第一次排卵但不伴随发情表现，就是这个原因。由此可见，母猪的发情是受雌激素和孕酮所调节，当孕酮达最低量的 24 小时后发情。

雌激素通过正、负反馈的作用来调节下丘脑和垂体分泌促性腺释放激素和促性腺激素。正反馈是作用于下丘脑前区的视交叉，刺激促性腺激素于排卵前释放，其负反馈作用于下丘脑的弓形核、腹中核和正中隆起，以降低促性腺激素持续释放。当雌激素大量分泌时，一方面通过负反馈作用，抑制垂体前叶分泌 FSH；另一方面又通过正反馈作用，促进垂体前叶分泌 LH。LH 在排卵前浓度达到最高峰，故又称排卵前 LH 峰。由于 LH 的作用，引起卵泡的成熟破裂而排卵。垂体前叶分泌 LH 是呈脉冲式的，脉冲频率和振幅的变化情况与发情周期有密切关系。在卵泡期，孕酮骤降，LH 的释放脉冲频率增加，因而使 LH 不断增加以至排卵前出现 LH 峰，引起卵泡破裂排卵。在黄体期，由于孕酮增加，对垂体前叶起负反馈作用，LH 脉冲频率减少，当黄体退化时，LH 脉冲频率又再显著增加，这是由于黄体退化孕酮减少和雌激素不断增加的综合影响。因此，发情周期中 LH 分泌的调节显然是受雌激素和孕酮复杂的互相作用的结果。

排卵后，LH 分泌量不多，但可促进卵泡的颗粒层细胞转变为分泌孕酮的黄体细胞而形成黄体。同时，当雌激素分泌量高时，它会降低下丘脑促乳素抑制激素（PIH）的释放量，使促乳素的分泌量增加与 LH 一起对促进和维持黄体分泌孕酮起协同作用。当孕酮达到一定量时，通过对下丘脑和垂体的负反馈作用，抑制垂体前叶分泌 FSH，使卵泡停止发育，母猪就不再发情。这就是母猪受孕后不发情的原因。当母猪发情配种未孕、未配种、流产后、断乳后经过一定时期，子宫内膜产生 $PGF_{2\alpha}$，使黄体逐渐萎缩至完全退化，孕酮分泌量逐渐降低至全无，垂体不再受孕酮的抑制而大量分泌 FSH，刺激卵泡继续发育，母猪又再发情出现发情征兆。

2. 初情期

初情期是指青年母猪初次发情和排卵的时期，是性成熟的初级阶段，也是开始具有繁殖能力的时期。此时生殖器官同身体一起仍在继续生长发育。雌激素与孕酮协同作用，使母猪表现出发情行为。有的母猪第 1 次发情，特别是引入的外国品种，易出现安静发情，即只排卵而没有发情征兆。这可能是由于初次发情，卵巢中没有黄体的存在，因而没有孕酮的分泌，不能使中枢神经系统适应雌激素的刺激而引起发情。

母猪的初情期一般为 5～8 月龄，平均为 7 月龄。我国的地方猪种可以早到 3 月龄（如太湖猪）。母猪在初情期时已具备了繁殖力，但此时母猪的下丘脑-垂体-性腺轴还不稳定，身体尚处在发育和生长的阶段，体重一般为成年体重的 60%～70%，此时配种易造成产仔数少、初生体重小、存活率低、母猪负担过重等不良影响，因此不应配种，以免影响以后的繁殖性能。

3. 排卵与适时配种

（1）排卵

① 排卵的机理　母猪排卵时，首先降低卵泡内压，在排卵前 1～2 小时，卵泡膜在酶的作用下，引起靠近卵泡顶部细胞层的溶

解，同时使卵泡膜上的平滑肌活性降低，卵泡膜被软化松弛，这样卵泡液排出并同时排出卵子，部分液体留在卵泡腔中。这整个过程都是由于雌激素对下丘脑产生正反馈，引起 GnRH（促性腺释放激素）释放增加，刺激垂体前叶释放 LH（促黄体素）和 FSH（促卵泡素），LH 和 FSH 与卵泡膜上的受体结合而引起。

② 排卵时间　母猪一般在 LH 峰出现后 40～42 小时排卵。由于母猪是多胎动物，在一个情期中多次排卵，排卵最多时是在母猪接受公猪交配后 30～36 小时，从外阴唇红肿算起，在发情 38～40小时之后。

③ 排卵数　猪的排卵数有一定变化幅度，一般国外种猪的排卵数最少为 8 个，最多 21 个，平均 14 个。不同年龄猪之间有差异，经产猪平均为 16.8 个，初产及二胎平均为 12.7 个。我国地方猪初产的排卵数平均为 15.52 个、经产 22.62 个，最多的是二花脸猪平均为初产 20 个、经产 28 个。

（2）适宜的配种时间　受胎是精子和卵子在输卵管内结合成受精卵，以后受精卵在子宫内着床发育的过程。所以配种必须在最佳时间，使精子和卵子结合，才能达到最佳的受胎效果。在养猪生产中，配种员须掌握每头猪的特性，适时对发情母猪配种。配种最佳时间受以下方面因素的影响：

① 精子在母猪生殖器官内的受精能力　在自然交配后的 30 分钟内，部分精子可达输卵管内。交配数小时后，大部分精子存在于子宫体、子宫角内，经 15.6 小时，大部分精子可在输卵管及子宫角的前端出现。精子在母猪生殖器官内最长存活时间是 42 小时，实际上精子受精力一般在交配后的 25～30 小时达高峰。

② 卵子的受精力　卵子保持受精力的时间很短，一般为几小时，最长可达 15.5 小时。

较确切的配种时间是在配种后，精子刚达到输卵管时排卵为最佳时间。但在生产中，这一时间较难掌握。配种时，按以下规律进行：饲养员按压母猪背部，若开始出现静立反射，则在 12 小时以后及时配种；若母猪发情征兆明显，轻轻按压母猪背部即出现静立反射，则已到发情盛期，须立即配种。配种次数应在 2 次以上，第1 次配种后 8～12 小时再配 1 次，以确保较好的受胎率。据报道，母猪在开始接受公猪爬跨后 25 小时以内配种，受胎率良好，特别是在 10～25.5 小时可达 100％。在以后的时间里配种效果较差。

4. 配种方式和方法

（1）配种方式　按照母猪在一个情期内的配种次数分以下几种配种方式：

① 单次配　在一个发情期内，只用 1 头公猪（或精液）交配 1 次。这种方式应在有经验的饲养人员掌握下，抓住配种适期，可能获得较高的受胎率，并能减轻公猪的负担，提高公猪的利用率。缺点是一旦适宜配种时间没掌握好，受胎率和产仔率都将会受到影响。

② 重复配　在一个发情期内，用 1 头公猪（或精液）先后配种 2 次。即在第 1 次交配后，间隔 8～24 小时再用同 1 头公猪配第 2 次。这种方式比单次配种受胎率和产仔数都高，因为这种方式使先后排出的卵子都能受精。在生产中，对经产母猪都是采取这种方式。

③ 双重配　在一个发情期内，用同一品种或不同品种的 2 头公猪（或精液），先后间隔 10～15 分钟各配 1 次。这种方式可提高受胎率、产仔数以及仔猪整齐度和健壮程度。生产商品肉猪场可采用这种方式，专门生产纯种猪的猪场不宜采用这种方式，以免造成血统混乱。

④ 多次配　在一个发情期内，用同 1 头公猪交配 3 次或 3 次以上。多次配适用于初配母猪或某些刚引入的国外品种。试验证明，在母猪的一个发情期内配种 1～3 次，产仔数随配种次数的增加而增加；配种 4 次，产仔数开始下降；配种 5 次以上，产仔数急剧下降。因为配种次数过多，造成公、母猪过于劳累，从而影响性欲和精液品质（精液变稀、精子发育不成熟、精子活力差）。

总之，在生产中，初配母猪在一个发情期内配种 3 次，经产母猪配种 2 次，受胎率和产仔数较高。

（2）配种方法　配种方法有自然交配（本交）和人工授精两种。本交又分为自由配种和人工辅助配种。生产中多采用人工辅助配种。

人工辅助配种交配场所应选择离公母猪圈较远、安静而平坦的地方。交配应在公母猪饲喂前后 2 小时进行。配种时先把母猪赶入交配地点，用毛巾蘸 0.1％高锰酸钾溶液，擦母猪臀部、肛门和阴户，然后赶入公猪。当公猪爬上母猪背部后，用毛巾蘸上述消毒液擦公猪的包皮周围和阴茎，然后把母猪的尾巴拉向一侧，使阴茎顺利插入母猪阴道中，必要时可用手握住公猪包皮引导阴茎插入母猪阴道。母猪配种后要立即赶回原圈休息，但不要驱赶过急，以防精液倒流。交配完毕，忌让公猪立即下水洗澡或卧在阴湿地方。遇风雨天交配宜在室内进行，夏天宜在早晚凉爽时进行。如果公母猪体格大小相差较大，交配场地可选择一斜坡或使用配种架。

（三）猪的妊娠与分娩

1. 妊娠诊断

（1）观察法　配种后母猪没有再发情的就认为已经妊娠，但实际上没有发情的母猪并不一定是妊娠，如激素分泌紊乱、子宫疾病等都有可能引起不发情。因此，观察法不够准确，但该方法简单，是最常用的妊娠诊断方法。

（2）直肠检查法　一般是指体型较大的经产母猪，通过直肠用手触摸子宫动脉，如果有明显波动则认为妊娠，一般妊娠后 30 天可以检出。但由于该方法只适用于体型较大的母猪，有一定的局限性，所以使用不多。

（3）激素测定法　测定母猪血浆中孕酮或胎膜中硫酸雌酮的浓度来判断母猪是否妊娠。一般血样可在 19～23 天采集测定，如果测定的值较低则说明没有妊娠，如果明显高，则说明已经妊娠。

（4）超声波测定法　采用超声波妊娠诊断仪对母猪腹部进行扫描，观察胚泡液或心动的变化，这种方法 28 天时有较高的检出率，可直接观察到胎儿的心动。因此，不仅可确定妊娠，而且还可以确定胎儿的数目以及胎儿的性别。

上述方法准确率一般为 80％～95％。此外，还有阴道剖解法、玫瑰花环实验等方法。

2. 分娩

（1）妊娠期及预产期的推算　猪的妊娠期一般为 111～119 天，平均为 114 天，不同的品种可能略有差异。一般一胎怀仔较多的母猪，妊娠期较短；反之较长。根据妊娠期，可以推算预产期，推算预产期的方法：配种月份加 4，日期减 6，再减大月数，过 2 月份加 2 天。此外，利用速查表可以直接查出预产期。

（2）分娩征兆 在分娩前 3 周，母猪腹部急剧膨大而下垂，乳房亦迅速发育，从后至前依次逐渐膨胀。至产前 3 天，乳房潮红加深，两侧乳房膨胀而外张。产前 3 天左右，可以在中部两对乳头挤出少量清亮液体；产前 1 天，可以挤出 1～2 滴初乳；产前半天，可以从前部乳头挤出 1～2 滴初乳。如果能从后部乳头挤出 1～2 滴初乳，而能在中、前部挤出更多的初乳，则表示在 6 小时左右即将分娩。

分娩前 3～5 天，母猪外阴部开始发生变化，其阴唇逐渐柔软、肿胀增大、皱褶逐渐消失，阴户充血而发红，骨盆韧带松弛变软，有的母猪尾根两侧塌陷。临产前，子宫栓塞软化，从阴道流出。在行为上母猪表现出不安静，时起时卧，在圈内来回走动，但其行动谨慎缓慢，待到出现衔草做窝、起卧频繁、频频排尿等行为时，分娩即将在数小时内发生。

（3）分娩过程 分娩过程分为 3 期，一般在第 1 期和第 2 期之间没有明显的界限。在助产时，重要的是应该掌握在正常分娩情况下第 1 期和第 2 期母猪的表现和两期各所需的时间，以便确定是否发生难产。一般来说，在分娩未超过正常所需时间之前，不需采取助产措施，但在超过正常分娩所需时间之后，则需采取助产措施，帮助母猪将胎儿排出。

第 1 期：开口。本期从子宫开始收缩起，至子宫颈完全张开。母猪喜在安静处时起时卧，稍有不安，尾根举起常做排尿状，衔草做窝。

在开口期母猪子宫开始出现阵缩，初期阵缩持续时间短，间歇时间长，一般间隔 15 分钟左右出现 1 次，每次持续约 30 秒。随着开口期的后移，阵缩的间歇期缩短，持续期延长，而且阵缩的力量加强，至最后间隔数分钟出现 1 次阵缩。子宫的收缩呈波浪式进行，开口期所需时间为 3～4 小时。

第 2 期：胎儿娩出期。本期从子宫颈完全张开至胎儿全部娩出。在本期母猪表现起卧不安，前蹄刨地，低声呻吟，呼吸、脉搏增快，最后侧卧，四肢伸直，强烈努责，迫使胎儿通过产道排出。

在开口期间，子宫继续收缩，力量比前期加强，次数增加，持续延长，间歇期缩短，同时腹壁发生收缩。阵缩和努责迫使胎儿从产道娩出。当第 1 个胎儿娩出后，阵缩和努责暂停，一般间隔 5～10 分钟后，阵缩和努责再次开始，迫使第 2 个胎儿娩出。如此反复，直至最后一个胎儿娩出为止。胎儿娩出期的时间为 1～4 小时。

第 3 期：胎衣排出期。本期从胎儿完全排出至胎衣完全排出。当母猪产仔完毕后，表现为安静，阵缩和努责停止。休息片刻之后，母猪开始闻嗅仔猪。不久阵缩和努责又起，但力量较前期减弱，间歇期延长。最后排出胎衣，母猪恢复安静。胎衣排出期的时间为 0.5～1 小时。

3. 分娩的接助产

(1) 产前准备　结合母猪的预产期和临产征兆综合预测产期，在产前 3～5 天做好准备工作。首先准备好产房，将待产母猪移入产房内待产。产房要求宽敞，清洁干燥，光线充足，冬暖夏凉，安静无噪声。产房内温度以 22～25℃为宜，相对湿度在 65%～75%。产房打扫干净后，用 3%～5% 石炭酸、2%～5% 来苏儿或 3% 火碱水消毒，围墙用 20% 石灰乳粉刷。地面铺以垫草。在寒冷地区，冬季和早春做好防风保暖工作。产房内准备好接生所需药品、器械及用品，如来苏儿、酒精、碘酊、剪刀、秤、耳号钳、灯、仔猪保姆箱（窝）、火炉等。母猪进入产房前，将其腹部、乳房及阴户附近的污泥清洗干净，再用 2%～5% 来苏儿溶液消毒，然后清洗干净进入产房待产。产房内昼夜均应有专人值班，防止意外事故发生。

(2) 助产方法　母猪一般是侧卧分娩，少数为俯卧或站立分娩。仔猪娩出时，正生和倒生均属正常，一般无需帮助，让其自然娩出。当仔猪娩出时，接产人员用一手捏住仔猪肩部，另一手迅速将仔猪口鼻腔内的黏液掏出，并用毛巾擦净，以免仔猪呼吸时黏液阻塞呼吸道或进入气管和肺，引起病变。再用毛巾将仔猪全身黏液擦净，然后在距离仔猪腹部 4 厘米处用手指掐断脐带，或用剪刀剪断，在脐带断端用 5% 碘酊消毒。如果断脐后流血较多，可以用手指捏住断端，直至不流血为止，或用线结扎断端。当做完上述处理后，将新生仔猪放入保姆窝内。每产一仔，重复上述处理，直至产仔结束。在母猪产仔结束时，体力耗损很大，这时可以用麦麸、米糠之类粉状饲料用温热水调制成稀薄粥状料，内加少许食盐，喂给母猪，可以帮助母猪恢复体力。

（3）假死仔猪的处理　假死仔猪指新生仔猪中已停止呼吸但仍有心跳的个体。对假死仔猪施以急救措施，可以恢复其生命，减少损失。急救可以采取以下措施：

① 用手提住假死猪两后肢，将其倒提起来，用手掌拍打假死猪后背，直至恢复呼吸。

② 用酒精刺激假死猪鼻部或针刺其人中穴，或采用向假死仔猪鼻端吹气等方法，促使其呼吸恢复。

③ 人工呼吸。接产人员左、右手分别托住假死仔猪肩部和臀部，将其腹部朝上，然后两手向腹中心方向回折，并迅速复位，反复进行，手指同时按压胸肋。一般经过几个来回，可以听到仔猪猛然发出声音，表示肺脏开始呼吸。再徐徐重做，直至呼吸正常为止。

④ 在紧急情况时，可以注射尼可刹米或用 0.1% 肾上腺素 1 毫升，直接注入假死仔猪心脏急救。

4. 仔猪称重、编号和登记

在新生仔猪第 1 次哺乳之前称量仔猪初生重，全窝仔猪初生重的总和为初生窝重。对初生仔猪编号，便于记载和鉴定。将称得的初生重、初生窝重以及仔猪个体特征等进行登记。

5. 母猪产后的护理

母猪在分娩过程中和产后的一段时期内，机体的消耗很大，抵抗力降低，而且生殖器官须经 2～8 天才能恢复正常，在产后 3～8 天阴道内排出恶露，容易因饲养管理不当招致疾病。产后对母猪精心护理，可使母猪尽快恢复正常。在母猪分娩结束时，结合第 1 次哺乳，对母猪乳房、后躯和外阴进行清洗，尤其是尾根和外阴周围应清洗干净。圈内勤打扫，做到清洁卫生，舍内通风良好，冷暖适宜，安静无干扰。在饲养管理上给予适当照顾，逐步过渡到哺乳期的饲养。母猪产后可能出现一些病理现象，如胎衣不下、子宫或阴道脱出、产道感染、缺乳少乳、瘫痪、乳房炎等病变。因此，在产后头几天的日常管理中，注意观察母猪状况，一旦出现异常，应立即采取相应措施加以解决。

（四）猪的人工授精

人工授精（AI）技术目前在猪场普遍应用。通过人工授精，可以提高优秀种公猪的利用率，同时可充分发挥优秀种的作用，加快猪种遗传改良的速度，提高商品猪质量；确保配种环节中的公猪精液质量，克服公、母猪因体格大小差异所造成的配种困难以及时间、区域的差异；适时配种，提高配种妊娠率及分娩率；减少由于配种所带来的疾病传播；减少种公猪饲养数量，节省公猪饲养费用。人工授精是猪场降低成本和提高效益的重要措施之一。

1. 采精

（1）采精前的准备

① 公猪的选择　采精用的公猪应满 7 月龄，体重在 110～120千克，为健康的优秀公猪（经性能测定后再选更佳）。种公猪一般每 7 天采精 1 次；满 12 月龄后，每周可增加到 2 次；成年后每周采精 2～3 次。采精用的公猪一般使用 2～3 年后即淘汰，也可以根据猪种改良的实际需要，及时用更优秀的公猪进行更新。

② 所需器械　采精杯（保温杯亦可），用前应预热并保持 37℃（可在 40℃ 左右热水中预热），将消毒纱布或滤纸固定（橡皮筋）在杯口，并微向内凹；乳胶手套一副；假台猪一个。

③ 采精地点　准备一个采精的地方，该处要防止积水地滑。

④ 采精用公猪要先进行采精训练，使之适应假台猪采精，要事先清理采精公猪的腹部及包皮部，除去脏物和剪掉包皮毛。

（2）采精方法　通常采用徒手采精法，此种方法由于不需要特别设备，操作简便易行。采精员戴上消毒手套，蹲在假台猪左侧，等公猪爬上后，用 0.1％高锰酸钾溶液将公猪包皮附近洗净消毒。当公猪阴茎伸出时，置于空拳掌心内，让其转动片刻，用手指由轻至紧，握紧阴茎龟头不让其转动。待阴茎充分勃起时，顺势向前牵引，手指有弹性、有节奏地调节压力，公猪即可射精。另一只手持带有过滤纱布集精瓶收集精液，公猪第 1 次射精完成，按原姿势稍等不动，即可进行第二或第三次射精，直至完全射完为止，采集的精液应迅速放入 30℃ 的保温瓶中，由于猪精子对低温十分敏感，特别是当新鲜精液在短时间内剧烈降温至 10℃ 以下，精子将产生不可逆的损伤，这种损伤称为冷休克。因此，在冬季采精时应注意精液的保温，以避免精子受到冷休克的影响。集精瓶应该经过严格消毒、干燥，最好为棕色，以减少光线直接照射精液而使精子受损。由于公猪射精时总精子数不受爬跨时间、次数的影响，因此没有必要在采精前让公猪反复爬跨母猪或假台猪提高其性兴奋程度。

（3）精液质量检查

① 精液的一般性状　见表 5-5。

表 5-5　精液的一般性状

指标	要求
射精量	一次采精时公猪射出精液的数量为 150～500 毫升。公猪射精过多或过少，应分析原因。过少可能是由于采精次数过多，或公猪生殖机能衰退，或日常管理不当，或采精技术不熟练造成；过多则可能是由于有水分混入，或是由于副性腺分泌过多，或混入尿液等。此外，精液中不应有毛发、尘土或其他污染物；含有凝固和成块物质（不同于胶状物质）的精液，说明生殖系统有炎症，这种精液不能使用
色泽	正常精液为淡白色或淡灰白色。如精液呈现淡绿色，是混有脓液；呈淡红色，是混有血液；呈黄色，是混有尿液，均不能使用
气味	一般正常精液无味或微带腥味，带臭味或尿味的精液不正常，不能作输精用
pH 值	猪精液为弱碱性，pH 值为 7.5 左右。可以用比色纸测定

② 精子活率（活力）检查　精子活率是指在公猪精液中具有直线前进运动的精子在总数中所占的百分率。它与精子受精能力密切相关，是评定精液品质的重要指标。一般要求在每次采精后、精液稀释后、输精前均应进行活率检查。

通常采用悬滴检查法。在盖玻片上滴一滴精液，然后将盖玻片翻转覆盖在凹玻片的中间，制成悬滴标本。使用带有加热板的显微镜（或将显微镜置于 37～38℃ 的保温箱中）检查，放大 200～400 倍观察精子呈直线运动的状况，按十级评分法评定。如视野中有 10% 的精子呈直线前进运动，评定为 0.1 级；有 20% 的精子呈直线前进运动，评定为 0.2 级，依此类推。活率不低于 0.7 级才可进行稀释配制；若为冷冻精液，解冻后不应低于 0.3 级，才可用作精液。

③ 精子密度检查　精子密度是指 1 毫升精液中精子的数量，这也是评定精液品质的一个重要指标，同时也是确定输精的依据。

估测是检查精子密度常用的一种方法，要与精子活率检查同时进行。用玻棒取原精液一滴于载玻片上，加盖坡片做成压片，在显微镜下放大 400～600 倍检查，根据视野中精子分布情况分为密、中、稀三个等级（见表 5-6）。

表 5-6　不同等级精子分布状态

等级	分布状态
密	整个视野中布满精子，精子之间的空隙小于一个精子长度，看不清各个精子的活动，每毫升精液含有精子约 10 亿个以上
中	视野中精子较多，看见各个精子活动，精子之间的间隙在 1～2 个精子长度间，每毫升精液含有精子约 2 亿～8 亿个
稀	视野中精子很稀少，精子之间的间隙在 2 个精子长度以上，每毫升精液含有精子约 2 亿个以下

在生产实践中，活力与密度结合评定。要求公猪精液至少达到"中"级密度，"稀"级密度则活力在 80% 以上，才可用于输精。

还可用类似血细胞计数的方法测定精子密度，较费工时，可用于全面检查公猪精液品质。此外，还可用光学仪器，如分光光度计、光电比色计等进行测定，测定准确迅速。

④ 精子形态学检查　主要检查精子畸形率，即畸形精子占精子总数的百分率，要求畸形率不超过 18%～20% 为宜，否则不能作输精用。畸形精子种类很多，如头部畸形（包括头部巨大、瘦小、细长、圆形、双头等）、颈部畸形（包括颈部膨大、纤细、屈折、不全、带有原生质滴、不鲜明、双颈等）、中段畸形（包括弯曲、屈折、双体等）、主段畸形（包括弯曲、螺旋形、回旋、短小、长大、双尾等）。畸形精子产生的原因有：公猪利用过度或饲养管理不良，长期未配种，采精操作不当，睾丸和附睾疾病等。

（4）精液稀释和分装

① 精液采集后应尽快稀释，原精贮存不超过 30 分钟。未经品质检查或检查不合格（活力 0.7 以下）的精液不能稀释。

② 稀释液与精液要求等温稀释，两者温差不超过 1℃，即稀释液应加热至 33～37℃，以精液温度为标准，来调节稀释液的温度，绝不能反过来操作。

③ 稀释时，将稀释液沿盛精液的杯（瓶）壁缓慢加入到精液中，然后轻轻摇动或用消毒玻璃棒搅拌，使之混合均匀。

④ 如作高倍稀释时，应进行低倍稀释 [1∶(1～2)]，稍待片刻后再将余下的稀释液沿壁缓慢加入，以防造成"稀释打击"。

⑤ 稀释倍数的确定。活率≥0.7 的精液，一般按每个输精剂量含 40 亿个总精子输精量为 80～90 毫升确定稀释倍数。例如，某头公猪一次采精量是 200 毫升，活力为 0.8，密度为 2 亿/毫升，要求每个输精剂量是含 40 亿精子，输精量为 80 毫升，则总精子数为 200 毫升×2 亿/毫升＝400 亿，输精头份为 400 亿÷40 亿＝10 份，加入稀释液的量为 10×80－200 毫升＝600 毫升。

⑥ 稀释后要求静置片刻再作精子活力检查，如果稀释前后活力一样，即可进行分装与保存，如果活力下降，说明稀释液的配制或稀释操作有问题，不宜使用，并应查明原因加以改进；稀释后的精液应分装在 30～40 毫升（一个精量）的小瓶内保存。要装满瓶，瓶内不留空气，瓶口要封严。保存的环境温度为 15℃左右（10～20℃）。通常有效保存时间为 48 小时左右；如原精液品质好，稀释得当，可达 72 小时左右。按以上要求保存的精液可直接运输，在运输过程中要避免振荡，保持温度 10～20℃。

⑦ 不准随便更改各种稀释液配方的成分及其比例，也不准几种不同配方稀释液随意混合使用。

⑧ 稀释液的配方见表 5-7。

表 5-7 稀释液的配方

配方名称	配方组成
Kiev	葡萄糖 6 克，EDTA（乙二胺四乙酸）0.37 克，二水柠檬酸钠 0.37 克，碳酸氢钠 0.12 克，蒸馏水 100 毫升
IVT	二水柠檬酸钠 2 克，无水碳酸氢钠 0.21 克，氯化钾 0.04 克，葡萄糖 0.3 克，氨苯磺胺 0.3 克，蒸馏水 100 毫升，混合后加热使充分溶解，冷却后通入 CO_2 约 20 分钟，使 pH 达 6.5。此配方欧洲应用较广
奶粉葡萄糖液（日本）	脱脂奶粉 3 克，葡萄糖 9g，碳酸氢钠 0.24 克，α-氨基-对甲苯磺酰胺盐酸盐 0.2 克，磺胺甲基嘧啶钠 0.4 克，灭菌蒸馏水 200 毫升
我国常用配方	葡萄糖 5～6 克，柠檬酸钠 0.3～0.5 克，EDTA 0.1 克，抗生素 10 万单位（目前常使用庆大霉素、林肯霉素、壮观霉素、新霉素、黏菌素等），蒸馏水加至 100 毫升

⑨ 注意事项

第一，分装后的精液如果要保存备用，则不可立即放入17℃左右的恒温冰箱内，应先留在冰箱外1小时左右，让其温度下降，以免因温度下降过快刺激精子，造成死精子等增多。

第二，从放入冰箱开始，每隔12小时，要摇匀一次精液，因精子放置时间一长，会大部分沉淀。每次摇动时，动作要轻缓均匀，同时观察精液的色泽，并作好记录，发现异常及时处理。

第三，保存过程中，要切实注意冰箱内温度的变化（通过温度计的显示），以免因意想不到的原因而造成电压不稳导致温度升高或降低。

第四，远距离购买精液时，运输是关键的环节。夏天，一定要在双层泡沫保温箱中放入冰块（17℃恒温），再放精液进行运输，以防止天气过热，死精太多；冬季严寒，要采取保温措施防止因寒冷使精子死亡。

2. 输精

（1）适时输精　随着保存时间的延长，精子活力逐渐变弱，死精子数增多，母猪受胎率降低。适时输精的时间可以这样掌握：上午发现有呆立反应的母猪，下午输精一次，第二天下午再进行第二次输精；下午发现有呆立反应的母猪，第二天上午输精一次，第三天上午再进行第二次输精。最适宜的输精时间应在呆立反应开始后18～30小时。

（2）输精的准备　输精前，要对精液进行显微镜检查，检查精子密度、活力、死精率等。死精率超过20%的精液不能使用。输精使用的输精管，要严格清洗、消毒并使之干燥，用前最好用精液冲一下。要清洗待输母猪的外阴部，并用一次性消毒纸巾擦干，防止将病原微生物等带入母猪阴道。

（3）输精管的选择

① 一次性输精管多具有海绵头结构，其后连一直径约5毫米的塑料细管，长度约50厘米。根据海绵头大小分成两种：一种海绵头较小，适用于后备母猪输精；另一种海绵头较大的适用于经产母猪输精。海绵头一般用质地柔软的海绵制成，通过特制胶与塑料细管粘在一起，很适合生产中使用。

选择海绵头输精管时，一应注意海绵头粘得牢不牢，不牢固的则容易脱落到母猪子宫内；二应注意海绵头内塑料细管的长度，一般以 0.5 厘米为好。若塑料细管在海绵头内偏长，则海绵头过硬，容易损伤母猪阴道和子宫颈口黏膜；若偏短则海绵头太软而不易插入或难以输精。一次性的输精管使用方便，不用清洗，但成本较高，大型集约化猪场一般使用一次性输精管。

② 多次性输精管是用特制无毒橡胶制成的类似公猪阴茎的胶管，因其具有一定的弹性和韧度，适用于母猪的人工授精，又因其成本较低和可重复使用而较受欢迎，但因头部无膨大部，输精时可出现倒流，并且每次使用后均应清洗、消毒、干燥等，如若保管不好还会变形，因此使用受到一定的限制。

（4）输精方法及步骤

① 输精时，先在输精管海绵头上涂些精液或消毒的液体石蜡，以利于输精管插入时的润滑，并赶一头试情公猪在母猪栏外，刺激母猪性欲的提高，可促使精液吸入到母猪的子宫内。

② 清洗并擦干母猪的外阴部后，将输精管沿着稍斜上方的角度慢慢插入阴道内，当插到 25～30 厘米左右时，会感到有些阻力。此时，输精管基本顶到了子宫颈口皱褶处，用于再将输精管左右旋转，稍一用力，输精管的海绵头就可进入子宫颈第 2～3 皱褶处，发情母猪受到此刺激，子宫颈口括约肌收缩，将输精管锁定，再回拉则感到有一定的阻力，此时可进行输精。

③ 用瓶装输液输精时，当插入输精管后，用剪刀将精液瓶盖的顶端剪去，插到输精管尾部就可输精；用袋装精液输精时，只要将输精管尾部插入精液袋入口即可。为了便于精液吸入到母猪的子宫内，可在输精瓶底部开一个口，利用空气压力促使精液吸入。输精时输精人员要对母猪腹肋部进行按摩，实践证明，这种按摩更能增加母猪的性欲。输精人员倒骑在母猪背上，并进行按摩，操作方便，输精效果也很好。正常的输精时间应和自然交配一样，一般为3～10 分钟，时间太短，不利于精液的吸入，太长则不利于工作的进行。为了防止精液倒流，输精完毕不要急于拔出输精管，将精液瓶或袋取下，将输精管尾部打折，这样既可防止空气的进入，又能防止精液倒流。每头母猪每次输精都应使用一条新的一次性输精

管，防止子宫炎发生。经产母猪用一次性海绵头输精管，输精前检查海绵头是否松动；初产母猪用一次性螺旋头输精管。

（5）输精时的问题

① 如果在插入输精管时母猪排尿，就应将这支输精管丢弃（多次使用的输精管应带回重新消毒处理）。

② 如果在输精时精液倒流，应将精液袋放低，使生殖道内的精液流回精液袋中，再略微提高精液袋，使精液缓慢流入生殖道，同时注意压迫母猪的背部或对母猪的侧腹部及乳房进行按摩，以促进子宫收缩。如果以上方法仍然不能解决问题，继续倒流或不下，可前后移动输精管，或抽出输精管，重新插入锁定后，继续输精。

二、种公猪的饲养管理

（一）种公猪的饲养

种公猪对整个猪群的作用很大，自然交配时每头公猪可负担20～30头母猪的配种任务，一年繁殖仔猪400～600头；人工授精时每头公猪一年可繁殖仔猪万头左右。农谚中说："母猪好管一窝，公猪好管一坡"，充分表明种公猪在猪群中的重要作用。因此，加强种公猪的饲养管理、提高公猪的配种效率对增加仔猪数量、改进猪群品质都是十分重要的。要提高种公猪的配种效率，必须经常保持营养、运动和配种利用三者之间的平衡。营养是保证公猪健康和生产优良精液的物质基础；运动是增强公猪体质、提高繁殖机能的有效措施；而配种利用即是决定营养和运动需要量的依据。例如，在配种繁殖季节，应加强营养，减少运动量；而在非配种季节，则可适当降低营养，增加运动量，以免公猪肥胖或者消瘦而影响公猪的性欲和配种效果。

1. 种公猪的营养需要

公猪的射精量在各种畜禽中是最高的，一次射精量200～300毫升，含有精子约250亿个。其中水分占97%，粗蛋白质占1.2%～2%，脂肪占0.2%，灰分占0.9%。为了保证种公猪具有健壮的体质和旺盛的性欲，提高射精量和精液品质，就要从各方面保证公猪的营养需要。种公猪营养需要的特点，要求供给足够的蛋白质、矿物质和维生素。饲粮中蛋白质的品质和数量对维持种公猪良好的种用体况和繁殖能力均有重要作用。供给充足优质的蛋白质，可以保持公猪旺盛的性欲，增加射精量，提高精液品质和延长精子的存活时间。因此，在配制公猪饲粮时，要有一定比例的动物性蛋白质饲料（如鱼粉、血粉、肉骨粉等）与植物性蛋白质饲料（如豆类及饼粕类饲料）。在以禾本科子实为主的饲料条件下，应补充赖氨酸、蛋氨酸等合成氨基酸，对维持种公猪生殖机能有良好的作用。种公猪饲粮中能量水平不宜过高，控制在中等偏上（每千克饲粮含消化能 10.46～12.56 兆焦）水平即可。长期喂给高能量饲料，公猪不能保持结实的种用体况，因体内脂肪沉积而肥胖，造成性欲和精液品质下降；相反，能量水平过低，公猪消瘦，精液量减少，性机能减弱。

矿物质对公猪的精液品质和健康有显著影响。饲粮中钙不足或缺乏时，精子发育不全，活力降低或死精子增加；缺磷引起生殖机能衰退；缺锰会产生异常精子；缺锌使睾丸发育不良，精子生成停止；缺硒引起贫血，精液品质下降，睾丸萎缩。公猪饲粮多为精料型，一般含磷多钙少，故需注意钙的补充。食盐在公猪日粮中也不可缺少。在集约化养猪条件下，更需注意补充上述微量元素，以满足其营养需要。

维生素 A、维生素 D 和维生素 E 对精液品质亦有很大影响。长期缺乏维生素 A 时，会使公猪睾丸肿胀或萎缩，不能产生精子，失去繁殖能力。缺乏维生素 E 时，亦会引起睾丸机能退化，精液品质下降。公猪可从青绿饲料中获得维生素 A、维生素 E，在缺乏青饲料的条件下，应注意补充多维。维生素 D 影响钙磷代谢，间接影响精液品质。日粮中每千克应供给维生素 A 4100 国际单位，维生素 D_2 75 国际单位，维生素 E 11 毫克。饲料中维生素 D 含量虽少，但只要公猪每天有 1～2 小时日光浴，可使体内的 7-脱氢胆固醇转化为维生素 D，满足机体需要。故公猪舍应向阳，并配有运动场，其原因便在于此。

2. 饲喂

公猪饲养应随时注意营养状况，使其常年保持健康结实、不肥不瘦、性欲旺盛、精力充沛。过肥的公猪整天贪睡，性欲减弱，甚至不能配种。当发现种公猪过肥时，则应通过减少能量饲料喂量、增喂青饲料和加强运动来纠正。如果公猪过瘦，则说明营养不足或配种过度，应及时调整饲粮和控制配种次数。

在常年分散产仔的猪场，公猪配种任务比较均匀，因此，全年各月都要维持公猪配种期所需要的营养水平。采用季节集中产仔时，则需要在配种开始前 1～1.5 个月逐渐增加营养，作好配种前的准备，待配种季节结束以后，再逐渐适当降低营养水平。配种期间每天可加喂 2～4 枚鸡蛋或小鱼、小虾等动物性蛋白质饲料，以保证良好的精液品质。冬季寒冷时，饲粮的营养水平应比饲养标准提高 10%～20%。种公猪应用精料型日粮。配制种公猪饲粮，每千克含消化能 12.55 兆焦、粗蛋白质 12%～14%、钙 0.66%、磷 0.53%、食盐 0.35%。公猪饲粮体积不宜过大，以免形成垂腹影响配种。日粮中饲料合理搭配是养好种公猪的重要措施。配制日粮时应因地制宜注意以下几点：一是饲料新鲜质量好；二是种类繁多配精料；三是鱼粉、骨粉加食盐；四是采精不忘喂鸡蛋。一般大型良种公猪每日喂青料 3 千克、精料（配合料）3 千克。配合比例为：玉米 25%，豆饼 25%，米糠 20%，麸皮 25%，鱼粉 25%，骨粉 2%，食盐 0.5%。采精后补饲鸡蛋 1～2 个，确保公猪精力充沛，性欲旺盛。总之，在规模化养猪条件下，应针对种公猪生理特点配制营养均衡的全价配合饲料（表 5-8）。

（二）种公猪的管理

1. 建立日常管理制度

要根据不同季节为种公猪制定一套饲喂、运动、洗刷和采精等日常管理制度，使公猪养成良好的习惯，形成条件反射，有利于公猪的健康和利用。种公猪的饲养管理制度一经制定，就必须执行，不要随便更改。

2. 单圈饲养

种公猪要单圈饲养，公猪舍设在场内安静、向阳和离母猪舍有一定距离的地方，这样可以减少刺激，以免受母猪和其他公猪影响而造成精神不安、食欲减退，同时避免相互间爬跨和造成自淫的恶习，甚至降低公猪的种用价值。

表 5-8　公猪日粮配方

饲料	非配种期	配种期
玉米/%	60.5	67
豆饼/%	19	25.3
麸皮/%	15	0
大麦/%	0	4.2
草粉/%	3.0	0
鱼粉/%	0	1
骨粉/%	2.0	2.0
食盐/%	0.5	0.5
合计/%	100	100
消化能/(兆焦/千克)	12.84	13.68
粗蛋白/%	15.07	16.66
钙/%	0.71	0.73
磷/%	0.65	0.56

注：另外添加维生素和微量元素。

3. 保持圈舍和猪体的清洁卫生

公猪圈舍应每天坚持打扫，保持清洁、干燥，每天用刷子刷拭1～2次皮毛，保持猪体清洁，防止皮肤病和体外寄生虫病的发生，同时能加强公猪的性欲。通过刷拭，还可以促进血液循环，加强新陈代谢。炎热夏天还可洗浴1～2次。要特别注意保持公猪阴囊和包皮的清洁卫生。

4. 合理运动

保证种公猪的适当运动是养好公猪的重要措施之一。加强公猪运动，不仅可促进食欲，增强体质，避免虚胖，提高精液质量，而且还可防止肢蹄病的发生。公猪运动场应宽敞、阳光充足。饲料营养水平过高，若运动不足会引起公猪贪睡虚胖，睾丸发生脂肪变性、性欲衰退，爬跨时后肢无力，死精增多，活力不强等。因此，种公猪一般每天要坚持运动2次，上、下午各1次，每次运动1小时，行程2～3千米，有条件时可对公猪进行放牧，这也可代替运动。夏季宜早晚运动，冬季中午运动。公猪运动后不要立即洗浴或饲喂，并注意防止公猪因运动量过大而造成疲劳。配种旺期，应适当减少运动，非配种期和配种准备期应适当增加运动。

5. 注意防暑降温和防寒保暖

公猪体型大，皮下脂肪厚，汗腺又不发达，对炎热和寒冷的耐受能力都较差。在夏季炎热的天气，可以在公猪栏内洒水和给公猪水浴降温（每天水浴1～2次），也可采用水帘降温。冬季寒冷时，圈内多铺垫草，堵塞墙壁、门窗、顶棚上的一切缝隙，以防贼风侵袭。

6. 定期称重

公猪应定期称重，根据体重变化情况检查饲料是否适当，以便及时调整日粮。对正在生长的幼龄公猪，要求体重逐月增加，但不宜过肥。成年公猪体重应无太大变化，但需要经常保持中上等膘况。

7. 定期检查精液品质

配种季节应重视精液品质的检查，最好7～10天检查1次。根据精液品质好坏，调整营养、运动和配种次数，这是保证公猪健康和提高受胎率的重要措施之一。

（三）种公猪的合理利用

对种公猪应合理利用，利用不当会影响后期生产性能。实践证明，公猪初配年龄和采精次数对精液品质影响很大，而精液品质的优劣与受胎率的高低、产仔数的多少有着密切关系，受胎率与精子密度和正常精子百分比呈正相关。因此，应根据饲养管理条件和年龄等因素，对种公猪进行合理的利用。一般来说，对种公猪的采精强度越大，要求的饲养管理条件越高；否则，将影响精液的质量和受胎效果，同时还影响公猪的健康。公猪在达到体成熟后才能参加配种，过早配种会妨碍公猪正常的生长发育，缩短利用年限。正确把握种公猪的利用强度在生产中具有重要意义。公猪的配种或采精次数应有合理的安排，才能保证睾丸组织持续不断地产生量多质优的精液。人为控制采精频率在生产中极为必要。据研究，睾丸重量与每日精子的生成呈正相关，每克睾丸组织每天可产生精子2400万～3100万，1次射出精子约200亿～400亿，所以每周采2～3次是适宜的。对开始采精的青年公猪间隔3～4天采1次，成年公猪间隔 2~3 天采 1 次较好，老龄公猪每周采精 1 次为宜。相反，如长期不用，则会造成性欲低下、死精和畸形精子增多，使受胎率降低甚至造成不育。所以，在配种淡季或非配种季节建议每 10 天采精 1 次，以维持已建立的性反射。在实际生产中，应避免发生配种过频的现象。

三、种母猪的饲养管理

养猪生产经营效果取决于种母猪的繁殖效率和繁殖后代的质量，品种一定的情况下，猪场要获得最大的生产效益，就要增加每个繁殖周期的产仔数和延长使用年限。猪可常年发情，其繁殖不受季节限制，在母猪卵巢中有原始卵子 11.1 万之多，母猪每次发情能排出十几个到几十个成熟的卵子。另外，母猪有将近 1.5 米长的子宫角，可以为更多胚胎发育提供足够的场所。所以应尽力挖掘和利用这一繁殖潜力，提高母猪的繁殖性能。

影响母猪繁殖性能的因素很多，其中包括遗传因子。因此，养猪者应该饲养产仔效率高的品种。但营养和环境对母猪繁殖性能的影响更大。母猪的饲养是影响养猪生产效率的最为重要的因素。

（一）配种前期母猪的饲养管理

这一时期母猪饲养的主要目的是促使母猪早发情，多排卵。从生理角度讲，使母猪停奶最为有效的方法是在断奶后继续进行高水平饲喂及保持足够的饮水。乳汁持续分泌导致乳腺内压增加，乳腺内压的增加使乳汁的分泌快速有效地停止。如果将高水平饲喂方式持续到配种，不会造成任何损害，且对膘情丢失过多的母猪可能是有益的。断奶后保持采食量大可使膘情差的母猪发情提前。养好母猪的标志是，保持不肥不瘦、七八成膘的繁殖体况。

1. 母猪的发情期与发情周期

母猪的发情期一般 1~5 天，平均 3~4 天；发情周期为 15~25 天，平均为 21 天。母猪的年龄和品种不同，发情期的长短也有差异：青年母猪一般发情期稍长，老龄母猪稍短；瘦肉型猪如长白猪、汉普夏猪等，发情期较长，可达 5~7 天，脂肪型地方猪种发情期短（图 5-6）。此外，母猪发情期的长短和发情周期的长短也往往与饲养条件有关。

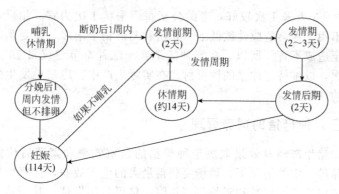

图 5-6　母猪的发情期与发情周期模式图

2. 母猪的排卵潜力

母猪发一次情可排卵 16～18 个，多的可达 35 个以上，母猪所排的卵并非都能受精，大约只有 85%～95% 的卵能正常受精，有 5%～15% 的卵子不能受精，另外，卵子从其受精开始直到形成胎儿，或者直到胎儿出生，还会有 35%～40% 的死亡。受精卵死亡的原因有两个：一是卵子在受精后的第 10～13 天，在子宫壁着床的过程中，部分受精卵未能顺利着床发育而死亡；二是已着床的受精卵发育到 60～70 天时，由于着床的子宫位置不同，获得母体的营养不均衡，营养竞争失利者先死亡，到胎儿出生时，又可能死亡 1～2 头，结果真正存活下来的仔猪只占受精卵的 60% 左右。

3. 母猪配种的适宜时期

为了掌握母猪的准确配种时间，一定要了解母猪发情与排卵的关系。实践证明，瘦肉型猪一般在发情后 24～56 小时内排卵，卵子排出后能存活 12～24 小时，但保持受精活力时间仅为 8～12 小时，精子在母体内能存活 15～20 小时，能达到受精部位即输卵管的上 1/3 处，需 2～3 个小时。按此推算，配种最适宜的时期大约在发情后 24～36 小时之内。从母猪发情的外部表现看，只要让公猪爬跨，阴门流出的黏液能拉成丝，情绪比较稳定，用手按其背呆立不动，即是配种的好时机。为了多产仔，可在第一次配种后间隔 8～12 小时再复配一次，对提高受精率有良好的效果，大约可多出生 1～2 头小猪。对于杂种母猪（杂交一代），在进行三元杂交时，可以作为母本猪来用。这种母猪一般发情明显，而且发情期较短，应在发情后12～24小时内配种。另外，经产母猪生过几胎后，应提前配种；青年猪初次发情，应稍晚点配种，即所谓"老配早，小配晚，不老不小配中间"。有的猪种如北京黑猪，初配期发情不明显，稍不注意就会失配，故应注意观察。在农村公、母猪往往来自同窝，相互配种，造成近亲繁殖，产生怪胎，仔猪生活力不强，容易死亡，应尽力避免这种情况发生。

空怀母猪生产力的好坏，主要看其是否能按时正常发情、配种后配准率及受胎率高低。

4. 配种前期母猪的饲养

（1）营养与饲料配方　这种饲料配方的优点是配制成本低，而且氨基酸、维生素和微量元素得到一定满足。如有青绿饲料的资源，可给空怀母猪适当加大喂量，特别是喂豆科青绿饲料对母猪发情排卵有独特功效。

（2）饲喂方法　配种前为促进发情排卵，要求适时提高饲料喂量，对提高配种受胎率和产仔数大有好处，尤其是对头胎母猪更为重要。对产仔多、泌乳量高或哺乳后体况差的经产母猪，配种前采用"短期优饲"办法，即在维持需要的基础上提高50%～100%，喂量达3～3.5千克/天，可促使排卵；对后备母猪，在准备配种前10～14天加料，可促使发情，多排卵，喂量可达2.5～3.0千克/天，但具体应根据猪的体况增减，配种后应逐步减少喂量。断奶到再配种期间，给予适宜的日粮水平，可促使母猪尽快发情，释放足够的卵子，受精并成功地着床。初产青年母猪产后不易再发情，主要是体况较弱造成的。因此，要为体况差的青年母猪提供充足的饲料，以缩短配种时间，提高受胎率。配种后，立即减少饲喂量到维持水平。对于正常体况的空怀母猪每天的饲喂量为1.8千克。

在炎热的季节，母猪的受胎率常常会下降。研究表明，在日粮中添加一些维生素，可以提高受胎率。

泌乳后期母猪膘情较差，过度消瘦，特别是那些泌乳力高的个体失重更多，乳房炎发生机会不大，断奶前后可少减料或不减料，干乳后适当增加营养，使其尽快恢复体况，及时发情配种。断奶前膘情相当好，泌乳期间食欲好，带仔头数少或泌乳力差，泌乳期间掉膘少。这类母猪断奶前后都要少喂配合饲料，多喂青粗饲料，加强运动，使其恢复到适度膘情，及时发情配种。俗话说："空怀母猪七八成膘，容易怀胎产仔高。"

目前，许多国家把沿着母猪最后肋骨在背中线下 6.5 厘米的 P2 点（腰荐椎结合处）的脂肪厚度作为判定母猪标准体况的基准。高产母猪的标准体况：母猪断奶后应在 2.5，在妊娠中期应为 3，产仔期应为 3.5。母猪体型评分见表 5-9。

表 5-9　母猪的体型评分

分值	体况	P2 点脂肪厚度/毫米	髋骨突起的感觉	体型
5	明显肥胖	>25	用手触摸不到	圆形
4	肥	21	用手触摸不到	近乎圆形
3.5	略肥		用手触摸不明显	长筒形
3	正常	18	用手能摸到	长筒形
2.5	略瘦		手摸明显，可观察到突起	狭长形
1~2	瘦	<15	能明显观察到	骨骼明显突出

5. 配种前期母猪的管理

空怀母猪可以群养，以每圈栏 4~5 头为宜。猪舍要有充足的阳光，应有一定面积的运动场，以增强其生命力。为促进空怀母猪的发情，应使其常与公猪见面，可促进发情。

生产中，常有空怀母猪不发情的情况，这除了缺乏营养，特别是缺乏维生素 A 及维生素 E 以外，还可能与圈舍狭小、采光不足、长期蹲养有关。如果有的母猪出外活动也不发情，可以注射孕马血清和绒毛膜激素，每 10 千克体重注射 100 单位；也可配合注射氯地酚，几天就可能发情。如果采取任何措施都无济于事，应立即淘汰。有的不发情母猪往往是由于卵巢囊肿，或生殖器官及生殖机能发育不完全，都应淘汰。及时淘汰能使猪群保持旺盛的繁殖力，减少饲料消耗，提高生产效率。

对年龄较大、生产性能下降的母猪予以淘汰。传统栏舍饲养，母猪一般利用 7~8 胎，年更新比例为 25%；集约化饲养，母猪一般利用 6~7 胎，年更新比例为 30%~35%。

对一些异常母猪，如长期不发情，经药物处理后仍无效者；虽有发情，但正常公猪连配两期未能受孕者；能正常发情、配种，但生产性能低下，产仔数低于盈亏临界点（一般头三胎累计产仔低于24头；2～4胎累计产仔低于26头；第3胎后连续三胎累计产仔低于27头）者；出现假孕现象者；母性特差，易压死或有咬、吃仔猪之恶习者；出现肢体疾病等，都应该淘汰。

（二）怀孕期母猪的饲养管理

从卵子与精子结合，胚胎着床，胎儿发育直到分娩这个过程叫妊娠期。母猪的妊娠期平均为114天（111～117天）。妊娠母猪饲养管理的基本任务是保证受精卵和胎儿在母体内正常发育，防止流产现象的发生，获得数量多、体质好的仔猪，保证母猪有良好的体况，为哺乳期的泌乳打下基础。对初产的青年母猪还要保证其本身的生长发育。

1. 妊娠的判断

（1）根据发情周期判断　一般情况下，母猪发情配种后，经过一个发情周期（即18～25天）不再发情，我们就可以初步判断该母猪已经怀孕。特别是对配种前发情周期正常的母猪比较准确。

（2）根据母猪的外部表现判断　母猪配种后表现贪吃、贪睡，膘情恢复快，性情温顺，行动小心，皮毛光亮紧贴身躯，腹围逐渐增大，阴门干燥，缩成一条线，尾巴下垂；如果再经过18～25天母猪仍不表现发情，就可以判定母猪已经怀孕。

（3）根据乳头的变化判断　约克夏母猪配种后，经过30天乳头变黑，轻轻拉长乳头，如果乳头基部呈现黑紫色的晕轮，则可判断为已经怀孕。但此法不适宜长白猪的妊娠诊断。

（4）公猪试情法　配种后18～24天，用性欲旺盛的成年公猪试情，若母猪拒绝公猪接近，并在公猪2次试情后3～4天始终不发情，可初步确定为妊娠。

（5）检验尿液　取配种后5～10天的母猪晨尿10毫升左右，放入试管内测密度（应在1.01～1.025之间），若过浓，则须加水稀释到上述密度，然后滴入1毫升5%～7%碘酒，在酒精灯上加热，达沸点时，注意观察颜色变化。若已怀孕，尿液由上而下出现红色；若没有怀孕，尿液呈淡黄色或褐绿色，而且尿液冷却后颜色会消失。

（6）注射激素　该方法是在母猪配种后第 16、17 天，注射人工合成的雌性激素（如苯甲酸雌二醇）。一般是在母猪耳根部皮下注射 3～5 毫升。注射后出现发情征兆的母猪是空怀母猪，注射后 5 天内不表现发情征兆的母猪为妊娠母猪。这种方法的准确率达 90%～95%。

（7）应用超声波进行早期诊断　用特制的超声波测定仪，在母猪配种后 20～29 天进行超声波测定。方法是把超声波测定仪的探触器贴在母猪腹部体表后，发射超声波，根据胎儿心脏跳动的感应信号音，或者脐带多普勒信号，可判断母猪是否妊娠。配种后 1 个月之内诊断率为 80%，配种后 40 天测定其准确率为 100%。

除上述方法外，还有直肠检查法、血或乳中孕酮测定法、EPF 检测法、红细胞凝集法、掐压腰背部法和子宫颈黏液涂片检查等。母猪早期妊娠诊断方法有很多，各有利弊，应根据实际情况选用。

2. 妊娠期间胎儿发育特点

胚胎的生长发育特点是胎儿在妊娠前期生长比较缓慢，但各器官都在分化和形成，后期生长快。器官在 21 天左右形成，妊娠 90 天左右胎儿只有大约 500 多克，最后 20 天增长迅速，体重可达 1100 克左右。114 天胎儿成熟。不同时期胚胎的化学成分也有变化，随着胎龄的增长，胚胎的蛋白质、脂肪和灰分含量逐渐增加。

从受精卵开始到胎儿成熟，胚胎的生长发育经历两个关键时期：

第一个关键时期是在母猪妊娠后的 20 天左右。这时是受精卵附植到子宫角不同部位，并逐步形成胎盘的时期。在胎盘未形成前，胚胎容易受环境条件的影响，在饲养管理上要给予特殊照顾。如果饲粮中营养物质不完善或饲料霉烂变质，就会影响胚胎的生长发育或发生中毒而死亡。如果饮了冰水或吃了冰冻饲料，母猪发生流产，有时还不易发现。如果遭到踢、打、挤、压、咬架等机械性刺激，或患疾病，易引起母猪流产。因此，妊娠初期的第 1 个月，应给予营养全面的日粮，防止机械性刺激和患病。至于日粮的数量，因这时期胚胎和母猪体重的增长较缓慢，不需要额外增加。

第二个关键时期是在母猪妊娠期的 90 天以后。这个时期胎儿生长发育和增重特别迅速，母猪同化能力强，体重增加很快，所需营养物质显著增加。另外，由于胎儿体积增加迅速，子宫膨胀，消化器官受到挤压，消化机能受到影响。因此，这个时期要逐渐减少青粗饲料，增加精饲料，特别增加含蛋白质较多的饼粕类饲料，最好适当增加一部分动物性饲料，这样才能满足母猪体重和胎儿生长发育迅速增长的需要。

3. 妊娠母猪的代谢特点与体重变化

妊娠母猪合成代谢效率很高，特别是妊娠前期，母猪在妊娠期的增重远高于喂同等日粮的空怀母猪，这是由于妊娠母猪体内某些激素分泌增加所致，如甲状腺素、三碘甲状腺原氨酸、肾上腺皮质激素以及胰岛素等，促使了妊娠母猪对饲料营养物质的同化作用，表现为比空怀时沉积的脂肪和肌肉多。因此，妊娠母猪适宜采用低营养水平饲养。

母猪妊娠期增重的内容包括母体本身组织增长和子宫及其内容物（胎儿、胎膜、胎水）的增长，在妊娠前期的增重中，母体本身组织增长占绝大部分，子宫及其内容物的增长随妊娠期的延长而加速，到妊娠后期子宫及其内容物的增重占一半以上，因此母猪在妊娠后期应提高营养水平。由表 5-10 可以看出妊娠母猪各时期的体重变化，妊娠母猪全程增重 27～39 千克。断奶的母猪由于产仔和哺乳期间体重减幅较大，这就要求在下一个妊娠期来弥补体重的损失，以保证母猪连续高产、稳产。

表 5-10　妊娠期各阶段的猪体内容物变化

项目	妊娠期/天			
	0～30	31～60	61～90	90～114
日增重/克	647	622	456	408
骨与肌肉/克	290	278	253	239
皮下脂肪/克	162	122	－23	－69
子宫/克	33	30	38	39
板油/克	10	－4	－6	－22
子宫内容物/克	62	148	156	217

4. 母猪胚胎死亡分析及措施

胚胎在妊娠早期死亡后被子宫吸收称为化胎。胚胎在妊娠中、后期死亡不能被母猪吸收而形成干尸，称为木乃伊胎。胚胎在分娩前死亡，随仔猪一起产出称为死胎。母猪在妊娠过程中胎盘失去功能使妊娠中断，将胎儿排出体外，称为流产。

(1) 胚胎死亡规律　化胎、死胎、木乃伊和流产都是胚胎死亡。母猪每个发情期排出的卵大约有 10% 不能受精，有 20%～30% 的受精卵在胚胎发育过程中死亡，出生仔猪数只占排卵数的 60% 左右。猪胚胎死亡有三个高峰期：首先是受精后 9～13 天，这时受精卵附着在子宫壁上还没有形成胎盘，易受各种因素的影响而死亡，然后被吸收化胎。第二个高峰是受精后第 3 周，处于组织器官形成阶段。这两个时期的胚胎死亡约占受精卵的 30%～40%。第三个高峰是受精后的 60～70 天，这时胎儿加快生长而胎盘停止生长，每个胎儿得到的营养不均衡，体弱胎儿容易死亡。

(2) 胚胎死亡原因

① 配种时间不适当。精子或卵子较弱，虽然能受精但受精卵的生活力低，容易早期死亡被母体吸收形成化胎。

② 高度近亲繁殖使胚胎生活力降低，形成死胎或畸胎。

③ 母猪饲料营养不全，特别是缺乏蛋白质、维生素 A、维生素 D 和维生素 E、钙和磷等容易引起死胎。

④ 饲喂发霉变质、有毒有害、有刺激性的饲料或冬季喂冰冻饲料容易发生流产。

⑤ 母猪喂养过肥容易形成死胎。

⑥ 母猪管理不当，如鞭打、急追猛赶，使母猪跨越壕沟或其他障碍，母猪相互咬架或进出窄小的猪圈门时互相拥挤等都可能造成母猪流产。

⑦ 某些疾病，如猪瘟、细小病毒病、日本乙型脑炎、伪狂犬病、繁殖与呼吸综合征、肠病毒病、布氏杆菌病、螺旋体病等可引起死胎或流产。

⑧ 当外界温度长时间超过 32℃ 时，妊娠母猪通过血液调节已维持不了自身的热平衡而产生热应激，胚胎的死亡率明显增加。从机理上看，可能是由于在高温环境下，母猪体内促肾上腺皮质激素

和肾上腺皮质激素的分泌急剧增加,从而控制了脑垂体前叶促性腺激素的分泌和释放,造成母猪卵巢功能紊乱或减退。同时,高温还能使母猪的子宫内环境发生许多不良改变,使早期妊娠母猪的胚泡附植受阻,胚胎成活率明显降低,产仔数减少,死胎、畸形胎增多。公猪对高温更为敏感,可使睾丸组织中的精母细胞活力降低,精子数量明显减少,死精和畸形精子增加,活力下降。此时配种,母猪受胎率和胚胎成活率显著降低。

⑨ 孕酮参与控制子宫内环境,如果血浆孕酮水平下降较多,子宫内环境的变化就会与胚胎的发育阶段不相适应。在这种情况下,子宫内环境对胚胎会产生损伤。妊娠前期饲养水平过高,会引起血浆中的孕酮水平下降。

⑩ 母猪年龄、公猪精液质量、交配及时与否、近亲繁殖、母猪长期不运动、饲料中毒或农药中毒等因素,都会影响卵子受精和胚胎存亡。

(3)防止胚胎死亡措施 做好妊娠后 20 天内和妊娠期的 90 天以后两个关键时期的管理。具体措施如下:

① 妊娠母猪的饲料要好,营养要全。尤其应注意供给足量的蛋白质、维生素和矿物质,不要把母猪养得过肥。

② 不要喂发霉变质、有毒有害、有刺激性和冰冻的饲料。

③ 妊娠后期可增加饲喂次数,每次给量不宜过多,避免胃肠内容物过多而压挤胎儿。产前应给母猪减料。

④ 防止母猪咬斗和滑倒等,不能追赶或鞭打母猪,夏季防暑,冬季保暖防冻。

⑤ 应有计划配种,防止近亲繁殖。要掌握好发情规律,做到适时配种。

⑥ 注意卫生,预防疾病。

5. 妊娠母猪的营养

(1)能量 妊娠期能量需要包括维持和增长两部分,增长又分母体增长和繁殖增长。很多报道认为妊娠增长为 45 千克,其中母体增长 25 千克,繁殖增长(胎儿、胎衣、胎水、子宫和乳房组织)20 千克。中等体重(140 千克)妊娠母猪维持需要代谢能 5.0 兆卡/日(1 卡=4.187 焦耳),母体增长 25 千克,平均日增 219 克,据估算每千克增重需代谢能 5.0 兆卡，219 克需代谢能 1.095 兆卡。繁殖增长日增 175 克，约需代谢能 0.274 兆卡。以此推算，妊娠前期根据不同体重，每日需要代谢能 4.5～5 兆卡，妊娠后期每日需要代谢能 6.0～7.0 兆卡。

（2）粗蛋白质　蛋白质对胚胎发育和母猪增重都十分重要。妊娠前期母猪粗蛋白质需要量 176～220 克/天，妊娠后期需要 260～300 克/天。饲料中粗蛋白质水平为 12%。蛋白质的利用率决定于必需氨基酸的平衡。

（3）钙、磷和食盐　钙和磷对妊娠母猪非常重要，是保证胎儿骨骼生长和防止母猪产后瘫痪的重要元素。妊娠前期需钙 10～12 克/天、磷 8～10 克/天，妊娠后期需钙 13～15 克/天、磷 10～12 克/天。碳酸钙和石粉可补充钙的不足，磷酸盐或骨粉可补充磷。使用磷酸盐时应测定氟的含量，氟的含量不能超过 0.18%。饲料中食盐为 0.3%，补充钠和氯，维持体液的平衡并提高适口性。其他微量元素和维生素的需要由预混料提供。

妊娠期母猪可参考如下配方：

配方 1　玉米 51.6%、菜粕 10%、麦麸 20%、米糠 10%、黄豆 5%、骨粉 2.4%、生长素 0.5%、食盐 0.5%。

配方 2　玉米 59%、麦麸 10%、米糠 10%、黄豆 10%、骨粉 2.4%、鱼粉 4%、蚕蛹 4%、微量元素 0.3%、食盐 0.3%。

6. 妊娠母猪的饲养

饲养妊娠母猪的任务：一是保证胎儿在母体内顺利着床得到正常发育，防止流产，提高配种分娩率；二是确保每窝都能生产尽可能多的、健壮、生活力强、初生重大的仔猪；三是保持母猪中上等体况，为哺乳期储备泌乳所需的营养物质。针对母猪在妊娠不同时期不同的生理特点及对日粮的不同需求，"低妊娠，高泌乳"的饲养方式是一种可行的饲养方法。

（1）妊娠早期（0～20 天）　对这一时期的母猪饲养营养水平争议颇多。一些证据表明，过量饲喂会降低尚未着床的胚胎的存活率（胚胎在第 14～18 天附植于子宫壁）；但另外一些研究表明，饲喂水平对胎儿的存活没有影响。某些应激因素如过热、环境不适、吵闹、对水和食物的渴求、猪舍周围的侵略性威胁等都可能降低妊娠第一个月胚胎的存活率。

由于高采食量对胚胎存活的影响尚未阐明，下述做法是合理的，即：在妊娠的头 3 个星期不要过量饲喂，如喂过多的精料，大部分转化为母体增重，这样不仅不利于胎儿发育，而且母猪会养得过肥，影响产仔率和仔猪成活率；但也不要对采食量限制太多，饲喂水平太低，比如每日 1.4～1.5 千克的饲喂量，不但可能使母猪挨饿，而且这个数量可能比产仔能力高的母猪的维持需要量还低。

（2）妊娠中期（21～100 天） 现在普遍认为，如有必要，妊娠中期需要对体脂的储存状况进行评估和纠正，因此，这一时期应根据母猪膘情进行饲喂。对体况较差、哺乳期消耗较大的经产母猪，为迅速恢复其妊娠后的体况，除喂优质青绿饲料外，还应适当添加部分精料，以维持体况保持中等水平。

（3）妊娠后期（100 天～分娩） 由于胎儿的生长发育和母体的增重都较快，因此妊娠后期要增加母猪采食量以便让胎儿快速生长。在妊娠的最后 2～3 个星期这一点尤为重要，每 100 千克体重喂给 2 千克的饲料，其中 1 千克用于维持母猪自身生活，1 千克用于增重和胎儿生长，每千克日粮中粗蛋白占 16%～18%、骨粉4%、食盐 0.5%、胡萝卜素 7～8 毫克。在这个阶段，如果饲料喂量不足，不仅胎儿发育不良、不整齐，生下的仔猪弱，育成率下降，同时也给母猪今后的连产带来不利影响。妊娠后期饲喂量的增加需要持续到分娩前的一两天，此时，饲喂量应酌量减少，以避免发生便秘并使分娩顺利进行，但必须保证母猪能喝到足够的水。

总之，对于妊娠母猪的饲料喂量，应根据母猪体重、气候条件等灵活掌握，以保证母猪体况适宜，既不过肥，也不过瘦。

7. 妊娠母猪的管理

（1）保证饲料质量 要求采用质高均衡的全价饲料，并且配合青绿饲料最好。注意防止饲料发霉变质，发霉和有毒的饲料原料应废弃。

（2）饲养方式 可分为小群饲养和单栏饲养。妊娠母猪对环境的要求及习惯：猪比较喜好干净卫生的环境。要求饲养人员首先要抓好母猪的定位工作，让它定点排粪尿，日后母猪会养成很好的卫生习惯，减少疾病的发生。猪是群居性动物（公猪要单饲），每头猪躺卧占地面积约 1.5 米²，每个圈舍饲养 3～4 头，每头猪要有足够的休息空间。母猪分群饲养时，要大小分开、强弱分开，病残猪只单独饲养，以避免饲喂时争食、打架、相互咬伤等。单栏饲养也叫禁闭式饲养，妊娠母猪从空怀阶段开始到妊娠产仔前，均饲养在宽 60～70 厘米、长 2.1 米的栏内。此法优点是吃食量均匀，避免相互碰撞；缺点是不能自由活动，蹄病较多。

(3) 良好的环境条件　猪喜凉怕热，妊娠母猪适宜的温度 10～28℃。由于母猪体脂较高，汗腺又不发达，外界温度接近体温时，母猪会忍耐不了，出现腹式呼吸，同时体内胎儿得不到充足的氧，出现流产、死胎、木乃伊胎增加。因此，必须定期通风换气，降低舍内氨气、甲烷等有害气体的浓度。在冬季，通风换气与保温相矛盾，往往忽略了通风换气工作。饲养人员除了每天的饲喂工作外，还要求每天要清除圈舍粪便，保持圈舍卫生清洁，观察母猪粪便有无异常；对出现了问题的母猪，要及时予以治疗；对拉干粪的母猪，要喂些青绿饲料或健胃药物。同时要勤观察母猪是否有流产征兆，有返情的母猪，要及时调出，避免爬跨其他母猪，造成不必要的机械流产；母猪若有脱落的，要及时补打；母猪若有外伤，及时隔离治疗；还需观察围产期母猪是否有产仔的迹象；饮水器是否有水；食槽、水管、圈栏、地面、漏粪板是否有破损，要及时调圈修理；设备是否能正常运行；舍内温度、湿度情况，要定期通风换气；舍内粪沟储粪情况，及时抽粪排出；舍内物品摆放整齐；舍门口消毒脚池每天更换一次，常规带猪消毒；公猪的刷拭训练及运动；本段舍外场区的卫生等。

(4) 消毒工作　妊娠母猪常规每周带猪消毒 3 次，隔日消毒。消毒药物有氯制剂、酸制剂、碘制剂、季铵盐类、甲醛、高锰酸钾等。老场要求用强效消毒剂，季铵盐类消毒剂多用于母猪上床清洗及新场的日常消毒。带猪消毒切忌浓度过大，一定要按标准配制消毒液。带猪喷雾消毒，消毒要彻底，不留死角。空舍净化消毒，要求达到终末消毒。净化程序为：清理—火碱闷—冲洗—熏蒸—消毒剂消毒。

(5) 免疫工作　对妊娠期的母猪进行防疫，一定要考虑母猪对疫苗的反应。比如：母猪对口蹄疫疫苗（尤其是亚 O 型口蹄疫疫苗）的反应就很明显，免疫后体温升高、不进食等。建议对刺激性强的疫苗，妊娠后期母猪要推迟免疫，待产后补免。有的疫苗注射后，个别猪只甚至出现休克死亡，要求免疫后饲养人员要勤观察，发现问题，及时汇报兽医人员，并辅助兽医人员及时抢救，减少损失。

（6）耐心的管理　饲养妊娠母猪，要求饲养人员要温和、耐心、细致，不要打骂惊吓母猪，培养母猪温顺的习性，以利于泌乳阶段带好仔猪。每天都要观察母猪吃料、饮水、粪尿和精神状态，做到治病防病。妊娠母猪要进行适当的运动。无运动场的猪舍，要赶至圈外运动。在产前5~7天应停止驱赶运动。

（三）分娩前后母猪的饲养管理

1. 母猪分娩前后的饲养要点

（1）分娩前的饲养　产前几天，根据母猪膘情、乳房表现决定是否增减饲料。体况良好的母猪，在产前5~7天应逐步减少20%~30%的精料喂量，到产前2~3天进一步减少30%~50%，青料也减量或停喂，避免产后最初几天泌乳量过多或乳汁过浓引起仔猪下痢或母猪发生乳房炎。体况一般的母猪不减料。对体况较瘦弱的母猪可适当增加优质蛋白质饲料，以利于母猪产后泌乳。临产前母猪的日粮中，可适量增加麦麸等带轻泻性饲料，可调制成粥料饲喂，并保证供给饮水，以防母猪便秘导致难产。产前2~3天不宜将母猪喂得过饱。

（2）分娩当天的饲养　母猪在分娩当天因失水过多，身体虚弱疲乏，此时可补喂2~3次麸皮盐水汤，补充其体液消耗。每次麸皮250克，食盐25克，水2千克左右。一般母猪产后消化能力较弱，食欲不好，不宜喂料过多。个别母猪也可能多吃，喂得过多容易发生"顶食"，以后几天不吃食，影响泌乳，造成仔猪死亡，所以一定要控制喂量。

（3）分娩后的饲养　在分娩后2~3天内，由于母体虚弱，消化机能差，不可多喂精料，可喂些稀拌料（如稀麸皮料），并保证清洁饮水的供应，以后逐渐加料。经5~7天后按哺乳母猪标准饲喂。

2. 母猪分娩前后的管理

产前7~10天宜早进产房，使母猪熟悉环境条件。在圈内铺上清洁干燥的垫草，母猪产仔后立即更换垫草，清除污物，保持垫草和圈舍的干燥清洁。注意进出栏门，防止发生事故，加强观察；生产完毕，立即用温水与消毒液清洗消毒乳房、阴部与后躯血污。要防止贼风侵袭，避免母猪感冒引起缺奶造成仔猪死亡。胎衣排出后立即取出，防止母猪吞吃，引起消化不良与形成吃仔猪的恶癖。妊娠后期饲养不良，则产后 2～5 天由于血糖、血钙突然降低等原因，常易发生产后瘫痪，食欲减退或废绝，乳汁分泌减少甚至无奶，这时除进行药物治疗外，还应检查日粮营养水平，喂给易消化的全价日粮，刷拭皮肤，促进血液循环，增加垫草，经常翻转病猪，防止发生褥疮。产后 2～3 天不让母猪到户外活动，产后第 4 天无风时可让母猪到户外活动。让母猪充分休息，尽快恢复体力。哺乳母猪舍要保持安静，有利于母猪哺乳。要注意，对产后母猪加强观察，如有异常及时请兽医诊治。

(四) 哺乳期母猪的饲养管理

1. 预产期的推算

猪的妊娠期是 111～117 天，平均 114 天。推算出每头妊娠母猪的预产期，是做好产前准备工作的重要步骤之一。如果粗略地计算，一般是在配种月份上加 4，在配种日上减 6，就是产仔日期。例如配种期是 4 月 20 日，4＋4＝8，20－6＝14，所以预产期是 8 月 14 日。但由于月份有大月、小月之分，所以精确日期应是 8 月 12 日。

2. 分娩前的准备

(1) 母猪临产表现 (表 5-11)　母猪怀孕后期，乳腺发达，乳房凸起，乳房基部与腹部之间形成两条丰满"奶埂"，出现这一现象时，一般距离分娩时间为 12～15 天；当母猪乳房进一步发育，每对乳头呈"八"字形向两侧分开时，一般距离分娩时间为 1 周左右；当母猪阴户出现红肿、潮红，尾根两侧下陷，塌胯时，一般距离分娩时间为 1～2 天。此时在饲养上不宜喂得过饱，饲料不宜过稠，喂些稀粥状饲料即可。母猪起卧时行动缓慢慎重，烦躁不安，时起时卧，衔草做窝，是临产的特有表现。观察表明，初产母猪比经产母猪做窝早；冷天比热天做窝早；国外引进猪种虽无明显衔草做窝现象，但有将圈草或干土拱成一堆的表现。

表 5-11 产前表现与产仔时间表

产前表现	距产仔时间
乳房胀大	15 天左右
阴户红肿，尾根两侧下陷（塌胯）	3～5 天
挤出乳汁（乳汁透亮）	1～2 天（从前排乳头开始）
衔草做窝	8～16 小时
乳汁乳白色	6 小时
每分钟呼吸 90 次左右	4 小时左右
躺下，四肢伸直，阵缩间隔时间逐渐缩短	10～90 分钟
阴户流出分泌物	1～20 分钟

（2）接产的准备工作　在母猪分娩前 10 天，就应准备好产房。产房应当阳光充足，空气新鲜，温暖干燥（室温保持 20℃ 以上，相对湿度在 80% 以上）。在寒冷地区要堵塞缝隙，生火或用 3%～5% 石炭酸消毒地面，用生石灰液粉刷圈墙。

产前 3～5 天在产房铺上新的清洁干草，把母猪赶进产房，让它习惯新的环境。用温水洗刷母猪，尤其是腹部，乳房和阴户周围更应保持清洁，清洗后用毛巾擦干。母猪多在夜间产仔。接产用具如护仔箱、毛巾、消毒药、耳号钳和称仔猪用的秤、手电筒、风灯等，都要准备齐全，放在固定位置。

（3）接产　初生仔猪的体重只有母猪的 1%，一般情况下都不会难产，不论头先露还是臀先露都能顺利产出。母猪整个分娩过程约为 2～5 小时，个别长的可达十几个小时。每 5～30 分钟产一个仔猪。仔猪全部产出后约 10～30 分钟后排胎衣，分娩过程结束。仔猪产出后就应立即将仔猪口、鼻的黏液擦净，用毛巾将仔猪全身擦干，在距离腹部 5 厘米处用手指将脐带揪断，比用剪刀剪断容易止血。用 5% 碘酒浸一下脐带断处，消毒脐带；并易干燥收缩，3～5 天后会自然脱落。消毒脐带之后称重，打耳号，把仔猪放到护仔箱里，以免仔猪在母猪继续分娩的过程中被踩伤或压死。

有的仔猪生后不呼吸，但心脏仍在跳动，这种情况叫做"假死"。假死仔猪经过及时抢救，是能够成活的。抢救的方法是先将仔猪口、鼻的黏液擦净，然后将仔猪朝下倒提，继续使黏液空出，并用手连续拍打仔猪胸部，直到发出叫声；也可以将仔猪四肢朝上，一手托肩部，一手托臀部，一伸一屈，反复压迫和舒张胸部，进行人工呼吸，直到小猪发出叫声为止。

母猪分娩时间较长，可以在分娩间歇时把小仔猪从护仔箱中抱出来吃奶，保证仔猪在出生后1小时内吃到初乳。仔猪吮奶的刺激不但不会妨碍母猪分娩，而且有利于子宫收缩。猪是两侧子宫角妊娠的，产出全部仔猪之后，先后有两串胎衣排出。接产员应检查一下胎衣是否全部排出，如果在胎衣的最后端形成堵头，或胎衣上的脐带数与产仔头数一致，表示胎衣已经排尽。将胎衣和脏的垫草一起清除出去，防止母猪吞食胎衣形成恶癖。作好产仔记录，种猪场应在24小时之内进行个体称重，并剪耳号。

种猪场在仔猪出生后要给每头猪进行编号，通常与称重同时进行。常见的编号方法有耳缺法（图5-7）、刺号法和耳标法。

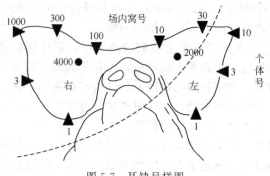

图5-7　耳缺号样图

全国种猪遗传评估方案规定的编号系统由15位字母和数字构成，编号原则为：

前2位用英文字母表示品种，DD表示杜洛克猪，LL表示长白猪，YY表示大白约克夏猪，HH表示汉普夏猪，二元杂交母猪用父系＋母系的第一个字母表示，例如长大杂交母猪用LY表示；第3位至第6位用英文字母表示场号；第7位表示分场号，用1，2，3，…，A，B，C，…表示；第8位至第9位用数字表示个体出生时的年度；第10位至第13位用数字表示场内窝号；第14位至第15位用数字表示窝内个体号。

3. 哺乳母猪规律和乳汁成分

母猪的乳房没有乳池，不能随时排奶，要通过仔猪拱奶的神经刺激才能放奶。母猪整个泌乳期的泌乳量大约300～350千克。泌乳量一般在分娩后逐渐增加，产后3周到达高峰，以后逐渐下降。母猪第一胎泌乳量较低，第二胎泌乳量高于第一胎，第三胎至第五胎泌乳量最高，第六、七胎以后下降。母猪乳头的位置不同，产乳量也不一样，一般前胸部乳头比后腹部乳头产乳量多。母猪产后头3天的乳为初乳，3天后的乳为常乳。初乳中的干物质、蛋白质含量高，并含有免疫球蛋白，可提高仔猪抗病能力，是仔猪不缺少的免疫抗体（表5-12）。不吃初乳的仔猪很难成活。但初乳中的脂肪、乳糖、矿物质含量低于常乳。

表 5-12　母猪在泌乳期中泌乳量和乳成分的变化

周	日泌乳量/千克	无脂固形物/%	脂肪/%	蛋白质/%	乳糖/%	灰分/%
1	5.10	11.52	8.26	5.76	4.99	0.77
2	6.50	11.32	8.32	5.40	5.15	0.77
3	7.12	11.18	8.84	5.31	5.08	0.79
4	7.18	11.41	8.58	5.50	5.08	0.83
5	6.95	11.73	8.33	5.92	4.90	0.91
6	6.95	12.05	7.52	6.23	4.86	0.96
7	5.70	12.61	7.36	6.83	4.75	1.03
8	4.89	12.99	7.31	7.34	4.56	1.09

4. 哺乳母猪的饲养

（1）营养需要　哺乳母猪的营养需要由其本身的维持需要和泌乳需要两部分组成。哺乳母猪的能量需要：体重120～150千克、哺育10头仔猪的哺乳母猪，一般每天需要消化能14～15兆卡，每日需喂混合料5千克左右；体重120千克以下的哺乳母猪每日喂不超过5千克混合料；体重150～180千克的哺乳母猪每日喂不少于5千克混合料。其蛋白质的需要：每头哺乳母猪每天需要粗蛋白质700克左右，如果每天吃5千克混合饲粮，那么每千克饲食中需含粗蛋白质140克。矿物质的需要：每千克饲粮中含钙0.9%，含磷0.7%。

（2）饲料　为了充分满足哺乳母猪的营养需要，必须使母猪的日粮每千克配合饲料中含14%～16%的可消化粗蛋白质。每千克饲料中要有 0.5% 的赖氨酸和 0.4% 的蛋氨酸加胱氨酸。不论是瘦肉型母猪还是脂肪型母猪，都应满足其维生素和微量元素需要，最好的办法是在饲料中增添含有这些养分的添加剂。在农村，如果青绿多汁饲料资源丰富，如甘薯、苜蓿、苦菜、野草和野菜、南瓜、西葫芦及其他青饲料等，应充分利用这些饲料为哺乳母猪补充维生素和一些微量元素，这样，就可不用加入添加剂。哺乳母猪的饲料，要严防发霉变质，以免母猪发生中毒或导致仔猪死亡。

饲料配方：玉米 58%，麦麸 29.5%，鱼粉 1.5%，豆饼 9%，骨粉 1.7%，食盐 0.3%

（3）哺乳母猪饲养

① 掌握投料量　在产后喂粥状料 3～4 天，以后逐渐改喂干料或湿拌料。产后不宜喂料太多，经 3～5 天逐渐增加投料量，至产后 1 周，母猪采食和消化正常，可放开饲喂。根据每头哺乳母猪带仔多少决定喂料量，每多带一头仔猪，按每猪维持料加喂 0.3～0.4 千克料。母猪的维持需要料量，一般按每 100 千克体重 1.1 千克料。例如，150 千克体重的母猪带仔 8 头，则每天平均喂 4.7～4.8 千克；如果只带 5 头仔猪，则每天只喂 3.3 千克料即可满足。断奶前 1 周即可减料到原喂量的 1/3 或 1/5，只要体况正常，即可准备配种。如果提早 30～35 天断奶，减料可以提前，逐渐改喂空怀母猪料。

② 饲喂次数　以日喂 4 次较好，时间为每天的 6 时、10 时、14 时和 22 时，最后一餐不可再提前。这样母猪有饱感，夜间不会站立拱草寻食，减少压死、踩死仔猪，有利于母猪泌乳和休息。

③ 饮水和投料　泌乳母猪最好喂湿拌料 [料∶水为 1∶（0.5～0.7）]，另外饲料中可添加经打浆的南瓜、甜菜、胡萝卜等催乳饲料。

④ 做好两个关键时期的饲养　保证母猪充足的泌乳量，必须做好两个关键时期的饲养：

一是母猪妊娠后期饲养。妊娠后期胎儿发育很快，母猪的乳腺也同时发育。如果营养不足，母猪乳腺发育不好，产仔后泌乳量就少。因此，妊娠后期要加强营养使母猪乳腺得到充分发育，为产仔后的泌乳打下基础。

二是母猪产饲养。母猪产后 20 天左右达到泌乳高峰，以后逐渐下降。从产后第 5 天恢复正常喂量起，到产后 30 天以内，应给以充足营养，母猪能吃多少精料就给多少精料，不限制其采食量，使它的泌乳能力得到充分发挥，仔猪才能增重快、健康、整齐。猪乳中的蛋白质、钙、磷和维生素都是从饲料中得到的。饲料中的蛋白质不但数量要够，而且品质要好。钙和磷不足能引起泌乳期母猪瘫痪和跛行。饲料中维生素丰富，通过乳汁供给仔猪的维生素也多，能促使仔猪健康发育。

5. 哺乳母猪的管理

① 良好的环境条件　定期通风换气，降低舍内氨气、甲烷等有害气体的浓度；饲养人员除了每天饲喂工作外，还要求每天要清除圈舍粪便，保持圈舍卫生清洁，尽量减少各种应急因素，保持安静的环境条件。

② 舍外运动　有适当的舍外自由活动时间。

③ 保护母猪的乳房和乳头　母猪乳房乳腺的发育与仔猪的吸吮有很大关系，特别是头胎母猪，一定使所有的乳头都能充分利用。围栏应平坦，特别是产床要去掉突出的尖物，防止剐伤乳头。

④ 保证充足的饮水　母猪哺乳阶段需水量大，只有保证充足洁净的饮水，才能有正常的泌乳量。

⑤ 注意观察　随时观察母猪的吃食、粪便、精神状态及仔猪的生长发育，以便判断母猪的健康状态，如有异常要及时找出原因，采取有效措施解决。

6. 母猪产后无奶及解决方法

产后乳汁充足的母猪，乳房大而下垂，哺乳后明显变小，放奶时间长，间歇短；小猪发育整齐，毛亮而紧，白毛的仔猪皮膨胀呈粉红色，吃完奶后能安静睡觉或活泼地玩耍。缺奶的母猪乳房不充实，仔猪毛梢不顺，哺乳之后仔猪仍在拱奶吃，而母猪呈犬坐或趴卧，拒绝哺乳。

用手挤出一些猪乳，如果清而稀说明精料量不够；浓厚黏稠说明缺青料；白色而能顺利挤出来，说明数量、质量都没有问题。

（1）母猪产后缺奶或无奶的原因

① 对妊娠母猪的饲养管理不当　尤其是妊娠后期营养水平低，

能量和蛋白质不足，母猪消瘦，乳房发育不良，母猪的营养不全面，能量水平高而蛋白质水平低，体内沉积了过多的脂肪，母猪虽然很肥，但泌乳很少。

② 母猪年龄不适宜　年老的母猪体弱，消化机能减退，饲料利用率低，自身营养不良。小母猪过早配种，身体还在迅速地生长，需要很多营养，这时配种，造成营养不足，生长受阻，乳腺发育不良，泌乳量低。

③ 疾病　母猪产后高烧造成缺奶或无奶，发生乳房炎或子宫炎，都影响泌乳，使泌乳量下降。

（2）解决方法

① 加强妊娠后期的营养，尤其要考虑能量与蛋白质的比例。

② 对分娩后瘦弱缺奶或无奶的母猪，要增加营养，多喂些虾、鱼等动物性饲料，也可以将胎衣煮给母猪吃，喂给优质青绿饲料等。

③ 对过肥无奶的母猪，要减少能量饲料，适当增加青饲料，同时还要增加运动。

④ 在调整营养的基础上，给母猪喂催奶药。

⑤ 要及时淘汰老龄母猪，第 7 胎以后的母猪，繁殖机能下降，泌乳量低，要及时用青年母猪更新。

⑥ 母猪患病要及时治疗。

第四节　生长育肥期的饲养管理

育肥目的是在尽可能短的时间内，以最少的投入，生产出量多质优的猪肉，供应市场，并从中获得经济效益。为此，生产者必须根据猪的生长发育规律，应用猪遗传育种、饲料营养、环境控制等方面的研究成果，采用科学的饲养管理与疫病防治技术，使猪只健康、增重快、耗料少、胴体品质优、成本低，以获得较高效益。

一、生长育肥猪的生长特点

（一）肉猪体重的增长速度

体重是身体各部和组织生长的综合度量，由于品种、营养和饲养环境的差异，不同猪的绝对生长和相对生长不尽相同，但是其生长规律是一致的。在正常饲养条件下，猪体重的绝对值随年龄增大而增大，其相对增长速度则随年龄的增大而下降，到了成年期则稳定在一定水平。肉猪在 70～180 日龄为生长速度最快的时期，是肉猪体重增长中最关键的时期，肉猪体重的 75％要在这 110 天内完成，平均日增重需保持 700～750 克。25～60 千克体重阶段日增重应为 600～700 克，60～100 千克阶段应为 800～900 克。即从育成到最佳出栏屠宰的体重，该阶段占养猪饲料总消耗的 68.47％，因此这也是养猪经营者获得最终经济效益高低的重要时期。为此，养猪者必须掌握和利用肉猪增重、体组织变化的规律，了解影响肉猪的遗传、营养、环境、管理等因素，采用现代的饲养管理技术，提高日增重、饲料利用率，降低生产成本，提高经济效益，满足市场需要。

（二）肉猪体组织的生长

猪体中对人类最重要的组织是肌肉与脂肪。猪体骨骼、皮、肌肉、脂肪的生长有一定规律：骨骼最先发育，也最早停止，肌肉处于中间，脂肪是最晚发育的组织。随着年龄的增长，胴体中水分和灰分的含量明显减少，蛋白质仅有轻度下降，活重达到 50 千克以后，脂肪急剧上升。骨骼从生后 2～3 月龄开始到活重 30～40 千克是强烈生长时期，肌纤维也同时开始增长，当活重达到 50～100 千克以后脂肪开始大量沉积。虽然因猪的品种、饲养营养与管理水平不同，几种组织生长强度有所差异，但基本上表现出一致的规律（图 5-8）。肉猪生产中利用这个规律，生长肉猪前期给予高营养水平，注意日粮中氨基酸的含量及其生物学价值，促进骨骼和肌肉的快速发育，后期适当限饲减少脂肪的沉积，防止饲料的浪费，又可提高胴体品质和肉质。

（三）肉猪机体化学成分的变化

随着肉猪各体组织及增重的变化，猪体的化学成分也呈一定规律性的变化，即随着年龄和体重的增长，机体的水分、蛋白质和灰分相对含量下降，而脂肪相对含量则迅速增长。瘦肉型猪体重 45千克以后，蛋白质和灰分是相当稳定的。

猪体化学成分变化的内在规律，是制定商品瘦肉猪体不同体重

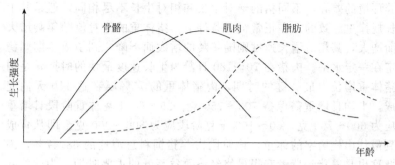

图 5-8　猪体组织的发育规律

时期最佳营养水平和科学饲养技术措施的理论依据。掌握肉猪的生长发育规律后，就可以在其不同生长阶段，控制营养水平，加速或抑制猪体某些部位和组织的生长发育，以改变猪的体型结构、生产性能和胴体结构、胴体品质。

二、影响快速育肥的因素

在生产实际中，常常会出现用同样的饲料和育肥方法，而产生不同的育肥效果，说明影响育肥的因素有很多。

（一）品种类型及其杂交利用

采用不同的品种或品系及相应的方式杂交，利用杂种优势，可提高育肥效果，使杂种后代生活力增强，生长发育快，育肥期短，饲料利用率提高，饲养成本降低，故必须选择优良的母猪与种公猪。

1. 品种方面

猪的品种很多，类型各异，对育肥的影响很大。由于猪的品种和类型形成和培育条件的差异，猪品种间的经济特征不同，育肥性能和胴体品质也有差异。一般选择育肥猪要根据养猪条件、规模、资金、销路等来决定。若销路畅，出口或供应大、中城市，就要选良种杂交二元、三元、四元瘦肉型猪（长白、大约克夏、杜洛克、汉普夏、皮特兰等），进行规模化养殖。此种猪杂交后有杂交优势，长得快，日增重平均在 800～900 克，耗料少，料肉比在 2.5∶1，瘦肉率在 60% 左右，屠宰率高达 72%～79%，价格比一般当地土杂猪高 20％～30％。条件差、不能进行规模化养猪的零星散养户，就养土×良杂交一代，或土×良杂交三元猪（瘦肉兼用型）。此种猪耐粗料，适应性强，繁殖率高，但生长速度慢 15％～20％，耗料多，比良杂高 16％，屠宰率在 70％左右，瘦肉率在 50％～55％。

2. 杂交利用

杂交优势的显现，受许多因素的制约，不同的杂交方式杂交效果不同，不同的杂交组合杂交效果不同，不同的环境条件杂交效果不同，不同个体间杂交效果不同，不同经济性状表现的杂交优势不同。据国外的统计资料，育肥的增重速度和饲料利用率的优势平均为 5％，但变异幅度很大。

（二）性别

我国养猪生产实践表明，公、母猪经过去势后育肥，性情安静，食欲增强，增重速度提高，脂肪沉积增强，肉的品质改善。猪去势后，性机能消失，异化过程减弱，同化过程增强，将所吸收的营养能更多地利用到增膘长肉上来。

（三）仔猪初生重和断奶重

一般情况下，仔猪初生重大，生活力就强，体质健壮，生长快，育肥增重快，民间有"初生差一两，断奶差一斤，肥猪差十斤"的说法。这就要求我们重视饲养管理，特别是加强对母猪的饲养和仔猪的培育，设法提高仔猪的初生重和断奶重，为提高育肥猪的育肥效果奠定良好的基础。

（四）营养和饲料

营养水平对育肥影响极大，一般来说，育肥猪摄取能量越多，日增重越快，饲料利用率越高，屠宰率也越高，胴体脂肪含量越多，膘越肥。蛋白质对育肥猪也有影响，蛋白质不足，不仅影响肌肉的生长，同时也影响育肥猪的增重。一般认为，当蛋白质含量超过 18％时对增重无很大影响，但对于改善肉质、提高胴体瘦肉率有益。此外，蛋白质的品质对育肥也有一定的影响，猪需要 10 种必需氨基酸，日粮中任何一种氨基酸的缺乏，都会影响增重。

饲料是猪营养物质的直接来源，由于各种饲料所含的营养物质不同，因此，应由多种饲料配合才能组成营养全面的日粮。饲料对猪胴体品质的影响也很大，特别是对脂肪品质的影响，由于有一部分饲料中的碳水化合物和脂肪以原有的形式直接转化到体脂中，因而使猪摄入的脂肪和本身具有的脂肪有相似的性状，如猪食入含饱和脂肪酸多的大麦、小麦等淀粉类饲料，则体脂洁白、坚硬；相反猪食入含不饱和脂肪酸多的米糠、玉米、鱼粉、蚕蛹等饲料，则体脂较软，出现黄膘肉或异味。

（五）环境条件

1. 温、湿度

育肥猪适宜的温度为 $15\sim25℃$，适宜湿度为 $60\%\sim80\%$，过冷则体热易散失，过热则导致食欲下降，生长缓慢。猪圈里潮湿、脏、粪尿到处都有，连料槽里都有屎、尿，猪舍内冬不暖、夏不凉，圈内没有干净舒适的地方让猪休息睡觉，无形中增加了营养消耗（猪站着比安静睡觉多消耗营养9%），维持营养增加，供长肉的营养就相应减少了，所以长得慢。不适宜的温度影响生长，猪舍内温度高于 $25\sim30℃$ 以上时，猪吃食减少 $10\%\sim30\%$，心跳、呼吸、新陈代谢加快，营养消耗增加；温度超过 $35℃$，猪不但不长，甚至有中暑死亡的可能；温度在 $4℃$ 以下时，生长速度下降 50%，耗料增加 2 倍。良种猪场试验，在不同的舍温中，22 千克体重仔猪分 2 组，试验 30 天其生长、耗料结果是：$22℃$ 平均日增重为 879 克，料肉比为 $2.01：1$；$11℃$ 组平均日增重为 766 克，料肉比为 $2.8：1$。若 $11℃$ 组温度再低于 $4℃$ 以下时，其结果则会导致猪受冻，还会引起疾病和死亡。

2. 密度和通风

育肥圈养密度过大，舍内通风不良，会因小气候环境恶劣，使猪的呼吸道疾病增多，采食量下降，饲料报酬和日增重下降。实践证明，一般每头育肥猪以占圈 $0.8\sim1$ 米^2，每圈养 $18\sim20$ 头为宜。必须具备良好的通风，否则空气中的有毒气体含量增加，严重影响猪的生长。

3. 光照

光照时间长短对育肥猪增重和饲料利用率无明显的影响，但若光照过于强烈会造成猪只兴奋不安，影响猪只休息，进而影响增重。

（六）饲喂方式

有不少养猪户把饲料加水煮熟喂，这样不仅浪费时间、人力和燃料，而且有些营养物质（特别是维生素类）被破坏，得不偿失。有的喂水食不科学，表面看猪吃得多，肚子吃得圆圆的，实际上猪吃下去的水分多，干物质少，快速生长所需要的营养不够，猪越吃胃肠容积越大，影响了猪的消化功能。

必须供应充足饮水。饮水不充足，猪渴了只得在圈内找脏水、喝尿水，这样不但影响生长而且猪容易生病。猪若饮水不足，则采食量减少，增重下降。

此外，不可乱用添加剂。市售的添加剂，不论什么名字，基本成分都差不多，特别是微量元素添加剂，多添加不但浪费钱，又影响生长，还会引起中毒。

有的养猪户不分群，大的、小的、强的、弱的都在一圈养，小弱受欺。

（七）管理方面

首先，猪场场址和猪舍影响到养猪的环境条件和卫生状况，从而影响育肥效果。按要求猪场、舍要建在地势高、地面干燥、背风向阳、冬暖夏凉、水源充足、安静、交通便利、空气新鲜、便于控制疾病的地方，舍内高出舍外，便于排出粪、尿。可不少养猪户把圈建在院角上、厕所边，因陋就简，地面没有坡度或没铺地坪，舍内晒不到阳光，圈内终日潮湿，还有的在圈内留粪池积肥，天热时让猪打泥，这些都是不科学的。

其次，加强对猪的训练有利于圈舍清洁卫生。没有训练猪的吃、睡、拉"三定位"，就不能保持圈舍干燥、清洁卫生。猪生活在一个不舒适的环境中，肯定长得慢。

第三，猪的出栏时间也会影响猪的增重效果。如良种杂交猪和土×良杂交一代或三元，5～6月龄体重均达到100千克左右。此阶段前，育肥猪生长速度最快，耗料少，肉质好，瘦肉率高，市场销路畅，价格高。若时间推迟，体重超过120千克，相应生长速度慢，耗料增加，脂肪增多，瘦肉率下降，肉质老化。试验表明，育肥猪在60千克前瘦肉生长快，60千克后瘦肉生长变慢，可脂肪沉积加快，脂肪比例增大。育肥猪每增长 1 千克脂肪所需要的营养相当于猪体增长 2.6 千克瘦肉的营养需要。目前，城镇居民都想买瘦肉多的猪肉，大都不喜欢吃肥肉，导致大、中城市肥肉价比瘦肉价低 2 倍以上，所以把猪养得过大、过肥时，不仅瘦肉率低，脂肪高，耗料多，长得慢，同时也影响养猪的经济效益。

（八）疾病防治

不少养猪户除对环境卫生不注意外，对常见病预防也没有注意，如大肠杆菌病（黄痢、白痢、水肿）、猪瘟、猪丹毒、猪肺疫、仔猪副伤寒、口蹄疫、细小病毒病、伪狂犬病等疫苗，没按时注射。有的猪生病了也不知道将其隔离治疗，大猪生病就迅速出售；还有的猪病死了不深埋、焚烧、消毒，而是随便丢到野地、沟塘里；甚至还有自食或贱卖给杀猪户处理，根本没有考虑猪病的传染及会损害他人的利益。

三、育肥猪的育肥

（一）育肥猪的饲养方式

1. 地面饲养

将育肥猪直接饲养在地面上。特点是圈舍和设备造价低，简单方便，但不利于卫生。目前生产中较多采用。

2. 发酵床饲养

在舍内地面上铺上 80～90 厘米厚的发酵垫料，形成发酵床，将猪养在铺有发酵垫料的地（床）面上。发酵床的材料主要是木屑（锯末）或稻皮，还有少量粗盐和不含化肥、农药的泥土（含有微生物多）。木屑占到 90%，其他 10% 是泥土和少量的盐，将以上物质混合就形成了垫料。最后在垫料里均匀地播撒微生物原种，这些微生物原种是从土壤里采集而来，然后在实验室培养，把这些微生物原种播撒到发酵床里，充分拌匀后，就形成了我们所说的发酵床。一般在充分发酵 4～5 天之后可以养猪。其特点是无排放、无污染，节约人工，减少用药和疾病发生率，降低饲养成本，是一种新型的养猪方式。

3. 高架板条式半漏缝地板或漏缝地板饲养

将猪养在离地 50～80 厘米高的漏缝或半漏缝地板上。其优点是猪不与粪便接触，有利于猪体卫生和生长；有利于粪便和污水的清理和处理，舍内干燥卫生，疾病发生率低。

4. 笼内饲养

将猪养在猪笼内。猪笼的规格和结构一般是：长 1～1.3 米，宽 0.5～0.6 米，高 1 米。笼的四边、四角主要着力部位选角铁或坚固的木料，笼的四面横条距离以猪头不能伸出为宜，笼底要铺放 3 厘米带孔木板。笼的后面须设置一个活动门，笼前端木板上方，留出一个 20 厘米高的横口，以便放置食槽。笼间距一般为 0.3～0.4 米。育肥猪实行笼养投资少，占地少；猪笼可根据气候、温度变化进行移动；猪体干净卫生，大大减少猪病的发生；与圈养猪相比，笼养猪瘦肉率提高。

（二）育肥猪的育肥方式

生长育肥猪的育肥方式主要有两种，即阶段育肥法和一贯育肥法。

1. 阶段育肥法

阶段育肥是根据猪的生理特点，按体重或月龄把整个育肥期划分为幼猪、架子猪和催肥三个阶段，采用"一头一尾精细喂，中间时间吊架子"的方式。即把精饲料重点用在幼猪和催肥阶段，而在架子猪阶段尽量利用青饲料和粗饲料。

（1）幼猪阶段　从断奶体重 10 千克喂到 25～30 千克左右，饲养时间约 2～3 个月。这段时间幼猪生长快，对营养要求严格，应喂给较多的精饲料，保证其骨骼和肌肉正常发育。

（2）架子猪阶段　从体重 25～30 千克喂到 50 千克左右。饲养时间约 4～5 个月，喂给大量青、粗饲料，搭配少量精料，有条件的可实行放牧饲养，酌情补点料，促进骨骼、肌肉和皮肤的充分发育，长大架子，使猪的消化器官也得到很好的锻炼，为以后催肥期的大量采食和迅速增重打下良好的基础。

（3）催肥阶段　猪体重达 50 千克以上进入催肥期，饲喂时间约 2 个月，是脂肪沉积量最大的阶段，必须增加精饲料的给量，尤其是含碳水化合物较多的精料，限制运动，加速猪体内脂肪沉积，外表呈现肥胖丰满。一般喂到 80～90 千克，即可出栏屠宰，平均日增重约为 0.5 千克。

　　阶段育肥法多用于边远山区农户养猪，它的优点是能够节省精饲料，充分利用青、粗饲料，适合这些地区农户养猪缺粮的条件，但猪增重慢，饲料消耗多，屠宰后胴体品质差，经济效益低。

　　2. 一贯育肥法

　　一贯育肥法又叫直线育肥法、一条龙育肥法或快速育肥法。这种育肥方法是从仔猪断奶到育肥结束，全程采用较高的营养水平，给以精心管理，实行均衡饲养的方式。在整个育肥过程中，充分利用精饲料，让猪自由采食，不加以限制。在配料上，以猪在不同生理阶段的不同营养需要为基础，能量水平逐渐提高，而蛋白质水平逐渐降低。

　　快速育肥法的优点：猪增重快，育肥时间短，饲料报酬高，胴体瘦肉多，经济效益好。一般 6 个月体重可达 90～100 千克。

　　目前生产中，采用的很多是一贯育肥法（快速饲喂法）。在整个育肥期中，没有明显的阶段性。从小猪到商品猪的整个生产期内，猪的饲养是按照各个生理阶段的营养需要量调配的。由于育肥猪上市时间缩短，使猪场的一些设备如猪舍、饲具等的使用率提高，使养猪生产者能够在较短的时间内收回投资，取得较好的经济效益。

　　（三）提高育肥效果的措施

　　肉猪按生长发育可划分为三期：体重 20～35 千克为生长期，体重 30～60 千克为发育期，60～90 千克为育肥期，或相应称为小猪、中猪、大猪。肉猪饲养效果如何，小猪阶段是关键。因为小猪阶段容易感染疾病或生长受阻，体重达到中猪阶段就容易饲养了。因此，育肥之前必须做好圈舍消毒、选购优良仔猪、预防接种、去势和驱虫等准备工作。

　　1. 选择优良猪种，利用杂种优势

　　不同品种或不同类型的猪生长速度、饲料利用率和胴体瘦肉率是不一样的，要想取得好的育肥效果，选择好的品种是很重要的。表 5-13 反映了在相同饲养条件下，三个品种的主要经济性状不同：瘦肉型的长白猪和大白猪生长快，饲料利用率高，膘薄而瘦肉多，瘦肉率比兼用型的山西本地猪高 8% 左右。

表 5-13 在相同饲养条件下不同品种饲养效果

品种	数量/头	20～90千克饲养时间/天	平均日增重/克	料肉比	胴体长/厘米	瘦肉率/%	平均膘厚/厘米
长白	23	132	529	4.28:1	97.7	57.5	2.75
大白	23	135	521	4.40:1	93.3	58.2	2.89
山西本地猪	24	141	496	4.60:1	88.7	49.7	3.18

猪的经济类型不同，育肥效果和胴体品质也不同。如兼用型中白猪（即中约克夏猪）活重 45.5 千克时已长成满膘，后腿已很发达；肉用型的大白猪（即大约克夏猪）在同样体重时，仍在增加体长，后躯不发达。如按肉用型要求，中白猪体重达 90 千克时，已过于肥胖，但大白猪在 90 千克时，体型及肌肉脂肪比均合乎肉用型的要求。因此，在进行育肥时，必须全面了解猪的品种与类型，并采取不同的措施选择不同的屠宰体重，才能达到提高育肥效果的目的。选择适宜的经济杂交组合，利用杂种猪的杂种优势生产育肥猪，是提高育肥效果的有效措施。

2. 实行公猪去势育肥

我国养猪生产实践证明，公母猪经去势育肥，性情安静，食欲增加，增重速度提高，脂肪沉积增强，肉的品质改善。但现在饲养的瘦肉型猪，因性成熟晚，育肥时只将公猪去势，母猪不进行去势，未去势的母猪和去势公猪经育肥，进行屠宰比较，前者肌肉发达，脂肪较少，可获得较瘦的胴体。

3. 选择初生重、断奶重大的仔猪进行育肥

在正常情况下，仔猪初生重大，生活力就强，体质健壮，生长快，断奶体重就大，后期增重快（表 5-14、表 5-15）。仔猪初生重和断奶重与育肥效果关系密切，不但增重快，而且死亡率显著降低。若要提高仔猪初生重和断奶重，就必须重视种猪的选择和饲养管理，加强仔猪培育，才能为育肥打下良好基础。

4. 创造适宜的环境条件

猪的快速育肥，饲养周期短，对环境条件的要求比较严格。只有保持适宜温度、湿度、光照、通风和密度，保持猪舍安静，才能

表 5-14　初生重大小与哺乳期增重

初生重/千克	仔猪数/头	30日龄平均重/千克	30日龄平均增重/千克	60日龄平均重/千克
0.75以下	10	4.00	3.30	10.20
0.75~0.89	25	4.67	3.85	11.20
0.90~1.04	40	5.08	4.10	12.85
1.05~1.19	46	5.32	4.19	13.00
1.20~1.34	50	5.66	4.38	14.00
1.35~1.49	36	6.17	4.47	15.55
1.50以上	5	6.85	5.25	16.55

表 5-15　1月龄仔猪体重对育肥效果的影响

仔猪体重/千克	仔猪数/头	208日龄体重/千克	增重率/%	死亡率/%
5.0	967	73.4	100	12.2
5.1~7.5	1396	83.6	114	1.8
7.6~8.0	312	89.2	124	0.5

保证生长育肥猪食欲旺盛，增重快，耗料少，发病率和死亡率低，从而获得较高的经济效益。体重60千克以前为16~22℃；体重60~90千克为14~20℃；体重90千克以上为12~16℃。不同地面养猪的适宜温度见表5-16。

表 5-16　不同地面养猪的适宜温度

体重/千克	同栏猪数/头	木板或垫草地面温度/℃			混凝土或砖地面温度/℃		
		最高	最佳	最低	最高	最佳	最低
20	1~5	26	22	17	29	26	22
	10~15	23	17	11	26	21	16
40	1~5	24	19	14	27	23	19
	10~15	20	13	7	24	18	13
60	1~5	23	18	12	26	22	18
	10~15	18	12	5	22	16	11

续表

体重 /千克	同栏猪数 /头	木板或垫草地面温度/℃			混凝土或砖地面温度/℃		
		最高	最佳	最低	最高	最佳	最低
80	1～5	22	17	11	25	21	17
	10～15	17	10	4	21	15	10
100	1～5	21	16	11	25	21	17
	10～15	16	10	4	20	14	9

　　猪舍适宜的相对湿度为 $60\%\sim80\%$ ，如果猪舍内启用采暖设备，相对湿度应降低 $5\%\sim8\%$ ；育肥猪舍的光线只要不影响猪的采食和便于饲养管理操作即可，强烈的光照会影响猪休息和睡眠。建造生长育肥猪舍以保温为主，不必强调采光；猪舍内要经常注意通风，及时处理猪粪尿和脏物，注意合适的圈养密度，保证猪舍空气洁净；圈养密度以每头生长育肥猪 $0.8\sim1.0$ 米^2 为宜；猪群规模以每群 $10\sim20$ 头为宜。噪声对生长育肥猪的采食、休息和增重都有不良影响，如果经常受到噪声的干扰，猪的活动量大增，一部分能量用于猪的活动而不能增重；噪声还会引起猪惊恐，降低食欲。要求猪舍周围噪声不得超过 75 分贝。

　　5. 营养水平要符合饲养品种的需要

　　影响猪的育肥的主要营养物质是能量和蛋白质。提高日粮中的能量水平，能提高日增重，但降低胴体的瘦肉率；而提高日粮中的蛋白质水平，除提高日增重外，还可以获得膘薄、眼肌面积大、瘦肉率高的胴体。

　　(1) 能量水平　北京市饲料研究所曾用高能（每千克混合料含消化能 12.96 兆焦）和低能（每千克混合料含消化能 11.7 兆焦）两种能量水平喂育肥猪（表 5-17），试验结果表明，低能组比高能组平均日增重低 79 克，但膘厚降低 0.55 厘米，瘦肉率提高 5% 。

表 5-17　不同能量水平对胴体的影响

能量水平	日增重量/克	膘厚/厘米	瘦肉率/%
高能组（12.96 兆焦/千克）	514	4.6	47
低能组（11.7 兆焦/千克）	435	4.05	52

（2）蛋白质水平　黑龙江省兴隆农场用长白猪进行试验，在同样的条件下，两组的能值一样（可消化能为 12.96 兆焦），高蛋白组每天每千克饲料含可消化蛋白 159.4 克，低蛋白组为 139 克（表 5-18）。试验结果表明，高蛋白组瘦肉率高，背膘薄。由此可见，要想提高胴体瘦肉率，需要相应提高日粮中蛋白质的含量。

表 5-18　不同蛋白水平对长白猪胴体的影响

蛋白水平	高蛋白组（159.4 克/千克）	低蛋白组（139 克/千克）
膘厚/厘米	2.71	3.14
瘦肉率/%	55.02	52.24

注：两组能值相同（可消化能 3100 卡/千克，1 卡＝4.187 焦耳）。

表 5-19　蛋白质水平对育肥猪增重的影响

可消化粗蛋白/%	日增重/克	脂肪率/%	瘦肉率/%	可消化粗蛋白/%	日增重/克	脂肪率/%	瘦肉率/%
15.5	651	26.6	47.7	22.3	739	23.3	47.7
17.7	721	25.1	46.9	25.3	699	21.6	49.0
20.2	723	23.8	46.8	27.3	689	20.5	50.0

从表 5-19 可见，不是蛋白质水平越高，日增重就越快；但蛋白质水平越高，则瘦肉率越高，脂肪率越低。

不同的猪种对蛋白质水平有不同的要求。下面介绍许振英教授提出的不同类型的猪在不同的阶段的粗蛋白质水平，见表 5-20。

表 5-20　不同阶段的粗蛋白水平

时期	体重/千克	肉脂型猪粗蛋白水平/%	瘦肉型猪粗蛋白水平/%
开料期	2～20	22	22
生长期	20～55	16	16～17
育肥期	55～90	12	高瘦肉率 16，高增重 14

（3）粗纤维水平　育肥的效果还决定于日粮中的粗纤维水平。一般粗饲料中粗纤维含量约在 30%～39%（三七统糠粗纤维 30.9%，蔗糖糠 37.5%），猪消化粗纤维能力差。粗纤维水平越高，

能量浓度相应越低，增重越慢，饲料利用率越低。对胴体品质来说，瘦肉比例虽有提高，但通过增加粗纤维的比例来提高瘦肉率，其总的经济效果也是不好的。如果搭配适当，一般含本地母猪血液的育肥猪不超过 10% 还是可行的，瘦肉型生长育肥猪则不宜超过 10%～12%。

辽宁省畜牧研究所利用苏联大白猪和民猪的杂种猪进行不同纤维水平的试验，结果表明：日粮中粗纤维水平由 3% 提高到 7%，能量水平由 13.376 兆焦/千克降到 12.038 兆焦/千克，日增重下降，瘦肉率提高（见表 5-21）。

表 5-21　不同粗纤维水平对猪增重及胴体影响

粗纤维水平/%	能量水平/(兆焦/千克)	头数/头	体重/千克	日增重/克	料肉比	膘厚/厘米	瘦肉率/%
3	13.376	5	88.4	609	3.45：1	3.87	51.07
7	12.038	5	90.2	507	3.07：1	3.51	54.62

6. 饲喂量和饲喂次数要合理

瘦肉型生长育肥猪由 20 千克开始生长到 100 千克时出栏，一般饲养 3.5～4.5 个月。为了充分满足其生长发育的需要，除应保证日粮营养价值外，还要给予足够的饲料数量，即随着体重的增长逐步增加饲料喂量。在国外，瘦肉型生长育肥猪的每日喂量标准见表 5-22。

表 5-22　国外生长育肥猪每日饲喂量　单位：千克

体重/千克	日本	英国	美国	瑞典	丹麦	五国平均
20	1.0	1.00	1.03	0.93	1.10	1.07
30	1.4	1.50	1.70	1.36	1.65	1.52
40	1.8	1.9	2.15	1.79	2.09	1.95
50	2.2	2.25	2.50	2.21	2.64	2.36
60	2.4	2.60	2.75	2.61	2.97	2.67
70	2.6	2.80	2.95	2.96	3.19	2.70
80	2.8	3.00	3.10	3.21	3.14	3.10
90	3.0	3.15	3.20	3.43	3.63	3.28

在我国，育肥猪大多为瘦肉型品种公猪与当地母猪的杂交种，因此，每日饲料给量应低于国外标准。根据调查资料和我国生产实践，在正常情况下，每头猪全期（20～90千克）耗混合料约计250千克左右。在4个多月的育肥期间，第一个月平均每头每日耗料1.2～1.6千克，第二个月1.7～2.1千克，第三个月2.2～2.6千克，第四个月2.7～3.0千克。料肉比约3.6∶1。

采用混合料生喂和限量定额饲养制度下，一般每日给料2次。试验证明，在20～90千克育肥期间，每日饲喂2次和3次比较，3次饲喂并不能改进日增重和饲料利用率。如果在一周的某一不定时间内少喂一次或两次饲料（即一周中有一天少给30%的饲料），对日增重及饲料利用率影响不大。

农家养猪由于以青粗饲料为主，采用加水稀喂的办法，日粮中营养物质浓度不高，饲料的体积大，可适当增加饲喂次数。但是在以精料为主的情况下，生长育肥猪一天喂两餐已足够。

7. 采取科学的饲喂技术

（1）改熟喂为生喂　我国农村历来就习惯熟料喂猪，这不仅与科学技术落后有关，也和农村的个体经济有关。一家一户养猪既无粉碎机、打浆机，更无全价商品混合混合料供应，怎样才能让猪多吃进一些青粗饲料呢？唯一的办法就是采用熟喂。

人们知道，青饲料含水分多，体积大，而经过煮熟以后，则可以压缩体积，让猪多吃。粗饲料不仅体积大，而且质地硬，经过煮熟可促使粗纤维软化，提高适口性。精饲料经过煮熟，可提高黏稠度，防止沉底。此外，通过加热处理饲料，特别是水生饲料，还可以杀死附着在上面的寄生虫或虫卵，起到消毒作用，这就是我国农村长期习惯采用熟料喂猪的原因。但是，为什么猪吃了生饲料照样长膘呢？因为现代的猪虽经人类长期的驯养和选育，在体型方面比野生时代有了很大变化，但消化道的构造和长度的变异并不显著。野猪是吃生饲料长大的，因此家猪也能吃生饲料长大。从猪的消化特点来看，猪有44枚锋利的牙齿，它的犬齿和臼齿撕裂和碾碎食物的能力很强，猪的唾液腺也能分泌较多的唾液，所以喂生饲料对猪来说是完全可以适应的，而且促使猪细嚼慢咽，把饲料和唾液充分混合，能消化吸收食物中更多的蛋白质、脂肪和糖类。

经测定，生喂组比熟喂组粗蛋白消化率提高 4.6%，粗脂肪消化率提高 4.9%，粗纤维的消化率较熟喂组下降 5.56%。熟喂时，饲料中的部分水溶性维生素如 B 族维生素和维生素 C 等因加热氧化而受到破坏，生饲料却可以保持原有的营养物质，猪食后有利于增重长膘。因此，生料喂猪的效果也常比熟料好，在饲养管理条件、饲料喂量基本相同的情况下，各类猪的增重速度和饲料报酬都有所增加。仔猪增重提高 12%，每增重 1 千克可节省精料 0.2～0.4 千克；育肥猪增重提高 3.5%，每增重 1 千克可节省精料 0.23 千克。

实践证明，生饲料喂猪具有节省燃料、节省饲养设备、节省劳动力、提高增重率、节省饲料、降低生产成本等优势。据上海、北京、广东、湖南等省市一些养猪单位的试验，实行饲料生喂，养一头肥猪大体可节约煤 150 千克或柴草 450 千克左右。而且提高了劳动定额。根据多个猪场调查，熟喂时平均每人养肉猪 50 头左右，采用生喂后，平均每人养猪 250～300 头，而且节省购置蒸煮设备的开支。

（2）根据实际情况采取湿喂或干喂　干喂的优点在于省工，易掌握喂量，可促进猪唾液分泌与咀嚼，不必考虑饲料的温度，并能保持舍内的清洁干燥，剩料不易腐烂或冻结。缺点是浪费饲料较多。湿料的优点是便于采食，浪费饲料少，并可以减少饮水次数或不用安置自动饮水器。一般来说，工厂化猪场为提高劳动定额，多采用干喂；而农家养猪，由于饲养数量不多，加水拌料易于解决，多采用湿喂。在 44 次湿喂与干喂的对比试验中，湿喂对增重有益的 29 次，有损的 3 次，无差异的 12 次；湿喂对饲料利用率有益的 25 次，有损的 4 次，无差异的 15 次；湿喂对胴体品质有益的 6 次，有损的 1 次，无差异 16 次，无结果 21 次。可见，湿喂优于干喂。

（3）改稀喂为稠喂　由于料和水的比例不同，湿喂又分稠喂和稀喂，稠喂比稀喂好。饲料稠喂有利于提高猪对日粮的消化率，有利于猪的增重。稀喂和稠喂对日粮消化率的影响见表 5-23。汤料喂猪会减少各种消化液的分泌，冲淡消化液，降低消化酶的活性，影响饲料的消化吸收。养猪喂稀料的习惯应改变，料水比例以 1：（0.5～2）为宜。稠喂时要注意给猪饮足水或安装自动饮水器。育肥猪需水量见表 5-24。

表 5-23　稀喂和稠喂对日粮消化率的影响

组别	消化率/%						氮的存留率/%
	干物质	有机物	蛋白质	粗脂肪	粗纤维	无氮浸出物	
稀喂（料水比 1：8）	49.8	53.6	40.6	47.1	29.9	56.8	14.2
稠喂（料水比 1：4）	52.5	56.4	44.8	51.4	30.9	69.0	20.6

表 5-24　育肥猪需水量

季节	为采食饲料风干重的倍数	占体重的百分比/%
春秋季	4	16
夏季	5	23
冬季	2～3	10

育肥猪的需水量因环境温度、饲料采食量和体重大小不同而变化。

（4）自由采食和限量饲喂相结合　自由采食即不限量饲喂。猪在一昼夜中都能吃到饲料。限量饲喂，就是在一天中规定喂几次饲料，每次喂的饲料也有一定限量。自由采食，是国外养猪业普遍采用的一种方法。经过多次对比试验，不限量饲喂的猪，日增重高，胴体背膘较厚；限量饲喂的猪，饲料利用率较高，背膘较薄。为了追求日增重，以不限量饲喂为好。为了得到较瘦的胴体，应采取限量饲喂。

为了防止自由采食时猪采食过量，沉积脂肪多，降低饲料利用率，有些猪场采用供料量为自由采食的70%～80%的方式；或把饲喂时间控制在上午或下午 1 小时，以限制采食量；或连续饲喂 3～4 天后停喂 1 天。何时开始限喂，应考虑脂肪沉积最多的时期，或测定背膘的厚度来决定，还应考虑到不影响日增重及饲料利用率。一般来说，体重 60 千克以上的猪，体脂沉积量显著增加，饲料利用率随体重增加而下降，从这点出发，在育肥前期（60 千克前）采用自由采食，使猪得到充分发育；而到了 60 千克以后，采用限量饲喂，限制能量的摄入量，控制脂肪大量沉积，这样既可以提高日增重和饲料利用率，同时脂肪也不会沉积太多。

目前，在瘦肉型猪的饲养中，按育肥猪前后期分别施行自由采食和限量饲喂，已得到全世界的公认，只不过各自限量程度不同（表5-25）。一般认为，育肥后期以限制自由采食20%～25%为好，过低或过高都不适宜。

山西省畜牧研究所选用了21头平均体重60千克的杂种猪试验，试验分三组：一组为自由采食（基础日粮为100%），二组为中等限量（日粮为基础日粮的75%），三组为高限量（日粮为基础日粮的65%）。试验结果表明：要想猪生长速度快，出栏早，还是以自由采食组为好；若目的只在于改变胴体品质，提高瘦肉率，则以高限饲组好；若追求全面的生产效益，则以中等限饲为好。

表 5-25　限量饲喂对胴体品质的影响

方式	限量	平均膘厚/厘米	眼肌面积/厘米^2	瘦肉率/%	60～90千克日增重/克
自由采食	100%基础日粮	4.16	16.63	39.95	1009
中等限量	75%日粮	4.02	18.04	41.51	721
高限量	65%日粮	3.95	18.39	43.03	669

【育肥猪喂料技巧】

一是饲喂喂料量的估算。一般每天喂料量是猪体重的3%～5%。比如，20千克的猪，按5%计算，那么一天大概要喂1千克料。以后每个星期在此基础上增加150克，这样慢慢添加，那么到了大猪80千克后，每天饲料的用量就按其体重的3%计算。当然这个估计方法也不是绝对的，要根据天气、猪群的健康状况来定。

二是三餐喂料量不一样，提倡"早晚多，中午少"。一般晚餐占全天耗料量的40%，早餐占35%，中餐占25%。

三是喂料要注意"先远后近"的原则，即从远离饲料间的一端开始添料，保证每头猪采食量一致，以提高猪的整齐度。

四是保证猪抢食。养肥猪就要让它多吃，吃得越多长得越快。怎么让猪多吃？得让它去抢。方法是每隔3～4天后可以减少一次喂料量，让猪有空腹感，下一顿再恢复正常料量。这样猪始终处于一种"抢料"的状况，提高了猪的采食量，提高了猪生长速度，猪可提前出栏。

（5）逐步推广颗粒饲料 颗粒饲料喂猪已逐步推广使用。制颗粒饲料前首先把原料磨碎成粉状，然后经过蒸汽调温，加压使饲料透过孔模而形成颗粒。在调制过程中，蒸汽可增加颗粒的耐久性，还要求减少对淀粉的破坏。

颗粒料的优点：对于猪只生产率及饲料利用率有所改善，减少饲料消耗原因是颗粒料易于被猪采食干净，而不像粉料那样容易散失和污染而造成浪费；此外，还可减少粉末飞扬和风吹损失；减少贮藏空间；减少运输时造成微粒分子下沉；减少猪只专拣饲料中某一些成分食入的机会。缺点：增高成本，很难制成高脂肪含量的颗粒饲料（脂肪超过 6％）。颗粒料与干粉料喂猪对比试验总结如下：在 57 次对比试验中，在增重速度上有 39 次认为颗粒饲料好，2 次喂粉料好，16 次无差异；在饲料利用率上，有 48 次颗粒料好，7 次无差异，仅 1 次粉料好。

8. 加强管理

（1）合理分群 群饲可提高采食量，加快生长速度，有效地提高猪舍设备利用率以及劳动生产率，降低养猪生产成本。但如果分群不合理，圈养密度过大，未及时调教，会影响增重速度。所以，应根据品种、体重和个体强弱，合理分群。同一群猪个体重相差不宜太大，小猪阶段不宜超过 4～5 千克，中猪阶段不宜超过 7～10千克。并保持猪群的相对稳定，对于因疾病或生长发育过程中拉大差别者，或者对强弱、体况过于悬殊的，应给予适当调整，在一般状况下，不应频繁调动。

① 适宜的密度和圈养数量 体重 15～60 千克的育肥猪所需面积为 0.8～1.0 米^2，60 千克以上的育肥猪为 1.4 米^2；在集约化或规模化养猪场，猪群的密度较高，每头育肥猪占用面积较少。一个 7～9 米^2 的圈舍，可饲养体重 10～25 千克的猪 20～25 头，饲养体重 60 千克以上的猪 10～15 头。

② 分群的方法

一是按原窝分群。按原窝分群就是将哺乳期的同窝猪作为一群转入生长育肥舍的同一个圈内。这样在哺乳期已形成的群居序位保持不变，就可以避免咬斗而影响生长。

二是按体重大小、体质强弱分群。为避免这种强夺弱食的现象，饲养肉猪一开始就要按仔猪体重大小、体质强弱分别编群，病弱猪单独编群。

三是按杂交组合分群。不同杂交组合的杂种猪生活习性不同，对日粮的要求不同，生长速度不同，上市的适宜体重也不同，如果同群饲养，不能充分发挥其各自特性，影响育肥效果。例如，太湖猪等本地猪的杂种猪，其特点是采食量大，不挑食，食后少活动，贪睡，胆小，稍有干扰就会影响其正常采食和休息；杜洛克、苏白和大约克夏的杂种猪，则表现强悍、好斗，食后活动较多。如果把这两类杂种猪分到同一群内育肥，则前者抢不上槽，影响采食和生长；后者霸槽，吃得过多，长得过肥，影响胴体质量。

不同杂交组合的猪对日粮构成要求不同，本地杂种猪饲喂高蛋白质日粮是浪费，而引入品种的杂种猪饲喂低蛋白质日粮会影响其瘦肉产量和肉品质量，把两者同时放在一群饲养，显然不能合理利用饲料；两者适宜上市体重不同，也会给管理上带来不便。因此，育肥猪饲养时要按杂交组合分群，把同一杂交组合的仔猪分到同一群内饲养。这样，可避免因生活习性不同相互干扰采食和休息，喂给配制合理的日粮，同一群内育肥猪生长整齐，大体同期出栏，便于管理。

③ 分群注意事项

一要注意留弱不留强，拆多不拆少，夜并昼不并。就是把处于不利争斗地位或较弱小的个体留在原圈，将较强的猪并进去；或将较少的群留在原圈，把较多的猪并进去；并在夜间并群。

二要注意保持猪群稳定。把不同窝的仔猪编到同一群中，在最初 2～3 天内会发生频繁地相互咬斗较量，大体要经过 1 周时间，才能建立起比较安定的群居秩序，采食、饮水、活动、卧睡各自按所处位次行事，群内个体间相互干扰和冲突明显减少。所以，不要随便调群。

三是可以结合栏舍消毒，利用带有较强气味的药液（如新洁尔灭、菌毒灭多）喷洒猪圈与猪的体表，减少咬斗。

四要注意考虑育肥猪体格大小、猪舍设备、气候条件、饲养方式等因素确定每圈饲养猪的头数，不要密度过大。

（2）及时调教 调教猪在固定地点排便、睡觉、进食和互不争食的习惯，不仅可简化日常管理工作，减轻劳动强度，还能保持猪舍的清洁干燥，形成舒适的居住环境。

猪喜欢睡卧，在适宜的圈养密度下，约有60%的时间躺卧或睡觉；猪喜躺卧于高处、平地、圈角黑暗处、垫草上，热天喜睡于风凉处，冬天喜睡于温暖处；猪排粪有一定的地点，一般在洞口、门口、低处、湿处、圈角排便，并且往往是在喂食前后和睡觉刚起来时排便；此外，进入新的环境或受惊时，排便较多。掌握这些习性，做好调教工作，调教要抓得早，猪入舍后立即开始调教。重点抓好如下两项工作：

① 防止强夺弱食　在新合群和新调圈时，猪要建立新的群居秩序。为使所有猪都能均匀采食，除了要有足够的饲槽长度外，对喜争食的猪要勤赶，使不敢去采食的猪能够采食到饲料，帮助建立群居秩序，达到均匀采食。

② 固定地点　使猪群采食、睡觉、排便定位，保持猪舍干燥清洁。能常运用守候、勤赶、积粪、垫草等方法单独或交替使用，进行调教。猪入舍前要把猪栏打扫干净，在猪卧的地方铺上少量垫草，饲槽放上饲料，并在指定排便地点堆放少量粪便，然后将猪赶入。在2～3天时间内，特别是白天，饲养人员几乎所有时间都在猪舍守候、驱赶、调理。只要猪在新环境中按照人的要求，习惯了定点采食、睡觉、排便，那么在这些猪出栏前，既能保持猪舍卫生条件，又可大大降低工作量，对育肥猪的增重十分有益，因咬架、争斗所造成的损伤几乎没有。

（3）做好卫生防疫和驱虫工作

① 保持猪舍卫生　猪舍卫生与防病有密切的关系，必须做好猪舍的清洁卫生工作。

② 免疫　按防疫要求制订防疫计划，安排免疫程序。

③ 驱虫　猪的寄生虫主要有蛔虫、姜片吸虫、疥螨和等。通常在90日龄进行第一次驱虫，在135日龄左右进行第二次驱虫。驱虫常用驱虫净（四咪唑），每千克体重20毫克；或用丙硫咪唑，每千克体重100毫克，拌料一次喂服，驱虫效果良好。

（4）季节管理　春夏秋冬四季气候变化很大，只有掌握客观规律，加强季节性饲养管理，才能有利于猪的生长发育。

① 春季管理　春季气候温暖，青饲料幼嫩可口，是养猪的好季节。但春季空气湿度大，温暖潮湿的环境给病菌创造了大量繁殖的条件，加上早春气温忽高忽低，猪刚越过冬季，体质较差，抵抗力较弱，容易感染疾病。因此，春季是疾病多发季节，必须做好防病工作。

在冬末春初，对猪舍要进行一次清理消毒，搞好猪舍的卫生并保持猪舍通风换气、干燥舒适。寒潮来临时，要堵洞防风，避免猪受寒感冒。消毒时可用新鲜生石灰按 1∶（10～15）的比例加水，搅拌成石灰乳，然后将石灰乳刷在猪舍的墙壁、地面、过道上即可。

注意春季还要给猪注射猪瘟、猪肺疫、猪丹毒等疫苗，以预防各种传染病的发生。

② 夏季管理　夏季天气炎热，而猪汗腺不发达，尤其育肥猪皮下脂肪较厚，体内热量散发困难，使其耐热能力很差。到了盛夏，猪表现出焦躁不安，食量减少，生长缓慢，容易发病。因此，在夏季要注重做好防暑降温工作。

一是严格控制饲养密度，防止因密度过大而引起舍温升高。夏季较适宜的饲养密度，体重 45 千克以下的猪只不低于 0.8 米²/头，体重 45 千克以上的猪只不低于 1 米²/头。

二是采取降温措施。可以安装风扇或风机进行通风，排出舍内热气；还可以向猪舍地面喷洒冷水降温，每天 3～4 次，每次 2 分钟或给猪进行凉水浴，直接降低猪体表温度；或在猪舍一角设浅水地让猪自动到水池内纳凉。

三是在猪舍周围种植树木和草坪，能有效降低猪舍温度。

四是调整日粮配方，适当提高日粮中的能量水平，一般在日粮中添加 2%～2.5% 的混合脂肪，能稳定育肥猪的增重速度。

五是尽量在天气凉爽时进行饲喂，增加猪的采食量。一般早上 7 点以前、下午 6 点以后喂料，以减轻热应激对采食量的不良影响。同时，一定要供给足够的清洁凉水，因为水不但是机体所不可或缺的，而且在机体体温的调节中起重要作用。

六是做好卫生管理。注意饲料的选择、加工调制以及保管、饲喂，避免饲料污染、霉变和酸败，加强饲喂、饮水用具的清洁和消毒，保证饲料和饮水清洁卫生；加强环境卫生和消毒，注意舍内驱蝇灭蚊，减少病原传播，并有利于猪安静睡觉休息。

③ 秋季管理　秋季气温适宜，饲料充足，品质好，是猪生长发育的好季节。因此，应充分利用这个大好时机，做好饲料的储备和催肥工作。

④ 冬季管理　冬季寒冷，为维持体温恒定，猪体将消耗大量的能量。如果猪舍保暖，就会减少这个不必要的能量消耗，有利于生长育肥猪的生长和增肥，提高饲料报酬。所以，冬季要注意防寒保暖。在寒冬到来之前，要认真修缮猪舍，用草帘、塑料薄膜等把漏风的地方遮挡堵严，防止冷风侵入。在猪舍内勤清粪便，勤换垫草，并适当增加饲养密度，保证猪舍干燥、温暖。

(5) 观察猪群　细致观察每头猪的精神状态和活动，以便及时发现猪只异常。当猪安静时，听呼吸有无异常，如喘气、咳嗽等；观察采食时有无异常，如呕吐、食欲不好等；观察粪便的颜色、状态是否异常，如下痢或便秘等；观察行为有无异常，如有无咬尾。通过细致观察，可以及时发现问题，采取有效措施，防患于未然，减少损失。

(6) 减少猪群应激　应激因素不仅影响猪生长，而且会降低机体抵抗力，应采取措施减少应激。

① 饲料更换要有过渡期　当突然更换猪料时，会出现换料应激，造成猪的采食量下降、增重缓慢、消化不良或腹泻等。解决换料应激的常用办法是猪的原料配方和数量不要突然发生过大的变化。换料时，应用 1 周左右的时间梯度完成，前 3 天是使用 70% 前料加 30% 新料，后 3～4 天使用 30% 前料加 70% 新料，然后再全部过渡为新的饲料。

② 防止育肥猪过度运动　生长猪在育肥过程中，应防止过度运动，这不仅会过多地消耗体内的能量，还会影响生长，更严重的是容易发生应激综合征。

③ 环境条件适宜　保持适宜温度、湿度、光照、通风、密度等，避免噪声。

④ 使用抗应激剂

a. 添加硒和维生素　给猪补充足够的元素硒和维生素 A、维生素 D、维生素 E，不仅可以促进猪较快生长，而且可使猪在一定应激条件下保持好的生产性能，增强猪群的耐受性和抵抗力。给猪喂劣质饲料会大幅增加疾病和应激发生。近年来研究发现，硒和维生素E具有防应激、抗氧化、防止心肌和骨骼衰退、促进末梢血管血液循环的作用。同时，当猪受到应激后，对营养需要量大，对硒和维生素E需要量提高。

b. 其他添加剂　在转群、移舍、免疫接种等生产环节中以及环境因素出现较大变化时使用抗应激药物缓解和减弱应激反应（如转群前后3～5天内日粮或饮水中补加些维生素、电解质等）。如缓解热应激可以使用维生素C、维生素E等；解除应激性酸中毒物质用5％碳酸氢钠液静脉注射；纠正内分泌失调及避免应激因子引起临床过敏病症的药物可选用皮质激素、水杨酸钠、巴比妥钠、维生素C、维生素E和抗生素等。

（7）作好记录　详细记录猪的变动情况以及采食、饮水、用药、防疫、环境变化等情况，有利于进行总结和核算。

四、育肥猪的出栏管理

出栏管理主要是确定适宜的出栏时间，肉猪多大体重出栏是生产者必须考虑的一个经济问题，不同的出栏体重和出栏时间直接影响养殖效益。确定出栏体重必须考虑如下方面：

（一）考虑胴体体重和胴体瘦肉率

肉猪长到一定体重时，就会达到增重高峰，如果继续饲养会影响饲料转化率。不同的品种、类型和杂交组合，增重高峰出现的时间和持续时间有较大差异。通常我国地方品种或含有较多我国地方猪遗传基因的杂交品种以及小型品种，增重高峰期出现得早，增重高峰持续的时间较短，适宜的出栏体重相对较小；瘦肉型品种、配套系杂交猪、大型品种等，增重高峰出现得晚，高峰持续时间较长，出栏体重应相对较大。另外，随着体重的增长，胴体的瘦肉率降低，出栏体重越大，胴体越肥，生产成本越高。

（二）考虑不同的市场需求

养猪生产是为满足各类市场需要的商品生产，市场要求千差万别。如国际市场对肉猪的胴体组成要求很高，中国香港地区及东南亚市场活大猪以体重90千克、瘦肉率58％以上为宜，活中猪体重不应超过 40 千克；供日本及欧美市场，瘦肉率要求 60％以上，体重 110～120 千克为宜。国内市场情况较为复杂，在大中城市要求瘦肉率较高的胴体，且以本地猪为母本的二、三元杂交猪为主，出栏体重 90～100 千克为宜；农村市场则因广大农民劳动强度大，喜爱较肥一些的胴体，出栏体重可更大些。

（三）考虑经济效益

养猪的目的是获得经济效益，而养猪的经济效益高低受到猪种质量、生产成本和产品市场价格的影响。出栏体重越小，单位增重耗料越少，饲养成本越低，但其他成本的分摊额度越高，且售价等级也越低，很不经济；出栏体重过大，单位产品的非饲养成本分摊额度减少，但增重高峰过后，增重减慢，且后期增重的成分主要是脂肪，而脂肪沉积的能量消耗量大（据研究，沉积 1 千克脂肪所消耗的能量是生长同量瘦肉耗能量的 6 倍以上）。这样，导致饲料利用率下降，饲养成本明显增高，同时由于胴体脂肪多，售价等级低，也不经济。

另外，活猪价格和苗猪价格也会影响到猪的出栏体重。如毛猪市场价格较高，仔猪短缺或价格过高时，大的出栏体重比小的出栏体重可以获得更好的经济效益。因此，饲养者必须综合诸因素，根据具体情况灵活确定适宜的出栏体重和出栏时间。生产中，杜长大三元杂交肉猪的出栏体重一般是 90～100 千克。

五、常见问题及处理

（一）僵猪

僵猪（"小老猪"）是在猪生长发育的某一阶段，由于遭到某些不利因素的影响，使猪生长发育停滞，虽饲养时间较长，但体格小，被毛粗乱，极度消瘦，形成两头尖、中间粗的"刺滑猪"。这种猪吃料不长肉，给养猪生产带来很大的损失。

1. 原因

（1）母猪妊娠期营养不良　由于母猪在妊娠期饲养不良，母体内的营养供给不能满足胎儿生长发育的需要，至使胎儿发育受阻，产出初生重很小的"胎僵"仔猪。

（2）母猪奶水不足　由于母猪在泌乳期饲养不当，泌乳不足，或对仔猪管理不善，如初生弱小的仔猪长期吸吮干瘪的乳头，致使仔猪发生"奶僵"。

（3）饲养管理不善　由于仔猪断奶后饲料单一，营养不全，特别是缺乏蛋白质、矿物质和维生素，导致断奶后仔猪长期发育停滞而形成"食僵"。

（4）疾病　由于仔猪长期患寄生虫病及代谢性疾病，形成"病僵"。

2. 预防措施

（1）加强母猪妊娠后期和泌乳期的饲养，保证仔猪在胎儿期能获得充分发育，在哺乳期能吃到较多营养丰富的乳汁。

（2）哺乳仔猪要固定乳头，提早补料，提高仔猪断奶体重，以保证仔猪健康发育。

（3）做好仔猪的断奶工作，做到饲料、环境和饲养管理措施逐渐过渡，避免断奶仔猪产生各种应激反应。

（4）搞好环境卫生，保证母猪舍温暖、干燥、空气新鲜、阳光充足。做好各种疾病的预防工作，定期驱虫，减少疾病。

3. 治疗措施

发现僵猪，及时分析致僵原因，排除致僵因素，单独喂养，加强管理，有虫驱虫，有病治病，并改善营养，加喂饲料添加剂，促进机体生理机能的调整，恢复正常生长发育。一般情况下，在僵猪日粮中，加喂 0.75%～1.25% 的土霉素碱，连喂 7 天，待发育正常后加 0.4%，每月一次，连喂 5 天，适当增加动物性饲料和健胃药，以达到宽肠健胃、促进食欲、增加营养的目的，并加倍使用复合维生素添加剂、微量元素添加剂、生长促进剂和催肥剂，促使僵猪脱僵，加速催肥。

（二）延期出栏

养猪生产过程中，育肥猪不能在有效生长期内达到预期体重，导致饲养成本增加，减少养殖利润。

1. 原因

（1）品种方面　一般来说，良种猪出栏快，育肥期短，而本地猪或土洋结合育肥猪生长速度要慢一些，良种猪在 150～160 日龄均能达到出栏体重 100 千克，而非良种猪后期生长速度减慢，不能按时出栏。有些猪场盲目引种，带来了不良影响，如猪生活力差、应激综合征、PSE 劣质肉等，既减慢了生长速度，也影响了猪肉品质。

（2）营养方面　不同生长阶段的育肥猪所需营养是不同的，因此，要根据猪只的生长时期来确定饲料的营养。饲料质量低劣、营养不全、营养失调或吸收率低的饲料都会导致猪不能达到预期日增重。长期供给低蛋白质、钙磷比例失调、微量元素缺乏、维生素不足或营养被破坏的饲料会引起猪营养不良，生长速度减缓、降低、停滞甚至呈现负增长。如仔猪在哺乳阶段未打好基础，导致后期生长速度减慢，易得病，究其原因为不能及时补料，诱食料质量差，严重影响其生长发育，致使仔猪体质较弱，生长缓慢。饲料中添加过多的不饱和脂肪酸，特别是腐败脂肪酸导致维生素被破坏、玉米含量过高、铜的含量过高、缺乏维生素 A、维生素 E、维生素 B_1，均可诱发猪的胃溃疡、营养元素拮抗和其他一些疾病。

（3）管理方面　饲养管理制度不健全或不严格执行所定制度，都会造成母猪产弱仔、哺乳仔猪不健壮、育肥猪不健康，影响生长。如初产母猪配种过早或母猪胎次过高都可能生产弱仔；环境卫生差、通风不良、温度过高或过低、消毒措施不严格、防疫体系不健全，常导致猪只发育不整齐、体质差、易得病。在冬季如果既无采暖设备也无保温措施，就容易导致舍内温度过低、圈舍潮湿阴冷、饲料冷冻；在夏季如果无降温设备和通风设施，就容易导致舍内温度过高，湿度过大，氨气过浓，粪尿得不到及时处理等，都会引起猪只消化系统或呼吸道疾病，影响育肥猪的生长发育。

（4）疫病方面　由于猪病种类和混合感染现象增多，养殖场出于对猪只保健防病的目的，采取经常性投药，而导致猪群的耐药性增强，体内有益菌减少，影响营养元素的吸收。例如，磺胺类、呋喃类、红霉素类等影响钙质的吸收，引起体质弱，增长速度慢。有些猪场存有侥幸心理，不注重整体卫生防疫和消毒，不重视疫苗预防，如蓝耳病、隐型猪瘟、气喘病、链球菌等疾病影响其生长甚至导致死亡。

（5）其他方面　如季节因素、过多的应激、水源不足等。

2.防治

（1）选好猪种　瘦肉型猪比兼用型或脂肪型猪对饲料的利用率高，而且增重快，育肥期短。尤其是父本，影响全场效益，优良的父本要表现出良好的产肉性能，饲料利用率、日增重、屠宰率、瘦肉率高，腿臀肌肉发达，背膘薄和性欲好等；母本要表现出良好的繁殖性能，如产仔多、泌乳力强、分娩指数高等。优良的公猪和母猪品质，保证了仔猪和育肥猪的成活率、生长速度以及胴体瘦肉率，提高了经济效益。

（2）营养充足　　根据不同的生长阶段选择营养全面的饲料原料，并清楚每种饲料原料所能提供的营养物质和每种营养物质的需要量，从而配制适宜、合理的日粮。优质的饲料原料要适口性好，消化率高，抗营养因子含量低。而优质的饲料营养则必须满足猪的生长需要，粗纤维水平适当，适口性好，保证消化良好、不便秘、不排稀粪，能够生产出优质胴体，而且成本低。根据不同季节选择不同的饲料配方，比如在夏季可降低玉米含量，而在冬季则相反。

（3）加强管理　　提高仔猪整齐度和窝重。猪场母猪 1～2 胎、3～5 胎、6 胎以后的比例以 3：6：1 较为合理，这种比例有利于提高猪场的产活仔数、强仔数和成活率。加强妊娠母猪和哺乳母猪的饲养管理，怀孕后期和哺乳期增大采食量，提高仔猪的初生重和母猪的泌乳力。对哺乳仔猪尽快诱食，创造良好的生长条件，提高断奶重。

（4）合理分群和调教　　根据来源、品种、强弱、体重大小等合理分群，减少应激，遵循"留弱不留强，拆多不拆少，夜并昼不并"的原则；及时调教，尽快养成三点定位。

（5）适宜环境　　保持合理群体规模和饲养密度，做好防暑降温和冬季保温、合理的通风换气、适宜的光照时间和强度等工作，为猪生长育肥创造良好条件。打架、惊吓、温度过高或过低、饲料和饮水不足等影响猪只生长，应尽量避免。

（6）加强消毒和卫生防疫　　在育肥猪转入前将猪舍彻底冲洗消毒，空栏 7 天，转入后要坚持每 7 天消毒一次，消毒药每 7 天更换一次，降低猪舍内细菌、病毒的含量。搞好防疫和驱虫工作，要坚持以预防为主、治疗为辅的原则。仔猪在 70 日龄前要进行猪瘟、猪丹毒、仔猪副伤寒、气喘病、水肿病、蓝耳病等疾病的免疫接种。

第六章

科学控制疾病

猪病是影响养猪业发展和效益的一个最重要因素。疾病控制中必须坚持"养防并重""预防为主"的疾病防治原则，加强环境管理和猪群的饲养管理，为猪只提供适宜的环境条件和充足的营养需要，提高其适应力和抵抗力，并做好隔离、卫生、消毒和免疫接种等工作，一定能避免或减少疾病的发生。

第一节　猪病诊断

及时而正确的诊断是猪场防治疾病的重要环节。疾病诊断的步骤和方法包括现场资料调查分析、临床检查诊断、病理剖检诊断、实验室诊断等。

一、现场资料调查分析

现场资料调查分析就是有针对性地进行一些调查，了解猪群的发病时间、发病年龄和传播速度，由此可以推断该病是急性病还是慢性病。如突然大批死亡，可提示中毒性疾病或环境应激性疾病；营养代谢病一般呈慢性经过。了解周围疫情，可以分析本次发病与过去疫情的关系；了解发病后病情变化，由此分析疾病的发展趋势，如营养代谢病，开始症状轻，若缺乏的营养不能补充或补充不当，就日益加重；了解猪场防疫情况、卫生状况、环境条件和发病前用药情况，可为诊断提供有价值的参考。

二、临床检查

临床诊断就是对猪的外部行为表现，通过人的感官或借助于简单的仪器如体温计、听诊器等进行疾病的判断。

（一）个体检查

1. 精神状态的检查

健康猪两眼有神，行动敏捷，步态平稳，随大群活动，对来人有接近的行为，发出"哼哼"的声音，并有警惕性。否则就可能是患病猪。

2. 姿势状态的检查

猪群运动、休息的姿势状态：健康猪的姿势自然，动作灵活而协调，站立时身体自然正直，四肢直立，躺卧休息时多呈侧卧式，四肢伸展，呼吸均匀，互不挤压。

3. 被毛和皮肤的检查

健康猪被毛光亮、整洁，皮肤颜色正常，有弹性，鼻盘湿润，液体清亮。患有慢性消耗性疾病时被毛粗乱、卷曲、无光泽。饲料中缺乏锌、维生素 A，或患寄生虫病时表现脱毛；有瘙痒表示有疥螨，并且皮肤增厚、弹性降低；猪瘟、猪丹毒、猪链球菌病和猪繁殖与呼吸综合征等患猪皮肤发红、发紫，有出血点或斑；猪丹毒患猪有不规则的突出于皮肤的疹块。

4. 采食和饮水的检查

健康猪大口吃食并与其他猪争抢，分顿饲喂的饲槽中不剩料，饮水量正常。患病猪采食量降低，拒食，异食，不接近料槽或吃几口就离开，饮水骤增、骤减或喝尿、脏水等。

5. 粪便和尿液的检查

健康猪粪便自然成形，不干、不稀，颜色随饲料而变；尿液清亮无色或稍黄，尿量正常。患病猪，如猪瘟（早期）、猪丹毒、仔猪副伤寒等传染病、普通便秘及肠蠕动迟缓的病猪粪便干燥，呈羊粪样，坚硬、色深；猪传染性胃肠炎、流行性腹泻、仔猪黄痢、猪瘟、仔猪副伤寒等传染病、消化不良及一些中毒性疾病，粪便稀软，甚至水样，常混有未消化的饲料；如饲料中铜的含量增多，胃或肠前端出血则粪便发黑色，肠道后端出血则粪便有鲜红的血液；假膜性肠炎，粪便表面附有黏液；寄生虫病，粪便中有虫体；钩端螺旋体病、附红细胞体病或猪瘟等，尿液混浊、色深，呈红色、棕色、茶色。

6. 排便动作

健康猪排粪时，背稍微拱起，后肢张开，稍用力。如便秘，出现背部拱起幅度增大，后肢弯曲，严重者长时间地用力排便；如腹泻，排粪次数频繁、失禁，没有排便动作即排粪，并且后肢及臀部粘有粪便。健康猪排尿时，母猪背稍微拱起，后肢张开下蹲；公猪站立，尿呈股状并且断续地射出。排尿异常常与疾病有关，如泌尿生殖系统的疾病，尿频、多尿少尿、无尿、尿闭、尿淋漓、尿失禁、尿痛苦等。

7. 呼吸的检查

健康猪呼吸均匀，胸腹壁起伏平稳基本一致，呼气、吸气的声音韵律一致，每分钟呼吸 18～30 次。患病猪，如猪传染性胸膜性肺炎、猪肺疫、气喘病等，呼吸困难，胸腹壁起伏的幅度差异很大，有的胸壁起伏动作特别明显，腹壁动作很小。有的腹壁起伏动作特别明显，胸壁动作很小。呼气时间延长，拱背，严重的肛门突出；吸气时间延长，口张大，鼻孔扩张，四肢外伸，头颈伸展，胸腔扩张。

8. 体温的检查

健康猪体温基本一致，体温（直肠温度）38～39.5℃。患病猪如猪瘟、猪丹毒、高致病性猪蓝耳病等传染性疾病，体温升高，有的稽留不退；氢氰酸中毒、亚硝酸盐中毒等中毒性疾病，仔猪贫血以及一些慢性消耗性疾病，体温降低；低血糖猪，皮温不均，末梢冷。

9. 眼结膜及天然孔的检查

健康猪天然孔周围清洁，眼结膜呈粉红色；患病猪天然孔的非正常分泌物增多。如患猪流感，鼻分泌物增多；猪传染性胸膜性肺炎，口鼻流出血性泡沫样液体；炭疽，鼻流血；口蹄疫、猪水疱病、水疱性口炎等，口腔流涎；猪瘟、仔猪副伤寒、高致病性猪蓝耳病等，眼角处有分泌物，眼睛不能睁开；传染性萎缩性鼻炎，眼窝下方有半月形的褐色流泪的痕迹；阴道炎、子宫内膜炎等，阴门有脓性分泌物流出；猪传染性胃肠炎、流行性腹泻、猪瘟和仔猪副伤寒等，肛门周围粘有不洁的粪便；猪疥螨，耳内有厚的一层不洁物；仔猪缺铁性贫血、附红细胞体病、钩端螺旋体病、新生仔猪溶血性贫血等，眼结膜苍白、潮红、黄染；猪瘟、水肿病、高致病性蓝耳病等，猪眼睑肿胀。

10. 体表淋巴结的检查

体表淋巴结的检查对诊断某些传染病有很重要的意义。对体表淋巴结进行视、触诊时，主要注意其位置、大小、形状、硬度及表面状态。患猪瘟、猪丹毒以及猪圆环病毒病等时，腹股沟淋巴结可见明显的肿胀。

（二）群体检查

规模化猪场的群体检查除了对猪群的检查外，还应了解猪群的变动、环境条件以及饲养管理。兽医人员应每天对全场的猪群进行一次检查，检查时应从产仔舍开始，依次为保育舍、妊娠母猪舍、待配猪舍、公猪舍、后备猪舍、育肥猪舍，如有新引进的猪待最后进行观察。检查的内容主要包括：猪舍的环境温度、湿度、空气质量，料槽、地面（产床、保育床）、饮水器等完整程度，猪的体况、身体的清洁度、采食与饮水情况等。

猪舍中的温度随着猪群的不同而异，仔猪所需的温度较高，而大猪需要的温度相对较低。猪舍中空气的相对湿度60%～80%较适宜。空气要新鲜，进入后人闻不到刺激性的气味，没有刺眼睛的现象。若空气不新鲜，应及时通风换气。饮水器的安装应满足猪饮水所需，并保持畅通。料槽应根据不同的饲喂方式安装，满足一窝内所有猪的采食需要，并且不漏料。地面、墙面应便于清扫、冲洗、消毒，地面不能太滑。

三、内部检查

（一）猪的剖检方法

猪的剖检采用背卧式，为了使尸体保持背位，需切断四肢内侧所有肌肉和髋关节的圆韧带，使四肢平摊在地上，借以抵住躯体，保持不倒，然后再从颈、胸、腹的正中侧切开皮肤，只在腹侧剥皮。如果是大猪，又属非传染病死亡，皮肤可以加工利用时，建议仍按常规方法剥皮，然后再切断四肢内侧肌肉，使尸体保持背位。

1. 皮下检查

皮下检查在剥皮过程中进行。除检查皮下有无充血、炎症、出血、淤血（血管紧张，从血管断端流出多量暗红色血液）、水肿（多呈胶冻样）等病变外，还必须检查体表淋巴结的大小、颜色，有无出血，是否充血，有无水肿、坏死、化脓等病变。小猪（断奶前）还要检查肋骨和肋软骨交界处有无串珠样肿大。

2. 剖开腹腔和腹腔脏器的摘出

从剑状软骨后方沿白线由前向后切开腹壁至耻骨前缘，观察腹腔器官浆膜是否光滑，肠壁有无粘连；再沿肋骨弓将腹壁两侧切开，使腹腔器官全部暴露。首先摘出肝、脾及网膜，依次为胃、十二指肠、小肠、大肠和直肠，最后摘出肾脏。在分离肠系膜时，要注意观察肠浆膜有无出血，肠系膜有无出血、水肿，肠系膜淋巴结有无肿胀、出血、坏死。

3. 剖开胸腔和胸腔脏器的摘出

先用刀分离胸壁两侧表面的脂肪和肌肉，检查胸腔的压力，用刀切断两侧肋骨与肋软骨的接合部，再切断其他软组织，除去胸壁腹面，胸腔即可露出。检查胸腔、心包腔有无积液及其性状，胸膜是否光滑，有无粘连。

分离咽喉头、气管、食道周围的肌肉和结缔组织，将喉头、气管、食道、心和肺一同摘出。

4. 剖检小猪

可自下颌沿颈部，腹部正中线至肛门切开，暴露胸腹腔，切开耻骨联合，露出骨盆腔，然后将口腔、颈部、胸腔、腹腔和骨盆腔的器官一起取出。

5. 剖开颅腔

可在脏器检查后进行。清除头部的皮肤和肌肉，在两眼眶之间横劈颅骨，然后再将两侧颞骨（与颧骨平行）及枕骨髁劈开，即可掀掉颅顶骨，暴露颅腔。

检查脑膜有无充血、出血。必要时取材送检。

（二）猪常见的病理变化及可能的疾病

见表 6-1。

表 6-1 猪常见的病理变化及可能的疾病

器官	病理变化	可能发生的疾病
淋巴结	颌下淋巴结肿大，出血性坏死	猪炭疽、链球菌病
	全身淋巴结有大理石样出血变化	猪瘟
	咽、颈及肠系膜淋巴结黄白色干酪样坏死灶	猪结核
	淋巴结充血、水肿、小点状出血	急性猪肺疫、猪丹毒、链球菌病
	支气管淋巴结、肠系膜淋巴结髓样肿胀	猪气喘病、猪肺疫、传染性胸膜肺炎、副伤寒
肝	坏死小灶	沙门氏菌病、弓形体病、李氏杆菌病、伪狂犬病
	胆囊出血	猪瘟、胆囊炎
脾	脾边缘有出血性梗死灶	猪瘟、链球菌病
	稍肿大，呈樱桃红色	猪丹毒
	淤血肿大，灶状坏死	弓形体病
	脾边缘有小点状出血	仔猪红痢
胃	胃黏膜斑点状出血，溃疡	猪瘟、胃溃疡
	胃黏膜充血、卡他性炎症，呈大红布样	猪丹毒、食物中毒
	胃黏膜下水肿	水肿病
小肠	黏膜小点状出血	猪瘟
	节段状出血性坏死，浆膜下有小气泡	仔猪红痢
	以十二指肠为主的出血性、卡他性炎症	仔猪黄痢、猪丹毒、食物中毒
大肠	盲肠、结肠黏膜灶状或弥漫性坏死	慢性副伤寒
	盲肠、结肠黏膜扣状溃疡	猪瘟
	卡他性、出血性炎症	猪痢疾、胃肠炎、食物中毒
	黏膜下高度水肿	水肿病

续表

器官	病理变化	可能发生的疾病
肺	出血斑点	猪瘟
	纤维素性肺炎	猪肺炎、传染性胸膜肺炎
	心叶、尖叶、中间叶肝样变	气喘病
	水肿,小点状坏死	弓形体病
心脏	心外膜斑点出血	猪瘟、猪肺疫、链球菌病
	心肌条纹状坏死带	口蹄疫
	纤维素性心外膜炎	猪肺疫
	心瓣膜菜花样增生物	慢性猪丹毒
	心肌内有米粒大灰白色包囊泡	猪囊尾蚴病
肾	苍白,小点状出血	猪瘟
	高度淤血,小点状出血	急性出血
膀胱	黏膜层有出血斑点	猪瘟
浆膜及浆膜腔	浆膜出血	猪瘟、链球菌病
	纤维素性胸膜炎及粘连	猪肺疫、气喘病
	积液	传染性胸膜肺炎、弓形体病
睾丸	1个或2个睾丸肿大、发炎、坏死或萎缩	乙型脑炎、布氏杆菌病
肌肉	臀肌、肩胛肌、咬肌等处有米粒大囊包	猪囊尾蚴病
	肌肉组织出血、坏死,含气泡	恶性水肿
	腹斜肌、大腿肌、肋间肌等处见有与肌纤维平行的毛根状小体	肌肉孢子虫病
血液	血液凝固不良	链球菌病、中毒性疾病

第二节　猪病的综合防治

一、科学的饲养管理

科学的饲养管理可以增强猪群的抵抗力和适应力,从而提高猪体的抗病力。

（一）满足营养需要

猪体摄取的营养成分和含量不仅影响生产性能，更会影响健康。要供给全价平衡日粮，保证营养全面充足。选用优质饲料原料是保证供给猪群全价营养日粮、防止营养代谢病和霉菌毒素中毒病发生的前提条件；按照猪群不同时期各个阶段的营养需要量，科学设计配方，合理地加工调制，保证日粮的全价性和平衡性；重视饲料的贮存，防止饲料腐败变质和污染。

（二）供给充足卫生的饮水

水是最廉价的营养素，也是最重要的营养素。水的供应情况和卫生状况对维护猪体健康有着重要作用，必须保证充足而洁净卫生的饮水。

（三）保持适宜的环境条件

根据季节、气候的差异，做好小气候环境的控制，适当调整饲养密度，加强通风，改善猪舍的空气环境。做好防暑降温、防寒保温、卫生清洁工作，使猪群生活在一个舒适、安静、干燥、卫生的环境中。

（四）实行标准化饲养

着重抓好母猪进产房前和分娩前的猪体消毒、初生仔猪吃好初奶、固定乳头和饮水开食的正确调教、断奶和保育期饲料的过渡等几个问题，减少应激，防止母猪 MMA 综合病、仔猪断奶综合征等病的发生。

（五）减少应激发生

捕捉、转群、断尾、免疫接种、运输、饲料转换、无规律的供水供料等生产管理因素，以及饲料营养不平衡或营养缺乏、温度过高或过低、湿度过大或过小、不适宜的光照、突然的音响等环境因素，都可引起应激。加强饲养管理和改善环境条件，避免和减轻应激因素对猪群的不良影响，也可以在应激发生的前后 2 天内在饲料或饮水中加入维生素 C、维生素 E 或电解多维、镇静剂等。

二、加强隔离卫生

（一）科学选址和合理布局

按照要求选择场址和规划布局。

（二）严格引种

到洁净的种猪场引种，引入后要进行为期 8 周的隔离观察饲养，确认未携带有传染病后方可入场。

（三）加强隔离

1. 猪场大门口消毒

猪场大门必须设立宽于门口、长于大型载货汽车车轮一周半的水泥结构的消毒池，并装有喷洒消毒设施。人员进场时应经过消毒人员通道，严禁闲人进场，外来人员来访必须在值班室登记，把好防疫第一关。

2. 设置围墙或防疫沟

生产区最好有围墙或防疫沟，并且在围墙外种植荆棘类植物，形成防疫林带，只留人员入口、饲料入口和出猪舍，减少与外界的直接联系。

3. 场区内隔离消毒

生活管理区和生产区之间的人员入口和饲料入口应以消毒池隔开，人员必须在更衣室沐浴、更衣、换鞋，经严格消毒后方可进入生产区，生产区的每栋猪舍门口必须设立消毒脚盆，生产人员经过脚盆再次消毒工作鞋后进入猪舍，生产人员不得互相"串舍"，各猪舍用具不得混用。

4. 外来车辆消毒

外来车辆必须在场外经严格冲洗消毒后才能进入生活管理区和靠近装猪台，严禁任何车辆和外人进入生产区。

5. 加强装猪台的卫生管理

装猪台平常应关闭，严防外人和动物进入；禁止外人（特别是猪贩）上装猪台，卖猪时饲养人员不准接触运猪车；任何猪只一经赶至装猪台，不得再返回原猪舍；装猪后对装猪台进行严格消毒。

6. 种猪场应设种猪选购室

选购室最好和生产区保持一定的距离，介于生活区和生产区之间，以隔墙（留密封玻璃观察窗）或栅栏隔开，外来人员进入种猪选购室之前必须先更衣换鞋、消毒，在选购室挑选种猪。

7. 注意饲料的污染

饲料应由本场生产区外的饲料车运到饲料周转仓库，再由生产区内的车辆转运到每栋猪舍，严禁将饲料直接运入生产区内。生产区内的任何物品、工具（包括车辆），除特殊情况外不得离开生产区，任何物品进入生产区必须经过严格消毒，特别是饲料袋应先熏蒸消毒后才能装料进入生产区。有条件的猪场最好使用饲料塔，以避免已污染的饲料袋引入疫病。场内生活区严禁饲养畜禽，尽量避免猪、狗、禽鸟进入生产区。生产区内肉食品要由场内供给，严禁从场外带入偶蹄兽的肉类及其制品。

8. 禁止与其他养殖场接触

全场工作人员禁止兼任其他畜牧场的饲养、技术工作和屠宰贩卖工作。保证生产区与外界环境有良好的隔离状态，全面预防外界病原侵入猪场内。休假返场的生产人员必须在生活管理区隔离 2 天后，方可进入生产区工作，猪场后勤人员应尽量避免进入生产区。

9. 采用"全进全出"的饲养制度

"全进全出"的饲养制度是有效防止疾病传播的措施之一。"全进全出"使得猪场能够做到净场和充分的消毒，切断了疾病传播的途径，从而避免患病猪只或病原携带者将病原传播给日龄较小的猪群。

（四）卫生管理

1. 保持猪舍和猪舍周围环境卫生

及时清理猪舍的污物、污水和垃圾，定期打扫猪舍和设备、用具的灰尘，每天进行适量的通风，保持猪舍清洁卫生，不在猪舍周围和道路上堆放废弃物和垃圾。

2. 保持饲料和饮水卫生

饲料不霉变，不被病原污染，饲喂用具勤清洁消毒；饮用水符合卫生标准，水质良好，饮水用具要清洁，饮水系统要定期消毒。

3. 废弃物要无害化处理

猪场的主要废弃物有粪便和病死猪，粪便堆放要远离猪舍，最好设置专门的储粪场，病死猪不要随意出售或乱扔乱放，按要求进行无害化处理，防止传播疾病。

（1）粪便处理

① 用作肥料 猪场粪污最经济的利用途径是作肥料还田。粪肥还田可改良土壤，提高作物产量，生产无公害绿色食品，促进农

业良性循环和农牧结合。猪粪用作肥料时，有的将鲜粪作基肥直接施入土壤，也可将猪粪发酵、腐熟堆肥后再施用。一般来说，为防止鲜粪中的微生物、寄生虫等对土壤造成污染，以及为提高肥效，粪便应经发酵或高温腐熟处理后再使用，这样安全性更高。

腐熟堆肥过程也就是好气性微生物分解粪便中有机物的过程，分解过程中释放大量热能，使肥堆的温度升高，一般可达 $60\sim65℃$，可杀死其中的病原微生物和寄生虫卵等，有机物则大多分解成腐殖质，有一部分分解成无机盐类。腐熟堆肥必须创造适宜条件，堆肥时要有适当的空气，如粪堆上插秸秆或设通气孔保持良好的通气条件，以保证好气性微生物繁殖。为加快发酵速度，也可在堆底铺设送风管，头 20 天经常强制送风；同时应保持 60%左右的含水量，水分过少影响微生物繁殖，水分过多又易造成厌氧条件，不利于有氧发酵。另外，须保持肥料适宜的碳氮比（26～35）：1，碳比例过大，分解过程缓慢，过小则使过剩的氮转变成氨而丧失掉。鲜猪粪的碳氮比约为 12：1，碳的比例不足，可加入秸秆、杂草等来调节碳氮比。自然堆肥效率较低，占地面积大，目前已有各种堆肥设备（如发酵塔、发酵池等）用于猪场粪污处理，效率高，占地少，效果好。

② 生产沼气　固态或液态粪污都可生产沼气。沼气是厌气微生物（主要是甲烷细菌）分解粪污中含碳有机物而产生的一种混合气体，其中甲烷约占 60%～75%，二氧化碳占 25%～40%，还有少量氧、氢、一氧化碳、硫化氢等气体。沼气可用于照明、作燃料或发电等。沼气池在厌氧发酵过程中可杀死病原微生物和寄生虫，发酵粪便产气后的沼渣还可再用作肥料。目前，在我国推广面积较大的是常温发酵，因此，大部分地区存在低温季节产气少甚至不产气的问题。此外，用沼液、沼渣施肥，施用和运输不便，并且因只进行沼气发酵一级处理，往往不能做到无害化，有机物降解不完全，常导致二次污染。如果用产生的沼气加温，进行中温发酵，或采用高效厌氧消化池，可提高产气效率，缩短发酵时间，对沼液用生物塘进行二次处理，可进一步降低有机物含量，减少二次污染。

③ 生产动物蛋白　可以利用猪粪作为培养基生产蝇蛆、蚯蚓等动物蛋白饲料。

（2）污水处理 猪场必须专设排水设施，以便及时排出雨、雪水及生产污水。全场排水网分主干和支干，主干主要是配合道路网设置的路旁排水沟，将全场地面径流或污水汇集到几条主干道内排出；支干主要是各运动场的排水沟，设于运动场边缘，利用场地倾斜度，使水流入沟中排走。排水沟的宽度和深度可根据地势和排水量而定，沟底、沟壁应夯实，暗沟可用水管或砖砌，如暗沟过长（超过 200 米），应增设沉淀井，以免污物淤塞，影响排水。但应注意，沉淀井距供水水源应在 200 米以上，以免造成污染。大型猪场污水排放量很大，在没有较大面积的农田或鱼塘消纳时，为避免造成环境污染，应利用物理、化学、生物学方法进行综合处理，达到无害化，然后再用于灌溉或排入鱼塘。

污水处理可采用两级或三级处理。两级处理包括预处理（一级处理）和好氧生物处理（二级处理）。一级处理是用沉淀分离等物理方法将污水中悬浮物和可沉降颗粒分离出去，常采用沉淀池、固液分离机等设备，再用厌氧处理降解部分有机物，杀灭部分病原微生物。二级处理是用生物方法，让好氧生物进一步分解污水中的胶体和溶解的有机物，并杀灭病原微生物，常用方法有生物滤池、活性污泥、生物转盘等。猪场污水一般经两级处理即达到排放或利用要求，当处理后要排入卫生要求较高的水体时，则须进行三级处理。

（3）病死猪的处理 病死猪必须及时地无害化处理，坚决不能图一己私利而出售。处理方法有：

① 焚烧法 焚烧也是一种较完善的方法，但不能利用产品，且成本高。对一些危害人、畜健康极为严重的传染病病畜的尸体，仍有必要采用此法。焚烧时，先在地上挖一十字形沟（见图 6-1，沟长约 2.6 米，宽 0.75～1.0 米，深 0.5～0.75 米），在沟的底部放木柴和干草作引火用，于十字沟交叉处铺上横木，其上放置畜尸，畜尸四周用木柴围上，然后洒上煤油焚烧，至尸体烧成黑炭为止。或用专门的焚烧炉焚烧。

② 发酵烘干处理法 此法是将猪的尸体放入特制的机械内，加入发酵菌种，给以一定温度（90℃以上）和发酵时间（24 小时），绞碎烘干，最后制成肉骨粉或有机肥。此法是一种较好的资

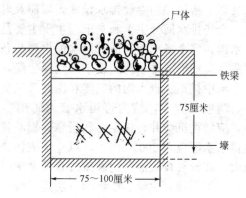

图 6-1 尸体或粪便焚烧的壕沟

源化处理途径。

③ 土埋法 是利用土壤的自净作用使其无害化。此法虽简单但不理想，因其无害化过程缓慢，某些病原微生物能长期生存，从而污染土壤和地下水，并会造成二次污染，所以不是最彻底的无害化处理方法。采用土埋法，必须遵守卫生要求，埋尸坑远离畜舍、放牧地、居民点和水源，地势高燥，尸体掩埋深度不小于 2 米。掩埋前在坑底铺上 2～5 厘米厚的石灰，尸体投入后，再撒上石灰或洒上消毒药剂，埋尸坑四周最好设栅栏并作上标记。

④ 发酵法 将尸体抛入尸坑内，利用生物热的方法进行发酵，从而起到消毒灭菌的作用。尸坑一般为井式，深达 9～10 米，直径 2～3 米，坑口有一个木盖，坑口高出地面 30 厘米左右。将尸体投入坑内，堆到距坑口 1.5 米处，盖封木盖，经 3～5 个月发酵处理后，尸体即可完全腐败分解。

4. 灭鼠和杀虫

(1) 灭鼠 鼠是人、畜多种传染病的传播媒介，鼠还盗食饲料，污染饲料和饮水，危害极大。

① 防止鼠类进入建筑物 鼠类多从墙基、天窗、瓦顶等处窜入室内，在设计施工时注意：墙基最好用水泥制成，碎石和砖砌的墙基，应用灰浆抹缝。墙面应平直光滑。为防止鼠类爬上屋顶，可将墙角处做成圆弧形。墙体上部与天棚衔接处应砌实，不留空隙。

瓦顶房屋应缩小瓦缝和瓦、椽间的空隙并填实。用砖、石铺设的地面和畜床，应衔接紧密并用灰浆填缝。各种管道周围要用水泥填平。通气孔、地脚窗、排水沟（粪尿沟）出口均应安装孔径小于1厘米的铁丝网，以防鼠窜入。

② 器械灭鼠　器械灭鼠方法简单易行，效果可靠，对人、畜无害。灭鼠器械种类繁多，主要有夹、关、压、卡、翻、扣、淹、粘、电等。

③ 化学灭鼠　化学灭鼠效率高，使用方便，成本低，见效快；缺点是能引起人、畜中毒，有些老鼠对药剂有选择性、拒食性和耐药性。所以，使用时须选好药剂和注意使用方法，以保安全有效。灭鼠药剂种类很多，主要有灭鼠剂、熏蒸剂、烟剂、化学绝育剂等。猪场的饲料库和猪舍是灭鼠的重要区域。饲料库可用熏蒸剂毒杀。投放毒饵时，要防止毒饵混入饲料中。在采用全进全出制的生产程序时，可结合舍内消毒一并进行。鼠尸应及时清理，以防被人、畜误食而发生二次中毒。

注意选用老鼠长期吃惯了的食物作饵料，突然投放，饵料充足，分布广泛，以保证灭鼠的效果。

（2）灭蚊蝇　猪场易滋生蚊、蝇等有害昆虫，骚扰人、畜和传播疾病，给人、畜健康带来危害，应采取综合措施杀灭。

① 环境卫生　搞好猪场环境卫生，保持环境清洁、干燥，这是杀灭蚊蝇的基本措施。蚊虫需在水中产卵、孵化和发育，蝇蛆也需在潮湿的环境及粪便等废弃物中生长。因此，应填平无用的污水池、土坑、水沟和洼地，保持排水系统畅通，对阴沟、沟渠等定期疏通，勿使污水贮积。对贮水池等容器加盖，以防蚊蝇飞入产卵。对不能清除或加盖的防火贮水器，在蚊蝇滋生季节，应定期换水。永久性水体（如鱼塘、池塘等），蚊虫多滋生在水浅而有植被的边缘区域，修整边岸，加大坡度和填充浅湾，能有效地防止蚊虫滋生。畜舍内的粪便应定时清除，并及时处理，贮粪池应加盖并保持四周环境的清洁。

② 化学杀灭　化学杀灭是使用天然或合成的毒物，以不同的剂型（粉剂、乳剂、油剂、水悬剂、颗粒剂、缓释剂等），通过不同途径（胃毒、触杀、熏杀、内吸等），毒杀或驱除蚊蝇。化

学杀虫法具有使用方便、见效快等优点，是当前杀灭蚊蝇的较好方法。

　　a. 马拉硫磷　为有机磷杀虫剂。它是世界卫生组织推荐使用的室内滞留喷洒杀虫剂。其杀虫作用强而快，具有胃毒、触毒作用，也可作熏杀，杀虫范围广，可杀灭蚊、蝇、蛆、虱等，对人、畜的毒害小，故适于畜舍内使用。

　　b. 敌敌畏　为有机磷杀虫剂。具有胃毒、触毒和熏杀作用，杀虫范围广，可杀灭蚊、蝇等多种害虫，杀虫效果好；但对人、畜有较大毒害，易被皮肤吸收而中毒，故在畜舍内使用时，应特别注意安全。

　　c. 拟合成菊酯　是一种神经毒药剂，可使蚊蝇等迅速呈现神经麻痹而死亡。杀虫力强，特别是对蚊的毒效比敌敌畏、马拉硫磷等高 10 倍以上，对蝇类因不产生耐药性，故可长期使用。

　　③ 物理杀灭　利用机械方法以及光、声、电等物理方法，捕杀、诱杀或驱逐蚊蝇。

　　④ 生物杀灭。利用天敌杀灭害虫，如池塘养鱼即可达到鱼类治蚊的目的。此外，应用细菌制剂——内菌素杀灭吸血蚊的幼虫，效果良好。

三、严格消毒

　　消毒是指用化学或物理的方法杀灭或清除传播媒介上的病原微生物，使之达到无传播感染水平的处理，即不再有传播感染的危险。消毒是保证猪群健康和正常生产的重要技术措施。

　　（一）消毒方法

　　猪场的消毒方法主要有机械性清除（如清扫、铲刮、冲洗等机械方法和适当通风）、物理消毒（如紫外线和火焰、煮沸与蒸汽等高温消毒）、化学药物消毒和生物消毒等消毒方法。

　　化学药物消毒是养殖生产中常用的方法，是利用化学药物杀灭病原微生物以达到预防传染病的传播和流行的方法。

　　1. 浸泡法

　　主要用于消毒器械、用具、衣物等。一般洗涤干净后再进行浸泡，药液要浸过物体，浸泡时间以长些为好，水温以高些为好。在猪舍进门处消毒槽内，可用浸泡药物的草垫或草袋对人员的靴鞋进行消毒。

2. 喷洒法

喷洒地面、墙壁、舍内固定设备等，可用细眼喷壶；对舍内空间消毒，则用喷雾器。喷洒要全面，药液要喷到物体的各个部位。

3. 熏蒸法

适用于可以密闭的猪舍。这种方法简便、省事，对房屋结构无损，消毒全面，猪场常用。常用的药物有福尔马林（40%甲醛水溶液）、过氧乙酸水溶液。为加速蒸发，常利用高锰酸钾的氧化作用。实际操作中要严格遵守下面的基本要点：畜舍及设备必须清洗干净，因为气体不能渗透到猪粪和污物中去，所以不能发挥应有的效力；畜舍要密封，不能漏气。应将进出气口、门窗和排气扇等的缝隙糊严。

4. 气雾法

气雾粒子是悬浮在空气中的气体与液体的微粒，直径小于200纳米，分子量极小，能悬浮在空气中较长时间，可到处漂移穿透到畜舍内、周围及其空隙。气雾是消毒液从气雾发生器中喷射出的雾状微粒，是消灭气携病原微生物的理想办法。全面消毒猪舍空间，每立方米用5%过氧乙酸溶液2.5毫升喷雾。

（二）常用的消毒剂

见表6-2。

表6-2 常用的消毒剂

类型	名称	性状和性质	使用方法
含氯消毒剂	漂白粉（含氯石灰含有效氯25%～30%）	白色颗粒状粉末，有氯臭，久置空气中失效，大部溶于水和醇	5%～20%的悬浮液环境消毒，饮水消毒每50升水加1克；1%～5%的澄清液消毒食槽、玻璃器皿、非金属用具消毒等，宜现配现用
	漂白粉精	白色结晶，有氯臭，含氯稳定	0.5%～1.5%用于地面、墙壁消毒，0.3～0.4克/千克饮水消毒

续表

类型	名称	性状和性质	使用方法
含氯消毒剂	氯胺-T（含有效氯24%～26%）	为含氯的有机化合物，白色微黄晶体，有氯臭。对细菌的繁殖体及芽孢、病毒、真菌孢子有杀灭作用。杀菌作用慢，但性质稳定	0.2%～0.5%水溶液喷雾用于室内空气及表面消毒；1%～2%浸泡物品、器材消毒；3%的溶液用于排泄物和分泌物的消毒；黏膜消毒，0.1%～0.5%；饮水消毒，1升水用2～4毫克。配制消毒液时，如果加入一定量的氯化铵，大大提高消毒能力
	二氯异氰尿酸钠（含有效氯60%～64%，优氯净）、强力消毒净、84消毒液、速效净等（均含有二氯异氰尿酸钠）	白色晶粉，有氯臭。室温下保存半年仅降低有效氯0.16%。是一种安全、广谱和长效的消毒剂，不遗留残余毒性	一般0.5%～1%溶液可以杀灭细菌和病毒；5%～10%的溶液用作杀灭芽孢。环境器具消毒，0.015%～0.02%；饮水消毒，每升水4～6毫克，作用30分钟。本品宜现用现配 注：三氯异氰尿酸钠，其性质特点和作用同二氯异氰尿酸钠基本相同。球虫囊消毒每10升水中加入10～20克
	二氧化氯（益康、消毒王、超氯）	白色粉末，有氯臭，易溶于水，易潮湿。可快速杀灭所有病原微生物，制剂有效氯含量5%。具有高效、低毒、除臭和不残留的特点	可用于畜禽舍、场地、器具、种蛋、屠宰厂、饮水消毒和带畜消毒。含有效氯5%时，环境消毒，每升水加药5～10毫升，泼洒或喷雾消毒；饮水消毒，100升水加药5～10毫升；用具、食槽消毒，每升水加药5毫克，浸泡5～10分钟。现配现用
碘类消毒剂	碘酊（碘酒）	为碘的醇溶液，红棕色澄清液体，微溶于水，易溶于乙醚、氯仿等有机溶剂，杀菌力强	2%～2.5%用于皮肤消毒

续表

类型	名称	性状和性质	使用方法
碘类消毒剂	碘伏（络合碘）	红棕色液体，随着有效碘含量的下降逐渐向黄色转变。不定型络合物，其实质是一种含碘的表面活性剂，主要剂型为聚乙烯吡咯烷酮碘和聚乙烯醇碘等，性质稳定，对皮肤无害	0.5%～1%用于皮肤消毒，10毫克/升浓度用于饮水消毒
	威力碘	红棕色液体。本品含碘0.5%	1%～2%用于畜舍、家畜体表及环境消毒。5%用于手术器械、手术部位消毒
醛类消毒剂	福尔马林，含36%～40%甲醛水溶液	无色有刺激性气味的液体，90℃下易生成沉淀。对细菌繁殖体及芽孢、病毒和真菌均有杀灭作用，广泛用于防腐消毒	1%～2%环境消毒，与高锰酸钾配伍熏蒸消毒畜禽房舍等，可使用不同级别的浓度
	戊二醛	无色油状液体，味苦。有微弱甲醛气味，挥发度较低。可与水、酒精作任何比例的稀释，溶液呈弱酸性。碱性溶液有强大的灭菌作用	2%水溶液，用0.3%碳酸氢钠调整pH值在7.5～8.5范围可消毒，用于不能进行热灭菌的精密仪器、器材的消毒
	多聚甲醛（含甲醛91%～99%）	为甲醛的聚合物，有甲醛臭味，为白色疏松粉末，常温下不可分解出甲醛气体，加热时分解加快，释放出甲醛气体与少量水蒸气。难溶于水，但能溶于热水，加热至150℃时，可全部蒸发为气体	多聚甲醛的气体与水溶液，均能杀灭各种类型病原微生物。1%～5%溶液作用10～30分钟，可杀灭除细菌芽孢以外的各种细菌和病毒；杀灭芽孢时，需8%浓度作用6小时；用于熏蒸消毒，用量为每立方米3～10克，消毒时间为6小时

续表

类型	名称	性状和性质	使用方法
氧化剂类	过氧乙酸	无色透明酸性液体，易挥发，具有浓烈刺激性，不稳定，对皮肤、黏膜有腐蚀性。对多种细菌和病毒杀灭效果好	400～2000毫克/升，浸泡2～120分钟；0.1%～0.5%擦拭物品表面；或0.5%～5%环境消毒；0.2%器械消毒
	过氧化氢（双氧水）	无色透明，无异味，微酸苦，易溶于水，在水中分解成水和氧。可快速灭活多种微生物	1%～2%创面消毒；0.3%～1%黏膜消毒
	过氧戊二酸	有固体和液体两种。固体难溶于水，为白色粉末，有轻度刺激性作用，易溶于乙醇、氯仿、乙酸	2%器械浸泡消毒和物体表面擦拭，0.5%皮肤消毒，雾化气溶胶用于空气消毒
	臭氧	臭氧（O_3）是氧气（O_2）的同素异形体，在常温下为淡蓝色气体，有鱼腥臭味，极不稳定，易溶于水。臭氧对细菌繁殖体、病毒、真菌和枯草杆菌黑色变种芽孢有较好的杀灭作用；对原虫和虫卵也有很好的杀灭作用	30毫克/米³，15分钟室内空气消毒；0.5毫克/升10分钟，用于水消毒；15～20毫克/升用于污水消毒
	高锰酸钾	紫黑色斜方形结晶或结晶性粉末，无臭，易溶于水，其水溶液因浓度不同而呈暗紫色至粉红色。低浓度可杀死多种细菌的繁殖体，高浓度（2%～5%）在24小时内可杀灭细菌芽孢，在酸性溶液中可以明显提高杀菌作用	0.1%溶液可用于鸡的饮水消毒，杀灭肠道病原微生物；0.1%创面和黏膜消毒；0.01%～0.02%消化道清洗；用于体表消毒时使用的浓度为0.1%～0.2%

续表

类型	名称	性状和性质	使用方法
复合酚类	苯酚（石炭酸）	白色针状结晶，弱碱性，易溶于水，有芳香味	杀菌力强，3%～5%用于环境与器械消毒，2%用于皮肤消毒
	煤酚皂（来苏儿）	由煤酚和植物油、氢氧化钠按一定比例配制而成。无色，见光和空气变为深褐色，与水混合成为乳状液体。毒性较低	3%～5%用于环境消毒；5%～10%器械消毒、处理污物；2%的溶液用于术前、术后和皮肤消毒
	复合酚（农福、消毒净、消毒灵）	由冰醋酸、混合酚、十二烷基苯磺酸、煤焦油按一定比例混合而成，为棕色黏稠状液体，有煤焦油臭味，对多种细菌和病毒有杀灭作用	用水稀释100～300倍后，用于环境、畜禽舍、器具的喷雾消毒，稀释用水温度不低于8℃；1：200杀灭烈性传染病，如口蹄疫；1：（300～400）药浴或擦拭皮肤，药浴25～分钟，可以防治猪、牛、羊螨虫等皮肤寄生虫病，效果良好
	氯甲酚溶液（菌球杀）	为甲酚的氯代衍生物，一般为5%的溶液。杀菌作用强，毒性较小	主要用于畜禽舍、用具、污染物的消毒。用水稀释30～100倍后用于环境、畜禽舍的喷雾消毒
表面活性剂（双链季铵盐类消毒剂）	新洁尔灭（苯扎溴铵）。市售的一般为浓度5%的苯扎溴铵水溶液	无色或淡黄色液，振摇产生大量泡沫。对革兰氏阴性细菌的杀灭效果比对革兰氏阳性菌强，能杀灭有囊膜的亲脂病毒，不能杀灭亲水病毒、芽孢菌、结核菌，易产生耐药性	皮肤、器械消毒用0.1%的溶液（以苯扎溴铵计），黏膜、创口消毒用0.02%以下的溶液。0.5%～1%溶液用于手术局部消毒
	度米芬（杜米芬）	白色或微白色片状结晶，能溶于水和乙醇。主要用于细菌病原，消毒能力强，毒性小，可用于环境、皮肤、黏膜、器械和创口的消毒	皮肤、器械消毒用0.05%～0.1%的溶液，带畜禽消毒用0.05%的溶液喷雾

类型	名称	性状和性质	使用方法
表面活性剂（双链季铵盐类消毒剂）	癸甲溴铵溶液（百毒杀，市售浓度一般为10%癸甲溴铵溶液）	白色、无臭、无刺激性、无腐蚀性的溶液剂。本品性质稳定，不受环境酸碱度、水质硬度、粪便、血污等有机物及光、热影响，可长期保存，且适用范围广	饮水消毒，日常1：（2000～4000），可长期使用。疫病期间1：（1000～2000），连用7天；畜禽舍以及带禽消毒，日常1：600；疫病期间1：（200～400）喷雾、洗刷、浸泡
	双氯苯胍己烷	白色结晶粉末，微溶于水和乙醇	0.5%环境消毒，0.3%器械消毒，0.02%皮肤消毒
	环氧乙烷（烷基化合物）	常温无色气体，沸点10.3℃，易燃、易爆、有毒	50毫克/升密闭容器内用于器械、敷料等消毒
	氯己定（洗必泰）	白色结晶，微溶于水，易溶于醇，禁忌与升汞配伍	0.022%～0.05%水溶液，术前洗手浸泡5分钟；0.01%～0.025%用于腹腔、膀胱等冲洗
	辛氨乙甘酸溶液（菌毒清）		主要用于杀灭细菌，无刺激性，毒性小。1：（100～200）稀释用于环境消毒；0.2%溶液浸泡种蛋消毒
醇类消毒剂	乙醇（酒精）	无色透明液体，易挥发，易燃，可与水和挥发油任意混合。无水乙醇含乙醇量为95%以上。主要通过使细菌菌体蛋白凝固并脱水而发挥杀菌作用。以70%～75%乙醇杀菌能力最强。对组织有刺激作用，浓度越大刺激性越强	70%～75%用于皮肤、手部、注射部位和器械和手术、实验台面消毒，作用时间3分钟；注意不能作为灭菌剂使用，不能用于黏膜消毒；浸泡消毒时，消毒物品不能带有过多水分，物品要清洁
	异丙醇	无色透明液体，易挥发，易燃，具有乙醇和丙酮混合气味，与水和大多数有机溶剂可混溶。作用浓度为50%～70%，过浓或过稀，杀菌作用都会减弱	50%～70%的水溶液涂擦与浸泡，作用时间5～60分钟。只能用于物体表面和环境消毒。杀菌效果优于乙醇，但毒性也高于乙醇。有轻度的蓄积和致癌作用

续表

类型	名称	性状和性质	使用方法
强碱类	氢氧化钠（火碱）	白色干燥的颗粒、棒状、块状、片状结晶，易溶于水和乙醇，易吸收空气中的CO_2形成碳酸钠或碳酸氢钠盐。对细菌繁殖体、芽孢和病毒有很强的杀灭作用，对寄生虫卵也有杀灭作用，浓度增大，作用增强	2%～4%溶液可杀死病毒和繁殖型细菌，30%溶液10分钟可杀死芽孢，4%溶液45分钟杀死芽孢，如加入10%食盐能增强杀芽孢能力。2%～4%的热溶液用于喷洒或洗刷消毒畜禽舍、仓库、墙壁、工作间、入口处、运输车辆、饮饲用具等；5%用于炭疽消毒
	生石灰（氧化钙）	白色或灰白色块状或粉末，无臭，易吸水，加水后生成氢氧化钙	加水配制成10%～20%石灰乳涂刷畜舍墙壁、畜栏等消毒
	草木灰（新鲜草木灰主要含氢氧化钾）	取筛过的草木灰10～15千克，加水35～40千克，搅拌均匀，持续煮沸1小时，补足蒸发的水分即成20%～30%草木灰	20%～30%草木灰可用于圈舍、运动场、墙壁及食槽的消毒。应注意水温在50～70℃
酸类	无机酸（硫酸和盐酸）	具有强烈的刺激性和腐蚀性，生产中较少使用	0.5摩尔/升的硫酸处理排泄物、痰液等，30分钟可杀死多数结核杆菌。2%盐酸用于消毒皮张
	乳酸	微黄色透明液体，无臭微酸味，有吸湿性	蒸汽用于空气消毒，亦可用于与其他醛类配伍
	醋酸	浓烈酸味	5～10毫升/米^{3}加等量水，蒸发消毒房间空气
	十一烯酸	黄色油状溶液，溶于乙醇	5%～10%十一烯酸醇溶液用于皮肤、物体表面消毒
重金属类	甲紫（龙胆紫）	深绿色块状，溶于水和乙醇	1%～3%溶液用于浅表创面消毒、防腐
	硫柳汞	不沉淀蛋白质	0.01%用于生物制品防腐；1%用于皮肤或手术部位消毒

类型	名称	性状和性质	使用方法
高效复方消毒剂	复方含氯消毒剂	常选的含氯成分主要为次氯酸钠、次氯酸钙、二氯异氰尿酸钠、氯化磷酸三钠、二氯二甲基海因等，配伍成分主要为表面活性剂、助洗剂、防腐剂、稳定剂等	按说明使用
	复方季铵盐类消毒剂	作为复配的季铵盐类消毒剂主要以二甲基乙基苄基氯化铵、二甲基苄基溴化铵为多，其他的季铵盐有二甲乙基苄基氯化铵以及双癸季铵盐如双癸甲溴化铵、溴化双(十二烷基二甲基)乙甲二铵等。 常用的配伍剂主要有醛类（戊二醛、甲醛）、醇类（乙醇、异丙醇）、过氧化物类（二氧化氯、过氧乙酸）以及氯己定等。	
	含碘复方消毒剂（常见的为聚乙烯吡咯烷酮、聚乙氧基乙醇等）	碘与表面活性剂的不定型络合物碘伏，是碘类复方消毒剂中最常用的剂型。阴离子表面活性剂、阳离子表面活性剂和非离子表面活性剂均可作为碘的载体制成碘伏，但其中以非离子型表面活性剂最稳定，故选用较多	
	醛类复方消毒剂	常见的醛类复配形式有戊二醛与洗涤剂的复配，降低了毒性，增强了杀菌作用；戊二醛与过氧化氢的复配，远高于戊二醛和过氧化氢的杀菌效果	

续表

类型	名称	性状和性质	使用方法
高效复方消毒剂	醇类复方消毒剂	醇类常用的复配形式中以次氯酸钠与醇的复配为最多，用50％甲醇溶液和浓度2000毫克/升有效氯的次氯酸钠溶液复配，其杀菌作用高于甲醇和次氯酸钠水溶液。乙醇与氯己定复配的产品很多，可与醛类复配，亦可与碘类等复配	

（三）消毒程序

1. 人员消毒

在猪场正门的入口处，建消毒室，内设6根紫外线灯管（4个墙角各安装1个，房顶吊2个）、消毒盆和消毒池。进场人员必须在此换鞋、更衣，照射15分钟后在消毒盆内用来苏儿消毒液洗手，然后再从盛有5％苛性钠溶液的消毒池中趟过进入生产区；每一栋舍的两头放消毒槽。进入猪舍的人员先踏消毒盆（池），再洗手后方可进入。病猪隔离人员和剖检人员操作前后都要进行严格消毒。消毒液可选用2％～5％火碱（氢氧化钠）、1％菌毒敌、1∶300特威康等，药液每周更换1～2次，雨过天晴后立即更换，确保消毒效果。

2. 车辆消毒

大门口消毒池长度为汽车轮周长的2倍，深度为15～20厘米，宽度与大门口同宽。进入场门的车辆除要经过消毒池外，还必须对车身、底盘进行高压喷雾消毒，消毒液可用2％过氧乙酸或灭毒威。严禁车辆（包括员工的摩托车、自行车）进入生产区。外界购猪车一律禁止入场。装猪车装猪前严格消毒，售猪后对使用过的装猪台、磅秤及时清理、冲洗、消毒。进入生产区的料车每周需彻底消毒一次。

3. 环境消毒

（1）环境清洁消毒　生产区的垃圾实行分类堆放，并定期收集；每逢周六进行环境清理、消毒和焚烧垃圾；整个场区每半个月要用2%～3%苛性钠溶液喷洒消毒一次，不留死角；各栋舍内走道每5～7天用3%苛性钠溶液喷洒消毒一次。必要时可增加消毒次数或用对猪体无害的消毒药物载猪消毒。

（2）春秋两季的常规大消毒　这时气候温暖，适宜于各种病原体微生物的生长繁殖，是搞好消毒防疫的关键时期。要选用如下广谱消毒药：2%～4%氢氧化钠（苛性钠），10%～20%漂白粉乳剂，0.05%～0.5%过氧乙酸（过醋酸），以及增效二氧化氯溶液等。其用药量为：每平方米地面用药液0.5～2千克，墙壁每平方米用药液0.5～1千克。

4. 空舍消毒

（1）清扫　首先对空舍的粪尿、污水、残料、垃圾和墙面、顶棚、水管等处的尘埃进行彻底清扫，并整理归纳舍内饲槽、用具，当发生疫情时，必须先消毒后清扫。

（2）浸润　对地面、猪栏、出粪口、食槽、粪尿沟、风扇匣、护仔箱进行低压喷洒，并确保充分浸润，浸润时间不低于30分钟，但不能时间过长，以免干燥，浪费水且不好洗刷。

（3）冲刷　使用高压冲洗机，由上至下彻底冲洗屋顶、墙壁、栏架、网床、地面、粪尿沟等。要用刷子刷洗藏污纳垢的缝隙，尤其是食槽、护仔箱壁的下端，冲刷不要留死角。

（4）消毒　晾干后，选用广谱高效消毒剂，消毒舍内所有表面、设备和用具，必要时可选用2%～3%氢氧化钠（火碱）进行喷雾消毒，30～60分钟后低压冲洗，晾干后用另一种广谱高效消毒药（0.3%好利安）喷雾消毒。

（5）复原　恢复原来栏舍内的布置，并检查维修，作好进猪前的充分准备，并进行第二次消毒。

（6）猪舍的熏蒸消毒　对封闭猪舍冲刷干净、晾干后，最好进行熏蒸消毒。用福尔马林、高锰酸钾熏蒸。方法：熏蒸前封闭所有缝隙、孔洞，计算房间容积，称量好药品。按照福尔马林：高锰酸钾：水2：1：1的比例配制，福尔马林用量一般为14～42毫升/米^3。容器应大于甲醛溶液加水后容积的3～4倍。放药时一定要把甲醛溶液倒入盛高锰酸钾的容器内，室温最好不低于24℃，相对湿度在70%~80%。先从猪舍一头逐点倒入，倒入后迅速离开，把门封严，24小时后打开门窗通风。无刺激味后再用消毒剂喷雾消毒一次。

（7）进猪 进猪前1天再喷雾消毒。

5. 带猪消毒

带猪喷雾消毒法是对猪体和猪舍内空间同时进行消毒的一种方法，是预防疾病或在猪群已发病的紧急情况下，对传染性疾病进行紧急控制的一种实用而有效的方法。带猪喷雾消毒应选择毒性、刺激性和腐蚀性小的消毒剂。例如过氧化剂，过氧乙酸0.3%溶液30毫升/米^3；含氯制剂，二氧化氯0.015%溶液240~60毫升/米^3；二氯异氰尿酸盐，浓度为0.005%~0.01%，260~80毫升/米^3。各类猪只的消毒应用频率为：夏季每周消毒2次，春秋季每周消毒1次，冬季2周消毒1次。在疫情期间，产房每天消毒一次，保育舍可隔天1次，成年猪舍每周消毒2~3次，消毒时不仅限于猪的体表，还包括整个猪舍的所有空间。带猪喷雾消毒时，所用药剂的体积以做到猪体体表或地面基本湿润为准（通常100米^{2}舍内10升消毒液即可）。应将喷雾器的喷头高举空中，喷嘴向上，让雾料从空中缓慢地下降，雾粒直径控制在80~120微米，压力为0.2~0.3千克力/厘米^2。注意不宜选用刺激性大的药物。

6. 处理病、死猪及场地的消毒

猪场一经发现病猪，要及时隔离治疗；对于处理的病、死猪，要在指定的隔离地点烧毁或深埋，绝不允许在场内随意处理或解剖病、死猪。对病猪走过或停留的地方，应清除粪便和垃圾，然后铲除其表土，再用2%~4%苛性钠溶液进行彻底消毒，用量按1升/米^{2}左右进行。

7. 污水和粪便的消毒

猪场产生的大量粪便和污水，含有大量的病原菌，以病猪粪尿更甚，应对其进行严格消毒。对于猪只粪便，可用发酵池法和堆积法消毒；对污水可用含氯25%的漂白粉消毒，用量为每立方米中加入6克漂白粉，如水质较差可加入8克。

8. 兽医防疫人员出入猪舍消毒

兽医防疫人员出入猪舍必须在消毒池内进行鞋底消毒，在消毒盆内洗手消毒。出舍时要在消毒盆内洗手消毒；兽医防疫人员在一栋猪舍工作完毕后，要用消毒液浸泡的纱布擦洗注射器和提药盒的周围。

9. 特定消毒

猪转群或部分调动时（母猪配种除外）必须将道路和需用的车辆、用具，在用前、用后分别喷雾消毒。参加人员需换上洁净的工作服和胶鞋，并经过紫外线照射 15 分钟；接产母猪有临产征兆时，就要将产床、栏架、猪的臀部及乳房洗刷干净，并用 1/600 的百毒杀或 0.1％高锰酸钾溶液消毒。仔猪产出后要用消毒过的纱布擦净口腔黏液。正确实施断脐并用碘酊消毒断端；在断尾、剪耳、剪牙、注射等前后，都要对器械和术部进行严格消毒。消毒可用碘伏或 70％的酒精棉；手术消毒手术部首先要用清水洗净擦干，然后涂以 3％的碘酊，待干后再用 70％～75％酒精消毒，待酒精干后方可实施手术，术后创口涂 3％碘酊；阉割时，手术部位要用 70％～75％酒精消毒，待干燥后方可实施阉割，结束后刀口处再涂以 3％碘酊；器械消毒手术刀、手术剪、缝合针、缝合线可用煮沸消毒，也可用 70％～75％酒精消毒，注射器用完后里外冲刷干净，然后煮沸消毒。医疗器械每天必须消毒一遍；发生传染病或传染病平息后，要强化消毒，药液浓度加大，消毒次数增加。

10. 饲料袋消毒

每月清洗并浸泡消毒 1 次。

四、猪场的免疫接种

目前，传染性疾病仍是我国养猪业的主要威胁，而免疫接种仍是预防传染病的有效手段。免疫接种通常是使用疫苗和菌苗等生物制剂作为抗原接种于猪体内，激发抗体产生特异性免疫力。

（一）疫苗的管理

疫苗质量直接影响到免疫接种的效果，加强疫苗的选购、运输、保管具有重要意义。

1. 疫苗的采购

采购疫苗时，一定要根据疫苗的实际效果和抗体监测结果，以及场际间的沟通和了解，选择规范而信誉高且有批准文号的生产厂家生产的疫苗，到有生物制品经营许可证的经营单位购买。疫苗应是近期生产的，有效期只有 2～3 个月的疫苗最好不要购买。

2. 疫苗的运输

运输疫苗要使用放有冰袋的保温箱，做到"苗随冰行，苗到未溶"。途中避免阳光照射和高温。疫苗如需长途运输，一定要将运输的要求交代清楚，约好接货时间和地点，接货人应提前到达，及时接货。疫苗运输过程中时间越短越好，中途不得停留存放，应及时运往猪场放入 17℃恒温冰箱，防止冷链中断。

3. 疫苗的保管

保管前要清点数量，逐瓶检查苗瓶有无破损，瓶盖有无松动，标签是否完整，并记录生产厂家、批准文号、检验号、生产日期、失效日期、药品的物理性状与说明书是否相符等，避免购入伪劣产品。仔细查看说明书，严格按说明书的要求贮存；许多疫苗是在冰箱内冷冻保存，冰箱要保持清洁和存放有序，并定时清理冰箱的冰块和过期的疫苗。如遇停电，应在停电前 1 天准备好冰袋，以备停电用，停电时尽量少开箱门。

猪常用的生物制品见表 6-3。

表 6-3　猪常用的生物制品

名称	作用	使用和保存方法
猪瘟兔化弱毒疫苗	猪瘟预防接种；4 天后产生免疫力，免疫期 9 个月	每头猪臀部或耳根肌内注射 1 毫升；保存温度 4℃。避免阳光照射
猪瘟兔化毒疫牛体反应苗	猪瘟预防接种；4 天后产生免疫力，免疫期 1 年	每头猪股内、臀部或耳根肌内或皮下注射 1 毫升；4℃保存不超过 6 个月，−20℃保存不超过 1 年。避免阳光照射
猪瘟-猪肺疫-猪丹毒三联苗	猪瘟、猪肺疫、猪丹毒的预防接种；猪瘟免疫期 1 年，猪丹毒和猪肺疫为 6 个月	按规定剂量用生理盐水稀释后，每头肌内注射 1 毫升。−15℃保存期为 12 个月，0～8℃为 6 个月
猪伪狂犬病弱毒苗	猪伪狂犬病预防和紧急接种；免疫后 6 天能产生坚强的免疫力，免疫期 1 年	按规定剂量用生理盐水稀释后，每头肌内注射 1 毫升。−20℃保存期为 1.5 年，0～8℃为半年，10～15℃为 15 天

名称	作用	使用和保存方法
猪细小病毒氢氧化铝胶疫苗	细小病毒病的预防；免疫期1年	母猪每次配种前2～4周内颈部肌内注射2毫升。避免冻结和阳光照射，4～8℃保存
猪传染性萎缩性鼻炎油佐剂二联灭活疫苗	预防支气管败血波氏杆菌和产毒性多杀性巴氏杆菌感染引起的萎缩性鼻炎；免疫期6个月	母猪产前4周接种，颈部皮下注射2毫升，新引进的后备母猪立即注射1毫升。4℃保存1年，室温保存1个月
猪传染性胃肠炎-猪轮状病毒二联弱毒疫苗	预防猪传染性胃肠炎、猪轮状病毒性腹泻；免疫期为一胎次	用生理盐水稀释，经产母猪及后备母猪于分娩前5～6周各肌内注射1毫升。4℃的阴暗处保存1年，其他注意事项可参见说明
猪传染性胃肠炎-猪流行性腹泻二联灭活疫苗	预防猪传染性胃肠炎和猪流行性腹泻两种病毒引起的腹泻；接种后15天开始产生免疫力，免疫期为6个月	一般于产前20～30天后海穴注射接种4毫升。避免高温和阳光照射，2～8℃保存，不可冻结，保存期1年
口蹄疫疫苗	预防口蹄疫病毒引起的相关疾病；免疫期2个月	每头猪2毫升，2周后再免疫一次。疫苗在2～8℃保存，不可冻结，保存期1年
猪气喘病弱毒冻干活菌苗	预防猪气喘病；免疫期1年	种猪、后备猪每年春、秋各一次免疫，仔猪15日龄至断奶首免，3～4月龄种猪二免。胸腔注射，4毫升/头
猪链球菌氢氧化铝胶菌苗	预防链球菌病；免疫期6个月	60日龄首免，以后每年春秋免疫一次，3毫升/头
传染性胸膜肺炎灭活油佐剂苗	预防传染性胸膜肺炎	2～3月龄猪间隔2周2次接种
猪肺疫弱毒冻干苗	预防猪肺疫；免疫期6个月	仔猪70日龄初免，1头份/头；成年猪每年春秋各免疫一次
繁殖呼吸道综合征冻干苗	预防繁殖呼吸道综合征	3周龄仔猪初次接种，种母猪配种前2周再次接种。大猪2毫升/头，小猪1毫升/头
抗猪瘟血清	猪瘟的紧急预防和治疗，注射后立即起效。必要时12～24小时再注射一次，免疫期为14天	采用皮下或静脉注射，预防剂量为1毫升/千克体重，治疗加倍。本制品在2～15℃条件下保存3年

（二）制定免疫程序时考虑的主要问题

猪场必须根据本场的实际情况，考虑本地区的疫病流行特点，结合畜禽的种类、年龄、饲养管理、母源抗体的干扰以及疫苗的性质、类型和免疫途径等各方面因素和免疫监测结果，制定适合本场的免疫程序，千万不能生搬硬套别人的免疫程序。要充分考虑到影响免疫程序制定的主要问题，科学制定适合本场的免疫程序。

1. 母源抗体干扰

母源抗体（被动免疫）对新生仔猪十分重要，但给疫苗的接种带来一定的影响，如果仔猪存在较高水平的母源抗体时接种弱毒苗，则会极大地影响疫苗的免疫效果。因此，在母源抗体水平高时不宜接种弱毒疫苗，并在适当日龄再加强免疫接种一次。例如，仔猪的猪瘟免疫程序，根据猪瘟母源抗体下降规律，一般采取20～25日龄首免，55～60日龄加强免疫一次；而有猪瘟病毒感染或受猪瘟病毒威胁的猪场应实行超免，即在仔猪刚出生就接种猪瘟疫苗，待1.5小时后才让其吮初乳，在55～60日龄再加强免疫一次。

2. 猪场发病史

制定免疫程序时要考虑本地区猪病疫情和该猪场已发生过什么病、发病日龄、发病频率及发病批次，依此确定疫苗的种类和免疫时机。对本地区、本场尚未证实发生的疾病，必须证明确实已受到严重威胁时才计划接种。

3. 免疫途径

接种疫苗的途径有注射、饮水、滴鼻等，应根据疫苗的类型、疫病特点及免疫程序来选择每次免疫的接种途径。例如，灭活苗、类毒素和亚单位苗不能经消化道接种，一般用于肌内注射；喘气病弱毒冻干苗采用胸腔接种；伪狂犬病基因缺失苗对仔猪采用滴鼻效果更好，它既可建立免疫屏障，又可避免母源抗体的干扰。

4. 季节性

许多疫病具有较强的季节性，指定程序时要予以考虑。如春夏季预防乙型脑炎，秋冬季和早春预防传染性胃肠炎和流行性腹泻。

5. 不同疫苗之间的干扰

不同疫苗之间的干扰影响接种时间的科学安排，如果不注意就会影响免疫效果。如在接种猪伪狂犬病（pr）弱毒疫苗和蓝耳病疫苗时，必须与猪瘟（hc）兔化弱毒疫苗的免疫注射间隔1周以上，否则前者对后者的免疫有干扰作用。

（三）影响免疫效果的因素

免疫应答是一种复杂的生物学过程，影响因素很多，必须了解主要影响因素，尽量减少不良因素的影响，提高免疫接种的效果。

1. 疫苗的质量

疫苗是指具有良好免疫原性的病原微生物经繁殖和处理后制成的生物制品，接种动物能产生相应的免疫效果，疫苗质量是免疫成败的关键因素，疫苗质量好必须具备的条件是安全和有效。农业部要求生物制品生产企业到2005年必须达到GMP标准，以真正合格的SPF胚生出更高效、更精确的弱毒活疫苗，利用分子生物学技术深入研究毒株进行疫苗研制，将病毒中最有效的成分提取出来生产疫苗，同时对疫苗辅助物如保护剂、稳定剂、佐剂、免疫修饰剂等进一步改善，可望大幅度改善常规疫苗的免疫力，使用疫苗的单位必须到具备供苗资格的单位购买。通常弱毒苗和湿苗应保存于−15℃以下，灭活苗和耐热冻干弱毒苗应保存于2～8℃，灭活苗要严防冻结，否则会破乳或出现凝集块，影响免疫效果。

2. 免疫的剂量

毒苗接种后在体内有个繁殖过程，接种到猪体内的疫苗必须含有足量的有活力的抗原，才能激发机体产生相应抗体，获得免疫。若免疫的剂量不足，将导致免疫力低下或诱导免疫力耐受；而免疫的剂量过大也会产生强烈应激，使免疫应答减弱甚至出现免疫麻痹现象。

3. 干扰作用

同时免疫接种两种或多种弱毒苗往往会产生干扰现象。产生干扰的原因可能有两个方面：一是两种病毒感染的受体相似或相同，产生竞争作用；二是一种病毒感染细胞后产生干扰素，影响另一种病毒的复制，例如初生仔猪用伪狂犬病基因缺失弱毒苗滴鼻后，疫苗毒在呼吸道上部大量繁殖，与伪狂犬病病毒竞争地盘，同时又干扰伪狂犬病病毒的复制，起到抑制和控制病毒的作用。

4. 环境因素

猪体内免疫功能在一定程度上受到神经、体液和内分泌的调节。当环境过冷过热、湿度过大、通风不良时，都会引起猪体不同程度的应激反应，导致猪体对抗原免疫应答能力下降，接种疫苗后不能取得相应的免疫效果，表现为抗体水平低、细胞免疫应答减弱。多次的免疫虽然能使抗体水平很高，但并不是疫病防治要达到的目标，有资料表明，动物经多次免疫后，高水平的抗体会使动物的生产力下降。

5. 应激因素

高免疫力本身对动物来说就是一种应激反应。免疫接种是利用疫苗的致弱病毒去感染猪，这与天然感染得病一样，只是病毒的毒力较弱而不发病死亡，但机体经过调节来克服疫苗病毒的作用后才能产生抗体，所以在接种前后应尽量减少应激反应。集约化猪场的仔猪，既要实施阉割、断尾、驱虫等保健措施，又会发生断奶、转栏、换料等饲养管理条件变化，此阶段免疫最好多补充电解质和维生素，尤其是维生素 A、维生素 E、维生素 C 和复合维生素 B 更为重要。

（四）接种疫苗时的注意事项

1. 疫苗使用前要检查

使用前要检查药品的名称、厂家、批号、有效期、物理性状、贮存条件等是否与说明书相符。仔细查阅使用说明书与瓶签是否相符，明确装置、稀释液、每头剂量、使用方法及有关注意事项，并严格遵守，以免影响效果。对过期、无批号、油乳剂破乳、失真空及颜色异常或不明来源的疫苗禁止使用。

2. 免疫操作规范

（1）避免污染 预防注射过程应严格消毒，注射器、针头应洗净煮沸 15～30 分钟备用，每注射一栏猪更换一枚针头，防止传染。吸药时，绝不能用已给动物注射过的针头吸取，可用一个灭菌针头，插在瓶塞上不拔出，裹以挤干的酒精棉花专供吸药用。吸出的药液不应再回注瓶内。

（2）疫苗均匀 液体在使用前应充分摇匀，每次吸苗前再充分振摇。冻干苗加稀释液后应轻轻振摇匀。

（3）选用适宜针头 要根据猪的大小和注射剂量多少，选用相应的针管和针头。针管可用 10 毫升或 20 毫升的金属注射器或连续注射器，针头可用长为 38～44 毫米的 12 号针头；新生仔猪猪瘟超免可用 2 毫升或 5 毫升的注射器，针头长为 20 毫米的 9 号针头。注射时要一猪一个针头，一猪一标记，以免漏注；注射器刻度要清晰，不滑杆、不漏液；注射的剂量要准确，不漏注、不白注；进针要稳，拔针宜速，不得打"飞针"，以确保苗液真正足量地注射于肌内。

（4）接种部位适宜并消毒　注射部位要准确。肌内注射部位有颈部、臀部和后腿内侧等供选择，皮下注射在耳后或股内侧皮下疏松结缔组织部位。避免注射到脂肪组织内。需要交巢穴和胸腔注射的更需摸准部位；接种部位以 5％碘酊消毒为宜，以免影响疫苗活性。免疫弱毒菌苗前后 7 天不得使用抗生素和磺胺类等抗菌抑菌药物。

（5）适当保定　注射时要适当保定保育舍、育肥舍的猪，可用焊接的铁栏挡在墙角处等相对稳定后再注射。哺乳仔猪和保育仔猪需要抓逮时，要注意轻抓轻放，避免过分驱赶，以减缓应激。

（6）接种时间　应安排在猪群喂料前空腹时进行，高温季节应在早晚注射。

（7）操作准确

① 注射时动作要快捷、熟练，做到"稳、准、足"，避免飞针、针折、疫苗洒落。苗量不足的立即补注。

② 怀孕母猪免疫操作要小心谨慎，产前 15 天内和怀孕前期尽量减少使用各种疫苗。

③ 疫苗不得混用（标记允许混用的除外），一般两种疫苗接种时间至少间隔 5～7 天。

④ 失效、作废的疫苗，用过的疫苗瓶，稀释后的剩余疫苗等，必须妥善处理。处理方式包括用消毒剂浸泡、煮沸、烧毁、深埋等。

3. 免疫前后加强管理

（1）避免应激　防疫前的 3～5 天可以使用抗应激药物、免疫增强保护剂，以提高免疫效果。

（2）禁用药物　在使用活病毒苗时，用苗前后严禁使用抗病毒药物；用活菌苗时，防疫前后 10 天内不能使用抗生素、磺胺类等抗菌、抑菌药物及激素类。

（3）作好记录　及时认真填写免疫接种记录，包括疫苗名称、免疫日期、舍别、猪别、日龄、免疫头数、免疫剂量、疫苗性质、生产厂家、有效期、批号、接种人等。每批疫苗最好存放1～2瓶，以备出现问题时查询。

（4）不良反应处理

① 有的疫苗接种后能引起过敏反应，需详细观察1～2日，尤其接种后2小时内更应严密监视，遇有过敏反应者，注射肾上腺素或地塞米松等抗过敏解救药。

② 有的猪打过疫苗后应激反应较大，表现采食量降低，甚至不吃或体温升高，应饮用电解质水或口服补液盐或熬制的中药液。尤其是保育舍仔猪免疫接种后采取以上措施能减缓应激。

③ 如果发生严重反应或怀疑疫苗有问题而引起死亡，尽快向生产厂家反映或冷藏包装同批次的制品2瓶寄回厂家，以便查找原因。

（5）细心管理　接种疫苗后，活苗经7～14天、灭活苗经14～21天才能使机体获得免疫保护，这期间要加强饲养管理，尽量减少应激因素，加强环境控制，防止饲料霉变，搞好清洁卫生，避免强毒感染。

（五）疫苗接种效果的检测

1. 定期检测抗体

一个季度抽血分离血清进行一次抗体监测，当抗体水平合格率达不到时应补注一次，并检查其原因。一般情况下，疫苗的进货渠道应当稳定，但因特殊情况需要换用新厂家的某种疫苗时，在疫苗注射后30天即进行抗体监测，抗体水平合格率达不到时，则不能使用该疫苗，改用其他厂家疫苗进行补注。

2. 实践观察

注重在生产中考查疫苗的效果，如长期未见初产母猪流产，说明细小病毒苗的效果尚可。

（六）猪场参考免疫程序

免疫接种通常是使用疫苗和菌苗等生物制剂作为抗原接种于猪体，激发抗体产生特异性免疫力，抵抗传染病发生的一种有效手段。常见的免疫程序见表6-4～表6-7。

表 6-4　商品猪的参考免疫程序

免疫时间/日龄	使用疫苗	免疫剂量和方式
1	猪瘟弱毒疫苗①	1头份肌内注射
7	猪喘气病灭活疫苗②	1头份胸腔注射
20	猪瘟弱毒疫苗	2头份肌内注射
21	猪喘气病灭活疫苗②	1头份胸腔注射
23～25	高致病性猪蓝耳病灭活疫苗	1头份肌内注射
	猪传染性胸膜肺炎灭活疫苗②	1头份肌内注射
	链球菌Ⅱ型灭活疫苗②	1头份肌内注射
28～35	口蹄疫灭活疫苗	1头份肌内注射
	猪丹毒疫苗、猪肺疫疫苗或猪丹毒-猪肺疫二联苗②	1头份肌内注射
	仔猪副伤寒弱毒疫苗②	1头份肌内注射
	传染性萎缩性鼻炎灭活疫苗②	1头份颈部皮下注射
55	猪伪狂犬基因缺失弱毒疫苗	1头份肌内注射
	传染性萎缩性鼻炎灭活疫苗②	1头份颈部皮下注射
60	口蹄疫灭活疫苗	2头份肌内注射
	猪瘟弱毒疫苗	2头份肌内注射
70	猪丹毒疫苗、猪肺疫疫苗或猪丹毒-猪肺疫二联苗②	2头份肌内注射

① 在母猪带毒严重，垂直感染引发哺乳仔猪猪瘟的猪场实施。
② 根据本地疫病流行情况可选择进行免疫。
注：猪瘟弱毒疫苗建议使用脾淋疫苗。

表 6-5　种母猪参考免疫程序

免疫时间	使用疫苗	免疫剂量和方式
每隔4～6个月	口蹄疫灭活疫苗	2头份肌内注射
初产母猪配种前	猪瘟弱毒疫苗	2头份肌内注射
	高致病性猪蓝耳病灭活疫苗	1头份肌内注射
	猪细小病毒灭活疫苗	1头份颈部肌内注射
	猪伪狂犬基因缺失弱毒疫苗	1头份肌内注射

续表

免疫时间	使用疫苗	免疫剂量和方式
经产母猪配种前	猪瘟弱毒疫苗	2头份肌内注射
	高致病性猪蓝耳病灭活疫苗	1头份肌内注射
产前4～6周	猪伪狂犬基因缺失弱毒疫苗	1头份肌内注射
	大肠杆菌双价基因工程苗[1]	1头份肌内注射
	猪传染性胃肠炎-流行性腹泻二联苗[1]	1头份后海穴注射

[1] 根据本地疫病流行情况可选择进行免疫。

注：1. 种猪70日龄前免疫程序同商品猪。

2. 乙型脑炎流行或受威胁地区，每年3～5月份（蚊虫出现前1～2月），使用乙型脑炎疫苗间隔1个月免疫两次。

3. 猪瘟弱毒疫苗建议使用脾淋疫苗。

表 6-6　种公猪参考免疫程序

免疫时间	使用疫苗	免疫剂量和方式
每隔4～6个月	口蹄疫灭活疫苗	2头份肌内注射
每隔6个月	猪瘟弱毒疫苗	2头份肌内注射
	高致病性猪蓝耳病灭活疫苗	1头份肌内注射
	猪伪狂犬基因缺失弱毒疫苗	1头份肌内注射

注：1. 种猪70日龄前免疫程序同商品猪。

2. 乙型脑炎流行或受威胁地区，每年3～5月份（蚊虫出现前1～2月），使用乙型脑炎疫苗间隔1个月免疫两次。

3. 猪瘟弱毒疫苗建议使用脾淋疫苗。

表 6-7　常见猪病的参考免疫程序

猪别及日龄		免疫内容
仔猪	吃初乳前1～2小时	猪瘟弱毒疫苗超前免疫
	初生乳猪	猪伪狂犬病弱毒疫苗
	7～15日龄	猪喘气病灭活菌苗、传染性萎缩性鼻炎灭活菌苗
	25～30日龄	猪繁殖与呼吸综合征（PRRS）弱毒疫苗、仔猪副伤寒弱毒菌苗、伪狂犬病弱毒疫苗、猪瘟弱毒疫苗（超前免疫猪不免）、猪链球菌苗、猪流感灭活疫苗
	30～35日龄	猪传染性萎缩性鼻炎、猪喘气病灭活菌苗
	60～65日龄	猪瘟弱毒疫苗、猪丹毒疫苗、猪肺疫弱毒菌苗、伪狂犬病弱毒疫苗

猪别及日龄		免疫内容
初产母猪	配种前 10 周、8 周	猪繁殖与呼吸综合征（PRRS）弱毒疫苗
	配种前 1 个月	猪细小病毒病弱毒疫苗、猪伪狂犬病弱毒疫苗
	配种前 3 周	猪瘟弱毒疫苗
	产前 5 周、2 周	仔猪黄白痢菌苗
	产前 4 周	猪流行性腹泻-传染性胃肠炎-轮状病毒三联疫苗
经产母猪	配种前 2 周	猪细小病毒病弱毒疫苗（初产前未经免疫的）
	怀孕 60 天	猪喘气病灭活菌苗
	产前 6 周	猪流行性腹泻-传染性胃肠炎-轮状病毒三联疫苗
	产前 4 周	猪传染性萎缩性鼻炎灭活菌苗
	产前 5 周、2 周	仔猪黄白痢菌苗
	每年 3～4 次	猪伪狂犬病弱毒疫苗
	产前 10 天	猪流行性腹泻-传染性胃肠炎-轮状病毒三联疫苗
	断奶前 7 天	猪瘟弱毒疫苗、猪丹毒弱毒菌苗、猪肺疫弱毒菌苗
青年公猪	配种前 10 周、8 周	猪繁殖与呼吸综合征（PRRS）弱毒疫苗
	配种 1 个月	猪细小病毒病弱毒疫苗、猪丹毒弱毒菌苗、猪肺疫弱毒菌苗、猪瘟弱毒疫苗
	配种前 2 周	猪伪狂犬病弱毒疫苗
成年公猪	每半年一次	猪细小病毒病弱毒疫苗、猪瘟弱毒疫苗、传染性萎缩性鼻炎、猪丹毒弱毒菌苗、猪肺疫弱毒菌苗、猪喘气病灭活菌苗
各类猪群	3～4 月份	乙型脑炎弱毒疫苗
	每半年一次	猪瘟弱毒疫苗、猪丹毒弱毒菌苗、猪肺疫弱毒菌苗、猪口蹄疫灭活疫苗、猪喘气病灭活菌苗

注：猪瘟弱毒疫苗常规免疫剂量：一般初生乳猪 1 头份/只，其他大小猪可用到 4～6 头份/只。未能作乳前免疫的，仔猪可在 21～25 日龄首免，40 日龄、60 日龄各免 1 次，4 头份/（只·次）；有些地区猪传染性胸膜肺炎、副猪嗜血杆菌病的发病率比较高，需要作相应的免疫；将病毒苗与弱毒菌苗混合使用，若病毒苗中加有抗生素则可杀死弱毒菌苗，导致弱毒菌苗的免疫失败。在使用活菌制剂（包括猪丹毒、猪肺疫、仔猪副伤寒弱毒苗）前 10 天和后 10 天，应避免在饲料、饮水中添加或给予猪只肌内注射对活菌制剂敏感的抗菌药。

五、药物保健

猪群保健就是在猪容易发病的几个关键时期，提前用药物预防，降低猪场的发病率。这比发病后再治，既省钱省力，又避免影响猪的生长或生产，收到事半功倍的效果。药物保健要大力提倡使用细胞因子产品、中药制剂、微生态制剂及酶类制剂等，尽可能少用抗生素类药物，以避免耐药性、药物残留及不良反应的发生，影响动物性食品的质量，危害公共卫生的安全。

猪的保健方案见表6-8。

表6-8　猪的药物保健方案

类型	时间	保健方案
哺乳仔猪	仔猪出生后1～4日龄	1日龄、4日龄每头各肌注排疫肽（高免球蛋白）1次，每次每头0.25毫升；或者肌注倍康肽（猪白细胞介素-4，三仪公司研发），每次每头0.25毫升，可增强免疫力，提高抗病力。1～3日龄，每天口服畜禽生命宝（蜡样芽孢杆菌活菌）1次，每次每头0.5毫升；或于仔猪出生后，吃初乳之前用吐痢宝（嗜酸乳杆菌口服液，三仪公司研发），每头喷嘴1毫升，出生后20～24小时，每头再喷嘴2毫升
		仔猪出生后，吃初乳之前，每头口服庆大霉素6万国际单位，8日龄时再口服8万国际单位
		1日龄，每头肌注长效土霉素0.5毫升；仔猪2日龄，用伪狂犬病双基因缺失活疫苗滴鼻，每个鼻孔0.5毫升
		仔猪3日龄时，每头肌注牲血素1毫升及0.1%亚硒酸钠-VE注射液0.5毫升；或者肌注铁制剂1毫升，可防止缺铁性贫血、缺硒及预防腹泻的发生
	仔猪7日龄	7日龄，每头肌注长效土霉素0.5毫升
		补料开食，可于1吨饲料中添加金维肽C211或益生肽C211（乳猪专用微生态制剂）500克，饲喂10天，可促进消化机能，调节菌群平衡，提高饲料吸收、利用率，促进生长，增强免疫力，提高抗病力，改善饲养生态环境
	21日龄	每头肌注长效土霉素0.5毫升
	仔猪断奶前3天	每头肌注转移因子或倍健（免疫核糖核酸）0.25毫升，可有效防止断奶时可能发生的断奶应激、营养应激、饲料应激及环境应激等

续表

类型	时间	保健方案
哺乳仔猪	仔猪断奶前后各7天	1000千克饲料中添加喘速治（泰乐菌素、强力霉素、微囊包被的干扰素、排疫肽）500克，加黄芪多糖粉500克、溶菌酶100克；或氟康工（氟苯尼考，微囊包被的细胞因子）400克，加黄芪多糖粉500克、溶菌酶100克，连续饲喂14天。或于1吨饲料中添加80%支原净120克、强力霉素150克、阿莫西林200克、黄芪多糖粉500克，连续饲喂14天，可有效预防断奶应激诱发断奶后仔猪发生的多种疫病。或饮水加药，饮用电解质多维加葡萄糖加黄芪多糖加溶菌酶，饮用12天
保育仔猪	刚入保育期	仔猪断奶前后各7天的保健方案可以延续使用，并能获得良好的预防效果
	保育期	于1吨饲料中添加猪用抗菌肽（抗菌活性肽，大连三仪动物药品公司研发）500克，加板蓝根粉600克、防风300克，连续饲喂12天
		于1吨饲料中添加6%替米考星1000克、强力霉素200克、黄芪多糖粉500克、溶菌酶120克，连续饲喂7天
	转群前	口服丙硫苯咪唑，每千克体重10～20毫克，驱除体内寄生虫1次
育肥猪	每月进行1次，每次12天，肥猪出栏前30天停止加药	于1吨饲料中添加福乐（含氟苯尼考和微囊包被的细胞因子）800克、黄芪多糖粉600克、溶菌酶140克，连续饲喂12天
		于1吨饲料中添加利高霉素800克、阿莫西林200克、板蓝根粉600克、溶菌酶140克，连续饲喂12天。
		于1吨饲料中添加康800克、强西林300克、黄芪多糖粉600克，连续饲喂12天
		于1吨饲料中添加土霉素粉600克、黄芪2000克、板蓝根2000克、防风300克、甘草200克，连续饲喂12天
	育肥中期	于1吨饲料中添加2克阿维菌素或伊维菌素，连喂7天，间隔10天后再喂7天，驱虫1次
	药物保健的间隔时间内	可在饲料中加益生肽C231或维泰C231（产酶芽孢杆菌、肠球菌、乳酸菌及促生长因子等），每吨饲料中加200克，可连续饲喂

续表

类型	时间	保健方案
后备母猪	整个饲养过程	每月进行1次，每次12天，其保健方案可参照育肥猪的药物保健方案实施
	后备母猪配种前30天	驱虫1次，用"通灭"或"全灭"，每33千克体重肌注1毫升
	配种前25天	可于1吨饲料中添加喘速治600克、黄芪多糖粉600克、板蓝根粉600克、溶菌酶140克，连续饲喂12天。有利于净化后备母猪体内的病原体，确保初配受胎率高、妊娠期母猪健康和胎儿正常发育生长
生产母猪	每月1次	于1吨饲料中添加抗菌肽（抗菌活性肽，大连二仪动物药品公司研发）500克，加黄芪多糖粉600克、溶菌酶140克，连续饲喂7天
	母猪产前、后各7天	于1吨饲料中添加喘速治600克或者氟康工500克，加黄芪多糖粉600克，板蓝根粉600克，连续饲喂14天；也可于1吨饲料中用5%爱乐新800克、强力霉素280克、黄芪多糖粉600克、溶菌酶140克，连续饲喂14天；也可于1吨饲料中加滕骏加康（含免疫增强剂）500克、强力霉素300克，连续饲喂14天
种公猪	每月	连续5天按每吨料添加150克环丙沙星

六、寄生虫病的控制

目前猪场常见的内寄生虫主要为肠道线虫（如蛔虫、结节虫、兰氏类圆线虫和鞭虫等），外寄生虫主要为疥螨、血虱等。防控方案见表6-9。

表6-9 寄生虫病的防控方案

类型	方案
仔猪	每吨饲料中加伊维速克粉1千克混匀，连续用药7～10天；或仔猪断奶转群时注射长效伊维速克注射液（颈部皮下注射或肌内注射）一次
中猪	每吨饲料中加伊维速克粉1.5千克混匀，连续用药7～10天；或架子猪进栏当日注射长效伊维速克注射液（颈部皮下注射或肌内注射）一次
母猪	每吨饲料中加伊维速克3千克混匀，连续用药7～10天；或待产母猪分娩前7～14天注射一次长效伊维速克注射液（颈部皮下注射或肌内注射）
公猪	种公猪每年至少注射两次长效伊维速克注射液（颈部皮下注射或肌内注射）

七、疫病扑灭措施

（一）隔离

当猪群发生传染病时，应尽快作出诊断，明确传染病性质，立即采取隔离措施。一旦病情确定，对假定健康猪可进行紧急预防接种。隔离开的猪群要专人饲养，用具要专用，人员不要互相串门。根据该种传染病潜伏期的长短，经一定时间观察不再发病后，再经过消毒后可解除隔离。

（二）封锁

在发生及流行某些危害性大的烈性传染病时，应立即报告当地政府主管部门，划定疫区范围进行封锁。封锁应根据该疫病流行情况和流行规律，按"早、快、严、小"的原则进行。封锁是针对传染源、传播途径、易感动物群三个环节采取相应措施。

（三）紧急预防和治疗

一旦发生传染病，在查清疫病性质之后，除按传染病控制原则进行诸如检疫、隔离、封锁、消毒等处理外，对疑似病猪及假定健康猪可采用紧急预防接种。预防接种可应用疫苗，也可应用抗血清。

（四）淘汰病畜

淘汰病畜，也是控制和扑灭疫病的重要措施之一。

第三节　常见猪病防治

一、常见传染病

（一）猪瘟

猪瘟（HC）俗称"烂肠瘟"，是由猪瘟病毒引起的一种急性、热性、接触性传染病。

【病原】猪瘟病毒属于黄病毒科瘟病毒属，单股 RNA 病毒，病毒粒子呈球形。自然干燥过程中病毒迅速死亡，在腐败尸体中存活 $2\sim3$ 天。含病毒的组织和血液，加 0.5% 石炭酸与 50% 甘油后，在室温下可保存数周，病毒仍然存活，很适用于病料的送检。对污染圈舍、用具、食槽等最有效的消毒剂是2%～4%烧碱、5%～10%漂白粉、0.1%过氧乙酸、1∶200强力消毒灵等。在寒冷的冬季，为防止烧碱溶液结冰，可加入5%食盐。

【流行病学】不同年龄、品种、性别的猪均易感。一年四季都可发生。病猪是主要传染源，病毒存在于各器官组织、粪、尿和分泌物中，易感猪采食了被病毒污染的饲料、饮水，接触了病猪和猪肉，以及污染的设备用具，或吸入含有大量病毒的飞沫和尘埃后，都可感染发病。此外，畜禽、鼠类、鸟类和昆虫也能机械性带毒，促使本病的发生和流行；发生过猪瘟场地上的蚯蚓，病猪体内的肺丝虫均含有猪瘟病毒，也会引起感染。处于潜伏期和康复期的猪，虽无临床症状，但可排毒，这是最危险的传染源，要注意隔离防范。流行特点是先有一头至数头猪发病，经1周左右，大批猪随后发病。

【临床症状】潜伏期一般为7～9天，最长21天，最短2天。

（1）最急性型 此型少见。常发生在流行初期。病猪无明显的临床症状，突然死亡。病程稍长的，体温升高到41～42℃，食欲废绝，精神委顿，眼和鼻黏膜潮红，皮肤发紫、出血，极度衰弱，病程1～2天。

（2）急性型 这是常见的一种类型。病猪食欲减少，精神沉郁，常挤卧在一起或钻入垫草中。行走缓慢无力，步态不稳。眼结膜潮红，眼角有多量黏脓性分泌物，有时将上下眼睑粘在一起。鼻孔流出黏脓性分泌物。耳后、四肢、腹下、会阴等处的皮肤有大小不等、数量不一的紫红色斑点，指压不退色。公猪包皮积尿，挤压时，流出白色、混浊、恶臭的尿液。粪便恶臭，附有或混有黏液和潜血。体温40.5～41.5℃。幼猪出现磨牙、站立不稳、阵发性痉挛等神经紊乱症状。病程1～2周。后期卧地不起，勉强站立时，后肢软弱无力，步态跟跄，常并发肺炎和肠炎。

（3）慢性型 病程1个月以上。病猪食欲时好时坏，体温时高时低，便秘与腹泻交替发生，皮肤有出血斑或坏死斑点。全身衰弱无力，消瘦贫血，行走无力，个别猪逐渐康复。

非典型猪瘟是近年来国内外发生较普遍的一种猪瘟病型，据报道这种类型的猪瘟是由低毒力的猪瘟病毒引起的。其主要临床特征是缺乏典型猪瘟的临床表现，病猪体温微高或中高，大多在腹下有轻度的淤血或四肢发绀。有的自愈后出现干耳和干尾，甚至皮肤出现干性坏疽而脱落。这种类型的猪瘟病程 1～2 个月不等，甚至更长。有的猪有肺部感染和神经症状。新生仔猪常引起大量死亡。自愈猪变为侏儒猪或僵猪。

【病理变化】最急性型常无明显病变，仅能看到肾、淋巴结、浆膜、黏膜的小点出血。

急性型死亡的病猪，主要呈现典型的败血症变化。全身淋巴结肿大，呈紫红色，切面周边出血，或红白相间，呈现大理石样病变。肾脏不肿大，土黄色，被膜下散在数量不等的小出血点。膀胱黏膜有针尖大小出血点。脾脏不肿大，边缘有暗紫色的出血性梗死，有时可见脾脏被膜上有小米粒至绿豆大小紫红色凸出物。皮肤、喉头黏膜、心外膜、肠浆膜等有大小不一、数量不等的出血斑点。盲肠、结肠黏膜出血，形成纽扣状溃疡。

慢性型，除具有急性型的剖检病变之外，较典型的病变是回盲口、盲肠和结肠的黏膜上形成大小不一的圆形纽扣状溃疡。该溃疡呈同心圆轮状纤维素性坏死，突出于肠黏膜表面，褐色或黑色，中央凹陷。

【诊断】可根据流行特点、典型症状、剖检变化及免疫接种情况等做出初步诊断。如果出现高稽留热，以便秘为主的出血性肠炎，体表皮薄处常有出血斑。剖检见淋巴结、脾脏、胆囊、肾脏、膀胱、喉头和大肠有病变等均为诊断的依据。应注意与猪丹毒、猪肺疫、猪副伤寒等病鉴别诊断（见表 6-10）。

【防治】

(1) 坚持自繁自养　减少猪只流动，防止疫病发生。如需从外单位引入种猪时，应从健康无病的猪场引进。在场外隔离 1 个月以上，并进行猪瘟疫苗注射，经观察确实无病，才可混入原猪群饲养。

(2) 搞好日常饲养管理，保持圈舍干燥和环境清洁卫生。圈舍和环境定期用 2%～4% 的火碱水消毒。

表6-10 急性猪瘟、猪丹毒、猪肺疫、猪副伤寒等病鉴别要点

项目	急性猪瘟	猪丹毒	猪肺疫	猪副伤寒	猪败血性链球菌
流行特点	①不分年龄、季节均可发病，传染快 ②发病率和死亡率均很高。但由于猪群免疫预防接种，提高了猪群免疫水平，多呈散发性，可呈现康复	①2~3月龄猪只多发 ②常呈地方性流行病 ③多见于炎热季节 ④血吸虫传播本病	①不良因素加剧本病发生。早春和晚秋多发生 ②常呈散发性疾病	①多见于1~4月龄的仔猪 ②本病与猪群的饲养管理及卫生条件密切相关。天冷多雨季节多见 ③常为散发 ④以慢性经过为主，常为猪瘟继发感染	①初次流行时呈急性暴发，发病率和死亡率都很高 ②5~11月份多见 ③各种年龄猪都可发生，但哺乳仔猪自然发病例较少
临床症状	①体温升高至41℃左右稽留 ②急性肠炎以便秘为主 ③脓性结膜炎 ④皮肤常有出血点 ⑤咽喉、扁桃体坏死溃疡、公猪阴鞘积脓 ⑥偶见神经症状	①体温升高至42℃或者以上 ②病初粪便变化 ③有时呕吐 ④皮肤充血潮红，指压退色，死前不久有的出现紫斑块	①体温升高至41.5℃左右 ②咽喉部急性肿胀，指压敏感 ③呼吸极度困难，口、鼻流出泡沫液，常窒息死亡；或呈胸膜肺炎症状	①体温升高至41~42℃ ②肠炎、常有腹泻，排出恶臭稀粪 ③耳、嘴简、四肢下部皮肤发紫	①体温升高至41~43℃ ②多发生关节炎 ③有的呈现神经症状 ④少数皮肤充血潮红，有的有出血点 ⑤后期呼吸困难
病理变化	①全身黏膜、浆膜出血，咽喉、肾、膀胱、胆囊、淋巴结、大肠明显淤血、出血，切面呈大理石纹 ②脾不肿大，有的有出血性梗死区 ③大肠出血性炎症，病程稍长的有"扣状肿"	①皮肤潮红 ②胃底及十二指肠、空肠前段出血性炎症 ③脾肿大充血，呈樱桃红色 ④肾淤血肿大，有"大红肾"之称	①咽喉部皮下及周围组织出血性浆膜浸润 ②脾不肿大 ③肺急性水肿或肺有胸膜炎病变	①皮肤发紫 ②肠系膜淋巴结索状肿 ③大肠黏膜卡他性出血性炎症，有的有散在表浅的糠麸样瘀皮 ④肝有时有小坏死灶	①浆膜腔液体增多，微混浊，混有纤维素絮片或纤维素凝块，浆膜上有纤维素沉积 ②脾、肾常肿大 ③脑膜充血，脑切面有小点出血 ④关节肿大、关节腔液增多、微混浊，混有纤维絮片或凝块

（3）切实做好预防接种工作　在本病流行的猪场和地区可实行以下免疫方法：

① 超前免疫　在仔猪出生后及未吃初乳之前，肌注 2 头份（300 个免疫剂量）猪瘟兔化弱毒疫苗，1～1.5 小时后，再让仔猪吃母乳。35 日龄前后强化免疫 4 头份，免疫期可达 1 年以上。

②大剂量免疫　种公猪每年春秋两次免疫，每头每次肌注 4 头份（600 个免疫剂量）猪瘟兔化弱毒疫苗。仔猪离乳后，给母猪肌注 4～6 头份猪瘟兔化弱毒疫苗。仔猪在 25～30 日龄时肌注 2 头份猪瘟兔化弱毒疫苗，60～65 日龄时肌注 4 头份猪瘟兔化弱毒疫苗。

在无猪瘟流行的地区，可按常规的春秋两季防疫注射和 2～4 头份剂量进行，要做到头头注射，个个免疫，并做好春秋季未注射猪只的补针工作。

（4）发病后的措施

① 迅速诊断　及早上报疫病并隔离病猪，对圈舍、场地、饲养用具用 3%～5%火碱水浸泡或喷洒消毒。

② 紧急接种　对疫区、疫场未发病的猪只，用 4 头份猪瘟兔化弱毒疫苗进行紧急接种，5～7 天产生免疫力。经验证明，采取紧急接种的方法，能有效地防止新的病猪出现，缩短流行过程，减少经济损失，是预防猪瘟流行的切实可行的积极措施。

③ 药物治疗　常用于优良的种猪或温和型猪瘟。抗猪瘟高免血清，1 毫升/千克体重，肌注或静注；或苗源抗猪瘟血清，2～3 毫升/千克体重，肌注或静注；或猪瘟兔化弱毒疫苗 20～50 头份，分 2～3 点肌注，2 天 1 次，注射 2 次；或卡那霉素，20 毫克/千克体重，每天 1 次（该方对 35 千克以上的病猪有一定疗效）。

另外，湖北省天门市根瘟灵研究所研制的中草药制剂"根瘟灵"注射液，有清热解毒、消炎、抗病毒、增强免疫力的功效，对早、中期和慢性猪瘟有效，但在使用该药时，严禁使用安乃近、地塞米松、氢化可的松等肾上腺皮质激素类药物，以防影响疗效。

④ 消毒　流行结束后，对污染猪舍、运动场、用具以及猪场环境进行彻底清洗消毒。清洗、消毒处理后的病猪圈，须空 15 天后，才能放入健康猪饲养。

⑤ 死猪和病猪肉的处理　对病死的猪应深埋，不许乱扔。急

宰猪应在指定地点进行，病猪肉须彻底煮熟后方可利用；对污染的废物、带毒的废水应采取深埋、消毒等措施；工作人员要严格消毒，防止疫情扩散。

（二）口蹄疫

口蹄疫是由口蹄疫病毒引起的，主要侵害猪、牛、羊等偶蹄兽的一种急性接触性传染病。临床上以口腔黏膜、蹄部及乳房皮肤发生水疱和溃烂为特征。特征性的病理变化是在毛少的皮肤（口角、鼻镜、乳房、蹄缘、蹄间隙）和皮肤型黏膜（唇、舌、颊、腭、龈）出现水疱，心脏、骨骼肌变性、坏死和炎症反应。传染性强，传播速度很快，不易控制和消灭，国际兽疫局（OIE）将本病列为A类传染病之首。

【病原】口蹄疫病毒属于微小RNA病毒科的鼻病毒属，共有7个主要的抗原性血清型：A型、O型、C型、南非SAT-1、SAT-2、SAT-3和亚洲Asia-1。每一类型又分若干亚型，各型之间的抗原性不同，不同型之间不能交叉免疫，但症状和病变基本一致。本病毒对外界环境的抵抗力很强，广泛存在于病畜的组织中，特别是水疱液中含量最高。

【流行病学】传染源是病畜和带毒动物。病畜的各种分泌物和排泄物，特别是水疱破裂以后流出的液体都含有病毒，这些病毒污染环境，再感染健康动物。通过直接或间接接触，病毒可进入易感动物的呼吸道、消化道和损伤的黏膜，均可引起发病。如皮肤、黏膜感染，病毒先在侵入部位的表皮和真皮细胞内复制，使上皮细胞发生水疱变性和坏死，以后细胞间隙出现浆液性渗出物，从而形成一个或多个水疱，称为原发性水疱液，病毒在其中大量复制，并侵入血流，出现病毒血症，导致体温升高等全身症状。最危险的传播媒介是病猪肉及其制品，还有泔水，其次是被病毒污染的饲养管理用具和运输工具。该病传播性强，流行猛烈，常呈流行性发生。动物长途运输，大风天气，病毒可跳跃式向远处传播。多发生于冬春季，到夏季往往自然平息。

【临床症状】潜伏期1~2天，病猪以蹄部水疱为主要特征，病初体温升高至40~41℃，精神不振，食欲减退或不食，蹄冠、趾间出现发红、微热、敏感等症状，不久形成黄豆大、蚕豆大的水疱，水疱破裂后表面形成出血烂斑，引起蹄壳脱落。患肢不能着地，常卧地不起。病猪乳房也常见到斑，尤其是哺乳母猪，乳头上的皮肤病灶较为常见，其他部位皮肤上的病变少见。有时流产、乳房炎及慢性蹄变形。吃奶仔猪的口蹄疫，通常突然发病，角弓反张，口吐白沫，倒地四肢划动，尖叫后突然死亡。病程稍长者可见到口腔及界面上水疱和糜烂；病死率可达 60%～80%。

【病理变化】主要在皮肤型黏膜（唇、舌、颊、腭、消化道黏膜、呼吸道黏膜）及毛少皮肤（口角、鼻盘、乳房、缘、蹄间隙）出现水疱。口蹄疫水疱液初期半透明，淡黄色，后由于局部上皮细胞变性、崩解、白细胞渗出而变成混浊的灰色。水疱发生糜烂，大量水疱液向外排出，轻者可修复，局部上皮细胞再生或结缔组织增生形成疤痕，如严重或继发感染，病变可深层发展，形成溃疡。有的恶性病例主要损伤心肌和骨骼肌。如心肌变性、局灶性坏死，坏死的心肌呈条纹状灰黄色，质软而脆，与正常心肌形成红黄相间的纹理，称为"虎斑心"。镜下见心肌纤维肿大，有的出现变性、坏死、断裂，进一步溶解、钙化。间质充血，水肿淋巴细胞增生或浸润，导致以坏死为主的急性坏死灶性心肌炎。

【诊断】根据临床症状、剖检变化和流行情况作出初步诊断。确诊需要通过实验室进行。

【防治】

（1）严格隔离消毒　严禁从疫区（场）买猪以及肉制品，不得使用未经煮开的洗肉水、泔水喂猪。非本场生产人员不得进入猪场和猪舍，生产人员进入要消毒；猪舍及其环境定期进行消毒。

（2）提高机体抵抗力　加强饲养管理，保持适宜的环境条件，改善环境卫生，增强猪体的抵抗力。

（3）预防接种　可用与当地流行的相同病毒型、亚型的弱毒疫苗或灭活疫苗进行免疫接种。

（4）发病后措施

① 发现本病后，应迅速报告疫情，划定疫点、疫区，及时严格封锁。病畜及同群畜应隔离急宰。同时，对病畜舍及受污染的场所、用具等彻底消毒，对受威胁区的易感畜进行紧急预防接种，在最后一头病畜痊愈或屠宰后 14 天内，未再出现新的病例，经大消

毒后可解除封锁。疫点严格消毒，猪舍、场地和用具等彻底消毒。粪便堆积发酵处理，或用5%氨水消毒。

② 药物治疗。口腔用0.1%高锰酸钾或食醋洗漱局部，然后在糜烂面上涂以1%～2%明矾或碘酊甘油，也可用冰硼散。蹄部可用3%紫药水或来苏儿洗涤，擦干后涂松馏油或鱼石脂软膏等，再用绷带包扎。乳房可用肥皂水或2%～3%硼酸水洗涤，然后涂以青霉素软膏等，定期将奶挤出，以防发生乳房炎；恶性口蹄疫病猪可试用康复猪血清进行治疗，效果良好。

（三）猪传染性胃肠炎

猪传染性胃肠炎（TGE）是猪的一种急性、高度接触性肠道传染病。临床特征为严重腹泻、呕吐、脱水。10日龄以内的哺乳仔猪死亡率高达60%～100%，5周龄以上的死亡率很低，成年猪一般不会死亡。

【病原】病原是猪传染性胃肠炎病毒，属冠状病毒属，单股RNA病毒。该病毒呈球形和多边形。目前，本病病毒只有一个血清型。急性期，病猪的全部脏器均含有病毒，但很快消失。病毒在病猪小肠黏膜、肠内容物和肠系膜淋巴结中存活时间较长。

此病毒对外界环境的抵抗力不强，干燥、温热、阳光、紫外线均可将其杀死。不耐热，56℃经45分钟，65℃经10分钟可灭活；但冷冻时较稳定，在－18℃条件下保存18个月，在液氮中保存3年毒力不变。一般的消毒剂，如烧碱、福尔马林、来苏儿、菌毒敌、菌毒灭和敌菲特等都能使病毒失活。

【流行病学】本病世界各国均有发生。只有猪感染发病，其他动物均不感染。断奶猪、育肥猪及成年猪都可感染发病，但症状轻微，能自然康复。10日龄以内的哺乳仔猪病死率最高（60%以上），其他仔猪随日龄的增长死亡率逐步下降。

病猪和康复后带毒猪是本病的主要传染源。传染途径主要是经消化道，即通过食入含有病毒的饲料和饮水而传染。在湿度大、猪只比较集中的封闭式猪舍中，也可通过空气和飞沫经呼吸道传染。

本病在新疫区呈流行性发生，老疫区呈地方性流行。人、车辆和动物等也可成为机械性传播媒介。发病季节一般是12月至翌年4月之间，炎热的夏季则很少发生。

【临床症状】潜伏期一般 16～18 小时，有的 2～3 小时，长的 72 小时。

（1）哺乳仔猪　突然发生呕吐，接着发生剧烈水样腹泻，呕吐一般发生在哺乳之后。腹泻物呈乳白色或黄绿色，带有未消化的小块凝乳块，气味腥臭。在发病后期，由于脱水，粪便呈糊状，体重迅速减轻，体温下降，常于发病后 2～7 天死亡。耐过的仔猪被毛粗糙，皮肤淡白，生长缓慢。5 日龄以内的仔猪，病死率为 100%。

（2）育肥猪　发病率接近 100%，突然发生水样腹泻，食欲大减或废绝，行走无力，粪便呈灰色或灰褐色，含有少量未消化的食物。在腹泻初期，可出现呕吐。在发病期间，脱水和失重明显，病程 5～7 天。

（3）母猪　母猪常与仔猪一起发病。哺乳母猪发病后，体温轻度升高，泌乳停止，呕吐，食欲不振，腹泻，衰弱，脱水。妊娠母猪似有一定抵抗力，发病率低，且腹泻轻微，一般不会导致流产。病程 3～5 天。

（4）成猪　感染后常不发病。部分猪呈现轻度水样腹泻或一过性软便，脱水和失重不明显。

【病理变化】主要病变集中在胃肠道。胃内充满凝乳块，胃底部黏膜轻度充血。肠管扩张，肠壁变薄，弹性降低，小肠内充满白色或黄绿色水样液体，肠黏膜轻度充血，肠系膜淋巴结肿胀，肠系膜血管扩张、充血，肠系膜淋巴管内缺少乳白色乳糜。其他脏器病变不明显。病死仔猪脱水明显。病理组织学检查，主要表现为空肠黏膜绒毛变短、萎缩，上皮细胞变性、坏死及脱落。

【诊断】根据流行特点、临床症状和病理变化可以进行诊断。诊断要点是本病多发生于冬季，大、小猪都易感，发病突然，传播迅速，往往在数日内传遍整个猪群。主要症状是严重的腹泻、脱水和失重，10 日龄以内的仔猪发病后病死率高，随日龄的增长病死率逐渐降低；大猪发病后很少死亡，常在 5 天左右自行康复。病理剖检时，空肠壁薄，肠内容物呈水样，肠系膜淋巴管内缺乏乳白色乳糜。注意与猪流行性腹泻和猪轮状病毒病鉴别诊断：

（1）猪流行性腹泻　多发生于寒冷季节，大小猪几乎同时发生腹泻，大猪在数日内康复，乳猪有部分死亡。病理变化与猪传染性胃肠炎十分相似，但本病的传播速度比较缓慢，病死率低于传染性胃肠炎。要确切区分开，必须进行试验室诊断。即应用荧光抗体或免疫电镜可检测出猪流行性腹泻病毒抗原或病毒。

（2）猪轮状病毒病　以寒冷季节多发，常与仔猪白痢混合感染。症状和病理变化较轻微，病死率低。应用荧光抗体或免疫电镜可检出轮状病毒。

【防治】

（1）做好隔离卫生　在本病的发病季节，严格控制从外单位引进种猪，以防止将病原带入；并认真做好科学管理和严格的消毒工作，防止人员、动物和用具传播本病；实行"全进全出"制，妥善安排产仔时间和严格隔离病猪等。

（2）免疫接种　猪传染性胃肠炎弱毒疫苗，或传染性胃肠炎-猪流行性腹泻二联疫苗。怀孕母猪产前45天和15天，肌内和鼻腔内分别接种1毫升，使母猪产生足够的免疫力和让哺乳仔猪由母乳获得被动免疫。也可在仔猪出生后，每头口服1毫升，使其产生主动免疫；新生仔猪未哺乳前口服高免血清或康复猪的抗凝全血，每天1次，每次5～10毫升，连用3天。

（3）药物预防　本病流行季节，每吨饲料拌入痢菌净纯粉150克或乳酸环丙沙星80～100克，可防治肠道细菌感染。

（4）发病后措施　对发病仔猪进行对症治疗，可减少死亡，促进早日康复。

① 治疗措施　应用大剂量猪瘟弱毒苗肌内注射，3天2针，对1周内的患猪具有较好的治疗效果；或应用猪干扰素、转移因子、白细胞介素等生物制品并配合一定量的黄芪多糖肌内注射效果较好。

② 辅助治疗　让患猪口服或自由饮服补液盐（葡萄糖25.0克，氧化钠4.5克，氯化钾0.05克，碳酸氢钠2.0克，柠檬酸0.3克，醋酸钾0.2克，温水1000毫升），也可腹腔注射加入适量地塞米松、维生素C的葡萄糖氯化钠溶液或平衡液（葡萄糖氯化钠溶液500毫升，11.2%乳酸钠40毫升，5%氯化钙4毫升，10%氯化钾2.5毫升）；可选抗菌药物防止继发感染〔乳酸环丙沙星注射液5毫克/（千克体重·次），肌内注射，2次/天，连用3～5天；硫酸新霉

素预混剂，哺乳仔猪 15～20 克/次，断奶仔猪 20～30 克/次，温水调灌服，2 次/天，连用 3～5 天]。干扰素（200 万活性单位/毫升），30 日龄以前 0.5 毫升/头，30～70 日龄 0.75 毫升/头，70 日龄以上 1 毫升/头，肌内注射，1 次/天，连用 3 天。

（四）猪流行性腹泻

猪流行性腹泻（PED）是由猪流行性腹泻病毒引起的一种急性肠道传染病，其特征是腹泻、呕吐和脱水。目前世界各地许多国家都有本病流行。

【病原】猪流行性腹泻病毒属于冠状病毒科冠状病毒属。病毒粒子呈多形性，倾向球形，外有囊膜，囊膜上有花瓣状突起，核酸型为 RNA 型，病毒只能在肠上皮组织培养物内生长；若在猴肾传代细胞内培养，必须在每毫升无血清营养液中添加 10 微克胰蛋白酶。经免疫荧光和免疫电镜试验证明，本病毒与猪传染性胃肠炎病毒、猪血球凝集性脑脊髓炎病毒、新生犊牛腹泻病毒、犬肠道冠状病毒、猫传染性腹膜炎病毒无抗原关系。与猪传染性胃肠炎病毒进行交叉中和试验，猪体交互保护试验、ELISA 试验等，都证明本病毒与猪传染性胃肠炎病毒没有共同的抗原性。病毒对外界环境和消毒药抵抗力不强，一般消毒药都可将它杀死。

【流行病学】病猪是主要传染源，在肠绒毛上皮和肠系膜淋巴结内存在的病毒，随粪便排出，污染周围环境和饲养用具，以散播传染。本病主要经消化道传染，但有人报道本病还可经呼吸道传染，并可由呼吸道分泌物排出病毒。

各种年龄猪对病毒都很敏感，均能感染发病。哺乳仔猪、断奶仔猪和育肥猪感染发病率 100%，成年母猪为 15%～90%。本病多发生于冬季，夏季极为少见。我国多在 12 月至来年 2 月发生流行。

【临床症状】临床表现与典型的猪传染性胃肠炎十分相似。口服人工感染，潜伏期 1～2 日，在自然流行中，可能更长。哺乳仔猪一旦感染，症状明显，表现呕吐、腹泻、脱水、运动僵硬等症状，呕吐多发生于哺乳和吃食之后，体温正常或稍偏高。人工接种仔猪后 12～20 小时出现腹泻，呕吐于接种病毒后 12～80 小时出现，脱水见于接毒后 20～30 小时，最晚见于 90 小时。腹泻开始时排黄色黏稠便，以后变成水样便并混杂有黄白色的凝乳块，腹泻最严重时（腹泻 10 小时左右）排出的几乎全部为水样粪便。同时，患猪常伴有精神沉郁、厌食、消瘦、衰竭和脱水。

症状的轻重与年龄大小有关，年龄越小，症状越重。1 周以内的哺乳仔猪常于腹泻后 2～4 日脱水死亡，病死率约 50%。新生仔猪感染本病死亡率更高。断奶猪、育成猪症状较轻，腹泻持续 4～7 日，逐渐恢复正常。成年猪症状轻，有的仅发生呕吐、厌食和一过性腹泻。

【病理变化】尸体消瘦脱水，皮下干燥，胃内有多量黄白色的乳凝块。小肠病变具有示病性，通常肠管膨满扩张，充满黄色液体，肠壁变薄，肠系膜充血，肠系膜淋巴结水肿。镜下小肠绒毛缩短，上皮细胞核浓缩，破碎。至腹泻 12 小时，绒毛变得最短，绒毛长度与隐窝深度的比值由正常 7∶1 降为 3∶1。

【诊断】本病的流行特点、临床症状和病理变化与猪传染性胃肠炎十分相似，但本病的死亡率低，在猪群中的传播速度也较猪传染性胃肠炎缓慢，且不同年龄的猪均易感染。本病确诊主要依靠实验室检查。

【防治】

（1）加强隔离卫生　平时特别是冬季要加强防疫工作，防止本病传入，禁止从病区购入仔猪，防止狗、猫等进入猪场，应严格执行进出猪场的消毒制度。

（2）免疫接种　应用猪流行性腹泻-传染性胃肠炎二联苗免疫接种。妊娠母猪于产前 30 日接种 3 毫升，仔猪 10～25 千克接种 1 毫升，25～50 千克接种 3 毫升。接种后 15 日产生免疫力，免疫期母猪为一年，其他猪 6 个月。

（3）发病后措施

① 隔离封锁　一旦发生本病，应立即封锁，限制人员参观，严格消毒猪舍用具、车轮及通道。将未感染的预产期 20 日以内的怀孕母猪和哺乳母猪连同仔猪隔离到安全地区饲养。紧急接种中国农科院哈尔滨兽医研究所研制的猪腹泻氢氧化铝灭活苗。

② 干扰疗法　对发病母猪可用猪干扰素、白细胞介素、转移因子治疗，还可大剂量猪瘟疫苗和鸡新城疫疫苗肌内注射，3 天 2 次。

③ 对症疗法　对症治疗可以降低仔猪死亡率，促进康复。病

猪群饮用口服盐溶液（常用处方氯化钠 3.5 克，氯化钾 1.5 克，碳酸氢钠 2.5 克，葡萄糖 20 克，常水 1000 毫升）。猪舍应保持清洁、干燥。对 2~5 周龄病猪可用抗生素治疗，防止继发感染。可试用康复母猪抗凝血或高免血清口服，1 毫升/千克体重，连用 3 日，对新生仔猪有一定的治疗和预防作用。

（五）猪水疱病

猪水疱病（SVD）是由猪水疱病病毒引起的一种急性传染病。主要临床特征是在蹄部、口腔、鼻部、母猪的乳头周围产生水疱。各种年龄和品种的猪都容易感染。SVD 在临床上与口蹄疫、水疱性口炎、水疱疹极为相似，但牛、羊等家畜不发生本病。

【病原】猪水疱病病毒属小 RNA 病毒科肠道病毒属，本病毒细胞质的空泡内凹陷处呈环形串珠状排列，无类脂质囊膜。本病毒对乙醚和酸稳定，在污染的猪舍内可存活 8 周以上，病猪粪便 12~17℃贮存 130 日，病猪腌肉 3 个月仍可分离出病毒，在低温下可保存 2 年以上。本病毒不耐热，60℃ 30 分钟和 80℃ 1 分钟即可灭活。本病毒对消毒药抵抗力较强，常用消毒药在常规浓度下短时间内不能杀死本病毒。pH 值在 2~12.5 之间都不能使病毒灭活。常用消毒药有 0.5%农福、0.5%菌毒敌、5%氨水、0.5%次氯酸钠等，均有良好消毒效果。

【流行病学】本病一年四季均可发生。在猪群高度密集调运频繁的猪场传播较快，发病率亦高，可达 70%~80%，但死亡率很低，在密度小、地面干燥、阳光充足、分散饲养的情况下，很少引起流行。

各种年龄、品种的猪均可感染发病，而其他动物不发病，人类有一定的感受性。发病猪是主要传染源，病猪与健猪同居 24~45 小时，即可在鼻黏膜、咽、直肠检出病毒，经 3 日可在血清中出现病毒。在病毒血症阶段，各脏器均含有病毒，带毒的时间：鼻黏膜 7~10 日，口腔 7~8 日，咽 8~12 日，淋巴结和脊髓 15 日以上。病毒主要经破损的皮肤、消化道、呼吸道侵入猪体，感染主要是通过接触、饲喂含病毒而未经消毒的泔水和屠宰下脚料、牲畜交易、运输工具（被污染的车辆）。被病毒污染的饲料、垫草、运动场、用具及饲养员等往往造成本病的传播，据报道本病可通过深部呼吸道传播，气管注射发病率高，经鼻需大量才能感染，所以通过空气传播的可能性不大。

【临床症状】潜伏期，自然感染一般为2～5日，有的延至7～8日或更长，人工感染最早为36小时。临床上一般将本病分为典型、轻型和隐性型三种。

（1）典型 其特征性的水疱常见于主趾和附趾的蹄冠上。有一部分猪体温升高至40～42℃，上皮苍白肿胀，在蹄冠和蹄踵的角质与皮肤结合处首先见到。在36～48小时，水疱明显凸出，大小为黄豆至蚕豆大不等，里面充满水疱液，继而水疱融合，很快发生破裂，形成溃疡，真皮暴露形成鲜红颜色，病变常环绕蹄冠皮肤的蹄壳，导致蹄壳裂开，严重时蹄壳可脱落。病猪疼痛剧烈，跛行明显。严重病例，由于继发细菌感染，局部化脓，导致病猪卧地不起或呈犬坐姿势。严重者用膝部爬行，食欲减退，精神沉郁。水疱有时也见于鼻盘、舌、唇和母猪的乳头上。仔猪多数病例在鼻盘上发生水疱。一般情况下，如无并发其他疾病，不易引起死亡。病猪康复较快，病愈后2周，创面可完全愈合，如蹄壳脱落，则相当长的时间才能恢复。初生仔猪发生本病可引起死亡。有的病猪偶可出现中枢神经系统紊乱症状，表现为前冲、转圈、用鼻摩擦或用牙齿咬用具，眼球转圈，个别出现强直性痉挛。

（2）轻型 有少数猪只在蹄部发生一两个水疱，全身症状轻微，传播缓慢，并且恢复很快，一般不易察觉。

（3）隐性型 不表现任何临床症状，但血清学检查表明，有滴度相当高的中和抗体，能产生坚强的免疫力，这种猪可能排出病毒，对易感猪有很大的危险性，所以应引起重视。

【病理变化】本病的肉眼病变主要在蹄部，约有10%的病猪口腔、鼻端亦有病变，但口部水疱通常比蹄部出现晚。病理剖检通常内脏器官无明显病变，仅见局部淋巴结出血和偶见心内膜有条纹状出血。

【诊断】本病临床上与口蹄疫、猪水疱性口炎容易混淆，要确诊必须进行实验室检查。

【防治】

（1）防止将病带到非疫区 不从疫区调入猪只和猪肉产品。运猪和饲料的交通工具应彻底消毒。屠宰的下脚料和泔水等要经煮沸后方可喂猪，猪舍内应保持清洁、干燥，平时加强饲养管理，减少应激，加强猪只的抗病力。

（2）加强检疫、隔离、封锁制度　检疫时应做到"两看"（看食欲和跛行）、"三查"（查蹄、口和体温），隔离应至少 7 日，未发现本病，方可并入或调出。发现病猪就地处理，对其同群猪同时注射高免血清，并上报、封锁疫区。最后一头病猪恢复后 20 日才能解除封锁，解除前应彻底消毒一次。

（3）免疫接种　我国目前制成的猪水疱病 BEI 灭活疫苗，效检平均保护率达 96.15％。免疫期 5 个月以上。对受威胁区和疫区定期预防能产生良好效果，对发病猪，可采用猪水疱病高免血清预防接种，剂量为 0.1～0.3 毫升/千克体重，保护率达 90％以上。免疫期 1 个月。在商品猪中应用，可控制疫情，减少发病，避免大的损失。

（六）猪轮状病毒感染

猪轮状病毒感染是一种主要感染仔猪的急性肠道传染病，其特征是腹泻和脱水，成年猪常呈隐性经过。本病感染率和死亡率均较高。

【病原】轮状病毒属呼肠孤病毒科轮状病毒属。由 11 个双股 RNA 片段组成，有双层衣壳，因像车轮而得名。各种动物和人的轮状病毒之间具有共同抗原，可出现交叉反应，但不同的轮状病毒抗原性差异很大。有 7 个不同的轮状病毒的血清群，其中 A 群轮状病毒最普遍。本病毒对理化因素有较强的抵抗力。在室温下能保存 7 个月。加热 60℃，30 分钟存活；63℃，30 分钟则被灭活。pH 值 3～9 稳定。能耐超声波振荡和脂溶剂。0.01％碘、1％次氯酸钠和 70％酒精可使病毒丧失感染力。

【流行病学】患病的人、病畜和隐性患畜是本病的传染源。病毒主要存在于消化道内，随粪便排到外界环境，污染饲料、饮水、垫草和土壤等，经消化道途径使易感猪感染。

本病的易感宿主很多，其中以犊牛、仔猪、人类初生婴儿的感染最常见。轮状病毒有一定的交叉感染性，人的轮状病毒能引起猴、仔猪和羔羊感染发病，犊牛和鹿的轮状病毒能感染仔猪。可见，轮状病毒可以从人或一种动物传染给另一种动物，只要病毒在人或一种动物中持续存在，就可造成本病在自然界中长期传播。这也许是本病普遍存在的重要因素。

本病传播迅速，呈地方性流行。多发生在晚秋、冬季和早春。应激因素（特别是寒冷、潮湿）、不良的卫生条件、喂不全价饲料和其他疾病的袭击等，对疾病的严重程度和病死率均有很大影响。

【临床症状】潜伏期 12～24 小时。在疫区由于大多数成年猪都已感染过而获得了免疫，所以得病的多是 8 周龄以内的仔猪，发病率 50%～80%。病初精神委顿，食欲减退，不愿走动，常有呕吐。迅速发生腹泻，粪便水样或糊状，色黄白或暗黑。腹泻越久，脱水越明显，严重的脱水常见于腹泻开始后的 3～7 天，体重可减轻 30%。症状轻重决定于发病日龄和环境条件，特别是环境温度下降和继发大肠杆菌病，常使症状严重和病死率增高。一般常规饲养的仔猪出生头几天，由于缺乏母源抗体的保护，感染发病症状重，病死率可高达 100%；如果有母源抗体保护，则 1 周龄的仔猪一般不易感染发病。10～21 日龄哺乳仔猪症状轻，腹泻 1～2 天即迅速痊愈，病死率低；3～8 周龄或断乳 2 天的仔猪，病死率一般 10%～30%，严重时可达 50%。

【病理变化】病变主要限于消化道，特别是小肠。肠壁菲薄，半透明，含有大量水分、絮状物及黄色或灰黑色液体。有时小肠广泛性出血，小肠绒毛短缩扁平，肠系膜淋巴结肿大。

【诊断】根据发生在寒冷季节、多侵害幼龄动物、突然发生水样腹泻、发病率高和病变集中在消化道等特点作出初步诊断，确诊需要实验室检查。注意与仔猪黄痢、白痢、猪传染性胃肠炎及流行性腹泻等鉴别诊断，见表 6-11。

【防治】

（1）加强饲养管理 认真执行兽医防疫措施，增强母猪及仔猪的抵抗力。在疫区，对经产母猪的新生仔猪应及早饲喂初乳，接受母源抗体的保护，以免受感染，或减轻症状。

表 6-11　猪常见腹泻性疾病的鉴别诊断

项目		仔猪红痢	仔猪黄痢	轮状病毒感染	仔猪白痢	传染性胃肠炎	流行性腹泻	球虫病	沙门氏菌病	猪瘟	猪丹毒	猪痢疾	伪狂犬病	链球菌病	胃肠炎
日龄	大					√	√			√				√	√
	中								√				√	√	√
	小	√	√	√	√	√	√	√							
季节	冬春			√		√	√								
	四季	√	√		√			√	√	√	√	√	√	√	√
体温	发热	√							√	√	√		√	√	
	正常		√	√	√	√	√	√				√			√
传播	散发	√						√				√			
	流行		√	√	√	√	√		√	√	√		√	√	
病情	急性	√	√	√		√	√		√	√	√		√	√	√
	慢性				√			√				√			
粪便	黄色		√						√						
	白色				√										
	带血	√						√	√			√			
	黏液											√			
	水泻			√		√	√								√
发病率	高		√	√		√	√		√	√		√	√		
	低	√			√			√			√			√	√
死亡率	高	√	√			√	√		√	√			√	√	
	低			√	√			√			√	√			√
疗效	较好		√	√	√			√	√		√	√		√	√
	无效	√				√	√			√			√		
神经症状	有												√	√	
	无	√	√	√	√	√	√	√	√	√	√	√			√

（2）发病后措施　本病无特效药物，发病后采取辅助措施。

① 发现病猪应立即隔离到清洁、干燥和温暖的猪舍，加强护理、减少应激，避免密度过大。对环境、用具等进行消毒。停止哺乳，配制口服补液盐自饮，每千克体重 30～40 毫升，每日两次，同时内服收敛剂，如次硝酸铋或鞣酸蛋白。使用抗生素或磺胺类药物以防继发感染（硫酸新霉素预混剂，哺乳仔猪 15～20 克/次，断奶仔猪 20～30 克/次，温水调灌服，2 次/天，连用 3～5 天）。见脱水和酸中毒时，可静注或腹腔注射 5%葡萄糖盐水和 5%碳酸氢钠溶液。

② 新生仔猪口服抗血清可得到保护。

（七）猪痘

猪痘是由猪痘病毒和痘菌病毒感染引起的一种传染病。猪痘病毒只对猪有致病性，主要发生于 4～6 周龄仔猪，成年猪有抵抗力。猪痘主要通过接触感染。

【病原】本病是两种病毒引起的：一种是猪痘病毒，这种病毒仅能使猪发病，只能在猪源组织细胞内生长繁殖，并在细胞核内形成空泡和包涵体；另一种是痘苗病毒，能使猪和其他多种动物感染，能在鸡胚绒毛尿囊、牛、绵羊及人等胚胎细胞内增殖，并在被感染的细胞胞浆内形成包涵体。两种病毒均属痘病毒科、脊椎动物痘病毒亚科、猪痘病毒属。有囊膜，单一分子的双股 DNA。本病毒抵抗力不强，58℃下 5 分钟灭活，直射阳光或紫外线照射迅速灭活。对碱和大多数常用消毒药均较敏感。耐干燥，在干燥的痂皮中能存活 6～8 周。

【流行病学】猪痘病毒只能使猪感染发病，不感染其他动物。多发生于 4～6 周龄仔猪及断奶仔猪，成年猪有抵抗力。由猪痘病毒感染引起的猪痘，各种年龄的猪均可感染发病，常呈地方性流行。猪痘病毒极少发生接触感染，主要由猪虱传播，其他昆虫如蚊、蝇等也可传播。

【临床症状】潜伏期 4～7 天。发病后，病猪体温升高，精神、食欲不振，鼻、眼有分泌物。痘疹主要发生于躯干的下腹部、肢内侧、背部或体侧部等处。痘疹开始为深红色的硬结节，凸出于皮肤表面，略呈半球状，表面平整，见不到形成水疱即转为脓疱，并很快结成棕黄色痂块，脱落后遗留白色疤痕而痊愈，病程 10～15 天。本病多为良性经过，病死率不高，如饲养管理不当或有继发感染，常使病死率增高，特别是幼龄仔猪。

【病理变化】猪痘病变多发生于猪的无毛或毛少部位的皮肤上，如腹部、胸侧、四肢内侧、眼睑、吻突、面额等。典型的痘疹呈圆形、半球状凸出于皮肤表面（直径可达 1 厘米），痘疹坚硬，表面平整，红色或乳白色，周围有红晕，以后坏死，中央干燥呈黄褐色，稍下陷，最后形成痂皮，痂皮脱落后，可遗留白色疤痕。

【诊断】一般根据病猪典型痘疹症状和流行病学即可作出确诊。必要时可进行病毒分离与鉴定。

【防治】

（1）隔离卫生　搞好环境卫生，消灭猪虱、蚊和蝇等；新购入的猪要隔离观察 1～2 周，防止带入传染源。

（2）加强饲养管理　科学饲养管理，增强猪体抵抗力。

（3）发病后措施　发现病猪要及时隔离治疗，可试用康复猪血清或痊愈血治疗。康复猪可获得坚强的免疫力。

（八）猪伪狂犬病

伪狂犬病是由伪狂犬病病毒感染引起的一种急性传染病。感染猪临床特征为体温升高，新生仔猪表现神经症状，还可侵害消化道。但成年猪常为隐性感染，可有流产、死胎及呼吸道症状，无奇痒。本病最早发生于美国，曾与狂犬病、急性中毒混淆。

【病原】伪狂犬病病毒是疱疹病毒科甲型疱疹病毒亚科猪疱疹 I 病毒Ⅰ型，是 DNA 型疱疹病毒。本病毒对外界抵抗力较强，在污染的猪舍环境中能存活 1 个多月，在肉中可存活 5 周。对热有一定抵抗力，44℃下 5 小时约 30％的病毒保持感染力；56℃下 15 分钟，70℃下 5 分钟，100℃下 1 分钟，可使病毒完全灭活；－30℃以下保存，可长期保持毒力稳定，但在－15℃保存 12 周则完全丧失感染力。紫外线、γ 射线照射可使病毒失活。一般消毒药都可将其杀死，对乙醚和氯仿等有机溶剂敏感，用 1％石炭酸 15 分钟可杀死病毒，1％～2％苛性钠溶液可立即杀死。

【流行病学】主要传染源是病猪、带毒猪和带毒鼠类。健康猪与病猪、带毒猪直接接触可感染。主要传播途径是消化道、呼吸道损伤的皮肤等，配种过程也会导致传播流行。各种年龄的猪都易感，但随年龄的不同其症状和死亡率有很大差异。成年猪病程稍长，仔猪发病呈急性经过。母猪感染本病后 6～7 天乳中有病毒，持续 3～5 天，乳猪因吃奶而感染。妊娠母猪感染本病时，常可侵入子宫内的胎儿。仔猪日龄越小，发病率和死亡率越高，随着日龄增长而发病率、死亡率下降，断乳后的仔猪多不发病。

【临床症状】潜伏期一般为 3～6 天，短的 36 小时，长的达 10 天。临床症状因年龄不同而有差异。

哺乳仔猪及断乳仔猪症状严重，往往体温升高，呕吐、下痢、厌食、精神沉郁，有的见眼球上翻，视力减弱，呼吸困难，呈腹式呼吸；继而出现神经症状，发抖，共济失调，间歇性痉挛，后躯麻痹，运动不协调，倒地四肢划动。常伴有癫痫样发作或昏睡，最后衰竭死亡。神经症状出现后 1～2 天内死亡，病死率可达 100%。

2 月龄以上猪，症状轻微或隐性感染，表现一过性发热、咳嗽、便秘，有的病猪呕吐，多在 3～4 天恢复。如出现体温继续升高，病猪则又出现神经症状，震颤，共济失调，头向上抬，背弓起，倒地后四肢痉挛，间歇性发作。成猪呈隐性感染，很少见到神经症状。

怀孕母猪感染，表现为咳嗽、发热、精神不振，随后发生流产，或产木乃伊胎、死胎和弱仔，产下的仔猪 1～2 天内出现呕吐和腹泻，运动失调，痉挛，角弓反张，通常在 24～36 小时内死亡。

【病理变化】病变表现为鼻腔卡他性或化脓出血性炎，扁桃体水肿并伴有咽炎和喉头水肿，勺状软骨和会咽皱襞呈浆液性浸润，并常有纤维素性坏死性假膜覆盖，上呼吸道内有大量泡沫样液体；喉黏膜和浆膜可见点状或斑状出血。淋巴结特别是肠淋巴和下颌淋巴充血，肿大，间有出血。心肌松软，心内膜有斑状出血，肾呈点状出血性炎症变化，胃底部可见大面积出血，小肠黏膜充血、水肿，黏膜形成皱褶并有稀薄黏液附着，大肠呈斑块出血。脑膜充血、水肿，脑实质有点状出血；肝表面有大量针尖大小的黄白色坏死灶。病程较长者，心包液、胸腹腔液、脑脊液都明显增多。

患病流产母猪，胎盘绒毛膜出现凝固样坏死，滋养层细胞变性。流产胎儿的肝、脾、肾上腺、脏器淋巴结也出现凝固性坏死变化。

【诊断】猪伪狂犬病无特征性剖检变化，对该病的诊断必须结合流行病学，并采用实验室诊断方法确诊。

【防治】

(1) 加强饲养管理　搞好环境卫生和消毒，坚持杀虫灭鼠，定期检测猪群，阳性猪妥善处理。实行自繁自养，全进全出管理，严禁猪场混养多种畜禽。防止购入种猪时带进病原，要定期隔离观察，无传染病者方可进猪场。

(2) 免疫接种　本病流行地区应进行免疫接种。伪狂犬病的弱毒苗、灭活苗、野毒灭活苗及基因缺失苗已研制成功。公猪每 3~4 个月免疫一次，母猪配种前 7~10 天和产前 20~30 天各免疫一次，新生仔猪 1~3 日龄滴鼻免疫，30~50 日龄肌内注射 1~2 头份。

(3) 发病后措施　本病发生后，尚无有效药物治疗，必要时用高免血清治疗，可降低死亡率。病死猪深埋，用消毒药消毒猪舍和环境，粪便发酵处理。严禁散养禽类，阻断犬、猫进入猪场。

(九) 猪细小病毒感染

猪细小病毒感染是由猪细小病毒 (PPV) 引起的导致母猪繁殖障碍的一种传染病，特征为产木乃伊胎、流产、死产和初生仔猪死亡。各种猪均可感染 PPV，但除了怀孕母猪外，其他种类的猪感染后均无明显临床症状。

【病原】猪细小病毒，分类上属于细小病毒科、细小病毒属。本病毒对热抵抗力很强，在 70℃ 经 2 小时仍有感染性，在 80℃ 经 5 分钟可失去血凝性和感染性。在 4℃ 以下病毒稳定，在 -20~ -70℃ 能存活 1 年以上。pH 值 3~9 时病毒稳定。对氯仿、乙醚等脂溶剂有抵抗力。甲醛熏蒸和紫外线照射需较长时间才死亡。0.5% 漂白粉、2% 火碱液 5 分钟可杀死病毒。

【流行病学】猪是唯一的已知宿主，不同品种、性别和年龄的猪均可感染，包括胚胎、仔猪、母猪、公猪甚至 SPF 猪。各种不同的猪 PPV 的阳性率也不相同，经产母猪的阳性率一般高达 80%~100%，初产母猪一般为 60%~80%，公猪 (包括野公猪) 为 30%~50% 左右，后备猪为 40%~80%，育肥猪为 60%。本病一般呈地方性流行或散发。

感染 PPV 的母猪是 PPV 的主要传染源。感染的母猪可由阴道分泌物、粪便、尿及其他分泌物排毒。PPV 能通过胎盘传染给胎儿，引起垂直传播。感染 PPV 的母猪所产的死胎、活胎、仔猪及子宫内排泄物中均含有高滴度的病毒。被感染的种公猪也是最危险的传染源，感染了 PPV 的公猪可在其精细胞、精索、附睾、副性腺中分离到 PPV。在急性感染期，病毒可经多种途径排出，包括精液。感染公猪在配种时，可将 PPV 传播给易感母猪。污染的猪舍是 PPV 的主要储藏所。急性感染猪的排泄物及分泌物内的病毒可存活数月，在病猪移出空圈 4 个半月后，用常规方法清扫，当再放进易感猪时，仍可被感染。

本病的主要传播途径为消化道、呼吸道以及生殖道。仔猪、胚胎主要是被感染 PPV 的母猪在其生前经胎盘或在其生后经口鼻垂直传播感染。公猪、育肥猪、母猪主要是被污染的食物、环境经呼吸道、消化道感染，初产母猪的感染途径主要是与带 PPV 的公猪交配时感染。鼠类在传播该病上也许起一定作用。猪在感染 PPV 1～6 天后可产生病毒血症，持续 1～5 天，1～2 个星期后主要通过粪便排毒，感染后 7～9 天可检出 HI 抗体，21 天内滴度可达 1∶15000 且能持续数年。

PPV 的感染与动物年龄呈正相关，5～6 月龄猪的抗体阳性率为 8%～29%，7～10 月龄时就上升为 46%～67%，11～16 月龄高达 84%～100%。死亡主要表现在新生仔、胚胎、胎猪，母猪怀孕早期感染时，胚胎、胎猪死亡率可高达 80%～100%，其他猪一般无死亡。在阳性猪中约有 30%～50% 的带毒猪。

本病主要发生于春夏或母猪产仔季节和交配后的一段时间。此外，本病还可引起产仔瘦小、产弱仔，母猪发情不正常、久配不孕等，对公猪的授精率和性欲没有明显影响。

【临床症状】 仔猪和母猪的急性感染通常都呈亚临床病例，但在其体内很多组织器官（尤其是淋巴组织）中均可发现有病毒存在。

母猪不同时期感染可分别造成死胎、木乃伊胎、流产等不同症状。怀孕期 35 天以内感染，所产仔猪瘦小，比正常仔猪小 5～10 厘米以上，其后天生活能力较弱，生长缓慢，不能抵抗由于各种因素造成的威胁，易发生死亡。怀孕 30～50 天之间感染，主要是产木乃伊胎。怀孕到 50～60 天之间感染，多出现死胎；怀孕 70 天左右感染的母猪，常出现流产症状。母猪在怀孕后期感染后，病毒可通过胎盘感染胎儿，但此时胎儿常能在子宫内存活而无明显的影响，因在怀孕期 70 天后，大多数胎儿能对病毒感染产生有意义的免疫应答而存活下来，这些胎儿在出生时体内可有病毒和抗体，但外观正常，并可长期带毒排毒，有些甚至可能成为终生带毒者，若将这些猪作为繁殖用种猪，则可能使本病在猪群中长期存在，难以清除。

此外，PPV 感染还可造成母猪发情周期不正常、久配不孕、空怀；怀孕早期胎儿受感染死亡后，被母体迅速吸收，造成母猪返情，或久配不孕、空怀。多数初产母猪受感染后可获得主动免疫并可能持续终生。PPV 感染对公猪的授精率或性欲没有明显的影响。

【病理变化】母猪子宫内膜有轻微炎症，胎盘部分钙化，胎儿在子宫内有被溶解、吸收的现象。受感染的胎儿出现不同程度的发育不良，出现木乃伊胎、畸胎、溶解的腐黑胎儿。感染的胎儿可见充血、水肿、出血、体腔积液、脱水（木乃伊化）及坏死等病变。

【诊断】如果发现流产、死胎、胎儿发育异常，而母猪没有明显的临床症状，同时又无其他证据表明是另一种传染病时，应考虑到本病的可能性。但确诊需依靠实验室检验。注意鉴别诊断，见表 6-12。

【防治】目前本病尚无有效的药物治疗方法，所以预防就显得尤为重要。

（1）坚持自繁自养原则　如必须引进时，应从未发生过 PPV 的地区引进，同时要将引进的猪隔离 1 个月，并经两次血清学检查，HI 效价在 1∶256 以下或阴性时才能混群饲养。

（2）人工授精　配种最好用经检疫确证不带毒的精液做人工授精，若用公猪直接配种时，必须对公猪进行血清抗体及抗原和精液中 PPV 检查，确认阴性时才可使用。

表6-12 母猪繁殖障碍病的鉴别诊断

项目		乙型脑炎	细小病毒感染	伪狂犬病	蓝耳病	猪瘟	布氏杆菌病	流行性感冒	弓形虫病	发热	高温环境	物理性创伤	舍内有害气体	敌百虫中毒
胎次	首胎	√	√											
	不定			√		√		√	√		√	√	√	√
病情	急性			√		√		√		√		√		
	慢性	√			√		√						√	
	全身					√		√	√	√	√			
	局部	√	√	√	√		√					√		
季节	冬春							√					√	
	夏秋	√									√			
	全年		√						√					√
流行	散发	√					√							
	群发			√	√	√		√						
病原	细菌						√							
	病毒	√	√	√	√	√		√						
	寄生虫								√					
	其他									√	√	√	√	√
流产期	早期	√	√											
	后期						√			√			√	
	不定			√	√	√		√	√			√		√
胎儿病变	流产						√					√		
	死胎	√	√	√	√	√				√	√		√	
	不定							√	√					√

（3）推迟配种　在本病流行地区，将青年母猪的配种时间推迟到9月龄后进行，因此时母源抗体已经消失，而自身也已有主动免疫。也可将初产母猪在其配种前自然感染或人工免疫。常用的自然感染方法是一群血清学阴性的初产母猪中放进一些血清学阳性母猪，待初产母猪受感染抗体滴度达到一定程度后再配种，这样可减少流产、死产。

（4）免疫接种　目前，世界上很多国家都应用疫苗以减少经济损失。已研制成功的疫苗有灭活苗和弱毒苗。灭活苗的免疫期一般在4～6个月，弱毒苗的免疫期要比灭活苗长，一般在7个月以上。应用疫苗时，应在母源抗体消失后，因为母源抗体会干扰主动免疫。理想的接种时机是在母源抗体消失后到怀孕前的几周之间。

（十）猪繁殖与呼吸障碍综合征

猪繁殖与呼吸障碍综合征是由猪繁殖与呼吸综合征病毒（PRRSV）引起的猪的一种传染病。其特征为怀孕母猪流产、产死胎和弱仔。同时，出现呼吸系统症状，尤其是哺乳仔猪表现严重的呼吸系统症状并呈高死亡率。由于该病毒导致机体产生免疫抑制，特别是常与猪圆环病毒协同感染，继发感染多种病毒和致病菌，很多猪场尽管采取了各种防治措施，仍然很难控制疫情，造成的经济损失十分惨重。

【病原】PRRSV属于动脉炎病毒科动脉炎病毒属，为单链RNA病毒。对氯仿和乙醚敏感。该病毒在56℃15～20分钟，37℃10～24小时，20℃6天，4℃1个月其传染滴度下降10倍，在56℃45分钟，37℃48小时以后病毒将彻底灭活，在−70℃下其感染滴度可稳定长达4个月以上。当pH值小于5或大于7时病毒的感染滴度降低90％以上。

【流行病学】在自然流行中，该病仅见于猪，其他家畜和动物未见发病。不同年龄、品种、性别的猪均可感染，但不同年龄的猪易感性有一定的差异，生长猪和育肥猪感染后的症状比较温和，母猪和仔猪的症状较为严重，乳猪的病死率可达80％～100％。

本病的主要传染源是病猪和带毒猪，从病猪的鼻腔、粪便拭子和尿液中均可发现病毒，耐过猪大多可长期带毒。

本病的主要传播方式是猪与猪之间的直接接触传染和借助空气

传播。该病传播迅速，主要经呼吸道感染，当健康猪与病猪接触（如同圈饲养，高度集中），更容易导致本病发生和流行。本病也可垂直传播。公猪感染后 3～27 天和 43 天所采集的精液中能分离到病毒。7～14 天从血液中可查出病毒，以带毒血液感染母猪，可引起母猪发病，在 21 天后可检出 PRRSV 抗体。怀孕中后期的母猪和胎儿对 PRRSV 最易感染。虽然目前还不了解猪肉和其他猪产品是否与本病传播有关，但是患猪的血液中可持续大量带毒，因此，目前很多国家禁止用未经煮熟的含有猪肉的泔水喂猪。

在实验条件下，该病潜伏期一般在出现厌食发热前 3～5 天，或早产前 14～28 天。自然感染病例的潜伏期不尽相同，一般在 3～37 天。潜伏期的差异，可能反映了不同病毒亚型间毒力的差异，也可能与动物个体及所处的环境有关。

【临床症状】人工感染潜伏期 4～7 天，自然感染一般为 14 天。

(1) 母猪及仔猪 未经免疫的猪场，所有的母猪都易感。潜伏 2～7 天，主要症状为食欲减退、精神沉郁，发热（39.5～40.5℃）、咳嗽、打喷嚏、呼吸异常，以胸式呼吸为主。急性期持续 1～2 周，由于出现病毒血症，部分严重的患猪表现高度沉郁、呼吸困难、耳尖、耳边呈现蓝紫色，猪还有肺水肿、膀胱炎或急性肾炎。出生后半月以内的仔猪，精神沉郁，吃奶减少或不吃奶，被毛粗乱，皮肤及黏膜苍白。后腿八字腿状。进而体温升高（40～41℃），喘气，呼吸极度困难，眼结膜水肿。3 周龄以下的患猪出现持续性水泻，抗菌药物治疗无效。同时，仔猪的耳郭、眼睑、臀部及后肢、腹下皮肤呈蓝紫色，部分仔猪奶头亦呈蓝色，后腹部皮肤毛孔间出现蓝紫色或铁锈色小淤血斑。由于常继发感染其他病毒和多种致病菌感染，所以患猪多呈急性经过，一般 3～5 天死亡，也有的发病 1～2 天突然死亡。发病率 23%～30%，死亡率可高达 60%～80%，甚至整窝死光。

(2) 断奶仔猪和育肥猪 断奶仔猪单一感染 PRRSV 时，症状比哺乳猪轻微得多，咳嗽、发热并不明显，仅出现厌食和精神稍沉郁，但由于感染该病毒后产生免疫抑制而易发生继发感染，特别是与猪圆环病毒同时感染，这两种病毒协同致病，导致免疫力大幅度下降，很快继发一系列的并发症，表现出与圆环病毒病类似的多系统衰竭综合征。表现发热、拉稀、喘气、精神症状等，发病率和死亡率较高。生长育肥猪从保育舍转入育肥栏之前，如果不追补PRRS疫苗，很可能会继发感染副猪嗜血杆菌、衣原体、链球菌、支原体等，从而引发呼吸道综合征，导致急性死亡。生长育肥猪的主要症状为高热（41~42℃），食欲减退到废绝，呼吸症状明显，开始为胸式呼吸，形成间质性肺炎舌，出现肺水肿，气体交换困难，临床上表现严重的喘气，即为腹式呼吸。特别是继发感染链球菌后，患猪可突然死亡。发病率 30%左右，死亡率可达到 10%以上。

（3）公猪　在发病初期，表现厌食、精神沉郁、打喷嚏、咳嗽、缺乏性欲、精液质量下降。感染 2~10 周后，运动能力下降，并通过精液将病毒传播给母猪，进而出现死精。此期间，公猪性欲完全丧失。

【病理变化】

（1）死胎　死胎的体表在头顶部、臀部及脐带等处有鲜红到暗红色的出血斑块。心脏表面色泽变为暗红，严重者整个心脏表面呈蓝紫色。肺脏呈灰紫色，有轻度水肿，肺小叶间质略有增宽。肝脏肿胀，质地变脆易破，肝的颜色灰紫到蓝紫，严重者整个肝脏呈紫黑色。肾脏肿大成纺锤状，表面全部为紫黑色，切面可见肾乳头为紫褐色，肾盂水肿。腹股沟淋巴结微肿，呈褐紫色到紫黑色。

（2）哺乳仔猪、断奶仔猪、育肥猪　对不同发病阶段的患猪和自然病死猪剖检发现，实质器官的病变大体分为 3 期。心脏早期无明显变化，中期心包液开始增多，心脏表面颜色变得暗红；晚期心包液量比正常增多 1~2 倍，心外表面呈暗紫褐色。肺脏早期色泽灰白；中期呈灰紫色；后期呈现复杂的病变，肺小叶间质增宽，表面有深浅不等的暗褐色到紫色斑点，膈叶出现实变，呈"橡皮肺"。肝脏早期颜色变淡灰色；中期肝表面呈灰紫色，微肿；晚期肝表面变成蓝紫色甚至呈紫褐色，肝的质地变硬。腹股沟淋巴结微肿，呈蓝紫色，继发伪狂犬病时呈褐黑与棕黄相间。育肥猪病变与哺乳猪和断奶仔猪基本上一致，不过较后两者轻微。然而，育肥猪的胸腔和肺脏的病变比较严重，因为 PRRSV 是原发病原，随后继发支原体、副猪嗜血杆菌、衣原体、链球菌等感染，其病变更为复杂，其胸腔内有大量的暗红色或淡黄色胸水，有大量的纤维蛋白将心、肺粘连，甚至胸、腹腔浆膜面覆盖一层黄白色的蛋花样的覆盖物。腹腔内有大量淡黄色的腹水。有的哺乳和断奶仔猪蹄冠部呈蓝紫色。

（3）公、母猪 实验性感染的种公猪，仅从尿道球腺中分离出PRRSV，证明副性腺可以排出该病毒。

【诊断】根据母猪妊娠后期发生流产，新生仔猪死亡率高，以及临床症状和间质性肺炎可初步做出诊断。但确诊需实验室检查。

由于 PRRS 主要表现为呼吸系统和生殖系统症状，因此在诊断时应特别注意同猪伪狂犬病相鉴别。伪狂犬病病毒具有多宿主性，除能感染猪外，还能感染牛、羊、猫、犬、兔等动物。感染母猪流产后无明显症状，仔猪发病后多出现神经症状，如头向上抬，背拱起，倒地后四肢强直痉挛，间歇性发作；病理变化以中枢神经系统明显，脑膜明显充血，脑脊髓液增多，鼻、咽、喉黏膜充血和有纤维蛋白性至浅层坏死性炎；组织学变化以中枢神经系统的弥散性非化脓性脑炎及神经节炎为主。另外，应注意将 PRRS 同猪肺疫、猪流行性感冒相鉴别。

【防治】

（1）隔离卫生和消毒 保持环境卫生，经常对环境进行消毒并科学引种。引种之前首先调查了解引种场疫情，最好事前先采血化验，以防疫病传染人。刚引进的猪，至少观察 30 天以上，无异常表现时才能与本场猪混群饲养。加强消毒，消毒时一定要先清扫后消毒，并注意药物配比浓度、喷洒剂量和方法。

（2）降低饲养密度，减少舍内秽气 实践表明，被本病污染的猪场，饲养密度越大，发病率越高，损失越大。因此，被本病污染的猪场，可适当减少母猪饲养密度，达到保育猪和育肥猪的密度。圈舍要适当增加清粪次数，并适当通风换气，有利于降低本病和呼吸道疾病的发病率。

（3）减少应激反应 本病与应激因素密切相关，在换料、转圈、寒流侵袭、阴雨连绵、密饲等应激因素的作用下易发本病，或使发病猪群病情加重、损失增大。在气候突变时猪受凉，免疫功能降低，潜在的病原易滋生繁衍，要保持适宜的环境，减少应激反应发生。必要时可在饲料或饮水中添加维生素 C、维生素 E 等抗应激剂。

（4）提高机体免疫力　一般要用中高档饲料，严禁用霉变饲料，并保证饲料必需氨基酸、维生素和微量元素的含量，在易发病日龄，料中可加入免疫功能增强剂，有一定的预防效果。红细胞也参加机体的免疫，一般将常规的仔猪一次补铁改为两次补铁。即在2～3日龄注射1毫升富铁力，10～15日龄再注射2毫升。实践证明，两次补铁的仔猪毛色好，血液中血红蛋白含量高，免疫功能增强，发病率低。

（5）免疫接种　多在暴发猪场和受污染地区使用。我国生产有弱毒疫苗和灭活苗，一般认为弱毒苗效果较好，可用于暴发猪场。后备母猪于配种前，需进行两次免疫，首免于配种前2个月，间隔1个月进行二免。仔猪在母源抗体消失前首免，母体抗体消失后进行二免。公猪和妊娠母猪最好不接种。

使用弱毒疫苗时应注意：疫苗毒株在猪体内能持续数周至数月，能跨越胎盘导致先天感染，可持续在公猪体内通过精液散毒；有的毒株保护性抗体产生较慢，有的免疫猪不产生抗体；接种疫苗猪能散毒感染健康猪。

应认真选择疫苗。灭活苗是安全的，可单独使用或与弱毒苗联合使用，弱毒苗免疫效果强于灭活苗，但安全性不如灭活苗。同时，活疫苗要慎用，因各猪场的PRRSV毒株不同，该病毒属RNA病毒，极易变异，免疫效果未知，安全性令人担忧。

（6）发病后措施

① 血清学治疗　选择本场淘汰的健康母猪，用发病仔猪含毒脏器攻毒，使体内产生抗体，然后动脉放血，分离血清，加一定量的广谱抗生素后分装，给患猪注射，有一定的治疗效果。但必须使用本场的健康淘汰母猪采血和分离血清，一般不用外场的血清，防止引入病原，同时还要检测抗体滴度，注意采血时间，防止采血、分离血清和分装时污染，并注意血清贮存方法、保存时间等问题。

② 配合抗菌药物治疗　由于PRRSV使猪产生免疫抑制，常继发感染多种病毒性和细菌性疾病，而干扰素只能抑制病毒的复制，对细菌无抑制作用，在治疗时必须配合使用抗菌药物，尤其是对引起呼吸道疾病的一些致病菌如副猪嗜血杆菌、放线菌、支原体、衣原体等，选择对上述组菌敏感的药物进行肌内注射，1天2次，连

用 3 天；同时饲料中应添加强力霉素、氟苯尼考、林可霉素、克林霉素、支原净和替米考星等。特别是替米考星，按每吨饲料添加400 克，对减轻继发的呼吸道疾病的症状有很好的作用。

（十一）断奶仔猪多系统衰竭综合征

断奶仔猪多系统衰竭综合征是由猪圆环病毒（PCV）感染引起的一种危害性较大的新的传染病。断奶仔猪发育不良、咳嗽、消瘦和黄疸。

【病原】猪圆环病毒属于圆环病毒科圆环病毒属，呈 20 面立体对称，无囊膜，单链环状 DNA 病毒。它分为猪圆环病毒 1 型（PCV1）和猪圆环病毒 2 型（PCV2）两个类型。PCV 对外界的抵抗力较强，在 pH 3 的酸性环境中能存活很长时间；对氯仿不敏感；在 56℃或 70℃处理一段时间不被灭活，在高温环境下也能存活一段时间。

【流行病学】病猪和带毒猪是主要传染源，猪在不同猪群间的移动是该病毒的主要传播途径，也可通过被污染的衣服和设备进行传播。猪圆环病毒对猪具有较强的感染性。主要发生在哺乳期和育成期的猪，一般于断奶后 2～3 天开始发病，特别是 5～8 周龄的仔猪；急性发病猪群中，发病率为 4%～25%，平均病死率 18%；育肥猪多表现为隐性感染，不表现临床症状，少数怀孕母猪感染PCV 后，可经胎盘垂直感染给仔猪；用 PCV2 人工感染试验猪后，其他未接种猪的同居感染率是 40%，这说明该病毒也可水平传播。人工感染 PCV2 血清阴性的公猪精液中含有 PCV2 的 DNA，说明精液可能是另一种传播途径，通过交配传染母猪。母猪是很多病原的携带者，通过多种途径排毒或通过胎盘传染哺乳仔猪，造成仔猪的早期感染。猪对 PCV2 具有较强的易感性，感染猪可自鼻液、粪便等废物中排出病毒，经口腔、呼吸道途径感染不同年龄的猪。患病猪群若并发或继发细菌、病毒感染，死亡率则增加；副嗜血杆菌是最常见的继发感染细菌。各种不良环境因素（如拥挤、潮湿、空气污浊等）都可加重病情。

猪圆环病毒分布极为广泛，加拿大、德国和英国等国的阳性率在 55%～92%。

【临床症状】断奶仔猪多系统衰竭综合征（PMWS），主要发生于 5～12 周龄的仔猪，同窝或不同窝仔猪有呼吸道症状，腹泻，发育迟缓，体重减轻，有时出现皮肤苍白或黄疸。有的呼吸加快，表现呼吸困难，有的偶尔出现腹泻和神经症状。

【病理变化】体况较差，表现为不同程度的肌肉萎缩，皮肤苍白，有 20％出现黄疸。淋巴结肿胀，切面呈均匀的苍白色；肺肿胀，坚硬或似橡皮，严重病例肺泡出血，尖叶和心叶萎缩或实变；肝萎缩，发暗，肝小叶间结缔组织增生；脾肿大，肾水肿，苍白，被膜下有白色坏死灶，盲肠和结肠黏膜充血或淤血。

【诊断】需要进行实验室诊断。

【防治】

(1) 科学饲养管理　实行全进全出制度。分娩期，仔猪全进全出，两批猪之间要清扫消毒；分娩前，要清洗母猪和驱虫。防止不同来源、年龄的猪混养；保持猪舍干燥，降低猪群的饲养密度，加强圈舍通风，保持空气洁净；提高营养水平，提高饲料的质量，提高蛋白质、氨基酸、维生素和微量元素的水平并保证其质量，避免饲喂发霉变质或含有真菌毒素的饲料；提高断奶猪的采食量，给仔猪喂湿料或粥料（可饮用食用柠檬酸）；保证仔猪充足的饮水。提高猪群的营养水平，可以在一定程度上降低 PMWS 的发生率和造成的损失。

(2) 严格隔离消毒　消毒卫生工作要贯穿于各个环节，最大限度地降低猪场内污染的病原微生物，减少和杜绝猪群继发感染；避免鼠、飞鸟及其他易感动物接近猪场；种猪来源于没有 PMWS 临床症状的猪群，同时做好隔离检测等工作；加强猪群的净化，严格淘汰有临床症状的病猪、带毒猪和病弱仔猪。病猪和带毒猪是圆环病毒病的主要传染源，公猪的精液带毒，通过交配可传染给母猪，母猪又是很多病原的携带者，通过多种途径排毒或通过胎盘传染给哺乳仔猪，造成仔猪的早期感染，所以应及时淘汰 PMWS 血清阳性猪。

(3) 免疫预防　由于本病多以混合感染形式出现，要依据猪群血清学检验结果，有计划地做好有关疫病的免疫接种工作，不同猪场的疾病不是完全相同的，因此要确定自身的可能共同感染源，实施合理的免疫程序。目前该病的有效疫苗尚未研制出来。猪场一旦发生本病，可把发病猪的肺、脾、淋巴结等病毒含量较多的脏器经处理后做成自家疫苗，对其他猪只进行免疫。实践证明，自家疫苗对本病有一定的预防作用。不过如灭活不彻底，将会起到相反的作用。

（4）血清学法　用发病仔猪含毒脏器攻毒，健康猪体内产生抗体，然后动脉放血，分离血清，加广谱抗生素后分装，给断奶仔猪和病猪肌内注射或腹腔注射，有一定的防治效果。

（5）"感染"物质的主动免疫　"感染"物质指本猪场感染猪粪便、死胎猪、木乃伊胎等，用来喂饲母猪，尤其初产母猪在配种前喂给，能得到较好的效果。如对已有抗体的母猪在怀孕80天以后再作补充喂饲，则可产生较高免疫水平，并通过初乳传递给仔猪。这种方法不仅对防治本病、保护仔猪的健康有效，而且对其他肠道病毒引起的繁殖障碍也有较好的效果，使用本法要十分慎重，如果场内有小猪会造成人工感染。

（6）发病后措施　目前尚无特效的治疗药物，应早发现、早诊治。

① 全群用瘟毒特号拌料，同时应用附红速康配合庆增安粉拌料，防止并发症的发生。

② 对不吃食的病猪，肌内注射长效土霉素、维生素 B_{12}、维生素C、中药制剂抗瘟王，对症治疗，降低体温，促进食欲，提高机体抵抗力。

③ 对患圆环病毒病的仔猪，使用广谱抗生素，如氟苯尼考、丁胺卡那霉素、克林霉素等药物进行相应对症治疗，并减少继发感染。

（十二）猪流行性乙型脑炎

流行性乙型脑炎，简称乙型脑炎或乙脑，是由乙型脑炎病毒引起的一种以中枢神经系统病变为主的人畜共患的急性传染病。猪感染后突然发病，高热，精神委顿，嗜睡喜卧。妊娠母猪的主要症状是流产和早产，公猪常发生睾丸炎。

【病原】流行性乙型脑炎病毒属于黄病毒科黄病毒属。病毒对外界环境的抵抗力不强，在−20℃可保存1年，但毒力降低；在50%甘油生理盐水中与4℃条件下可存活6个月。常用消毒药可以将其灭活。

【流行病学】本病为人畜共患的自然疫源性传染病，多种畜禽和人感染后都可成为本病的传染源。本病主要通过带病毒的蚊虫叮咬传播。已知库蚊、伊蚊、按蚊属中不少蚊种以及库蠓等均能传播本病。猪的感染较为普遍，但发病的多为头胎母猪。

本病有明显的季节性，多发生于夏秋蚊子活动的季节。本病在猪群中的流行特点是感染率高，发病率低，绝大多数病愈后不再复发，成为带毒猪。

【临床症状】通常突然发病，高热 40～41℃，稽留数天，精神委顿，嗜眠，喜卧，个别患猪后肢轻度麻痹。仔猪感染后可出现神经症状，如磨牙、口流白沫、转圈运动、视力障碍、盲目冲撞，严重者倒地不起而死亡。

妊娠母猪主要症状是流产或早产，胎儿多为死胎或木乃伊胎。公猪除高度精神沉郁外，常发生睾丸肿大，多呈一侧性，也有两侧睾丸同时肿胀的。

【病理变化】成年猪和出生后感染的仔猪，中枢神经系统在外观上缺乏特征性病变，仅见脑脊髓液增多，软脑膜淤血，脑实质点状出血。此外，其他器官的病变通常无特征性，主要在病毒血症的基础上，由于急性心力衰竭而导致肝脏和肾脏等实质器官淤血、变性，肺淤血、水肿，消化道呈轻度的卡他性炎症变化。

自然发病公猪的睾丸鞘膜腔内积聚大量黏液性渗出物，附睾缘、鞘膜脏层出现结缔组织增厚，睾丸实质潮红，质地变硬，切面出现大小不等的坏死灶，其周围有红晕。慢性者睾丸萎缩、变小和变硬，切开时阴囊与睾丸粘连，睾丸大部分纤维化。

怀孕母猪感染后流产，产死胎（死胎大小不等）、黑胎或白胎等。弱仔猪脑水肿而头面部肿大，皮下弥漫性水肿或胶样浸润。胸腔、腹腔积液，浆膜点状出血，肝脏、脾脏出现局灶性坏死。淋巴结肿大、充血。流产母猪子宫内膜附有黏稠的分泌物，黏膜显著充血、水肿并有散在性出血点。

【诊断】根据多发生于蚊虫多的季节、呈散发性、有明显的脑炎症状、怀孕母猪发生流产、公猪发生睾丸炎可以诊断。确诊需实验室进行病毒分离和血清学诊断。

【防治】

（1）免疫接种　是防治本病的首要措施。目前猪用乙型脑炎疫苗有灭活疫苗和弱毒疫苗。在流行地区猪场，在蚊蝇滋生前 1 个月进行免疫接种。猪场在 4～5 月间接种乙型脑炎弱毒疫苗，每头 2 毫升，肌内注射。头胎母猪间隔 4 周再注射 1 次。第二年加强免疫 1 次，免疫期可达 3 年。

（2）综合防治　蚊子是本病的重要传播媒介，因此，灭蚊是控制本病的一项重要措施。经常保持猪场周围环境卫生，填平坑洼，疏通渠道，排除积水，消灭蚊蝇滋生的场所。使用杀虫剂在猪舍内外进行喷洒灭蚊。

（3）发病后的措施

① 抗菌疗法　使用抗生素、磺胺类药物可以防止继发感染和其他细菌性疾病。

② 解热镇痛疗法　若体温持续升高，可使用安替比林或 30% 安乃近 5～10 毫升，肌内注射。

③ 脱水疗法　治疗脑水肿，降低颅内压。常用药物有 20% 甘露醇、25% 山梨醇、10% 葡萄糖溶液，静脉注射 100～200 毫升。

（十三）猪痢疾

猪痢疾（又称为血痢、黏液性出血性下痢等）是由猪痢疾密螺旋体引起的黏液性出血性下痢病。其特征为大肠黏膜发生卡他性出血性炎症或纤维素性坏死性炎症。猪痢疾（SD）主要发生于保育猪和育肥猪，尤其对育肥猪的危害性大。

【病原】病原主要是猪痢疾密螺旋体，为革兰氏阴性、耐氧的厌氧螺旋体，可产生溶血素和内毒素，这两种毒素可能在病变的发生过程中起作用。此外，在健康猪大肠中还存在有其他类型的螺旋体，其中一种为猪粪螺旋体，无致病性，应注意区别。猪痢疾密螺旋体对外界的抵抗力不强，在土壤中可存活 18 天，粪便中 61 天，阳光直射可很快将其杀死。一般消毒药均可将其杀死，其中复合酚和过氧乙酸效果最佳。

【流行病学】在自然条件下，本病只发生于猪，各种年龄的猪均可感染，但以 7～12 周龄的小猪发生较多。一般发病率为 75%，病死率为 5%～25%，有时断奶仔猪的发病率和病死率都较高。病猪和带菌猪是主要传染源。病猪和带菌猪由粪便排出大量病原体，污染周围环境、饲料、饮水、各种用具等，经消化道传染给健康猪，运输、拥挤、寒冷、过热或环境卫生不良等是本病的诱因。本病康复猪的带菌率很高，而且带菌时间长达数月。猪痢疾的流行原因常是由于引进带菌猪所致。本病的流行经过比较缓慢，持续时间较长，往往开始有几头发病，以后逐渐蔓延，在较大猪群中流行常常拖延几个月之久，很难根除。本病流行无明显季节性，一年四季均可发病。

【临床症状】潜伏期，3～60天以上，自然感染多为7～14天。主要症状是下痢，开始为水样下痢或黄色软粪，随后粪便带有血液和黏液，腥臭。本病在暴发的最初1～2周多为急性经过，死亡率较高，3～4周后逐渐转为亚急性或慢性，在天气突变和应激条件下，粪便中有多量黏液和坏死组织碎片，并常带有暗褐色血液。本病致死率低，但病程较长，病猪进行性消瘦，生长发育迟滞，对养猪生产的影响很大。

【病理变化】一般局限于大肠。肠系膜水肿、充血；结肠和盲肠的肠壁水肿、黏膜肿胀、出血，表面覆盖黏液和带血的纤维蛋白，肠内容物稀薄，并混有黏液、血液和脱落组织碎片。重症病例，黏膜坏死，形成麸皮样的假膜，或纤维蛋白膜，剥去假膜可见浅表糜烂面。病变可能出现在大肠的某一段，也可能弥散于整个大肠。其他脏器无明显病变。

【诊断】根据流行病学、临床症状和病理变化可以做出初步诊断。确诊需要进行病原学诊断。

【防治】

(1) 坚持自繁自养的原则　如需引进种猪，应从无猪痢疾病史的猪场引种，并实行严格隔离检疫，观察1～2个月，确定健康方可入群。平时加强卫生管理和防疫消毒工作。

(2) 药物净化　据报道，应用痢菌净等药物进行药物净化，成功地从患病猪群中根除了猪痢疾。其方法为：饲料中添加0.06%痢菌净，全场猪只连续饲喂4～10周；不吃料的乳猪，用0.5%痢菌净溶液，按0.25毫升/千克体重，每天灌服一次。同时还必须做到搞好猪舍内、外的环境卫生，经常清扫、消毒，场区的所有房舍都应清扫、消毒和熏蒸，猪舍内要带猪消毒；工作人员的衣服、鞋帽以及所有用具都要定期消毒，消毒药可选用1%～2%克辽林（臭药水）或0.1%～0.2%过氧乙酸，每周至少两次消毒。全场粪便应无害化处理，并且还应做好灭鼠工作。在服药和停药后3个月内不得引进和出售种猪。在停药后3～6月内，不使用任何抗菌药物，也不出现新发病例。此后，断奶仔猪的肛拭样品经培养，猪痢疾密螺旋体均为阴性，则表明本病药物净化成功。

（3）发病后措施 当猪场发生本病时，应及时隔离消毒，积极治疗，对同群病猪或同舍的猪群实行药物防治。应用痢菌净治疗效果较好，其用量为：0.5%注射液，0.5毫升/千克体重，肌内注射；或2.5～5.0毫克/千克体重，灌服，每日2次，3～5天为一疗程。其次选用土霉素、氯霉素、痢特灵、链霉素、庆大霉素等，也有一定效果。治疗少数或散发性病猪应通过灌服或注射给药，大群治疗或预防可在饲料中添加痢菌净60～100毫克/千克连喂1～2个月。本病流行时间长，带菌猪不断排菌，消除症状的病猪还可能复发。药物防治一般只能做到减少发病和死亡，难以彻底消灭。根除本病可考虑建立健康猪群，逐步替代原有猪群。

据报道，饲料中加入赛地卡霉素75毫克/千克，连续饲喂15天；或原始霉素22毫克/千克，连续饲喂27～43天；或林可霉素100毫克/千克，连续饲喂14～21天，都有较好的防治效果。

（十四）猪丹毒

猪丹毒（俗称"打火印"）是由猪丹毒杆菌引起的一种急性败血性传染病。急性型和亚急性型以发热和皮肤上出现紫色疹块为特征，慢性型主要表现为非化脓性关节炎和疣状心内膜炎的症状。

【病原】猪丹毒杆菌是极纤细的小杆菌，革兰氏染色阳性。猪丹毒抗原的血清型已被公认的有22个。从琼脂培养基的菌落上分离到光滑型和粗糙型两种，前者毒力较强，后者毒力弱。该菌对外环境的抵抗力较强，病猪的肝和脾4℃存放159天仍有毒力。病死猪尸体掩埋后7～10天，病菌仍然不死。在阳光下，能够存活10天之久。可在腌肉和熏制的病猪肉内存活4个月。本菌对热的抵抗力不强，70℃加热5分钟可被杀灭，煮沸后很快死亡。被病菌污染的粪尿及垫草，堆沤发酵15天，可将病菌杀死。猪丹毒杆菌对消毒药很敏感，如1%漂白粉、1%烧碱、10%石灰乳、0.5%～1%复合酚，均可在5～15分钟内将其杀灭。

【流行病学】在自然条件下，猪对本病敏感。不同年龄的猪均有易感性，但以3～6月龄的猪发病率最高，3月龄以下和6月龄以上的猪很少发病。猪丹毒的流行有明显的季节性，一般说来，多发生在气候温暖的初夏和晚秋季节。华北和华中地区6～9月为流行季节，华南地区以9～12月发病率最高。病猪、临床康复猪和健康带菌猪为传染源。病原体随粪、尿、唾液和鼻液等排出体外，污染土壤、圈舍、饲料、饮水等，主要经消化道感染，也可由皮肤伤口感染。健康带菌猪在机体抵抗力下降时，可发生内源性感染。黑花蚊、厩蝇和虱也是本病的传染媒介。

【临床症状】人工感染的潜伏期为3～5天，最短的1天，最长的7天。

(1) 急性型（败血型） 此型最为常见。在流行初期，往往有几头无任何症状而突然死亡，其他猪相继发病。病猪体温升至42℃以上，食欲大减或废绝，寒战，喜卧，行走不稳，关节僵硬，站立时背腰拱起。结膜潮红，眼睛清亮有神，很少有分泌物。发病初期粪便干燥，后期可能发生腹泻。发病1～2日后，皮肤上出现紫红斑，尤以耳、颈、背、腿外侧多见，其大小和形状不一，指压时红色消失，指去复原。如不及时治疗，往往在2～3天内死亡。病死率80%～90%。

(2) 亚急性型（疹块型） 通常呈良性经过，以皮肤上出现疹块为特征。体温41℃左右，发病后2～3天，在背、胸、颈、腹侧、耳后和四肢皮肤上出现深红、黑紫色大小不等的疹块，形状有方形、菱形、圆形或不规则形，也有融合成一大片的。发生疹块的部位稍凸起，与周围皮肤界限明显，很像烙印，故有"打火印"之称。随着疹块的出现，体温下降，病情减轻。10天左右，疹块逐渐消退，形成干痂，痂脱痊愈。

(3) 慢性型 多由急性型转变而来。常见的有关节炎、心内膜炎和皮肤坏死三种类型。皮肤坏死型一般单独发生，而关节炎型和心内膜炎型往往在一头猪上同时出现。

皮肤坏死常发生在背、肩、耳及尾部。局部皮肤变黑，干硬如皮革样，逐渐与新生组织分离、脱落，形成瘢痕组织。有时可见病猪耳或尾整个坏死脱落。

关节炎常发生于腕关节和跗关节，受害关节肿胀、疼痛、增温，行走时步态僵硬、跛行。

心内膜炎型主要表现呼吸困难，心跳增加。听诊心内有杂音。强迫运动或驱赶跑动时，往往突然倒地死亡。

【病理变化】急性型，皮肤上有大片的弥漫性充血，俗称"大红袍"。脾高度肿大，呈紫红色；肾淤血肿大，呈暗红色，皮质部有出血点；全身淋巴结充血肿大，呈紫红色，切面多汁，有小出血点；心包积液，心外膜和心内膜有出血点；肺脏淤血，水肿；胃及十二指肠黏膜水肿，有小出血点。亚急性型，可见皮肤有典型的疹块病变，尤以白猪更明显，但内脏的败血症病变比急性型轻。慢性型的特征是房室瓣（多见于二尖瓣）上出现菜花样的赘生物及关节肿大，关节液增多，关节腔内有大量浆液纤维素性渗出液蓄积。

【防治】

（1）提高猪体抗病力 有些健康猪的体内有猪丹毒杆菌，机体抵抗能力降低时，引起发病。因此，加强饲养管理，喂给全价日粮，保持猪圈清洁卫生，定期消毒，是预防本病的重要措施之一。

（2）免疫接种

① 猪丹毒氢氧化铝甲醛菌苗 10千克以上的猪，一律皮下注射5毫升，注射21天后产生免疫力，免疫期为6个月。每年春秋两季各接种一次。该菌苗用量大，免疫期短，目前已少用。

② 猪丹毒弱毒菌苗 使用时，用20%氢氧化铝生理盐水稀释，大小猪一律皮下注射1毫升。注苗后7天产生免疫力，免疫期9个月。弱毒菌苗注射量小，产生免疫力快，免疫期长，但稀释后的菌苗必须在6小时内用完，以防菌体死亡，影响免疫效果。

③ 猪丹毒GC系弱毒菌苗 皮下注射7亿个菌，注苗后7天产生免疫力，免疫期为5个月以上；口服14亿个菌，服后9天产生免疫力，免疫期9个月。本苗安全，性能稳定，免疫原性好。

④ 猪瘟-猪丹毒-猪肺疫三联冻干苗 每头皮下注射2毫升，对猪瘟、猪丹毒、猪肺疫的免疫期分别为10个月、9个月、6个月。三联苗用量小，使用方便。

（3）发病后的措施

① 隔离病猪，早期确诊，加强消毒　猪场、猪舍、用具、设备等认真消毒；粪便和垫草最好焚烧或堆积发酵。病猪尸体和废弃物进行无害化处理。未发病的猪，饲料中加入抗生素，如土霉素或四环素 0.04%～0.06%或强力霉素 0.01%～0.02%或阿莫西林 0.03%～0.05%等连喂 5～7 天。

② 治疗　效果较好的方案有：

方案 1　青霉素　4 万～8 万单位/千克体重，肌注或静注，每天 2 次，连续用 2～3 天，有很好的效果。

方案 2　10%磺胺嘧啶钠或 10%磺胺二甲嘧啶注射液，0.8～1 毫升/千克，静注或肌注，每天 1～2 次，连用 2～3 天。本方与三甲氧苄胺嘧啶（TMP）配合应用，疗效更好。

方案 3　10%特效米先注射液　0.2～0.3 毫升/千克体重，肌注，药效在猪体内可维持 4 天，一般一次痊愈。

方案 4　抗猪丹毒血清，疗效好，但价格贵。仔猪 5～40 毫升，中猪 30～50 毫升，大猪 50～70 毫升，皮下或静脉注射。抗血清与抗生素同时应用，疗效增强。

用药的同时，还必须注意解热、纠正水和电解质失衡以及合理的饲养管理，只有这样，才能获得较好的治疗效果。

（十五）猪梭菌性肠炎

猪梭菌性肠炎（CEP）又称仔猪红痢病或猪传染性坏死性肠炎，是由 C 型魏氏梭菌引起的初生仔猪的急性传染病。本病主要发生于 3 日龄以内的仔猪，其特点是排出血样稀粪，发病急，病程短，病死率几乎 100%，损失很大。

【病原】病原体为 C 型魏氏梭菌，又叫产气荚膜杆菌，革兰氏染色阳性。在动物体内和含血清的培养基中能形成荚膜，在外界环境中可形成芽孢，芽孢位于菌体中央或略偏于一侧，似梭状，故名梭菌。本菌为厌氧菌，但对厌氧条件要求不太严格。

该菌广泛存在于人畜的肠道内和土壤中，母猪将其随粪便排出体外，污染地面、圈舍、垫草、运动场等。新生仔猪从外界环境中将该菌的芽孢吞入，病菌在肠内繁殖，产生强烈的外毒素，从而使动物发病、死亡。梭菌繁殖体的抵抗力并不强，一般消毒药均可将其杀灭，但芽孢对热、干燥、消毒药的抵抗力显著增强，80℃15～30分钟仍存活，100℃几分钟能杀死，冻干保存，至少10年毒力和抗原性仍不发生变化。被本菌污染的圈舍最好用火焰喷灯、3%～5%烧碱或10%～20%漂白粉消毒。

【流行病学】本病主要发生于1～3日龄初生仔猪，1周龄以上仔猪很少发病。任何品种的初生仔猪都易感，一年四季都可发生。本菌的芽孢对外界环境的抵抗力很强，一旦侵入猪群后，常年年发生。同猪场有的全窝仔猪发病，有的一窝中有几头发病。近年来发现，育肥猪和种猪也有散发的。本菌常存在于一部分母猪的肠道中，随粪便排出污染母猪的乳头及垫料，当初生仔猪泌乳或吞入污染物，细菌进入空肠，便侵入绒毛上皮组织，沿基膜繁殖扩张，产生毒素，使受害组织充血、出血和坏死。

【临床症状】本病潜伏期很短，仔猪生后数小时至24小时就可突然发病。最急性型不见拉稀即突然死亡。病程稍长的，可见精神沉郁，被毛无光，皮肤苍白，不吃奶，行走摇晃，排出红色糊状粪便，并混有坏死组织碎片和小气泡，气味恶臭，最后摇头，倒地抽搐，多在生后第3天死亡。育肥猪和种猪表现发病急，病程短，往往喂料正常，2～3小时后不明原因地死于圈中。

【病理变化】尸体苍白，腹水呈淡红色。特征性病变在空肠，有时扩展到回肠，肠管呈鲜红色或深红色，肠腔内充满混有气泡的红黄色或暗红色内容物，肠黏膜弥漫性出血，肠系膜淋巴结严重出血。病程稍长者，肠黏膜坏死，出现假膜。肠浆膜下和肠系膜内有数量不等弥散性粟状的小气泡。心内外膜、肾被膜下、膀胱黏膜有小点出血。

【诊断】本病主要发生在出生后3天的仔猪，表现为出血性下痢，发病快，病程短，死亡率极高。

【防治】

（1）保持猪舍、产房和分娩母猪体表的清洁　一旦发生本病，要认真做好消毒工作，最好用火焰喷灯和5%烧碱进行彻底消毒。待产母猪进产房前，进行全身清洗消毒。

（2）免疫接种　怀孕母猪产前30天和15天各肌注C型魏氏梭菌福尔马林氢氧化铝类毒素10毫升。实践表明，该苗能使母猪产生坚强的免疫力，使初生仔猪免患仔猪红痢病。

（3）被动免疫　用育肥猪或淘汰母猪，经多次免疫后，采血分离血清，对受该病威胁的初生仔猪于生后逐头肌注1～2毫升，可防止仔猪发病。

（4）药物预防　仔猪出生后用常规剂量的苯唑青霉素、氨苄青霉素、青霉素、链霉素或氟哌酸内服，每天1～2次，连用2～3天，有一定的预防效果。

（5）发病后措施　本病尚无特效治疗药物，高免血清与苯唑青霉素、氟哌酸或甲硝唑配合应用，对发病初期仔猪有一定效果，不妨一试。

（十六）猪链球菌病

猪链球菌病是由C、D、E及L群链球菌引起猪的多种疾病的总称。急性型常为出血性败血症和脑炎，慢性型以关节炎、心内膜炎及组织化脓性炎症为特点。

【病原】链球菌属于链球菌属，为革兰氏阳性、球形或卵圆形球菌，其直径约0.5～1.0微米。在组织涂片中可见荚膜，不形成芽孢。需氧或兼性厌氧。从抗原上进行分群，现已将链球菌分为A～U等19个血清群。在同一个血清群内，因表面抗原不同，又将其分为若干型。C群中兽疫链球菌常引起急性和亚急性、具有肺炎及神经症状的败血症，或者发生脓肿、化脓性关节性、皮炎及心内膜炎；而D群某些链球菌则引起心内膜炎、脑膜炎、肺炎和关节炎；E群主要引起淋巴结脓肿，也可引起化脓性支气管肺炎、脑脊髓炎；L群可致猪的败血病、脓毒血症、化脓性脑脊髓炎、肺炎、关节炎、皮炎等。A～U的其他血清群以及尚未分类的链球菌亦可致猪发病。本菌的致病力取决于产生毒素和酶的活力。该菌对高温及一般消毒药抵抗力不强，50℃2小时、60℃30分钟可灭活，但在组织或脓汁中的菌体，干燥条件下可存活数周。

【流行病学】仔猪和成年猪对链球菌病均有易感性，其中新生仔猪、哺乳仔猪的发病率及死亡率最高，架子猪和成年猪发病较少。该病无明显的季节性，常呈地方性流行，多表现为急性败血症型，短期内可波及全群，如不治疗和预防，则发病率和死亡率极高。在新疫区，流行期一般持续2～3周，高峰期1周左右。在老疫区，多呈散发性。

存在于病猪和带菌猪鼻腔、扁桃体、颚窦和乳腺等处的链球菌是主要的传染源。伤口和呼吸道是主要的传播途径，新生仔猪通过脐带伤口感染。由于本菌耐酸，故病猪肉可经泔水传染。用病料或该菌培养物给猪皮下、肌内、静脉和腹腔注射，皮肤划痕以及滴鼻、喷雾等途径均能引发本病。

【临床症状】由于猪链球菌病群和感染途径的不同，其致病力差异较大，因此，其临床症状和潜伏期差异较大，一般潜伏期为1～3天，最短4小时，长者可达6天以上。根据病程可将猪链球菌分为以下几种类型：

（1）最急性型 无前期症状而突然死亡。

（2）急性型 又可分以下几种临床类型：

① 败血型 病猪体温突然升高达41℃以上，呈稽留热；厌食，精神沉郁，喜卧，步态跟跄，不愿活动，呼吸加快，流浆液性鼻液；腹下、四肢下端及耳呈紫红色，并有出血斑点；眼结膜充血并有出血斑点，流泪；便秘或腹泻带血，尿呈黄色或血尿。如果有多发性关节炎，则表现为跛行，常在1～2天内死亡。

② 脑膜脑炎型 大多数病例首先表现厌食，精神沉郁，皮肤发红、发热，共济失调，麻痹，肢体出现划水动作，角弓反张，口吐白沫，震颤和全身骚动等。当人接近或触及躯体时，病猪发出尖叫或抽搐，最后衰竭或麻痹死亡。

③ 胸膜肺炎型 少数病例表现肺炎或胸膜炎型。病猪呼吸急促，咳嗽，呈犬坐姿势，最后窒息死亡。

（3）慢性型 该病例可由急性转化而来或为独立的病型。又可分为以下几种临床类型：

① 关节炎型 常见于四肢关节。发炎关节肿痛，呈高度跛行，行走困难或卧地不起。触诊局部多有波动感，少数变硬，皮肤增厚。有的无变化但有痛感。

② 化脓性淋巴结炎型 主要发生于刚断乳至出栏的育肥猪。以颌下淋巴结最为常见。咽部、耳下及颈部等淋巴结也可受侵害，或为单侧性的，或为双侧性的。淋巴结发炎肿胀，显著隆起，触诊坚实，有热痛。病猪全身不适，由于局部的压迫和疼痛，可影响采

食、咀嚼、吞咽甚至呼吸。有的咳嗽和流鼻涕。随后发炎的淋巴结化脓成熟，肿胀中央变软，表面皮肤坏死，自行破溃流脓。脓带绿色，浓稠，无臭。一般不引起死亡。

③ 局部脓肿型　常见于肘或跗关节以下或咽喉部。浅层组织脓肿突出于体表，破溃后流出脓汁。深部脓肿触诊敏感或有波动，穿刺可见脓汁，有时出现跛行。

④ 心内膜炎型　该型生前诊断较为困难，表现精神沉郁、平卧，当受到触摸或惊吓时，表现疼痛不安，四肢皮肤发红或发绀，体表发冷。

⑤ 乳腺感染型　初期乳腺红肿，温度升高，泌乳减少，后期可出现脓乳或血乳，甚至泌乳停止。

⑥ 子宫炎型　病猪表现流产或死胎。

【病理变化】

(1) 急性败血型　尸体皮肤发红，血液凝固不良。胸、腹下和四肢皮肤有紫斑或出血点。全身淋巴结肿大、出血，有的淋巴结切面坏死或化脓。黏膜、浆膜、皮下均有出血点。胸腔、腹腔、心包腔积液增多、混浊，有的呈与脏器发生粘连。脾脏肿大呈红色或紫黑色，柔软易脆裂。肾脏肿大、充血和出血。胃和小肠黏膜有不同程度的充血和出血。

(2) 急性脑炎型　脑和脑膜水肿和充血，脑脊髓液增多。脑切面可见到实质有明显的小出血点。部分病例在头、颈、背、胃襞、肠系膜及胆囊有胶样水肿。

(3) 急性胸膜肺炎型　化脓性支气管肺炎，多见于尖叶、心叶和膈叶前下部。病部坚实，灰白、灰红和暗红的肺组织相互间杂，切面有脓样病灶，挤压后从细支气管内流出脓性分泌物。肺胸膜粗糙、增厚，与胸壁粘连。

(4) 慢性关节炎型　患猪常见四肢关节肿大，关节皮下有胶冻样水肿，严重者关节周围化脓坏死，关节面粗糙，滑液混浊呈淡黄色，有的伴有干酪样黄白色絮状物。

(5) 慢性淋巴结炎型　常发生于颌下淋巴结，淋巴结肿大发热，切面有脓汁或坏死。

(6) 局部脓肿型　脓肿主要在皮下组织内。初期红肿，化脓后有波动感，切开后有脓汁流出，严重时引起蜂窝织炎、脉管炎和局部坏死。

（7）慢性心内膜炎型　心瓣膜比正常增厚2～3倍，病灶为不同大小的黄色或白色赘生物。赘生物呈圆形，如粟粒大小，光滑坚硬，常常盖住受损瓣膜的整个表面。赘生物多见于二尖瓣、三尖瓣。

【防治】

（1）加强隔离、卫生和消毒　注意阉割、注射和新生仔猪的接生断脐消毒，防止感染。

（2）药物预防　在发病季节和流行地区，每吨饲料内加入土霉素400克、复方新诺明100克连喂14天，有一定的预防效果。有猪群发病应立即隔离病猪，并对污染的栏圈、场地和用具进行严格消毒。

（3）免疫接种　主要有氢氧化铝甲醛苗和明矾结晶紫菌苗两种疫苗，但是其保护效果不太理想。

（4）发病后措施　猪链球菌病多为急性型或最急性型，故必须及早用药，并用足量。如分离到本病病原，最好进行药敏试验，选择最有效的抗菌药物。如未进行药敏试验，可选用对革兰氏阳性菌敏感的药物，如青霉素、先锋霉素、林可霉素、氨苄青霉素、金霉素、四环素、庆大霉素等。但对于已经出现脓肿的病猪，抗生素对其疗效不好，可采用外科手术进行治疗。

（十七）猪大肠杆菌病

猪大肠杆菌病是由病原性大肠杆菌引起的一类疾病的总称。大肠杆菌是革兰氏阴性、两端钝圆、中等大小的杆菌，有鞭毛，无芽孢，能运动，但也有无鞭毛、不运动的变异株。少数菌株有荚膜，多数无菌毛。本菌为需氧或兼性厌氧，在普通培养基上生长出隆起、光滑、湿润的乳白色圆形菌落，在麦康凯和琼脂培养基上形成红色菌落，在伊红琼脂上形成带金属光泽的黑色菌落。能致仔猪黄痢或水肿的菌株，多数可溶解绵羊红细胞，血琼脂上呈β溶血。本菌的血清型甚多，根据菌体抗原（O）、鞭毛抗原（H）及荚膜抗原（K）等不同，构成不同的血清型。已确定的大肠杆菌O抗原有171种，H抗原有56种，K抗原有80种。由于病原性大肠杆菌类型不同和猪的日龄、生理机能与免疫状态等差异，引发的疾病也有所不同，主要有仔猪黄痢、仔猪白痢和仔猪水肿病。

【病原】

（1）仔猪黄痢　病原为为某些致病性溶血性大肠杆菌，最常见的有 6 个"O"群的菌株；多数具有 K88（1）表面抗原，能产生肠毒素。

（2）仔猪白痢　病原仔猪白痢的大肠杆菌一部分与仔猪黄痢和猪水肿病相同，以 O_8、K_{88} 较多见。

（3）仔猪水肿病　引起本病的大肠杆菌一部分与仔猪黄白痢相同，但表面抗原有所不同。致病性大肠杆菌所产生的内毒素、溶血素和水肿毒素释放出生物活性物质——水肿病毒素，被吸收后，损伤小动脉和动脉壁而引发本病。

【流行病学】

（1）仔猪黄痢　本病主要发生于出生后数小时至 7 日龄内的仔猪，以 1～3 日龄最为多见，1 周以上很少发病。同窝仔猪中发病率很高，常在 90％以上；病死率也很高，有的全窝死亡。主要传染源是带菌母猪，带菌母猪由粪便排出病菌污染母猪乳头、皮肤和环境，新生仔猪吸母乳和接触母猪皮肤时吃进病菌引起发病。本病没有季节性，环境卫生不好可增加发病。第一胎母猪所产仔猪发病率和死亡率最高，以后逐渐降低。

（2）仔猪白痢　仔猪白痢又称迟发性大肠杆菌病，一般发生于产后 10～30 天的仔猪，尤以 10～20 天的仔猪发病较多，也最为严重，1 月龄以上则很少发病。该病发病率较高，而死亡率相对较低，但会严重影响仔猪的生长发育，出现僵猪。

（3）仔猪水肿病　本病主要发生于断乳猪，从数日龄至 4 月龄，个别成年猪也有发生。主要传染源是带菌母猪和感染仔猪。病原菌随粪便排出体外，污染饲料、饮水和环境。主要通过消化道感染。本病多发于 4～6 月份和 9～10 月份。呈地方性流行，有时散发。一般认为，仔猪断乳后喂给不适的饲料，或突然更换饲料，改变了仔猪的适口性，加喂饲料易引起胃肠机能紊乱，诱发本病。管理不善，猪舍卫生条件差，缺乏运动，或应激因素影响，或缺乏维生素、矿物质、食入高蛋白质料等，引起肠道微生物区系的变化，促进了致病微生物的生长繁殖，也可引起发病。本病的发病率差异较大，病死率高达 80%～100%。

【临床症状】

（1）仔猪黄痢 潜伏期短的在出生后 12 小时内发病。主要症状为突然腹泻，排出腥臭的黄色或灰黄色稀粪，内含凝乳块小片，顺肛门流下。捕捉小猪时，常从肛门流出稀薄的粪水。不久脱水，吃乳无力、口渴，四肢无力，里急后重，昏迷死亡。急性的不见下痢，而突然倒地死亡。

（2）仔猪白痢 突然发生腹泻，腹泻次数不等，排出乳白色或白色的浆状、糊状粪便，腥臭，性黏腻。体温不高。病程 2～3 天，长的 1 周左右，能自行康复，死亡的很少。如管理不当，症状会很快加剧，病猪出现精神萎靡、食欲废绝、消瘦，最后脱水死亡。

（3）仔猪水肿病 发病前 2～3 天见有腹泻，排出灰白色粥状稀粪，有的未见腹泻即突然发病。呈现兴奋不安，共济失调，倒地抽搐，四肢乱动或步态不稳，盲目行走或转圈，有的两前肢跪地，两后肢直立，有的呈两前肢外展趴地，有的呈两后肢外展趴地而不能运步。触之惊叫，叫声嘶哑。眼睑和眼结膜水肿，有的可延至颜面、颈部，有的无水肿变化。后期反应迟钝，呼吸困难，卧地不起，四肢乱动，昏迷而死。有的初期体温升至 41℃ 以上，很快降至常温或偏低。病程数小时，长者 1～2 天。有的无临床表现而突然死亡。

【病理变化】

（1）仔猪黄痢 尸体呈严重脱水状态，干而消瘦，体表污染黄色稀粪。颈部、腹部皮下常有水肿，皮肤、黏膜和肌肉苍白。最显著的病理变化表现为急性卡他性胃肠炎，少数为出血性胃肠炎。其中十二指肠最严重，空肠和回肠次之，结肠较轻微。胃膨胀，胃内充满多量带酸臭味的白色、黄色或混有血液的凝固乳块，胃壁水肿，胃底部黏膜呈红色至暗红色，湿润而有光泽。肠壁菲薄，呈半透明状。

（2）仔猪白痢 死于白痢的仔猪无特征性病变，而且随病程长短不同表现也不一致。经过短促的病例，胃内含有凝乳，小肠内有多量黏液性液体和气体或稀薄的食糜，部分黏膜充血；其余大部则黏膜呈黄白色，几乎不见胃肠炎变化。肠系膜淋巴结稍有水肿。重者心、肝、肾等脏器有出血点，有的还有小的坏死灶。

（3）仔猪水肿病　尸体营养状况一般良好。主要剖检病变为水肿和出血。水肿最明显的部位是胃壁和结肠盘曲部的肠系膜。胃壁水肿多见于胃大弯和贲门部或整个胃壁，水肿液蓄积于黏膜层和肌层之间，切面流出无色或混有血液而呈茶色的液体，胃壁因此而增厚，最厚可达 3 厘米左右，结肠肠系膜蓄积水肿液多的时候，也可厚达 3～4 厘米。一些病例在直肠周围也见水肿。此外，眼睑、耳、面部、下颌间隙和下腹部皮下也常见有水肿，而且有些病猪在生前即可发现。心包腔、胸腔和腹腔内见有不同量的无色透明液体，或为呈淡黄色或稍带血色的液体。这种渗出液暴露于空气，则凝固呈胶冻状。肺脏有时有淤血和出血。在病程后期，可见有肺水肿，在脑内可见有脑水肿。有明显水肿病变的病例，还可见有明显的出血。胃和小肠黏膜卡他性出血炎，大肠黏膜卡他性炎。皮下组织及心、肝、肾、脾、淋巴结和脑膜等组织器官均有不同程度的出血变化。

【诊断】根据本病的流行特点、症状和病变等，不难做出初步诊断。但确诊须进行实验室检查。可采用涂片染色镜检、分离培养、生化试验、血清学试验和动物试验等技术确诊。

【防治】

（1）保持环境清洁卫生　做好圈舍、环境的卫生和消毒工作；母猪产房要保持清洁干燥、保温，定期消毒；接产时要用消毒药清洗母猪乳房和乳头。

（2）科学饲养管理

①饲喂妊娠母猪和哺乳母猪全价饲料，可使胎儿发育健全，促使母猪分泌更多、更好的乳汁，保证仔猪的营养需要。饲料营养全面，配比合理，避免突然改变饲料和饲养方法。增加富含维生素的饲料，并保持适当的运动。

②初生仔猪应尽快吃足初乳，以提高机体的被动免疫力。出生后 24 小时内，肌内注射含硒牲血素 1 毫升/头，每天一次；或内服铁剂，可预防仔猪缺铁性贫血，从而防止继发感染。另外，应在 2 周龄左右合理补饲全价仔猪饲料，以满足快速发育的仔猪机体对

糖、蛋白质、矿物质等营养物质的需要。

③ 保持环境条件适宜，减少应激因素。

（3）免疫接种　常发猪场可以采用多种疫苗。目前使用的菌苗有仔猪黄白痢4P油乳剂苗和双价基因工程苗MM-3（含K88ac及无毒肠素LT两种保护性抗原成分）。此外，新生仔猪腹泻大肠杆菌K88、K99双价基因工程疫苗和K88、K99、987P、F的单价或多价苗，在母猪产前40天和20天各注射1～2头份，通过母猪获得被动保护，也可取得较好的预防效果。仔猪在20～30日龄肌内注射2毫升仔猪水肿病疫苗，对仔猪水肿病有一定的预防效果。由于该病病原血清型复杂，各猪场的致病性大肠杆菌血清型不一致，为了提高预防的针对性，可以选用与本场血清型一致的大肠杆菌菌苗，也可从各猪场分离筛选本场致病性大肠杆菌制备自家菌苗。另外，母猪产仔后用益母草、半边莲、生甘草煎水混料饲喂，可通过乳汁增强仔猪抗病力。

（4）药物或血清预防　有些猪场，在仔猪出生后未吃乳前即全窝口服抗生素，例如庆大霉素2万～4万单位/千克，连服3天。有的在未吃初乳前喂服微生态制剂，以预防发病。也有的采用本场淘汰母猪的全血或血清，给仔猪口服或注射，也有一定防治效果。

（5）发病后的措施

① 抗生素疗法　在发病初期，仅出现下痢，尚有一定食欲和饮欲，投给治疗下痢的口服液，如氟哌酸、乳酸诺氟沙星等，具有较好的治疗作用。通过药敏试验证明，庆大霉素、卡那霉素、氯霉素、新霉素、先锋霉素、链霉素、痢特灵、复方新诺明等抗菌药物，对仔猪黄白痢有很好的治疗作用。在发病中期，仔猪除下痢外，食欲废绝，身体明显消瘦，有脱水症状，故在注射抗菌药物的同时，应口服补液，方法是：根据猪只大小，用胃导管一次投药液50升。药液的配方以口服补液盐为基础，加入适量抗菌药物，或加点收敛药物，配合葡萄糖和维生素等药。对极度衰竭的严重病例除上述方法外，还应进行静脉输液，在输入的葡萄糖盐水中加入适量抗生素、地塞米松2毫升和10%维生素C 1～2毫升。

另外，本病发生后，往往选用其他多种抗菌药物。可用磺胺嘧啶、三甲氧苄胺嘧啶与活性炭混匀口服，或庆大霉素、环丙沙星肌内注射，均有一定疗效。痢菌净溶于蒸馏水中加温至全溶，凉后内服，效果明显。也有报道用抗敌素肌内注射。对阿莫西林耐药的大肠杆菌却对克拉维酸强化的阿莫西林敏感，对本病具有较好的治疗作用。止痢金刚注射液中含针对产肠毒性大肠杆菌病原 Kgp、987P 的特异性卵黄抗体和抗菌、消炎、抗病毒成分，对仔猪黄白痢有较好的治疗作用。

②微生态制剂疗法　　目前，我国有促菌生、乳康生和调痢生等制剂。这些制剂都有调节胃肠道内菌群平衡，预防和治疗仔猪黄痢的作用。促菌生于仔猪吃奶前 2～3 小时，喂 3 亿活菌，以后每日 1 次，连服 3 次；若与药用酵母同时喂服，可提高疗效。乳康生于仔猪出生后每天早晚各服 1 次，每次服 0.5 克，连服 2 次，以后每隔 1 周服 1 次。调痢生每千克体重 0.10～0.15 克，每日 1 次，连服 3 次。在用微生态制剂期间禁止服用抗菌药物。

（十八）猪萎缩性鼻炎

猪萎缩性鼻炎是一种由支气管败血性波氏杆菌和产毒素多杀性巴氏杆菌引起的猪的一种慢性呼吸道疾病。以鼻炎、鼻甲骨萎缩、鼻部变形以及生长迟滞为主要特征。临床症状表现为打喷嚏、鼻塞、颜面部变形或歪斜，常见于 2～5 月龄猪。

【病原】病原是支气管败血性波氏杆菌Ⅰ相菌和多杀性巴氏杆菌毒源性菌株。支气管败血性波氏杆菌Ⅰ相菌曾作为萎缩性鼻炎主要病原，现已证明，此菌单独存在不能引起渐进性萎缩性鼻炎。

支气管败血性波氏杆菌Ⅰ相菌为球杆状菌，呈两极染色，革兰氏染色阴性，不产生芽孢，有的有荚膜，周边鞭毛，能产生坏死性毒素。本菌抵抗力不强，一般消毒剂均可使其死亡。

【流行病学】任何年龄的猪都可感染本病，但以仔猪的易感性最大。1 周龄猪感染后可引起原发性肺炎，致全窝仔猪死亡。发病一般随年龄增长而下降，1 月龄内感染，常在数周后发生鼻炎，并引起鼻甲骨萎缩；断奶后感染，通常只产生轻微病变。

主要传染源是病猪和带毒猪。犬、猫、家畜、家兔等及人也能引起慢性鼻炎和化脓性支气管肺炎，因此，也可成为传染源。鼠可能是本菌的自然宿主。本病的传播方式主要是飞沫传播，带菌母猪通过接触，经呼吸道感染仔猪，不同月龄可通过水平传播扩大到全群。

本病在猪群中传播比较缓慢，多为散发或地方性流行。各种应激因素可使发病率增高；品种不同的猪，易感性也有差异，国内土种猪较少发生。

【临床症状】多见于6～8周龄仔猪。表现鼻炎，出现喷嚏、流涕和吸气困难。流涕为浆液黏液脓性渗出物，个别猪因强烈喷嚏而发生鼻出血。病猪常因鼻炎刺激黏膜而表现不安，如摇头、拱地、搔抓和摩擦鼻部。吸气时鼻孔开张，发出鼾声，严重的张口呼吸。由于鼻泪管阻塞，泪液增多，在眼内角下皮肤上形成弯月形的湿润区，被尘土沾污后黏结形成黑色痕迹。

继鼻炎后出现鼻甲骨萎缩，致使鼻腔和面部变形，这是萎缩性鼻炎的特征性症状。如两侧鼻甲骨病损相同时，外观鼻短缩，此时，因皮肤和皮下组织正常发育，使鼻盘正后部皮肤形成较深的皱褶；若一侧鼻甲骨萎缩严重，则使鼻弯向同一侧；鼻甲骨萎缩，额窦不能正常发育，使两眼间宽度变小和头部轮廓变形。体温正常，病猪生长停滞，难以育肥，有的成为僵猪。鼻甲骨萎缩与感染周龄、是否发生重复感染及是否存在其他应激因素关系非常密切。周龄愈小，感染后出现鼻甲骨萎缩的可能性就愈大，后果愈严重。一次感染后，若不发生新的重复或混合感染，萎缩的鼻甲骨可以再生。有的鼻炎延及筛骨板，则感染可经此而扩散至大脑，发生脑炎。此外，病猪常有肺炎发生，可能是由于鼻甲骨损坏，异物和继发性细菌侵入肺部造成，也可能是由主要病原直接引发的结果。因此，鼻甲骨的萎缩可促进肺炎的发生，而肺炎又反过来加重鼻甲骨萎缩。

【病理变化】病变一般局限于鼻腔的邻近组织。最具特征性的变化是鼻腔的软骨和骨组织的软化和萎缩。主要是鼻甲骨萎缩，特别是鼻甲骨的下卷曲最为常见。鼻黏膜常有黏脓性或干酪样分泌物。

由坏死杆菌引起的本病主要发生于仔猪和架子猪。坏死病变有时波及鼻甲软骨、鼻和面骨。鼻黏膜出现溃疡，溃疡面逐渐扩大并形成黄白色的假膜。病猪表现为呼吸困难，咳嗽，流脓性鼻涕和腹泻。

【诊断】根据临床症状和剖检病理变化一般可做出诊断。特征性临床症状是打喷嚏、流鼻液，有时流出血液，鼻部和面部歪斜。特征性病变是鼻腔的软骨和鼻甲骨软化与萎缩，特别是鼻甲骨的下卷曲最为常见。

【防治】

（1）加强饲养管理　保持猪舍环境卫生，彻底消毒，注意通风保暖，严格执行卫生防疫制度。产仔、断奶和育肥各阶段均采用全进全出制度。猪场引进猪时，应进行严格的检疫和隔离，引进后观察3～6周，防止将带菌猪引入猪场。

（2）免疫　常发地区可用传染性萎缩性鼻炎的灭活疫苗，对母猪和仔猪进行免疫注射。母猪产前50天和20天注射两次；仔猪断奶前1周免疫1次，隔1个月再免疫1次效果更好。如果有条件，可做自家灭活疫苗免疫。1年后慢慢能净化本病。

（3）发病后措施　支气管败血波氏杆菌对抗生素和磺胺类药物敏感。

① 母猪（产前1个月）、断奶仔猪及架子猪　磺胺二甲嘧啶100～450克/吨拌料，或磺胺二甲嘧啶100克/吨、金霉素100克/吨、青霉素50克/吨混合拌料，或泰乐菌素100克/吨、磺胺嘧啶100克/吨混合拌料，或土霉素400克/吨拌料。连用4～5周。

② 仔猪　从2日龄开始肌内注射1次增效磺胺，用量为磺胺嘧啶每千克体重12.5毫克，加甲氧苄胺嘧啶每千克体重2.5毫克，连用3次。或每周肌内注射1次长效土霉素，用量为每千克体重20毫克，连续3次。

（十九）霉形体肺炎

猪霉形体肺炎（又称"气喘病"或猪地方流行性肺炎）是猪的一种慢性呼吸道传染病，主要症状是咳嗽和气喘。本病呈慢性经过，集约化猪场发病率高达70%以上。虽然病死率很低，但严重影响猪体生长发育，造成饲料浪费，给养猪业带来极大危害。

【病原】病原体为猪肺炎霉形体。因无细胞壁，故是多形态的微生物，在固体培养基上呈小球状，病变压片标本上呈环状或弯杆状。病原体存在于病猪的呼吸道内，随咳嗽、喷嚏排出体外，污染周围环境。该病原体对温热、阳光抵抗力差，在外环境中存活时间不超过 36 小时。常用的消毒剂，如威力碘、甲醛、百毒杀、菌毒敌等都能将其杀灭。

【流行病学】本病只感染猪，不同年龄、性别、品种和用途的猪均能感染发病，但以哺乳仔猪和刚断奶的仔猪发病率和病死率较高，其次为怀孕后期母猪和哺乳母猪，其他猪多为隐性感染。

病猪是主要传染源。特别是隐性带菌病猪，是最危险的传染源。病猪在临床症状消失之后 1 年仍可带菌排毒。病原体存在于病猪的呼吸道内，随病猪咳嗽、喷嚏的飞沫排出体外。当病猪与健康猪直接接触时，由呼吸道吸入后感染发病。因此，在通风不良和比较拥挤的猪舍内，很易相互传染。

本病一年四季均可发生，但以气候多变的冬、春季节多发。新发病的猪场，常为暴发性流行，病情严重，病死率较高。在老疫区，多数呈慢性经过，或中、大猪呈隐性感染，唯有仔猪发病率较高。遇到气候骤变、突换饲料、饲料质量不良和卫生条件不好时，部分隐性猪可出现明显的临床症状。

【临床症状】潜伏期一般为 11～16 天。最短 3～5 天，最长 30 天以上。

（1）急性型 尤以哺乳仔猪、刚断奶仔猪、怀孕后期母猪和哺乳母猪多见。突然发病，呼吸加快，可达 60～120 次/分钟以上，口、鼻流出黏液，张口喘气，呈犬坐姿势和腹式呼吸。咳嗽低沉，次数少，偶尔发生痉挛性咳嗽。精神沉郁，食欲减少，体温一般不高。病程 7～10 天，病死率较高。

（2）慢性型 病猪长期咳嗽，尤以清晨、夜晚、运动或吃食时最易诱发。初为单咳，严重时出现阵发性咳嗽。咳嗽时，头下垂，伸颈拱背，直到把分泌物咳出为止。后期，气喘加重，病猪精神不振，采食减少，消瘦贫血，不愿走动，甚至张口喘气。这些症状可因饲料管理的好坏减轻或加重。病程 2～3 个月，甚至半年以上。病死率不高，但影响生长发育，并易继发链球菌、大肠杆菌、肺炎球菌、棒状杆菌、巴氏杆菌等细菌感染，使病情恶化，甚至引起死亡。

【病理变化】本病的特征性病变是两侧肺的尖叶、心叶和膈叶前下缘发生对称性胰样实变。实变区大小不一，呈淡红色或灰红色，随着病程的延长，病变部分逐渐变成灰白色或灰黄色。发病初期，外观如胰脏样，质地如肝脏，切面湿润，按压时，从小支气管流出黏液性混浊的灰白色液体。后期，病变部的颜色转为灰红色或灰白色，切面坚实，小支气管断端凸起，从中流出白色泡沫状的液体。病变区与周围正常肺组织界限明显，病灶周围组织气肿，其他部分肺组织有不同程度的淤血和水肿。肺门和纵隔淋巴结极度肿大，切面外翻，呈白色脑髓样。

并发细菌感染时，可出现胸膜炎、肺炎、肺脓肿、坏死性肺炎等病理变化。

【防治】

(1) 自繁自养，防止由外单位引进病猪　不少教训表明，健康猪群发生猪喘气病，多数是从外地买进慢性或隐性感染的病猪引起的。因此，进行品种调换、良种推广和必须从外单位引进种猪时，应该认真了解猪源所在地区或该猪场有无本病流行，如有疫情，坚决不要购买。即使表面健康的猪，购入后也须隔离饲养，观察1～2个月；或进行X射线检查、血清学检查，确定无本病时，方可混群饲养。

(2) 加强饲养管理，保持圈舍清洁、干燥　最好饲喂全价日粮，如无此条件，在饲料调配时，要尽量多样化，注意青绿饲料和矿物质饲料的供给。猪圈要保持清洁、干燥、通风、温暖，避免过度拥挤，并定期做好消毒和驱虫工作。可在饲料中酌情添加土霉素下脚料或土霉素、林可霉素下脚料或林可霉素，促进病猪和隐性感染猪尽早康复。

(3) 免疫接种　中国兽药监察所研制成功的猪气喘病兔化弱毒冻干苗，对猪安全，攻毒保护率79%，免疫期8个月；江苏省农科院牧医研究所研制的猪气喘病168株弱毒菌苗，对杂交猪安全，攻毒保护率84%，免疫期6个月。这两种疫苗只适用于疫场（区），都必须注入胸腔内（右侧倒数第6肋间至肩胛骨后缘为注射部位），才能产生免疫效果，但免疫力产生缓慢，一般在60天后才能抵御强毒的攻击。该苗适用于15日龄以上的猪只和妊娠2月龄以内的母猪接种。体质瘦弱和喘气者不宜注射。注射前15天和注射后2

个月禁用土霉素和卡那霉素，以防止免疫失败。

（4）发病后的措施

① 尽早隔离病猪　通过听，即在清晨、夜间、喂食及跑动时，注意听猪有无发生咳嗽；查，即在猪只安静状态下，观察呼吸次数和腹部扇动情况有无异常；剖检，即剖检死亡病猪，看其肺部有无典型的喘气病病变等，尽早发现和隔离病猪。

② 果断处理　查出的病猪要果断淘汰，或隔离后由专人饲管，防止病猪与健康猪接触，以切断传染链，防止本病蔓延。

③ 药物治疗　枝原净（泰莫林）预防量 50 毫克/千克体重，治疗量加倍，拌料饲喂，连喂 2 周；或在 50 千克饮水中加入 45% 枝原净 9 克，早晚各一次，连续饮用 2 周，混饲或混饮时，禁与莫能霉素、盐霉素配合应用；或泰乐菌素，饲料中添加 0.006%～0.01%，连续饲喂 2 周，与等量的 TMP（三甲氧苯氨嘧啶）配合应用，可提高疗效；或林可霉素（洁霉素）50 毫克/千克体重，每天注射 1 次，连用 5 天，一般可获得满意效果，具有疗效高、毒副作用低的优点；或卡那霉素或猪喘平注射液 4 万～6 万单位/千克体重，肌注，每日一次，连用 5 天为一疗程，与维生素 B_6、地塞米松和维生素 K_3 配合应用，疗效提高；或土霉素 40 毫克/千克体重，复方新诺明 10 毫克/千克体重，混饲，每天 2 次，连用 5～7 天；土霉素盐酸盐，40～60 毫克/千克体重，用 4% 硼砂溶液或 0.25% 普鲁卡因溶液或 5% 氧化镁溶液稀释后，肌注，每天 1 次，5～7 天为一疗程；20%～25% 土霉素碱油剂，每次 1～5 毫升，深部肌内注射，3 天 1 次，连用 6 次为一疗程。

上述疗法都有一定的效果，配合应用时，疗效增强。在治疗时，尽量减轻应激反应，防止按压病猪胸部，以防窒息死亡。

（二十）猪接触传染性胸膜肺炎

猪接触传染性胸膜肺炎又称猪嗜血杆菌胸膜肺炎，是猪的一种呼吸道传染病。特征为出血性坏死性肺炎和纤维素性胸膜炎。本病具有高度的传染性，最急性和急性型发病率和病死率都在 50% 以上，因此给养猪业造成了严重的经济损失。

【病原】病原为胸膜肺炎放线杆菌（又称胸膜肺炎嗜血杆菌），革兰氏染色阴性。该病原为多形态杆菌，一般呈球状、丝状、棒状。病料中的胸膜肺炎放线杆菌呈两极着色，有荚膜，能产生毒素。本菌的抵抗力不强，易被一般的消毒药杀死。

【流行病学】不同年龄的猪均易感，但以4～5月龄的发病死亡较多。发病季节多在10～12月份和6～7月份。病猪和带菌猪是本病的传染源。病原菌主要存在于带菌猪或慢性病猪的呼吸道黏膜内，通过咳嗽、喷嚏和空气飞沫传播，因此在集约化猪场最易发生接触性感染。初次发病猪群，其发病率和病死率很高。经过一段时间，病情逐渐缓和，病死率显著下降。气候突变和卫生环境条件不好时，可促使本病发生。

【临床症状】人工感染的潜伏期为1～7天。

急性型，突然发病，体温升高至41.5℃左右，精神沉郁，食欲废绝，呼吸迫促，张口伸舌，呈站立或犬坐姿势，口、鼻流出泡沫样分泌物，耳、鼻及四肢皮肤发绀，如不及时治疗，常于1～2天窒息死亡。若开始发病时症状较缓和，能耐过4天以上，则可逐渐康复或转为慢性。慢性型病猪体温时高时低，生长发育迟缓，出现间歇性咳嗽，尤其是在气候突变，圈舍空气污浊，以及早晨或夜晚，咳嗽更为明显。

【病理变化】急性病例，胸腔内液体呈淡红色，两侧肺广泛性充血、出血，部分肺叶肝变，胸膜表面有广泛性纤维蛋白附着，气管和支气管内有大量的血样液体和纤维蛋白凝块。慢性病例，肺组织内有绿豆大黄色坏死灶或小脓肿，壁层胸膜和脏层胸膜粘连，脏层胸膜与心包粘连。

【诊断】根据特征的临床症状和剖检变化可以做出初步诊断，确诊需做细菌学检查。

【防治】

(1) 严格检疫　本病的隐性感染率较高，在引进种猪时，要注意隔离观察和检疫，防止引入带菌猪。

(2) 药物预防　淘汰病猪和血清学检查呈阳性的猪。血清学阴性的猪只，饲料中添加抗菌药物进行预防，常用的有洁霉素0.012%，连喂2周；或磺胺二甲嘧啶（SM2）0.03%，配合甲氧苄胺嘧啶（TMP）0.006%。连喂5～7天；或土霉素0.06%，TMP0.004%，连喂1～2周；同时注意改善环境卫生，消除应激因素，定期进行消毒。以后引进新猪或猪只混群前，都须用药物预防5～7天。

（3）免疫接种　国外已有商品化的灭活苗和弱毒菌苗。灭活苗为多价油佐剂灭活苗，在8～10周龄注射1次，可获得免疫力。弱毒菌苗系单价苗，接种后抵抗同一血清型菌株的感染。

（4）发病后措施　对本病比较有效的药物有氨苄青霉素、氯霉素、羧苄青霉素、卡那霉素、环丙沙星和恩诺沙星等。氨苄青霉素50毫克/千克体重，肌注或静注，每天2次；氯霉素50毫克/千克体重肌注或静注，每天1次；氨苄青霉素100毫克/千克体重，静注或肌注，每天2次；卡那霉素50毫克/千克体重，肌注或静注，每天1次；0.1%～0.2%环丙沙星饮水；恩诺沙星0.06%～0.08%拌料。上述药物连用3～7天，若配合对症治疗，一般有较好的效果。

（二十一）皮肤真菌病

皮肤真菌病（癣）是由皮霉菌引起的一组慢性皮肤传染病的总称。特征是皮肤上呈现界限明显的圆形或轮状癣斑，其上覆有癣屑或痂皮。

【病原】皮霉菌是一群真菌，包括毛癣菌属、小孢子菌属、表皮癣菌属。皮霉菌的孢子抵抗力较强，干燥条件可存活3～4年，煮沸1小时方可杀死，对一般消毒药耐受性较强，2%甲醛30分钟才能将其杀死。

【流行病学】本病呈散发，在气候温暖而潮湿的地区发病率较高，冬季舍饲发病较多。营养不良，猪舍不经常消毒，猪体皮肤不洁等可诱发本病。

【临床表现】猪的癣病多发生在背、胸、股外侧，主要由微小孢子菌引起。患病部位常有剧痒感，常在墙上摩擦甚至擦破表皮而出血。斑状脱毛癣，形成圆形癣斑，表面覆有石棉板样鳞屑；轮状脱毛癣，呈圆形或不规则的癣斑，而后中央部开始痊愈生毛，但周围部分脱毛仍在继续发展，形成车轮状癣斑；水疱性和结痂性脱毛癣，皮肤先发生丘疹和水疱，继则水疱破裂、渗出，最后形成痂皮；毛囊炎和毛囊周围炎，在脱毛处发生化脓性毛囊炎或毛囊周围炎。

【防治】隔离病猪，进行治疗。用温肥皂水洗去痂皮，涂 10％水杨酸擦剂或软膏，或用水杨酸 5 克，鱼石脂 5 克，硫黄 40 克，凡士林 60 克，配成油膏外用；或用温肥皂水洗去痂皮，3％克霉唑软膏或灰黄霉素癣药水等有较好效果。

（二十二）猪附红细胞体病

猪附红细胞体病（红皮病）是由猪附红细胞体寄生在猪红细胞而引起的一种人畜共患传染病。其主要特征是发热、贫血和黄疸。近年来，我国附红细胞体病的发生不断增多，一年四季均有发生，有的地区呈蔓延趋势，暴发流行，给养猪业带来了一定的损失。

【病原】猪附红细胞体属于立克次氏体。猪附红细胞体为一种典型的原核细胞型微生物，形态有环形、球形、椭圆形、杆状、月牙状、逗点状和串珠状等不同形状，外表大都光滑整齐，无鞭毛和荚膜，革兰氏染色阴性，一般不易着色。附红细胞体侵入动物体后，在红细胞内生长繁殖，播散到全身组织和器官，引发一系列病理变化。主要有，红细胞崩解破坏，红细胞膜的通透性增大，导致膜凹陷和空洞，进而溶解，形成贫血、黄疸。

附红细胞体有严格的寄生性，寄生于红细胞、血浆或骨髓中，不能用人工培养基培养。应用二分裂（横分裂）萌芽法在红细胞内增殖，呈圆形或多种形态，有两种核酸（DNA 和 RNA）。发病后期的病原体多附着在红细胞表面，使红细胞失去球形，边缘不齐，呈芒刺状、齿轮状或不规则多边形。

附红细胞体对苯胺色素易于着色，革兰氏染色阴性，姬姆萨氏染色呈紫红色，瑞氏染色为淡蓝色。在红细胞上以二分裂方式进行裂殖。对干燥和化学药物的抵抗力不强，0.5％石炭酸于 37℃经 3 小时可将其杀死，一般常用浓度的消毒药在几分钟内可将其杀死。但对低温冷冻的抵抗力较强，5℃可存活 15 天，冰冻凝固的血液中可存数力天，冻干保存可存活数年之久。

【流行病学】本病主要发生于温暖季节，夏、秋季发病较多，冬、春季相对较少。我国最早见于广东、广西、上海、浙江、江苏等省市，随后蔓延至河南、山东、河北等省以及新疆和东北地区。

本病多具有自然源性，有较强的流行性，当饲养管理不良、机体抵抗力下降、环境恶劣或发生其他疾病时，易引发规模性流行，且存在复发性，一般病后有稳定的免疫力。本病的传播途径至今还不明确，但一般认为有以下几个传播途径：昆虫传播，蚊、虱、蠓、蜱等吸血昆虫是主要的传播媒介，夏秋季多发的原因普遍认为与蚊子的传播有关；血源传播，被本病污染的针头、打耳钳、手术器械等都可传播；垂直传播，即经患病母猪的胎盘感染给下一代；消化道传播，被附红细胞体污染的饲料、血粉和胎儿附属物等均可经消化道感染。

猪为本病的唯一宿主，不同品种、年龄的猪均易感染，其中以20～25千克重的育肥猪和后备猪易感性最高。在流行区内，猪血中的附红细胞体的检出率很高，大多数幼龄猪在夏季感染，成为不表现症状的隐性感染者。在入冬后遇到应激因素（如气温骤降、过度拥挤、换料过快等），附红细胞体就会在体内大量繁殖而发病。隐性感染和耐过猪的血液中均含有猪附红细胞体。因此，该病一旦侵入猪场就很难清除。

【临床症状】不同年龄的猪所表现的临床症状也不相同。

（1）仔猪 最早出现的症状是发热，体温可达40℃以上，持续不退，发抖，聚堆；精神沉郁，食欲不振；胸、耳后、腹部的皮肤发红，尤其是耳后部出现紫红色斑块；严重者呼吸困难，咳嗽，步态不稳。随着病情的发展，病猪可能出现皮肤苍白、黄疸，病后数天死亡。自然恢复的猪表现贫血，生长受阻，形成僵猪。

（3）母猪 通常在进入产房后3～4天或产后表现出来。症状分为急性和慢性两种。急性感染的症状有厌食、发热，厌食可长达13天之久。发热通常发生在分娩前的母猪，持续至分娩过后，往往伴有背部毛孔渗血。有时母猪乳房以及阴部出现水肿。妊娠后期容易发生流产且产后死胎增多；产后母猪容易发生乳房炎和泌乳障碍综合征。慢性感染母猪易衰弱、黏膜苍白、黄疸、不发情或延迟发情、屡配不孕等，严重时也可以发生死亡。

（3）公猪 患病公猪的性欲、精液质量和配种受胎率都下降，精液呈灰白色，精子密度下降至20%～30%，约为0.6亿～0.8亿/毫升。

（4）育肥猪 患病猪发热、贫血、黄疸、消瘦，生长缓慢。初期皮肤发红，后期可视黏膜苍白；鬐甲部顺毛孔有暗红色的出血点；耳缘卷曲、淤血；呼吸困难，心音亢进，出现寒战、抽搐。

【**病理变化**】可见主要病理变化为贫血和黄疸。有的病例全身皮肤黄染且有大小不等的紫色出血斑，全身肌肉变淡，脂肪黄染，四肢末梢、耳尖及腹下出现大面积紫色斑块，有的患猪全身红紫。有的病例皮肤及黏膜苍白。血液稀薄如水，颜色变淡，凝固不良，血细胞压积显著降低；肝脏肿大，呈黄棕色；全身淋巴结肿大，质地柔软，切面有灰白色坏死灶或出血斑；脾脏肿大，变软，边缘有点状出血；胆囊内充满浓稠的胆汁；肾脏肿大，有出血点；心脏扩张、苍白、柔软，心外膜和心脏冠状沟脂肪出血、黄染，心包腔积有淡红色液体。严重感染者，肺脏发生间质性水肿。长骨骨髓增生。脑充血，出血，水肿。

【**防治**】

(1) 综合性措施　目前本病没有疫苗预防，故本病的预防应采取综合性措施。在夏秋季，应着重灭蚊和驱蚊，可用灭蚊灵或除虫菊酯等在傍晚驱杀猪舍内的吸血昆虫。驱除猪体内外寄生虫，有利于预防附红细胞体病。在进行阉割、断尾、剪牙时，注意器械消毒；在注射时应注意更换针头，减少人为传播机会；平时加强饲料管理，让猪吃饱喝足，多运动，增强体质；天热时降低饲养密度；天气突变时，可在饲料中投喂多维加土霉素或强力霉素、阿散酸等进行预防。注意阿散酸毒性大，使用时切不可随意提高剂量，以防猪只中毒，并且注意治疗期间供给猪只充足饮水。如有猪只出现酒醉样中毒症状，应立即停药，并口服或腹腔注射10％葡萄糖和维生素C。

(2) 发病后的措施

① 发病初期的治疗　贝尼尔5～7毫克/千克体重，深部肌内注射，每天1次，连用3天；或长效土霉素肌内注射，每天1次，连用3天。

② 发病严重的猪群　贝尼尔和长效土霉素深部肌内注射，也可肌内注射咪唑苯脲，2毫克/千克体重，每天1次，连用2～3天。对贫血严重的猪群补充铁剂、维生素C、维生素B$_{12}$和肌苷。大量临床试验证明，这是治疗猪附红细胞体病最有效的处方。

二、寄生虫病

(一)猪蛔虫病

猪蛔虫病是由蛔虫寄生于小肠引起的寄生虫病。主要侵害3~6月龄的幼猪，导致猪生长发育不良或停滞，甚至造成死亡。在卫生条件不好的猪场及营养不良的猪群中，感染率可达50%以上。

【病原】病原体为蛔科的猪蛔虫，其是寄生于猪小肠中的一种大型线虫，新鲜虫体为淡红色或浅黄色，死后变为苍白色。虫体为圆柱形，两头细，中间粗。猪蛔虫的发育不需要中间宿主，为土源性线虫。雌虫在猪的小肠内产卵，虫卵随猪的粪便排至外界环境中，在适宜温度（28~30℃）、湿度及氧气充足的条件下，经10天左右卵内形成幼虫，即发育为感染性虫卵。感染性虫卵被猪吞食后，在小肠中各种消化液的作用下，卵壳破裂，孵出幼虫，幼虫穿过肠壁进入血管，通过门静脉到达肝脏；或钻入肠系膜淋巴结，由腹腔进入肝脏，在肝脏中经蜕化发育后再经肝静脉进入心脏，经肺动脉到达肺脏，并穿过肺部毛细血管到达肺泡，再到支气管、气管，随黏液逆行到咽，经口腔、咽进入消化道，边移行边发育，共经四次蜕化后，约历时2~2.5个月，最后在猪小肠中发育为成虫。成虫在猪小肠中逆肠蠕动方向做弓状弯曲运动，以黏膜表层物质或肠内容物为食物，在猪体内7~10个月后，即随粪便排出，如不继续感染，大约在12~15个月后，肠道中蛔虫即可被全部排出。

【流行病学】本病流行很广，特别是饲养管理条件较差的猪场几乎每年都有发生。这主要有以下几方面的原因：

（1）猪蛔虫不需要中间宿主。虫卵随猪粪便排到外界后，在适宜的条件下，可直接发育为感染性虫卵，不需要甲虫、蟑螂等的参与即可重复其感染过程。

（2）猪蛔虫的每条雌虫一天可产卵10万~20万个，产卵旺盛时可达100万~200万个，一生共产卵3000多万个，能严重污染圈舍。

（3）虫卵对外界环境的抵抗力强。卵壳的特殊结构使其对外界不良环境有较强的抵抗力。如虫卵在疏松、湿润的耕土中可生存2~5年；在2%福尔马林溶液中，虫卵不但自下而上发育而且还可下沉发育。10%漂白粉溶液、3%克辽林溶液、饱和硫酸铜溶液、2%苛性钠溶液等均不能将其杀死。在3%来苏儿溶液中经1周也仅有少数虫卵死亡。一般用60℃以上的3%～5%热碱水或20%～30%热草木灰可杀死虫卵。

（4）猪场的饲养管理不良、卫生条件较差、猪只过于拥挤、营养缺乏，特别是饲料中缺乏维生素及矿物质条件下，加重猪的感染和死亡。

猪感染蛔虫主要是采食了被感染性虫卵污染的饲料及饮水所致，放牧时也可在野外感染。母猪的乳房容易沾染虫卵，使仔猪在吸乳时感染。

【临床症状】猪蛔虫病的临床表现，因猪年龄的大小、体质的强弱、感染程度及蛔虫所处的发育阶段不同而有所差异，一般3～6个月的仔猪症状明显，成年猪多为带虫者，无明显症状，但成为本病的传染源。仔猪在感染初期有轻微的湿咳，体温升高到40℃左右，精神沉郁，呼吸及心跳加快，食欲不振，有异食癖，营养不良，消瘦贫血，被毛粗糙，或有全身性黄疸。有的生长发育受阻，变为僵猪；严重感染时，呼吸困难，急促而无规律，咳嗽声粗厉低沉，并有口渴、流涎、拉稀、呕吐，1～2周好转，或渐渐衰竭而亡。

蛔虫过多而堵塞肠管时，病猪疝痛，有的可发生肠破裂死亡。胆道蛔虫病猪开始时拉稀，体温升高，食欲废绝，以后体温下降，卧地不起，腹痛，四肢乱蹬，多经6～8天死亡。

6月龄以上的猪在寄生数量不多时，若营养良好，症状不明显，但多数因胃肠机能遭到破坏，常有食欲不振、磨牙和生长缓慢等现象。

【防治】

（1）预防措施　在猪蛔虫病流行地区，每年春秋两季应对全群猪进行一次驱虫。特别是对于断奶后到6月龄的仔猪应进行1～3个月驱虫；保持圈舍清洁卫生，经常打扫，勤换垫草，铲去圈内表土，垫以新土；对饲槽、用具及圈舍定期（可每月1次）用20%～30%热草木灰水或2%～4%热火碱水喷洒杀虫；此外，对断奶后的仔猪应加强饲养管理，多喂富含维生素和多种微量元素的饲料，以促进生长，提高抗病力；对猪粪的无公害化处理也是预防本病的重要措施，应将清除的猪粪便、垫草运到离猪场较远的地方堆积发酵或挖坑沤肥，以杀灭虫卵。

（2）发病后措施

① 精制敌百虫　　100 毫克/千克体重，1 头猪总量不超过 10 克，溶解后拌料饲喂，一次喂给，必要时隔 2 周再给 1 次。

② 哌嗪化合物　　常用的有枸橼酸哌嗪和磷酸哌嗪。每千克体重 0.2～0.25 克，用水化开，混入饲料内，让猪自由采食。兽用粗制二硫化碳哌嗪，遇胃酸后分解为二硫化碳和哌嗪，二者均有驱虫作用，效果较好，可按 125～210 毫克/千克体重口服。

③ 丙硫咪唑（抗蠕敏）　　5～20 毫克/千克体重，一次喂服，该药对其他线虫也有作用。

④ 左旋咪唑　　4～6 毫克/千克体重肌内注射，或 8 毫克/千克体重，一次口服。

⑤ 噻咪唑（驱虫净）　　每千克体重 15～20 毫克，混入少量精料中一次喂给；也可用 5%注射液，按每千克体重 10 毫克剂量皮下注射或肌内注射。

（二）猪肺丝虫病

猪肺丝虫病是由后圆线虫寄生在猪的支气管内引起的，又名后圆线虫病。

【病原】猪肺丝虫有 3 种，最常见的为长刺肺丝虫，寄生于猪的支气管和细支气管内。虫体呈乳白色丝状，雄虫长 12～26 毫米，宽 0.16～0.225 毫米；雌虫长 20～51 毫米，宽 0.4～0.45 毫米。

【流行病学】猪后圆线虫的发育必须以蚯蚓作中间宿主。雌虫在猪的支气管内产卵，卵随痰液进入口腔、咽、消化液，然后随粪便排至体外，在潮湿的土壤中孵化出幼虫，蚯蚓吞食了虫卵或幼虫后，在蚯蚓的消化道及其他器官内发育为感染性幼虫，然后随蚯蚓粪便排到外界。猪在接触蚯蚓或土壤中的感染性幼虫后，幼虫钻入肠系膜淋巴结中发育，经淋巴、血液而进入心脏、肺脏，最后在支气管内发育成熟。在感染后 24 天，仍可排出虫卵。

幼虫移行时穿过肠壁、淋巴结和肺组织，当带入细菌时，易引起支气管肺炎；虫体的寄生会堵塞毛细支气管，影响生长发育，降低抗病力，从而继发猪肺疫、猪流感及猪气喘病。

【临床症状】轻度感染时症状不明显。瘦弱的仔猪（2～4月龄）感染多量虫体又有气喘病等合并感染时，症状较严重，死亡率也高。病猪主要表现为消瘦，发育不良，阵发性咳嗽，被毛干燥无光，鼻孔流出脓性黏稠分泌物，四肢、眼睑部水肿，最后极度衰弱而亡。

【防治】

（1）防止将蚯蚓引入猪场　猪场应建在高燥干爽处，猪圈运动场应改用坚实的地面（如水泥地面），防止蚯蚓进入，同时还应注意排水和保持干燥，杜绝蚯蚓的滋生。在流行地区，可用1‰碱水或30％草木灰水淋猪的运动场地，既能杀死虫卵，也能促使蚯蚓爬出以便杀灭。

（2）驱虫　对患猪及带虫猪定期进行驱虫。对猪粪便要经发酵，利用生物热杀死虫卵后再使用。

（3）发病后措施　左咪唑，15毫克/千克体重1次肌注，间隔4小时重用1次；也可按8毫克/千克体重，混于饲料或饮水中，对幼虫及成虫均有效；或丙硫苯咪唑，10～20毫克/千克体重口服；或海群生，100毫克/千克体重，溶于10毫升水中，皮下注射，1日1次，连用3天。

注意对肺炎严重的猪应在驱虫的同时，采用青霉素、链霉素注射，以改善肺部状况，促进恢复健康。

（三）猪囊虫病

猪囊虫病即猪囊尾蚴病，是一种危害十分严重的人畜共患寄生虫病。

【病原】常寄生在猪的横纹肌里，脑、眼及其他脏器也有寄生。虫体椭圆形，黄豆粒大，为半透明的包囊。囊壁为一层薄膜，囊内充满液体，囊壁上有一个圆形、高粱米粒大小的乳白色小结，为内翻的头节，整个外形像一个石榴籽，在37℃50％胆汁中，头节可以从囊壁内翻出来，镜检可发现头节上有4个圆形的吸盘，头节顶端有顶突，有两排角质小钩，内排长外排短，约20～50个。

猪囊尾蚴为猪带绦虫的幼虫。猪带绦虫寄生在人小肠中，虫体长2～5米，头节呈球形，直径约1毫米，位于虫体前端，颈节细长，长约 5～10 毫米。虫体由 700～1000 个节片组成，节片内部构造在鉴别种属上有重要意义。虫卵圆形或椭圆形，直径为 35～42 微米，外有卵壳，卵内为六钩蚴。

【流行病学】猪带绦虫寄生在人的小肠中，虫卵及卵节片随人的粪便排出体外，直接被猪吞食或污染饲料、饮水，被猪吞食后，在猪小肠内，囊壁破裂，经 24～72 小时孵出六钩蚴。六钩蚴穿过肠壁进入血管，经血液循环到达全身的肌肉中，经 10 天左右发育为囊尾蚴。囊尾蚴在猪体内以股内侧肌寄生最多，其次为胸深肌、肩胛肌、咬肌、膈肌、舌肌及心肌等处，有时在肺、肝等脏器及脂肪内也有寄生。人吃了未经煮熟的病猪肉或附着在生冷食品上的囊尾蚴后，囊尾蚴进入人的小肠中，以其头节附着在肠壁上，约经 2 个半月即可发育为成虫。

【临床症状】猪囊尾蚴病多不表现症状，只有在极强感染或某个器官受害时才出现症状，如营养不良、生长受阻、贫血、水肿。寄生在脑部时，呈现癫痫症状或因急性脑炎而死亡；寄生在喉头，则叫声嘶哑、吞咽、咀嚼及呼吸困难，常有短咳；寄生在眼内时可导致视觉障碍甚至失明；寄生在肩部及臀部肌肉时，表现两肩显著外张、臀部异常肥胖、宽阔。

【防治】

(1) 驱虫　在普查绦虫病患者的基础上，积极治疗，消灭传染源。可用灭绦灵及南瓜子、槟榔合剂，使用方法是：空腹服炒熟的南瓜子 250 克，20 分钟后服槟榔水（槟榔 62 克煎汁而成），再经 2 小时服用硫酸镁 15～25 克，促使虫体排出。

(2) 检疫　即加强肉品检验。凡猪肉切面在 40 厘米^2 内有 3 个以上囊虫者，猪肉只能工业用，不可食用。

(3) 管理　管理好厕所，取消"连茅圈"，加强粪便管理，防止猪吃到人粪，控制人绦虫、猪囊虫的互相感染。

(4) 发病后措施　药物治疗：吡喹酮 50 毫克/千克体重，1 日 1 次口服，连用 3 天；或丙硫苯咪唑（抗蠕敏）60～65 毫克/千克体重，用豆油配成 6％悬液肌注，或 20 毫克/千克体重口服，隔日 1 次，连服 3 次。

（四）猪弓形虫病

弓形虫病是弓形虫寄生于动物细胞内而引起的一种人畜共患的寄生性原虫病。

【病原】弓形虫整个发育过程中分为 5 种类型，即：滋养体，包囊，裂殖体，配子体和卵囊。其中滋养体和包囊是在中间宿主（人、猪、狗等）体内形成的，裂殖体、配子体和卵囊是在终末宿主（猫）体内形成的。

弓形虫的发育过程需要中间宿主（哺乳类、鸟类等）和终末宿主（猫科动物）两个宿主。猫吞食了弓形虫包囊或卵囊，子孢子、速殖子和慢殖子侵入小肠黏膜上皮细胞，进行球虫型发育和繁殖，最后产生卵囊，卵囊随猫粪便排出体外污染饮水、饲料和环境，在适宜条件下，经 2～4 天，发育为感染性卵囊。感染性卵囊通过消化道侵入中间宿主释放出子孢子，子孢子通过血液循环侵入有核细胞，在胞浆中以内出芽的方式进行繁殖。

【流行病学】可通过胎盘、子宫、产道、初乳感染，也可通过猪呼吸道和皮肤损伤感染。采食了被弓形虫包囊、卵囊污染的饲料、饮水或捕食患弓形虫病的鼠雀等也能感染。肉猪多发。本病一年四季均可发生，但夏秋至冬季发病较多。

【临床表现】急性症状表现为食欲减退或废绝，体温升高，呼吸急促，眼内出现浆液或脓性分泌物，流清鼻涕，精神沉郁，嗜睡，数日后出现神经症状，后肢麻痹，病程 2～8 天，常发生死亡。慢性病例则病程较长，表现出厌食，逐渐消瘦，贫血。病猪可出现后肢麻痹，并导致死亡，但多数病猪可耐过。

【病理变化】肝脏肿大，稍硬，有针尖大坏死灶和出血点。肺稍肿胀，间质增宽，有针尖至粟粒大出血点和灰白色坏死灶，切面流出多量带泡沫液体。肾、脾有灰白色坏死灶和少量出血点，盲肠和结核有少量黄豆大至榛实大的凹陷的浅溃疡，胃底出血斑点，有片状或带状溃疡。全身淋巴结肿大，灰白色，切面湿润，有粟粒大灰白色或黄色坏死灶和大小不一的出血点。

【诊断】

（1）涂片检查　取呈现急性症状的病猪血液、脏器（肺、肝、脾、肾）、淋巴结（胃、肝门、肺门、肠系膜）或死猪的腹水触片，采用姬姆萨氏或瑞氏染色镜检，若发现呈弓形或新月形、香蕉形、扁豆形的滋养体，即可确诊。

（2）动物接种 将可疑病料接种到小白鼠、天竺鼠或兔的体内，经一定时期后再取被接种动物的腹水或组织涂片，染色镜检其滋养体。

（3）血清学检查 常用色素试验（DT）、血球凝集试验（HA）和皮内试验（ST）。

（4）鉴别诊断 本病在临床上常易与猪瘟、猪流行性感冒、猪肺疫、仔猪副伤寒、猪丹毒等发热性疾病以及猪蓝耳病、猪伪狂犬病、猪细小病毒病、猪流行性乙型脑炎等母猪繁殖障碍性疾病相混淆，应注意加以鉴别。

【防治】

（1）做好防暑降温和卫生工作 高温季节要加强饲养管理，注意防暑降温，搞好环境卫生，不要在猪舍内积肥。要保持舍内清洁干燥，防止圈内漏雨，要经常把垫草置于太阳下暴晒，并保持垫草柔软。另外，还要保证猪圈的通风换气，使猪舍内保持清新的空气。定期对环境、用具消毒（用1%来苏儿、3%烧碱、20%石灰水等）。对可能被污染的区域可用火焰喷灯进行消毒。

（2）切断传播途径 禁止猫进入猪圈舍，防止猫粪便污染猪饲料和饮水；做好猪圈的防鼠灭鼠工作，禁止猪吃到鼠或其他的动物尸体；禁止用屠宰物或厨房垃圾、生肉汤水喂猪，以防猪吃到患病和带虫动物体内的滋养体和包囊而感染。

（3）发病后措施 药物治疗：磺胺二甲氧嘧啶钠预混剂（按磺胺二甲氧嘧啶钠计）0.1克/千克体重、碳酸氢钠粉30～100克/次，拌料混饲，1次/天，连用3～5天；或葡萄糖生理盐水500～1500毫升、20%磺胺间甲氧嘧啶钠注射液100毫克/（千克体重·次）（首次量）[维持量50毫克/（千克体重·次）]、5%碳酸氢钠注射液30～50毫升、10%樟脑磺酸钠注射液5～15毫升，静脉注射，2次/天，连用3～5天。

（五）猪疥螨病

猪疥螨病俗称疥癣、癞，是由疥螨寄生在猪皮肤内引起的一种慢性皮肤病，以剧烈瘙痒和皮肤增厚、龟裂为临床特征。本病是规模化养猪场中最常见的疾病之一。

【病原】猪疥螨虫体小，肉眼不易看见。发育过程经过卵、幼虫、若虫和成虫四个阶段。疥螨钻入猪皮肤表皮层内挖凿隧道，并在其内进行发育和繁殖。隧道中每隔一定距离便有小孔与外界相通，小孔为空气流通和幼虫进出的孔道。雌虫在隧道内产卵，每天产 1～2 个，一只雌虫一生可产卵 40～50 个。幼虫由隧道小孔爬到皮肤表面，开凿小穴，并在里面蜕化，变成若虫，若虫钻入皮肤，形成浅窄的隧道，在里面蜕皮，变成成虫。螨的整个发育期为 8～22 天，雄虫于交配后不久死亡，雌虫可生存 4～5 周。

【流行病学】各种类型和不同年龄的猪都可感染本病，但 5 月龄以下的幼猪由于皮肤细嫩，较适合螨虫的寄生，所以发病率最高，症状严重。成猪感染后，症状轻微，常成为隐性带虫者和散播者。传染途径有两种：一是健康猪与病猪直接接触而感染；二是通过污染的圈舍、垫草、饲管用具等间接与健康猪接触而感染。圈舍阴暗潮湿、通风不良，以及猪只营养不良，为本病的诱因。发病季节为冬季和早春，炎热季节，阳光照射充足，圈舍干燥，不利于疥螨繁殖，患猪症状减轻或康复。

【临床症状】病变通常由头部开始。眼圈、耳内及耳根的皮肤变厚、粗糙，形成皱褶和龟裂，以后逐渐蔓延到颈部、背部、躯干两侧及四肢皮肤。主要症状是瘙痒，病猪在圈舍栏柱、墙角、食槽、圈门等处磨蹭，有时以后蹄搔擦患部，致使局部被毛脱落、皮肤擦伤、结痂和脱屑。病情严重的，全身大部皮肤形成石棉瓦状皱褶，瘙痒剧烈，食欲减少，精神委顿，日渐消瘦，生长缓慢或停滞，甚至发生死亡。

【防治】

（1）加强隔离卫生　搞好猪舍卫生工作，经常保持清洁、干燥、通风。引进种猪时，要隔离观察 1～2 个月，防止引进病猪。

（2）发病后措施　发现病猪及时隔离治疗，防止蔓延。病猪舍及饲养管理用具可用火焰喷灯、3%～5% 烧碱、1∶100 菌毒灭Ⅱ型或 3%～5% 克辽林彻底消毒。

药物治疗：

① 1% 害获灭（Ivomec）注射液　为美国默沙东药厂生产的高

效、广谱驱虫药，尤其适用于疥螨病的治疗。主要成分为伊维菌素（Ivermectin）。皮下注射 0.02 毫克/千克；内服 0.3 毫克/千克体重。

② 阿福丁注射液　又称 7051 驱虫素或虫克星注射液，主要成分为国内合成的高效、广谱驱虫药阿维菌素（Avermectin）。皮下注射 0.2 毫克/千克体重；内服 0.3～0.5 毫克/千克体重。

③ 双甲脒乳油　又名特敌克，加水配成 0.05%，药浴或喷雾。

④ 蝇毒磷　加水配成 0.025%～0.05%，药浴或喷雾。

⑤ 5% 溴氰菊酯乳油　加水配成 0.005%～0.008%，药浴或喷雾。

注意：后三种药物有较好杀螨作用，但对卵无效。为了彻底杀灭猪皮肤内和外界环境中的疥螨，每隔 7～10 天，药浴或喷雾 1 次，连用 3～5 次，并注意杀灭外界环境中的疥螨。前两种药物与后三种药物配合应用，集约化猪场中的疥螨有希望得以净化。对于局部疥螨病的治疗，可用 5% 敌百虫棉籽油或废机油涂擦患部，每日 1 次，也有一定效果。

三、营养代谢病

（一）钙磷缺乏症

钙磷缺乏症是由饲料中钙和磷缺乏或者钙磷比例失调所致。幼龄猪表现为佝偻病，成年猪则形成软骨病。临床上以消化紊乱、异食癖、跛行、骨骼弯曲变形为特征。

【病因】饲料中钙磷缺乏或比例失调；饲料或动物体内维生素 D 缺乏，钙、磷在肠道中不能被充分吸收；胃肠道疾病、寄生虫病或肝、肾疾病影响钙、磷和维生素 D 的吸收利用；猪的品种不同、生长速度快、矿物质元素和维生素缺乏以及管理不当，也可促使本病发生。

【临床症状】先天性佝偻病的仔猪生下来即颜面骨肿大，硬腭突出，四肢肿大而不能屈曲。后天性佝偻病发病缓慢，早期呈现食欲减退，消化不良，精神不振，喜食泥土和异物，不愿站立和运动，逐渐发展为关节肿痛敏感，骨骼变形。仔猪常以腕关节站立或以腕关节爬行，后肢以跗关节着地；逐渐出现凹背、X 形腿，颜面骨膨隆，采食咀嚼困难，肋骨与肋软骨结合处肿大，压之有痛感。

母猪的骨软症多见于怀孕后期和泌乳过多时，病初表现为异食癖；随后出现运动障碍，腰腿僵硬、拱背站立、运步强拘、跛行，经常卧地不动或匍匐姿势；后期则出现系关节、腕关节、跗关节肿大变粗，尾椎骨移位变软；肋骨与肋软骨结合部呈串珠状，头部肿大，骨端变粗，易发生骨折和肌位附着部撕脱。

【诊断】骨骼变形、跛行是本病特征。佝偻病发生于幼龄猪，骨软病发生于成年猪；在两眼内角连线中点稍偏下缘处用锥子进行骨骼穿刺，由于骨质硬度降低，容易穿入；必要时结合血液学检查、X射线检查以及饲料分析以帮助确诊。本病应注意与产后瘫痪、外伤性截瘫、风湿病、硒缺乏症等鉴别诊断。

【防治】改善饲养管理，经常检查饲料。保证日粮中钙、磷和维生素D的含量，合理调配日粮中钙、磷含量及比例。平时多喂豆科青绿饲料、骨粉、蛋壳粉、蚌壳粉等，让猪有适当运动和日光照射。

对于发病仔猪，可用维丁胶性钙注射液，按每千克体重0.2毫克，隔日1次肌内注射；维生素A-维生素D注射液2～3毫升，肌内注射，隔日1次。成年猪可用10%葡萄糖酸钙100毫升，静脉注射，每日1次，连用3日；20%磷酸二氢钠注射液30～50毫升，1次静脉注射；酵母麸皮（1.5～2千克麸皮加60～70克酵母粉煮后过滤），每日分次喂给；也可用磷酸钙2～5克，每日2次拌料喂给。

（二）异食癖

异食癖多因代谢机能紊乱、味觉异常所致，表现为到处舔食、啃咬，嗜食平常不吃的东西。多发生在冬季和早春舍饲的猪群，怀孕初期或产后断奶的母猪多见。

【病因】饲料中缺乏某些矿物质和微量元素，如锌、铜、钴、锰、钙、铁、硫及维生素缺乏；饲料中缺乏某些蛋白质和氨基酸；患病，如佝偻病、骨软症、慢性胃肠炎、寄生虫病、狂犬病；饲喂过多精料或酸性饲料等。

【临床症状】临床上多呈慢性经过。病初食欲稍减，咀嚼无力，常便秘，渐渐消瘦，患猪舔食墙壁，啃食槽、砖头瓦块、砂石、鸡屎或被粪便污染的垫草、杂物。仔猪还可互相啃咬尾巴、耳朵。母猪常常流产，吞食胎衣或小猪。有时因吞食异物而引起胃肠疾病。个别患猪贫血、衰弱，最后甚至衰竭死亡。

【防治】应根据病史、临床症状、治疗性诊断、病理学检查、实验室检查、饲料成分分析等，针对病因，进行有效的治疗。平时多喂青绿饲料，让猪只接触新鲜泥土；饲料中加入适量食盐、碳酸钠、骨粉、小苏打、人工盐等；或用硫酸铜和氯化钴配合使用；或用新鲜的鱼肝油肌内注射，成猪 4～6 毫升，仔猪 1～3 毫升，分 2～5 个点注射，隔 3～5 天注射 1 次。

（三）猪锌缺乏症（猪应答性皮肤病、角化不全）

锌为必需的微量元素，存在于所有组织中，特别是骨、牙、肌肉和皮肤，在皮肤内主要是在毛发中。锌是许多重要的金属酶的组成成分，还是许多其他酶的辅因子。锌也是调节免疫和炎性应答的重要元素。然而，缺锌造成的特定的组织酶活性的变化与缺锌综合征的临床表现之间的关系，尚未清楚了解。

【病因】原因不是单纯性缺锌，而是饲料中锌的吸收受到影响，如叶酸、高浓度钙、低浓度游离脂肪酸的存在，肠道菌群改变，以及细菌与病毒性肠道病原体等均可影响锌的吸收。缺锌可能诱发维生素 A 缺乏，从而对食欲和食物利用发生不利影响。

【临床症状和病理变化】本病发生于 2～4 月龄仔猪。食欲降低，消化机能减弱，腹泻，贫血，生长发育停滞。皮肤角化不全或角化过度。最初在下腹部与大腿内侧皮肤上有红斑，逐渐发展为丘疹，并为灰褐色、干燥、粗糙、厚 5～7 厘米的鳞壳所覆盖。这些区域易继发细菌感染，常导致脓皮病和皮下脓肿形成。病变部粗糙、对称，多发于四肢下部、眼周围、耳、鼻面、阴囊与尾。母猪产仔减少，公猪精液质量下降。

根据日粮中缺锌和高钙的情况，结合病猪生长停滞、皮肤有特征性角化不全、骨骼发育异常、生殖机能障碍等特点，可做出诊断。另外，可根据仔猪血清锌浓度和血清碱性磷酸酶活性降低、血清白蛋白下降等进行确诊。

【防治】

（1）预防　为保证日粮有足够的锌，要适当限制钙的含量，一般钙、锌之比为 100：1，当猪日粮中钙达 0.4%～0.6%时，锌要达到 50～60 毫克/千克才能满足其营养需要。

（2）发病后措施　要调整日粮结构，添加足够的锌，日粮高钙的要将钙降低。肌内注射碳酸锌，每千克体重 2～4 毫克，每天 1 次，10 天为一疗程，一般一疗程即可见效。内服硫酸锌 0.2～0.5 克/头，对皮肤角化不全的，在数日后可见效，数周后可痊愈。也可于日粮中加入 0.02%硫酸锌、碳酸锌、氧化锌。对皮肤病变可涂擦 10%氧化锌软膏。

（四）猪黄脂

猪黄脂病俗称为"黄膘"（宰后猪肉存在这种黄色脂肪组织），是由于猪长期多量饲喂变质的鱼粉、鱼脂、鱼碎块、过期鱼罐头、蚕蛹等而引起的脂肪组织变黄的一种代谢性疾病。

【病因】猪黄脂病的发生，是由于长期过量饲喂变质的鱼脂、鱼碎块和过期鱼罐头等含多量不饱和脂肪酸和脂肪酸甘油酯的饲料。鱼体脂肪酸约 80%为不饱和脂肪酸，多量饲喂可导致抗酸色素在脂肪组织中沉积，从而造成黄脂病。

【临床症状】黄脂病生前无特征性临床症状。主要症状为被毛粗糙，倦怠，衰竭，黏膜苍白，食欲下降，生长发育缓慢。通常眼有分泌物。有些饲喂大量变质鱼块的猪，可发生突然死亡。

【病理变化】身体脂肪呈柠檬黄色，黄脂具有鱼腥臭；肝脏呈黄褐色，有脂肪变性；肾脏呈灰红色，切面髓质呈浅绿色；胃肠黏膜充血；骨骼肌和心肌灰白（与白肌病相似），质脆；淋巴结肿胀，水肿，有散在小出血点。

【防治】调整日粮，应减去含有过多不饱和脂肪酸甘油酯的饲料，或减少其喂量，限制在 10%以内，并加喂含维生素 E 的米糠、野菜、青饲料等饲料。必要时每天用 500～700 毫克维生素 E 添加到病猪日粮中，可以防治。但要除去沉积在脂肪里的色素，需经较长的时间。

四、中毒病

（一）食盐中毒

食盐是动物饲料中不可缺少的成分，可促进食欲，帮助消化，保证机体水盐代谢平衡。但若摄入过量，特别是限制饮水时，则可引起食盐中毒。本病各种动物都可发生，猪较常见。

【临床症状】病猪初期食欲减退或废绝，便秘或下痢。接着，出现呕吐和明显的神经症状，病猪表现兴奋不安，口吐白沫，四肢痉挛，来回转圈或前冲后退。病重病例出现癫痫状痉挛，隔一定时间发作一次，发作时呈角弓反张或侧弓反张，甚至仰翻倒地，四肢游泳状划动，最后四肢麻痹，昏迷死亡。病程一般1～4天。

【病理变化】一般无特征性变化，仅见软脑膜显著充血，脑回变平，脑实质偶有出血。胃肠黏膜呈现充血、出血、水肿，有时伴发纤维素性肠炎。常有胃溃疡。慢性中毒时，胃肠病变多不明显，主要病变在脑，表现大脑皮层的软化、坏死。

【防治】

（1）供给充足的饮水　利用含盐残渣废水时，必须适当限量，并配合其他饲料。日粮中含盐量不应超过0.5％，并混合均匀。

（2）发病后措施　发病后，立即停喂含盐饲料和饮水，改喂稀糊状饲料，口渴应多次少量饮水；急性中毒猪，用1％硫酸铜50～100毫升，促进胃肠内未吸收的食盐泻下，并保护胃肠黏膜。

静脉注射25％山梨醇液或50％高渗葡萄糖液50～100毫升，或10％葡萄糖酸钙液5～10毫升，降低颅内压；静脉注射5％硫酸镁注射液20～40毫升或25％盐酸氯丙嗪2～5毫升，缓解兴奋和痉挛发作；心衰时可皮下注射安钠咖、强尔心等。消除肠道炎症用复方樟脑酊20～50毫升、淀粉100克、黄连素片5～20片、水适量内服。

（二）黄曲霉毒素中毒

黄曲霉毒素中毒是由黄曲霉毒素引起的中毒症，以损害肝脏甚至诱发原发性肝癌为特征。黄曲霉毒素能引起多种动物中毒，但易感性有差异，猪较为易感。

【临床症状】仔猪对黄曲霉毒素很敏感，一般在饲喂霉玉米之后3～5天发病，表现食欲消失，精神沉郁，可视黏膜苍白、黄染，后肢无力，行走摇晃。严重时，卧地不起，几天内即死亡。育成猪多为慢性中毒，表现食欲减退，异食癖，逐渐消瘦，后期有神经症状与黄疸。

【病理变化】急性病例突出病变是急性中毒性肝炎和全身黄疸。肝肿大，淡黄或黄褐色，表面有出血，实质脆弱；肝细胞变性坏死，间质内有淋巴细胞浸润。胆囊肿大，充满胆汁。全身的新膜、浆膜和皮下肌肉有出血和淤血斑。胃肠黏膜出血、水肿，肠内容物棕红色。肾肿大，苍白色，有时见点状出血。全身淋巴结水肿、出血，切面呈大理石样病变。肺淤血、水肿。心包积液，心内、外膜常有出血。脂肪组织黄染。脑膜充血、水肿，脑实质有点状出血。亚急性和慢性中毒病例，主要是肝硬变，肝实质变硬，呈棕黄色或棕色，俗称"黄肝病"，肝细胞呈严重的脂肪变性与颗粒变性，间质结缔组织和胆管增生，形成不规则的假小叶，并有很多再生肝细胞结节。病程长的母猪可出现肝癌。

【防治】

（1）预防　防止饲料霉变。引起饲料霉变的因素主要是温度与相对湿度，因此，饲料应充分晒干，切勿雨淋、受潮，并置阴凉、干燥、通风处贮存；可在饲料中添加防霉剂以防霉变；霉变饲料不宜饲喂，但其中的毒素除去后仍可饲喂。常用的去毒方法有：

① 连续水洗法　将饲料粉碎后，用清水反复浸泡漂洗多次，至浸泡的水呈无色时可供饲用。此法简单易行，成本低，费时少。

② 化学去毒法　最常用的是碱处理法，用5％～8％石灰水浸泡霉败饲料3～5小时后，再用清水淘净，晒干便可饲喂；每千克饲料拌入125克的农用氨水，混匀后倒入缸内，封口3～5天，去毒效果达90％以上，饲喂前应挥发掉残余的氨气。

③ 物理法　常用的吸附剂有活性炭、白陶土、高岭土、沸石等，特别是沸石可牢固地吸附黄曲霉毒素，从而阻止黄曲霉毒素经胃肠道吸收。猪饲料中添加0.5％沸石或霉可吸、霉净剂等，不仅能吸附毒素，而且还可促进猪生长发育。

（2）发病后措施　本病尚无特效疗法。发现猪中毒时，应立即停喂霉败饲料，改喂富含碳水化合物的青绿饲料和高蛋白饲料。同时，根据临床症状，采取相应的支持和对症治疗。

（三）棉籽饼中毒

棉籽饼中毒是由于猪吃了含有棉酚的棉籽饼而引起的一种急性

和慢性中毒病。主要表现胃肠、血管和神经上的变化。

【病因】棉籽饼含有较高的粗蛋白（30％～42％）和多种必需氨基酸，为猪常用的廉价蛋白质饲料，但未经处理的棉籽饼含有棉酚。猪对棉酚非常敏感，一般 0.4～0.5 克便能使猪中毒甚至死亡。长期饲喂，虽然量少，但棉酚排泄缓慢，也可因蓄积而引起中毒。当饲料蛋白质和维生素 A 不足时，也可促使中毒病的发生，以仔猪最易发生。

【临床症状】急性中毒可见食欲废绝，粪干，个别可见呕吐，低头呆立，行走无力，或发生间歇性兴奋，前冲，或抽搐。呼吸高度困难，鼻流清液。有的可见尿中带血，皮肤发绀，或见胸腹下水肿。个别体温达 41℃ 以上。怀孕猪流产；慢性中毒可见精神不振，食欲减少、异食，粪干，常带有血丝、黏液，喜饮水，尿黄；仔猪中毒后症状更加严重，可见不安、发抖、可视黏膜发绀、呼吸困难、粪软或拉稀、体温升高，后期脱水死亡。

【病理变化】胸、腹腔有红色渗出液，气管、支气管充满泡沫状液体、肺充血、水肿、心内、外膜有淤血点，胃肠黏膜有出血斑点，全身淋巴结肿大。

【防治】

（1）预防　猪场饲喂棉籽饼前，最好先进行游离棉酚含量测定。一般认为，生长猪日粮中游离棉酚含量不超过 100 毫克/千克体重，种猪日粮中游离棉酚含量不超过 70 毫克/千克体重是安全的。棉籽饼加热煮沸 1～2 小时后再喂猪；棉籽饼中加入硫酸亚铁（一般机榨饼按 0.2％～0.4％ 加入，浸出饼按 0.15％～0.35％ 加入，土榨饼按 0.5％～1％ 加入）去毒。棉籽饼限量或间歇性饲喂，即连喂几周后停喂一个时期再喂。孕期猪及仔猪最好不喂或限量饲喂，怀孕母猪每天不超过 0.25 千克，产前半个月停喂，等产后半个月再喂。刚断奶的仔猪日粮中不超过 0.1 千克。另外，不喂已发霉的棉籽饼。

（2）发病后措施　发现中毒应立即停喂棉籽饼。病猪用 0.2％～0.4％高锰酸钾液或 3％苏打水口服，灌服硫酸钠泻剂排出肠内毒素；肺水肿时，可静脉注射甘露醇、山梨醇或 50％葡萄糖。

（四）菜籽饼中毒

菜籽饼含有芥子苷和葡萄糖苷，它在一定条件下受芥子酶的催化水解可产生有毒的异硫氰酸丙烯酯（芥子油）和噁唑烷硫酮等，可引起猪中毒。

【临床症状】口、鼻等可视黏膜发绀，两鼻孔流出粉红色泡沫状液体，呼吸困难、咳嗽，继而腹痛、腹胀、腹泻且带血，尿频，尿中带血。孕猪可流产，胎儿畸形。育肥猪易发病，心力衰竭，虚脱死亡。

【病理变化】尸僵不全，可视黏膜淤血，口流白色泡沫样液体，腹围膨大，肛门突出，皮下显著淤血。血液凝固不良，呈油漆状。浆膜腔积液，胃肠黏膜出血。心脏扩张，心脏积留暗红色血凝块，心内、外膜出血，心肌实质变性。肺淤血、水肿及气肿，纵隔淋巴结淤血。头部和腹部皮肤呈青紫色。

【防治】

（1）预防措施　菜籽饼的毒性要测定，控制用量，进行饲喂安全试验后，方可大量饲喂。对孕猪和仔猪，严格限用或不用。将粉碎的菜籽饼用盐水浸12～24小时，把水倒掉，再加水煮沸1～2小时，边煮边搅，让毒素蒸发掉。

（2）发病后措施　首先要停喂菜籽饼。0.05％高锰酸钾液让猪自由饮用，或灌服适量0.1％高锰酸钾液、蛋清、牛奶等，或用10％安钠咖溶液5～10毫升，1次皮下注射。治疗时着重保肝、解毒、强心、利尿等，并应用维生素、肾上腺皮质激素等。

（五）酒糟中毒

酒糟是酿酒业在蒸馏提酒后的残渣，因含有蛋白质和脂肪，还可促进食欲和消化，历来用作家畜饲料。但长期饲喂或突然改喂大量酒糟，有时可引起酒糟中毒。

【临床症状】急性中毒猪表现兴奋不安，食欲减退或废绝，初便秘后腹泻，呼吸困难，心动过速，步态不稳或卧地不起，四肢麻痹，最后因呼吸中枢麻痹而死亡。慢性中毒一般呈现消化不良，黏膜黄染，往往发生皮疹和皮炎。由于进入机体内的大量酸性产物，使得矿物质供给不足，可导致缺钙而出现骨质脆弱。

【病理变化】猪只皮肤发红，眼结膜潮红、出血。皮下组织干燥，血管扩张充血，伴有点状出血。咽喉黏膜潮红、肿胀。胃内充满具酒糟酸臭味的内容物，胃黏膜充血、肿胀，被覆厚厚黏液，黏膜面有点状、线状或斑状出血。肠系膜与肠浆膜的血管扩张充血，散发点状出血。小肠黏膜潮红、肿胀，被覆多量黏液，并呈现弥漫性点状出血或片状出血。大肠与直肠黏膜亦肿胀，散发点状出血。肠系膜淋巴结肿胀、充血及出血。肺脏淤血、水肿，伴有轻度出血。心脏扩张，心腔充满凝固不全的血液，心内膜、心外膜出血。心肌实质变性。肝脏和肾脏淤血及实质变性。脾脏轻度肿胀伴发淤血与出血。软脑膜和脑实质充血和轻度出血。慢性中毒病例，常常呈现肝硬变。

【防治】

（1）控制酒糟用量　酒糟的饲喂量不宜超过日粮的 20%～30%。参考日粮配方：玉米 20%、酒糟 25%、菜籽饼 10%、碎米 18%、麸皮 25%、钙粉 1.5%、食盐 0.5%。每天饲喂 2～3 千克，1 日喂 3～4 次。妊娠母猪不喂或少喂。

（2）保证酒糟新鲜　酒糟应尽可能新鲜喂给，力争在短时间内喂完。如果暂时用不完，可将酒糟压紧在缸中或地窖中，上面覆盖薄膜，贮存时间不宜过久，也可用作青贮。酒糟生产量大时，也可采取晒干或烘干的方法，贮存备用。

（3）避免饲喂发霉酸败酒糟　对轻度酸败的酒糟，可在酒糟中加入 0.1%～1% 石灰水，浸泡 20～30 分钟，以中和其酸类物质。严重酸败和霉变的酒糟应予废弃。

（4）发病后措施　无特效解毒疗法，发病后立即停喂酒糟。可用 1% 碳酸氢钠液 1000～2000 毫升内服或灌肠，同时内服泻剂以促进毒物排出。对胃肠炎严重的应消炎或用黏膜保护剂。静脉注射葡萄糖液、生理盐水、维生素 C、10% 葡萄糖酸钙、肌苷和肝泰乐等有良好效果。病猪兴奋不安时可用镇静剂，如水合氯醛、溴化钙。重病例应注意维护心、肺功能，可肌内注射 10%～20% 安钠咖 5～10 毫升。

五、其他疾病

（一）消化不良

猪的消化不良是由胃肠黏膜表层轻度发炎，消化系统分泌、消化、吸收机能减退所致。本病以食欲减少或废绝、吸收不良为特征。

【病因】本病大多数是由于饲养管理不当所致。如饲喂条件突然改变、饲料过热或过冷、时饥时饱或喂食过多、饲料过于粗硬、冰冻、霉变、混有泥沙或毒物、饮水不洁等，均可使胃肠道消化功能紊乱，胃肠黏膜表层发炎而引发本病。此外，某些传染病、寄生虫病、中毒病等也常继发消化不良。

【临床症状】病猪食欲减退，精神不振，粪便干小，有时拉稀，粪便内混有未充分消化的食物，有时呕吐，舌苔厚，口臭，喜饮清水。慢性消化不良往往便秘、腹泻交替发生，食量少，瘦弱，贫血，生长缓慢，有的出现异食。

【防治】

(1) 加强饲养管理　注意饲料搭配，定时定量饲喂，每天喂给适量的食盐及多维素；猪舍保持清洁干燥，冬季注意保暖。

(2) 发病后治疗措施　病猪少喂或停喂1～2天，或改喂易消化的饲料。同时结合药物治疗。

① 病猪粪便干燥时，可用硫酸钠（镁）或人工盐30～80克，或植物油100毫升，鱼石脂2～3克或来苏儿2～4毫升，加水适量，一次胃管投服。

② 病猪久泻不止或剧泻时，必须消炎止泻。磺胺脒每千克体重0.1～0.2克（首倍量），次硝酸铋12片分3次内服；也可用黄连素0.2～0.5克，1次内服，每日2次。对于脱水的患端应及时补液以维持体液平衡。

③ 病猪粪便无大变化时，可调整胃肠功能。应用健胃剂，如酵母片或大黄苏打片10～20片，混饲或胃管投服，每天2次。仔猪可用乳酶生、胃蛋白酶各2～5克，稀盐酸2毫升，常水200毫升，混合后分2次内服。病猪较多时，可取人工盐3.5千克、焦三仙1千克（研末），混匀，每头每次5～15克，拌料饲喂，便秘时加倍，仔猪酌减。

(二) 肺炎

肺炎可分为小叶性肺炎、大叶性肺炎和异物性肺炎。猪以小叶性肺炎较为常见。

【病因】小叶性肺炎和大叶性肺炎主要因为饲养管理不善，猪舍脏污，阴暗潮湿，天气严寒，冷风侵袭及肺炎双球菌、链球菌等侵入猪体所致。此外，感染某些传染病（如猪流感、猪肺疫）及寄生虫病（如猪肺丝虫、猪蛔虫等）也可继发本病。

异物性肺炎（坏死性肺炎）多因投药方法不当，将药投入气管和肺内而引起。

【临床症状】猪患小叶性肺炎和大叶性肺炎时，体温可升高到40℃以上（小叶性为弛张热，大叶性为稽留热），食欲降低或不食，精神不振，结膜潮红，咳嗽，呼吸困难，心跳加快，粪干，寒战，喜钻草垛，鼻流黏液或脓性鼻液，胸部听诊有捻发音和吸音。大叶性肺炎有时可见铁锈色鼻液。异物性肺炎，除病因明显外，病久常发生肺坏疽，流出灰褐色鼻液，并有恶臭味。

【防治】

（1）加强饲养管理　防止受寒感冒，保持圈舍空气流通，搞好环境卫生，避免机械性、化学性气味刺激。同时供给营养丰富的饲料，给予适当运动和光照，以增强猪体抵抗力。

（2）发病后措施　对病猪主要是消炎，配合祛痰止咳，制止渗出和促进炎性渗出物的吸收。

① 抗菌消炎　常用抗生素或磺胺类药物，如青霉素每千克体重4万单位、链霉素每千克体重1万单位混合肌内注射；或20%磺胺嘧啶注射液10～20毫升，肌内注射，1日2次；也可选用氧氟沙星、卡那霉素、土霉素、庆大霉素等。有条件的最好采取鼻液进行药敏试验，以筛选敏感抗生素。

② 祛痰止咳　分泌物不多，且频发咳嗽时，可用止咳剂，如咳必清、复方甘草合剂、磷酸可待因等；分泌物黏稠，咳出困难时，用祛痰剂，如氯化铵及碳酸氢钠各1～2克，1日2次内服，连用2～3天。同时强心补液，用10%安钠咖2～5毫升、10%樟脑磺胺酸钠2～10毫升，上、下午交替肌内注射，25%葡萄糖注射液200～300毫升、25%维生素C 2～5毫升、葡萄糖生理盐水300毫升混合静脉注射。体温高者用30%安乃近2～10毫升或安痛定5～10毫升，肌内注射，必要时肌内注射地塞米松注射液2～5毫升。制止渗出，可用10%葡萄糖酸钙20～50毫升静脉注射，隔日1次。

第七章

科学经营管理

经营管理就是通过对人、财、物等生产要素和资源进行合理的配置、组织、使用，以最少的消耗获得尽可能多的产品产出和最大的经济效益。猪场科学的经营管理可以提高资源的利用效益和劳动生产率，增加生产效益。

第一节 经营管理的概念、意义及内容

一、经营管理的概念

经营是经营者在国家各项法律法规、政策方针的规范指导下，利用自身资金、设备、技术等条件，在追求用最小的人、财、物消耗取得最多的物质产出和最大的经济效益的前提下，合理确定生产方向与经营目标，有效地组织生产、销售等活动；管理是经营者为实现经营目标，如何合理组织各项经济活动，这里不仅包括生产力和生产关系两个方面的问题，还包括经营生产方向、生产计划、生产目标如何落实，以及人、财、物的组织协调等方面的具体问题。经营和管理之间有着密切的联系，有了经营才需要管理。经营目标需要借助于管理才能实现，离开了管理，经营活动就会混乱，甚至中断。经营的使命在于宏观决策，管理的使命在于如何实现经营目标，是为实现经营目标服务的，两者相辅相成，密不可分。

二、经营管理的意义

经营管理对于猪场的有效管理和生产水平提高具有重要意义。

（一）有利于实现决策的科学化

通过对市场的调研和信息的综合分析和预测，可以正确地把握经营方向、规模、猪群结构、生产数量，使产品既符合市场需要，又获得最高的价格，取得最大的利润。否则，把握不好市场，遇上市场价格低谷，即使生产水平再高，生产手段再先进，也可能出现亏损。

（二）有利于有效组织产品生产

根据市场和猪场情况，合理制订生产计划，并组织生产计划的落实。根据生产计划科学安排人力、物力、财力和猪群结构、周转、出栏等，不断提高产品产量和质量。

（三）有利于充分调动劳动者积极性

人是第一的生产要素。任何优良品种、先进的设备和生产技术都要靠人来饲养、操作和实施。在经营管理上通过明确责任制，制定合理的产品标准和劳动定额，建立合理的奖惩制度和竞争机制并进行严格考核，可以充分调动猪场员工的积极因素，使猪场员工的聪明才智得以最大限度发挥。

（四）有利于提高生产效益

通过正确的预测、决策和计划，有效地组织产品生产，可以在一定的资源投入基础上生产出最多的适销对路的产品；加强记录管理，不断总结分析，探索、掌握生产和市场规律，提高生产技术水平；根据记录资料，注重进行成本核算和盈利核算，找出影响成本的主要因素，采取措施降低生产成本。产品产量的增加，产品成本的降低，必然会显著提高猪场效益和生产水平。

三、经营管理内容

猪场经营管理的内容比较广泛，包括猪场生产经营活动的全过程。其主要内容有：市场调查、分析和营销、经营预测和决策、生产计划的制订和落实、生产技术管理、产品成本和经营成果的分析。

第二节 经营预测和决策

一、经营预测

预测是决策的前提，要做好产前预测，必须首先开展市场调查。即运用适当的方法，有目的、有计划、系统地搜集、整理和分析市场情况，取得经济信息。调查的内容包括市场需求量、消费群体、产品结构、销售渠道、竞争形式等。调查的方法常用的有访问法、观察法和实践法三种。搞好市场调查是进行市场预测、决策和制订计划的基础，也是搞好生产经营和产品销售的前提条件。

经营预测就是对未来事件做出的符合客观实际的判断。如市场预测（销售预测）就是在市场调查的基础上，在未来一定时期和一定范围内，对产品的市场供求变化趋势做出估计和判断。市场预测的主要内容包括：市场需求预测、销售量预测、产品寿命周期预测、市场占有率预测等。预测期分为短期和长期两种。预测方法有判断性预测法和数学模型分析预测法。

二、经营决策

经营决策就是猪场为了确定远期和近期的经营目标和实现这些目标有关的一些重大问题作出最优选择的决断过程。猪场经营决策的内容很多，大至猪场的生产经营方向、经营目标、远景规划，小到规章制度的制定、生产活动的具体安排等，猪场饲养管理人员每时每刻都在决策。决策的正确与否，直接影响到经营效果。有时一次重大的决策失误就可能导致猪场的亏损，甚至倒闭。正确的决策是建立在科学预测的基础上的，通过收集大量有关的经济信息，进行科学预测后，才能进行决策。正确的决策必须遵循一定的决策程序，采用科学的方法。

（一）决策的程序

1. 提出问题

即确定决策的对象或事件。也就是要决策什么或对什么进行决策。如经营项目选择、经营方向的确定、人力资源的利用以及饲养方式、饲料配方、疾病治疗方案的选择等。

2. 确定决策目标

决策目标是指对事件作出决策并付诸行动之后所要达到的预期结果。如经营项目和经营规模的决策目标是，一定时期内使销售收入和利润达到多少；猪的饲料配方的决策目标是，使单位产品的饲料成本降低到多少、增重率和产品品质达到何种水平；发生疾病时的决策目标是治愈率多高。有了目标，拟订和选择方案就有了依据。

3. 拟订多种可行方案

多谋才能善断，只有设计出多种方案，才可能选出最优的方案。拟订方案时，要紧紧围绕决策目标，充分发扬民主，大胆设想，尽可能把所有的方案包括无遗，以免漏掉好的方案。如对猪场经营规模的决策方案有大型猪场、中小型猪场以及庭院饲养几头猪等；经营方向决策的方案有办种猪场、繁殖场、商品猪场等；对饲料配方决策的方案有甲、乙、丙、丁等多个配方；对饲养方式决策方案有大栏饲养、定位栏饲养、地面饲养以及网面饲养等；对猪场的某一种疾病防治可以有药物防治（有多种药物可供选择）、疫苗防治等。

对于复杂问题的决策，方案的拟订通常分两步进行：

（1）轮廓设想　可向有关专家和职工群众分别征集意见；也可采用头脑风暴法（畅谈会法），即组织有关人士座谈，让大家发表各自的见解，但不允许对别人的意见加以评论，以便使大家相互启发、畅所欲言。

（2）可行性论证和精心设计　在轮廓设想的基础上，可召开讨论会或采用特尔斐法，对各种方案进行可行性论证，弃掉不可行的方案。如果确认所有的方案都不可行或只有一种方案可行，就要重新进行设想，或审查调整决策目标。然后对剩下的各种可行方案进行详细设计，确定细节，估算实施结果。

4. 选择方案

根据决策目标的要求，运用科学的方法，对各种可行方案进行分析比较，从中选出最优方案。如猪舍建设，有豪华型、经济适用型和简陋型，不同建筑类型投入不同，使用效果也有很大差异。豪华型投入过大，生产成本太高；简陋型投入少，但环境条件差，猪的生产性能不能发挥，生产水平低；而经济适用性投入适中，环境条件基本能够满足猪的需要，生产性能也能充分发挥，获得的经济效益好，所以中小型猪场应选择建筑经济适用型猪舍。

5. 贯彻实施与信息反馈

最优方案选出之后，贯彻落实、组织实施，并在实施过程中进行跟踪检查，发现问题，查明原因，采取措施，加以解决。如果发现客观条件发生了变化，或原方案不完善甚至不正确，就要启用备用方案，或对原方案进行修改。

（二）常用的决策方法

经营决策的方法较多，生产中常用的决策方法有下面几种：

1. 比较分析法

比较分析法是将不同的方案所反映的经营目标实现程度的指标数值进行对比，从中选出最优方案的一种方法。如对不同品种杂交猪的饲养结果进行分析，可以选出一个能获得较好经济效益的经济杂交模式进行饲养。

2. 综合评分法

综合评分法就是通过选择对不同的决策方案影响都比较大的经济技术指标，根据它们在整个方案中所处的地位和重要性，确定各个指标的权重，把各个方案的指标进行评分，并依据权重进行加权得出总分，以总分的高低选择决策方案的方法。例如在猪场决策中，选择建设猪舍时，往往既要投资效果好，又要设计合理、便于饲养管理，还要有利于防疫等。这类决策，称为多目标决策。但这些目标（即指标）对不同方案的反映有的是一致的，有的是不一致的，采用对比法往往难以提出一个综合的数量概念。为求得一个综合的结果，需要采用综合评分法。

3. 盈亏平衡分析法

这种方法又叫量、本、利分析法，是通过揭示产品的产量、成本和盈利之间的数量关系进行决策的一种方法。产品的成本划分为固定成本和变动成本。固定成本如猪场的管理费、固定职工的基本工资、折旧费等，不随产品产量的变化而变化；变动成本是随着产销量的变动而变动的，如饲料费、燃料费和其他费用。利用成本、价格、产量之间的关系列出总成本的计算公式：

$$PQ = F + QV + PQx$$

$$Q = \frac{F}{P(1-x) - V}$$

式中　F——某种产品的固定成本；

　　　　x——单位销售额的税金；

V——单位产品的变动成本；

P——单位产品的价格；

Q——盈亏平衡时的产销量。

如企业计划获利 R 时的产销量 Q_R 为：

$$Q_R=\frac{F+R}{P(1-x)-V}$$

盈亏平衡公式可以解决如下问题：

（1）规模决策　当产量达不到保本产量，产品销售收入小于产品总成本，就会发生亏损，只有在产量大于保本点条件下，才能盈利，因此保本点是企业生产的临界规模。

（2）价格决策　产品的单位生产成本与产品产量之间存在如下关系：

$$CA(单位产品生产成本)=\frac{F}{Q+V}$$

即随着产量增加，单位产品的生产成本会下降。可依据销售量作出价格决策。

① 在保证利润总额（R）不减少的情况下，可依据产量来确定价格。由 $PQ=F+VQ+R$，可知：

$$P=\frac{F+R}{Q}+V$$

② 在保证单位产品利润（r）不变时，依据产销量来确定价格水平。

由 $PQ=F+VQ+R$，$R=rQ$，则：

$$P=\frac{F}{Q}+V+r$$

如某一猪场，修建猪舍、征地及设备等固定资产总投入 100 万元，计划 10 年收回投资；每千克生猪增重的变动成本为 10.5 元，100 千克体重出栏的市场价格为 12.5 元，购入仔猪体重为 22 千克，所有杂费和仔猪成本 400 元，求盈亏平衡时的经营规模和计划盈利 20 万元时的经营规模。

解：设盈亏平衡时的养殖规模是 Y。根据上述题意有：市场价格 $P=12.5$ 元，变动成本 $V=10.5$ 元，固定成本 $F=100$ 万 ÷

10 年＝10 万/年，税金 x＝0，则盈亏平衡时的产销量是：

$$Q=\frac{F}{P(1-x)-V}=\frac{100000}{12.5-10.5}=\frac{100000元/年}{2元/千克}$$

$$=50000千克/年$$

$$Y=50000千克/年÷100千克/头=500头/年$$

计划盈利 20 万元时的机关应经营规模为：

$$Y_1=\frac{Q_1}{100}=\frac{(100000+200000)元/年÷(12.5-10.5)元/千克}{100千克/头}$$

$$=300000元/年÷2元/千克÷100千克/头=1500头/年$$

计算结果显示。该猪场年出栏 100 千克体重肉猪 500 头达到盈亏平衡，要盈利 20 万元需要出栏 1500 头猪。

4. 决策树法

利用树形决策图设计决策基本步骤：绘制树形决策图，然后计算期望值，最后剪枝，确定决策方案。如某猪场计划扩大再生产，但不知是更新品种好还是增加头数好，是生产仔猪好还是生产肉猪好。根据所掌握的材料，经仔细分析，在不同条件状态下的结果估计各方案的收益值如表 7-1，请作出决策。

表 7-1   不同方案在不同状态下的收益值   单位：万元

状态	概率	增加头数				更新品种			
		生产仔猪		生产肉猪		生产仔猪		生产肉猪	
		畅销 0.7	滞销 0.3	畅销 0.6	滞销 0.4	畅销 0.7	滞销 0.3	畅销 0.6	滞销 0.4
饲料涨价	0.5	5	−3	4	−2	7	4	6	5
饲料持平	0.3	9	4	12	3	8	5	9	6
饲料降价	0.2	15	10	18	5	9	6	11	8

（1）绘制树形决策示意图并填上各种状态下的概率和收益值，如图 7-1。

（2）计算期望值，分别填入各状态点和结果点的框内。

① 增加头数

a. 生产仔猪＝[0.7×5＋0.3×（−3）]×0.5＋(0.7×9＋0.3×4)×0.3＋(0.7×15＋0.3×10)×0.2＝6.25

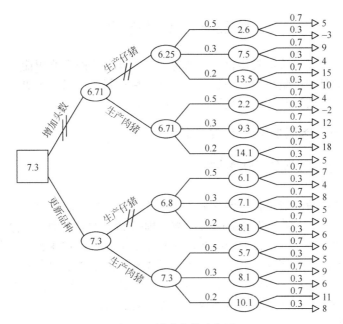

图 7-1　树形决策示意图

□表示决策点，由它引出的分枝叫决策方案枝；⬭表示状态点，由它引出的分枝叫状态分枝，上面标明了这种状态发生的概率；△表示结果点，它后面的数字是某种方案在某状态下的收益值

b. 生产肉猪 $=[0.7\times4+0.3\times(-25)]\times0.5+(0.7\times12+0.3\times3)\times0.3+(0.7\times18+0.3\times5)\times0.2=3.26$

② 更新品种

a. 生产仔猪 $=(0.7\times7+0.3\times4)\times0.5+(0.7\times8+0.3\times5)\times0.3+(0.7\times9+0.3\times6)\times0.2=6.8$

b. 生产肉猪 $=(0.7\times6+0.3\times5)\times0.5+(0.7\times9+0.3\times6)\times0.3+(0.7\times11+0.3\times8)\times0.2=7.3$

③ 剪枝　增加头数中生产肉猪数值小，剪去；更新品种中生产仔猪数值小，剪去；增加头数的数值小于更新品种，剪去。最后剩下更新品种中生产肉猪的数值最大，就是最优方案。

第三节 计划管理

计划是决策的具体化，计划管理是经营管理的重要职能。计划管理就是根据猪场确定的目标，制订各种计划，用以组织协调全部的生产经营活动，达到预期的目的和效果。

一、猪场的有关指标及计算

（一）母猪繁殖性能指标

1. 产仔数

产仔数一般是指母猪一窝的产仔总数（包括活胎、死胎、木乃伊胎等）。最有意义的是产活仔数，即母猪一窝产的活仔猪数量。产仔数是一个低遗传力的指标，一般在 0.1 左右。其性状主要受环境因素的影响而变化。通过家系选择或家系内选择才能有明显的遗传进展。品种、类型、年龄、胎次、营养状况、配种时机、配种方法、公猪的精液品质等诸因素都能够影响到猪的产仔数。

2. 仔猪的初生重

仔猪的初生重包括初生个体重和初生窝重两个方面。前者是指仔猪出生后 12 小时之内、未吃初乳前的重量。后者是指各个个体重之和。仔猪的初生重是一个低遗传力的指标，一般在 0.1 左右。其性状主要受环境因素的影响。通过家系选择或家系内选择才能有明显的遗传进展。品种、类型、杂交与否、营养状况、妊娠母猪后期的饲养管理水平、产仔数等诸因素都能够影响到仔猪的初生重。

从选种的意义上讲，仔猪的初生重窝的价值高于仔猪的初生重价值。

3. 泌乳力

泌乳力是反映母猪泌乳能力的一个指标，是母猪母性的体现。现在常用 20 日龄仔猪的窝重表示母猪的泌乳力。仔猪的泌乳力也是一个低遗传力的指标，其性状也是主要受环境因素影响。通过家系选择或家系内选择才能有明显的遗传进展。品种、类型、杂交与否、营养状况、饲养管理水平、产仔数等诸因素都能够影响到母猪的泌乳力。

4. 育成率

育成率是指在仔猪断乳时的存活个数占出生时活仔猪数量的百分数。

$$育成率 = \frac{仔猪断乳时存活个数}{出生时活仔猪数量} \times 100\%$$

育成率是母猪有效繁殖力的表现形式，是饲养管理水平的具体体现。

（二）猪的产肉指标

1. 平均日增重

$$平均日增重 = \frac{平均末重 - 平均始重}{育肥天数}$$

在我国，平均日增重是指从断奶后 15～30 天起至体重 75～100 千克时止整个育肥期的日增重。平均日增重的遗传力中等，约为 0.3。它与饲料利用率呈强负相关（$r = -0.69$）。因此，靠表型选择和家系选择或家系内选择都有明显的遗传进展。品种、类型、杂交与否、性别、营养状况、日粮配合水平、饲养管理水平、环境控制等诸因素都能够影响到猪的日增重。

2. 平均总增重

$$平均总增重 = 平均末重 - 平均始重$$

3. 屠宰率

屠宰率是指胴体重占宰前活重的百分数。

$$屠宰率 = \frac{胴体重}{宰前活重} \times 100\%$$

屠宰率的遗传力中等，约为 0.31。通过选择可取得遗传进展。不同的品种、不同的类型对屠宰率的影响很大。同一品种不同体重下屠宰，其屠宰率亦不同。养猪生产上要求在 90 千克体重条件下屠宰，用来比较不同猪的屠宰率。

4. 胴体重

胴体重是指活体猪经放血、脱毛，切除头、蹄、尾，除去全部内脏（肾保留）所剩余部分的重量。此重量大小一般与品种、类型有很大的相关性。

5. 瘦肉率

瘦肉率为瘦肉重量占新鲜胴体总重的比例。

$$瘦肉率 = \frac{瘦肉重}{胴体重} \times 100\%$$

瘦肉率的遗传力较高，为 0.46，属于中等偏上。不同的品种、类型对瘦肉率的影响很大。同一品种不同体重下屠宰，其瘦肉率也有很大的不同。饲料中的能量、蛋白质含量、饲喂的方式也直接影响猪的瘦肉率。

将剥离板油和肾脏的新鲜胴体剖分为瘦肉、脂肪、皮和骨四部分。剖分时肌肉内脂肪和肌间脂肪随同瘦肉一起，不另剔出，皮肌随同脂肪，亦不另剔出。尽量减少作业损失，控制在 2％以下。

（三）饲料利用率指标

饲料利用率指整个育肥期内每千克增重所消耗的饲料量，也叫料肉比。应按精、粗、青、糟渣等饲料分别计算。然后再将全部饲料统一折算成消化能和可消化粗蛋白质后合并计算。其计算公式为：

$$饲料利用率 = \frac{育肥期饲料总消耗量}{平均末重 - 平均始重}$$

育肥期指从断奶后 15～30 天开始到体重 75～100 千克的这个阶段。饲料利用率遗传力较高，约为（0.3～0.5）：1。因此，通过表型选择和家系选择或家系内选择都有明显的遗传进展。在养猪生产总成本中，饲料消耗的费用约占 60％～80％。因此，降低饲料消耗，是猪育种工作中的一项基本任务，也是选种的重要指标。

（四）经济效果指标

1. 利润指标

销售利润＝产品销售收入－生产成本－销售费用－税金

$$成本利润率 = \frac{销售利润}{销售产品成本} \times 100\%$$

2. 成本核算指标

包括单位猪肉成本、仔猪成本等。

3. 劳动生产率指标

（1）人均生产产品数量＝产品产量/职工总数

（2）单位产品耗工时＝消耗的劳动时间/产品数量

（3）人年产值数＝总产值/职工总数

（4）人年利润＝总利润/职工总数

4.资金利用指标

（1）固定资金利润率＝$\dfrac{\text{全年产品销售收入}}{\text{全年平均占用固定资金总额}}×100\%$

（2）流动资金利润率＝$\dfrac{\text{总利润额}}{\text{全年流动资金占用额}}×100\%$

二、猪场劳动定额

见表7-2。

表7-2 猪场的劳动定额

猪种	工作内容	定额/(头/人)	工作条件
空怀及后备母猪	饲养管理，协助配种，观察妊娠情况	100～150	群养，地面撒喂潮拌料，缝隙地板人工清粪至猪舍墙外
公猪	饲养管理，运动猪，试情、配种	15～20	群养，地面撒喂潮拌料，缝隙地板人工清粪至猪舍墙外
妊娠母猪	饲养管理，运动猪，试情、配种	200～300	群养，地面撒喂潮拌料，缝隙地板人工清粪至猪舍墙外
哺乳母猪	母仔猪饲养管理。接产、仔猪护理	20～30	网床饲养，人工饲喂及清粪至猪舍墙外
培育仔猪	饲养管理，仔猪护理	400～500	网床饲养，人工饲喂及清粪至猪舍墙外，自动饲槽自由采食
育肥猪	饲养管理	600～800	自动饲槽自由采食，人工清粪至猪舍墙外

三、猪场的计划制订

猪场生产经营计划是猪计划体系中的一个核心计划，猪场应制订详尽的生产经营计划。生产经营计划主要有生产计划、基建设备维修计划、饲料供应计划、物质消耗计划、设备更新购置计划、产品销售计划、疫病防治计划、劳务使用计划、财务收支计划、资金筹措计划等。

生产计划是经营计划的核心，中小型猪场的生产计划主要有配种计划、分娩计划、猪群周转计划、饲料使用计划。

（一）配种分娩计划

交配分娩计划是养猪场实现猪的再生产的重要保证，是猪群周转的重要依据。其工作内容是依据猪的自然再生产特点，合理利用猪舍和生产设备，正确确定母猪的配种和分娩期。

编制配种分娩计划应考虑气候条件、饲料供应、猪舍、生产设备与用具、市场情况、劳动力情况等因素。

1. 应掌握的必要资料

（1）年初猪群结构；

（2）交配分娩方式；

（3）上年度已配种母猪的头数和时间；

（4）母猪分娩的胎次、每胎的产仔数和仔猪的成活率；

（5）计划年预期淘汰的母猪头数和时间。

2. 编制

把去年没有配种的母猪根据实际情况填入计划年的配种栏内；然后把去年配种而今年分娩的母猪填入相应的分娩栏内；再把今年配种后分娩的母猪填入相应的分娩栏内，依次填入至计划年 12 月份。猪场交配分娩计划见表 7-3。

表 7-3　猪场交配分娩计划

年度	月份	配种数			分娩数			产仔数			断奶仔猪数		
		基础母猪	检定母猪	合计	基础母猪	检定母猪	合计	基础母猪	检定母猪	合计	基础母猪	检定母猪	合计
上年度	9 10 11 12												

续表

年度	月份	配种数			分娩数			产仔数			断奶仔猪数		
		基础母猪	检定母猪	合计	基础母猪	检定母猪	合计	基础母猪	检定母猪	合计	基础母猪	检定母猪	合计
本年度	1												
	2												
	3												
	4												
	5												
	6												
	7												
	8												
	9												
	10												
	11												
	12												
全年合计													

（二）猪群周转计划

猪群周转计划是制订其他各项计划的基础，只有制订好周转计划，才能制订饲料计划、产品计划和引种计划。制订猪群周转计划，应综合考虑猪舍、设备、人力、成活率、猪群的淘汰和转群移舍时间、数量等，保证各猪群的增减和周转能够完成规定的生产任务，又最大限度地降低各种劳动消耗。

1. 掌握的材料

（1）年初结构；

（2）母猪的交配分娩计划；

（3）出售和购入猪的头数；

（4）计划年内种猪的淘汰数；

（5）各猪组的转入转出头数；

（6）淘汰率、仔猪成活率以及各月出售的产品比例。

2. 编制

根据各种猪的淘汰、选留、出售计划，累计出各月份猪的头数的变化情况，并填入猪群周转计划表。周转计划见表 7-4。

表 7-4　猪场的周转计划

项目		年初结构	1	2	3	4	5	6	7	8	9	10	11	12	合计
基础公猪	月初数 淘汰数 转入数														
检定公猪	月初数 淘汰数 转出数 转入数														
后备公猪	月初数 淘汰（出售）数 转出数 转入数														
基础母猪	月初数 淘汰数 转入数														
检定母猪	月初数 淘汰数 转出数 转入数														
哺乳仔猪	0～1月龄 1～2月龄														
后备母猪	2～3月龄 3～4月龄 4～5月龄 5～6月龄 6～7月龄 7～8月龄 8～9月龄														
商品肉猪	2～3月龄 3～4月龄 4～5月龄 5～6月龄 6～7月龄														
月末存栏总数															
出售淘汰总数	出售断奶仔猪 出售后备公猪 出售后备母猪 出售肉猪 出售淘汰猪														

（三）饲料使用计划

饲料使用计划见表 7-5。

表 7-5　饲料使用计划

项目		数量/头	饲料消耗总量	能量饲料量	蛋白质饲料量	矿物质饲料量	添加剂饲料量	饲料支出
1 月份 （31 天）	种公猪 种母猪 后备猪 哺乳仔猪 断奶仔猪 育成猪 育肥猪							
2 月份 （28 天）	种公猪 种母猪 后备猪 哺乳仔猪 断奶仔猪 育成猪 育肥猪							
全年各类饲料合计								
全年各类猪群饲料合计	种公猪需要量 种母猪需要量 哺乳猪需要量 断奶猪需要量 育成猪需要量 育肥猪需要量							

（四）出栏计划

出栏计划见表 7-6。

表 7-6　出栏计划

猪组	年内各月出栏头数												总计/头	育肥期/月	活重/（千克/头）	总计/千克
	1	2	3	4	5	6	7	8	9	10	11	12				
育肥猪																
淘汰肥猪																
总计																

（五）年财务收支计划

年财务收支计划见表7-7。

表 7-7　年财务收支计划

收入		支出		备注
项目	金额/元	项目	金额/元	
仔猪 肉猪 猪产品加工 粪肥 其他		种（苗）猪费 饲料费 折旧费（建筑、设备） 燃料、药品费 基建费 设备购置维修费 水电费 管理费 其他费		
合计				

第四节　生产管理

一、制定技术操作规程

技术操作规程是猪场生产中按照科学原理制定的日常作业的技术规范。猪群管理中的各项技术措施和操作等均通过技术操作规程加以贯彻。同时，它也是检验生产的依据。不同饲养阶段的猪群，按其生产周期制定不同的技术操作规程。如空怀母猪群（或妊娠母猪群，或补乳母猪群，或仔猪，或育成育肥猪群等）技术操作规程。

技术操作规程的主要内容是：对饲养任务提出生产指标，使饲养人员有明确的目标；指出不同饲养阶段猪群的特点及饲养管理要点；按不同的操作内容分段列条，提出切合实际的要求等。

技术操作规程的指标要切合实际，条文要简明具体，易于落实执行。

二、制定工作程序

规定各类猪舍每天的工作内容，制定每周的工作程序，使饲养管理人员有规律地完成各项任务，见表7-8。

表 7-8　猪舍周工作程序

日期	配种妊娠舍	分娩保育舍	生长育成舍
星期一	日常工作；清洁消毒；淘汰猪鉴定	日常工作；清洁消毒；断奶母猪淘汰猪鉴定	日常工作；清洁消毒；淘汰猪鉴定
星期二	日常工作；更换消毒池消毒液；接受空怀母猪；整理空怀母猪	日常工作；更换消毒池消毒液；断奶母猪转出；空栏清洗消毒	日常工作；更换消毒池消毒液；空栏清洗消毒
星期三	日常工作；不发情、不妊娠母猪集中饲养；驱虫；免疫接种	日常工作；驱虫；免疫接种	日常工作；驱虫；免疫接种
星期四	日常工作；清洁消毒；调整猪群	日常工作；清洁消毒；仔猪去势；僵猪集中饲养	日常工作；清洁消毒；调整猪群
星期五	日常工作；更换消毒池消毒液；怀孕母猪转出	日常工作；更换消毒池消毒液；接受临产母猪，作好分娩准备	日常工作；更换消毒池消毒液；空栏冲洗消毒
星期六	日常工作；空栏冲洗消毒	日常工作；仔猪强弱分群；出生仔猪剪耳、断奶和补铁等	日常工作；出栏猪的鉴定
星期日	日常工作；妊娠诊断复查；设备检查维修；填写周报表	日常工作；清点仔猪数；设备检查维修；填写周报表	日常工作；存栏盘点；设备检查维修；填写周报表

三、制定综合防疫制度

为了保证猪群的健康和安全生产，场内必须制定严格的防疫措施，规定对场内、外人员、车辆、场内环境、设备用具等进行及时或定期的消毒，猪舍在空出后的冲洗、消毒，各类猪群的免疫，猪种引进的检疫等。

四、劳动组织

(一) 生产组织精简高效

生产组织与猪场规模大小有密切关系，规模越大，生产组织就越重要。规模化猪场一般设置有行政、生产技术、供销财务和生产班组等组织部门，部门设置和人员安排尽量精简，提高直接从事养猪生产的人员比例，最大限度地降低生产成本；中小型猪场虽然没有那么多人员和机构，但主要部门和岗位也要安排人员（或兼职人员），以提高管理水平。

（二）人员的合理安排

养猪是一项艰苦而又专业性强的工作，所以必须根据工作性质来合理地安排人员，知人善用，充分调动饲养管理人员的劳动积极性，不断提高专业技术水平。

（三）建立健全岗位责任制

岗位责任制规定了猪场每一个人员的工作任务、工作目标和标准。完成者奖励，完不成者被罚，不仅可以保证猪场各项工作顺利完成，而且能够充分调动劳动者的积极性，使生产任务完成得更好，生产的产品更多，各种消耗更少。

第五节　记录管理

记录管理就是将猪场生产经营活动中的人、财、物等消耗情况及有关事情记录在案，并进行规范、计算和分析。目前许多猪场不重视记录管理，不知道怎样记录。猪场缺乏记录资料，导致管理者和饲养者对生产经营情况（如各种消耗是多是少、产品成本是高是低、单位产品利润和年总利润多少等）都不十分清楚，更谈不上采取有效措施降低成本，提高效益。

一、记录管理的作用

（一）猪场记录反映猪场生产经营活动的状况

完善的记录可将整个猪场的动态与静态记录无遗。有了详细的猪场记录，管理者和饲养者通过记录不仅可以了解现阶段猪场的生产经营状况，而且可以了解过去猪场的生产经营情况，有利于加强管理，有利于对比分析，有利于进行正确的预测和决策。

（二）猪场记录是经济核算的基础

详细的猪场记录包括了各种消耗、猪群的周转及死亡淘汰等变动情况、产品的产出和销售情况、财务的支出和收入情况以及饲养管理情况等，这些都是进行经济核算的基本材料。没有详细的、原始的、全面的猪场记录材料，经济核算也是空谈，甚至会出现虚假的核算。

（三）猪场记录是提高管理水平和效益的保证

通过详细的猪场记录，并对记录进行整理、分析和必要的计算，可以不断发现生产和管理中的问题，并采取有效的措施来解决和改善，不断提高管理水平和经济效益。

二、猪场记录的原则

（一）及时准确

及时是根据不同记录要求，在第一时间认真填写，不拖延、不积压，避免出现遗忘和虚假；准确是按照猪场当时的实际情况进行记录，既不夸大，也不缩小，实实在在。特别是一些数据要真实，不能虚构。如果记录不精确，将失去记录的真实可靠性，这样的记录也是毫无价值的。

（二）简洁完整

记录工作烦琐就不易持之以恒地实行，所以设置的各种记录簿册和表格力求简明扼要，通俗易懂，便于记录；完整是记录要全面系统，最好设计成不同的记录册和表格，并且填写完全、工整，易于辨认。

（三）便于分析

记录的目的是为了分析猪场生产经营活动的情况，因此在设计表格时，要考虑记录下来的资料便于整理、归类和统计。为了便于与其他猪场进行横向比较和进行本场的纵向比较，还应注意记录内容的可比性和稳定性。

三、猪场记录的内容

猪场记录的内容因猪场的经营方式与所需资料的不同而有所不

同，一般应包括以下内容：

（一）生产记录

1. 猪群生产情况记录

猪的品种、饲养数量、饲养日期、死亡淘汰、产品产量等。

2. 饲料记录

将每日不同猪群（或以每栋或栏或群为单位）所消耗的饲料按其种类、数量及单价等记录下来。

3. 劳动记录

记录每天出勤情况、工作时数、工作类别以及完成的工作量、劳动报酬等。

（二）财务记录

1. 收支记录

包括出售产品的时间、数量、价格、去向及各项支出情况。

2. 资产记录

固定资产类，包括土地、建筑物、机器设备等的占用和消耗；库存物资类，包括饲料、兽药、在产品、产成品、易耗品、办公用品等的消耗数、库存数量及价值；现金及信用类，包括现金、存款、债券、股票、应付款、应收款等。

（三）饲养管理记录

1. 饲养管理程序及操作记录

饲喂程序、猪群的周转、环境控制等记录。

2. 疾病防治记录

包括隔离消毒情况、免疫情况、发病情况、诊断及治疗情况、用药情况、驱虫情况等。

四、猪场生产记录表格

记录表格是猪场第一手原始材料，是各种统计报表的基础，应认真填写和保管，不得间断和涂改。中小型猪场的生产记录表格见表 7-9～表 7-21。

表7-9 母猪产仔哺育登记表

猪舍栋号 _____ ____年__月__日

窝号	产仔日期	母猪号	母猪品种	与配公猪		交配日期	怀孕日期	产次	产仔数			存活数			死胎数	备注
				品种	耳号				公	母	总计	公	母	总计		

负责人_____ 填表人_____

表7-10 配种登记表

猪舍栋号 _____ ____年__月__日

母猪号	母猪品种	与配公猪		第一次配种时间	第二次配种时间	分娩时间	备注
		品种	耳号				

负责人_____ 填表人_____

表7-11 猪只死亡登记表

猪舍栋号 _____ ____年__月__日

品种	耳号	性别	年龄	死亡猪只				备注
				数量/头	体重/千克	时间	原因	

负责人_____ 填表人_____

表7-12 种猪生长发育记录表

猪舍栋号 _____ ____年__月__日

测定时间			耳号	品种	性别	月龄	体重/千克	胸围/厘米	体高/厘米	平均膘厚/厘米
年	月	日								

负责人_____ 填表人_____

表7-13 疫苗购、领记录表

购入日期	疫苗名称	规格	生产厂家	批准文号	生产批号	来源（经销点）	购入数量	发出数量	结存数量

表 7-14　饲料添加剂、预混料、饲料购、领记录表

购入日期	名称	规格	生产厂家	批准文号或登记证号	生产批号或生产日期	来源（生产厂家或经销点）	购入数量	发出数量	结存数量

表 7-15　疫苗免疫记录表

免疫日期	疫苗名称	生产厂家	免疫动物批次日龄	栋、栏号	免疫数/头	免疫次数	存栏数/只	免疫方法	免疫剂量/(毫升/只)	耳标佩带数/个	责任兽医

表 7-16　消毒记录表

消毒日期	消毒药名称	生产厂家	消毒场所	配制浓度	消毒方式	操作者

表 7-17　猪场入库的药品、疫苗、药械记录表

日期	品名	规格	数量	单价	金额	生产厂家	生产日期	生产批号	经手人	备注

表 7-18　猪场出库的药品、疫苗、药械记录表

日期	车间	品名	规格	数量	单价	金额	经手人	备注

表 7-19　购买饲料及出库记录表

日期	繁殖母猪			育肥猪		
	入库量/千克	出库量/千克	库存量/千克	入库量/千克	出库量/千克	库存量/千克

表 7-20 购买饲料原料记录表

日期	饲料品种	货主	级别	单价	数量	金额	化验结果	化验员	经手人	备注

表 7-21 收支记录表格

收入		支出		备注
项目	金额/元	项目	金额/元	
合计				

五、猪场的报表

为了及时了解猪场生产动态和完成任务的情况，及时总结经验与教训，在猪场内部建立健全各种报表十分重要。各类报表力求简明扼要，格式统一，单位一致，方便记录。常用的报表见表 7-22、表 7-23。

表 7-22 猪群饲料消耗月报表或日报表

领料时间	料号	栋号	饲料消耗/千克			备注
			青料	精料	其他	

填表人_____

表 7-23 猪群变动月报表或日报表

群别	月初头数	增加/头					减少/头						月末头数	备注
		出生	调入	购入	转出	合计	转出	调出	出售	淘汰	死亡	合计		
种公猪														
种母猪														
后备公猪														
后备母猪														
育肥猪														
仔猪														

填表人_____

六、猪场记录的分析

通过对猪场的记录进行整理、归类，可以进行分析。分析是通过一系列分析指标的计算来实现的。利用成活率、繁殖率、增重、饲料转化率等技术效果指标来分析生产资源的投入和产出产品数量的关系以及分析各种技术的有效性和先进性。利用经济效果指标分析生产单位的经营效果和盈利情况，为猪场的生产提供依据。

第六节　资金管理

一、流动资产管理

流动资产是指可以在一年内或者超过一年的一个营业周期内变现或者运用的资产。流动资产是企业生产经营活动的主要资产。主要包括猪场的现金、存款、应收款及预付款、存货（原材料、在产品、产成品、低值易耗品）等。流动资产周转状况影响到产品的成本。

（一）流动资产的特征

1. 占有形态的变动性

随着生产的进行，依次由货币形态转化为材料物资形态、在产品和产成品形态，最后由产成品形态转化为货币形态。这种周而复始的循环运动，形成了流动资产的周转。

2. 占有数量的波动性

流动资产在企业再生产过程中，随着供、产、销的变化，占用的数量有高有低，起伏不定，具有波动性。因此，猪场要综合考虑流动资产的资金来源和供应方向，合理使用和安排资金，达到供需平衡。

3. 循环与生产周期的一致性

流动资产在企业再生产过程中是不断循环着的，它是随着供应、生产、销售三个过程的固定顺序，由一种形态转化为另一种形态，不断地进行循环，与生产周期保持高度的一致性。

（二）加快流动资产周转措施

1. 加强物资采购和保管

加强采购物资的计划性，防止盲目采购，合理地储备物资，避免积压资金，加强物资的保管，定期对库存物资进行清查，防止鼠害和霉烂变质。

2. 推广应用科学技术

科学地组织生产过程，采用先进技术，尽可能缩短生产周期，节约使用各种材料和物资，减少在产品资金占用量。

3. 加强产品销售

及时销售产品，缩短产成品的滞留时间。

4. 及时清理债务和资金回收

及时清理债权债务，加速应收款限的回收，减少成品资金和结算资金的占用量。

二、固定资产管理

固定资产是指使用年限在 1 年以上，单位价值在规定的标准以上，并且在使用中长期保持其实物形态的各项资产。猪场的固定资产主要包括建筑物、道路、基础猪以及其他与生产经营有关的设备、器具、工具等。

（一）固定资产特征

1. 完成一次循环的周转时间长

固定资产一经投产，其价值随着磨损程度逐渐转移与补偿，经过多个生产周期，才完成全部价值的一次循环。其循环周期的长短，不仅取决于决定固定资产使用时间长短的自身物理性能的耐用程度，而且取决于经济寿命，因科学技术的发展趋势，需从经济效果上考虑固定资产的经济使用年限。

2. 投资是一次全部支付，回收是分次的、逐步的

这就要求在决定固定资产投资时，必须进行科学的、周密的规划和设计，除了研究投资项目的必要性外，还必须考虑技术上的可能性和经济上的合理性。

3. 固定资产的价值补偿和实物更新是分别进行的

固定资产的价值补偿是逐渐完成的，而实物更新利用经多次价

值补偿积累的货币准备基金来实现。固定资产的价值补偿是其实物
更新的必要条件，不积累足够的货币准备基金就没有可能实现固定
资产的实物更新。因此，猪场应有计划地提取、分配和使用固定资
产的折旧基金。

（二）固定资产的折旧

1. 固定资产的折旧

固定资产的长期使用中，在物质上要受到磨损，在价值上要发
生损耗。固定资产的损耗，分为有形损耗和无形损耗两种。有形损
耗是指由于使用或者由于自然力的作用，使固定资产物质上发生磨
损。无形损耗是由于劳动生产率提高和科学技术进步而引起的固定
资产价值的损失。固定资产在使用过程中，由于损耗而发生的价值
转移，称为折旧，由于固定资产损耗而转移到产品中去的那部分价
值叫折旧费或折旧额，用于固定资产的更新改造。

2. 固定资产折旧的计算方法

猪场提取固定资产折旧，一般采用平均年限法和工作量法。

（1）平均年限法　根据固定资产的使用年限，平均计算各个时
期的折旧额，因此也称直线法。其计算公式：

$$固定资产年折旧额 = \frac{原值-（预计残值-清理费用）}{固定资产预计使用年限}$$

$$固定资产年折旧率 = \frac{固定资产年折旧额}{固定资产原值} \times 100\%$$

$$= \frac{1-净残值率}{折旧年限} \times 100\%$$

（2）工作量法　按照使用某项固定资产所提供的工作量，计算
出单位工作量平均应计提折旧额后，再按各期使用固定资产所实际
完成的工作量，计算应计提的折旧额。这种折旧计算方法，适用于
一些机械等专用设备。其计算公式为：

$$单位工作量（单位里程或每工作小时）折旧额 =$$
$$\frac{固定资产原值-预计净残值}{总工作量（总行驶里程或总工作小时）}$$

（三）提高固定资产利用效果的途径

1.合理购置和建设固定资产

根据轻重缓急，合理购置和建设固定资产，把资金使用在经济效果最大而且在生产上迫切需要的项目上；购置和建造固定资产要量力而行，做到与单位的生产规模和财力相适应。

2.固定资产配套完备

各类固定资产务求配套完备，注意加强设备的通用性和适用性，使固定资产能充分发挥效用。

3.合理使用固定资产

建立严格的使用、保养和管理制度，对不需用的固定资产应及时采取措施，以免浪费，注意提高机器设备的时间利用强度和它的生产能力的利用程度。

第七节　成本和盈利核算

产品的生产过程，同时也是生产的耗费过程。企业要生产产品，就是发生各种生产耗费。生产过程的耗费包括劳动对象（如饲料）的耗费、劳动手段（如生产工具）的耗费以及劳动力的耗费等。企业为生产一定数量和种类的产品而发生的直接材料费（包括直接用于产品生产的原材料、燃料动力费等）、直接人工费用（直接参加产品生产的工人工资以及福利费）和间接制造费用的总和构成产品成本。

一、成本核算的意义

产品成本是一项综合性很强的经济指标，它反映了企业的技术实力和整个经营状况。猪场的品种是否优良、饲料质量好坏、饲养技术水平高低、固定资产利用的好坏、人工耗费的多少等，都可以通过产品成本反映出来。所以，猪场通过成本和费用核算，可发现成本升降的原因，降低成本费用耗费，提高产品的竞争能力和盈利能力。

二、做好成本核算的基础工作

（一）建立健全各项原始记录

原始记录计算产品成本的依据，直接影响着产品成本计算的准确性。如原始记录不实，就不能正确反映生产耗费和生产成果，就会使成本计算变为"假账真算"，成本核算就失去了意义。饲料、燃料动力的消耗，原材料、低值易耗品的领退，生产工时的耗用，猪群变动，猪群周转，猪的死亡淘汰，产出产品等都必须认真如实地登记原始记录。

（二）建立健全各项定额管理制度

猪场要制定各项生产要素的耗费标准（定额）。不管是饲料、燃料动力，还是费用工时、资金占用等，都应制定比较先进、切实可行的定额。定额的制定应建立在先进的基础上，对经过十分努力仍然达不到的定额标准或不需努力就很容易达到定额标准的定额，要及时进行修订。

（三）加强财产物质的计量、验收、保管、收发和盘点制度

财产物资的实物核算是其价值核算的基础。做好各种物资的计量、收集和保管工作，是加强成本管理、正确计算产品成本的前提条件。

三、猪场成本的构成

（一）饲料费

饲料费指饲养过程中耗用的自产和外购的混合饲料和各种饲料原料。凡是购入的按买价加运费计算，自产饲料一般按生产成本（含种植成本和加工成本）进行计算。

（二）劳务费

从事养猪的生产管理劳动，包括饲养、清粪、防疫、转群、消毒、购物运输等所支付的工资、资金、补贴和福利等。

（三）种猪摊销费

饲养过程中应负担的种猪摊销费用。

（四）医疗费

用于猪群的生物制剂、消毒剂及检疫费、化验费、专家咨询服务费等。但已包含在配合饲料中的药物及添加剂费用不必重复计算。

（五）固定资产折旧维修费

猪舍、栏具和专用机械设备等固定资产的基本折旧费及修理费。根据猪舍结构和设备质量、使用年限来计损。如是租用土地，应加上租金；土地、猪舍等都是租用的，只计租金，不计折旧。

（六）燃料动力费

饲料加工、猪舍保暖、排风、供水、供气等耗用的燃料和电力费用，这些费用按实际支出的数额计算。

（七）杂费

杂费包括低值易耗品费用、保险费、通信费、交通费、搬运费等。

（八）利息

对固定投资及流动资金一年中支付利息的总额。

（九）税金

税金指用于养猪生产的土地、建筑设备及生产销售等一年内应交的税金。

以上九项构成了猪场生产成本，从构成成本比重来看，饲料费、种猪摊销费、劳务费、固定资产折旧维修费、利息五项价值较大，是成本项目构成的主要部分，应当重点控制。

四、成本的计算方法

成本的计算方法分为分群核算和混群核算。

（一）分群核算

分群核算的对象是猪的不同类别，如基本猪群、幼猪群、育肥猪群等，按猪群的不同类别分别设置生产成本明细账户，分别归集生产费用和计算成本。

1. 仔猪和育肥猪群成本计算

主产品是增重，副产品是粪肥和死淘畜的残值收入等。

$$（1）增重单位成本 = \frac{总成本}{该群本期增重量}$$

$$= \frac{全部的饲养费用 - 副产品价值}{该群期末存栏活重 + 本期销售和转出活重 - 期初存栏活重 - 本期购入和转入活重}$$

（2）活重单位成本 $=\dfrac{\substack{\text{该群期初存栏成本＋本期购入和转入成本＋}\\ \text{该群本期饲养费用－副产品价值}}}{\text{该群本期活重}}$

$=\dfrac{\substack{\text{该群期初存栏成本＋本期购入和转入成本＋}\\ \text{该群本期饲养费用－副产品价值}}}{\substack{\text{该群期末存栏活重＋本期销售或}\\ \text{转出活重（不包括死畜重量）}}}$

2. 基本猪群成本核算

基本猪群包括基本母猪、种公猪和未断奶的仔猪。主产品是断奶仔猪，副产品是猪粪，在产品是未断奶仔猪。基本猪群的总饲养费用包括母猪、公猪、仔猪饲养费用和配种受精费用。本期发生的饲养费用和期初未断乳的仔猪成本应在产成品和期末在产品之间分配，分配办法是活重比例法。

仔猪活重单位成本 $=\dfrac{\substack{\text{期初未断乳仔猪成本＋本期基}\\ \text{本猪群饲养费用－副产品价值}}}{\text{本期断乳仔猪活重＋期末未断乳仔猪重}}$

3. 猪群饲养日成本计算

饲养日成本是指每头猪饲养日平均成本。它是考核饲养费用水平和制订饲养费用计划的重要依据。应按不同的猪群分别计算。

某猪群饲养日成本 $=\dfrac{\text{该猪群本期饲养费用总额－副产品价值}}{\text{该群本期饲养头日数}}$

（二）混群核算

混群核算的对象是每类畜禽，如牛、羊、猪、鸡等，按畜禽种类设置生产成本明细账户归集生产费用和计算成本。资料不全的小型猪场常用。

畜禽类别生产总成本 $=$ 期初在产品成本(存栏价值)＋购入和调入畜禽价值＋本期饲养费用－期末在产品价值(存栏价值)－出售自食转出畜禽价值－副产品价值

单位产品成本 $=\dfrac{\text{生产总成本}}{\text{产品数量}}$

五、盈利核算

盈利核算是对猪场的盈利进行观察、记录、计量、计算、分析和比较等工作的总称，所以盈利也称税前利润。盈利是企业在一定时期内的货币表现的最终经营成果，是考核企业生产经营好坏的一个重要经济指标。

（一）盈利的核算公式

盈利＝销售产品价值－销售成本＝利润＋税金

（二）衡量盈利效果的经济指标

1. 销售收入利润率

销售收入利润率表明产品销售利润在产品销售收入中所占的比重。销售收入利润率越高，经营效果越好。

$$销售收入利润率 = \frac{产品销售利润}{产品销售收入} \times 100\%$$

2. 销售成本利润率

销售成本利润率是反映生产消耗的经济指标，在畜产品价格、税金不变的情况下，产品成本愈低，销售利润愈多，销售成本利润率愈高。

$$销售成本利润率 = \frac{产品销售利润}{产品销售成本} \times 100\%$$

3. 产值利润率

产值利润率说明实现百元产值可获得多少利润，用以分析生产增长和利润增长的比例关系。

$$产值利润率 = \frac{利润总额}{总产值} \times 100\%$$

4. 资金利润率

资金利润率把利润和占用资金联系起来，反映资金占用效果，具有较大的综合性。

$$资金利润率 = \frac{利润总额}{流动资金和固定资金的平均占用额} \times 100\%$$

第八节　提高猪场效益的措施

提高效益需要从市场竞争、挖掘内部潜力、降低生产成本等方面着手。

一、生产适销对路的产品

在市场调查和预测的基础上，进行正确的、科学的决策，根据市场需求的变化生产符合市场需求的质优量多的产品。同时，好养不如好卖，猪场应该结合自身发展的实际情况做好市场调查、效益分析，制定适合自己的市场营销方式，对本猪场的猪的质量进行评估，确保猪长期稳定的销售渠道，树立自己独有的品牌，巩固市场。

二、提高资金的利用效率

加强采购计划制订，合理储备饲料和其他生产物资，防止长期积压。及时清理回收债务，减少流动资金占用量。合理购置和建设固定资产，把资金用在生产最需要且能产生最大经济效果的项目上，减少非生产性固定资产投入。加强固定资产的维修，保养，延长使用年限，设法使固定资产配套完备，充分发挥固定资产的作用，降低固定资产折旧和维修费用。各类猪舍合理配套，并制订详细的周转计划，充分利用猪舍，避免猪舍闲置或长期空舍。如能租借猪场将会大大降低折旧费。

三、提高劳动生产率

人工费用可占成生产成本10%左右，控制人工费需要加强对人员的管理，配备必要的设备和严格考核制度，才能最大限度地提高劳动生产率。

1. 人员的管理

人员的管理要在用人、育人、留人上下功夫。

用人是根据岗位要求选择不同能力或不同年龄结构、不同文化程度、不同素质的人员。如场长应该具备管理能力、用人能力、决策能力、明辨是非能力、接受新鲜事物的能力、创造能力等，技术员要有过硬的技术水平及敢管人的能力和责任心，饲养员要选用有责任心的、服从安排的人，要把责任心最强的人放在配种的工作岗位上。对毕业的学生有德无才培养使用，有德有才破格使用，有才无德控制使用，无才无德坚决不用。

育人就是不断加强对员工进行道德知识、文化知识、专业知识和专业技术的培训，以提高他们的素质和知识水平，适应现代养猪业的发展要求。

留人至关重要：一要有好的薪资待遇和福利；二要有和谐的环境能实现自我价值；三是猪场有发展前景，个人有发展空间和发展前途。要想方设法改善员工生活条件，完善员工娱乐设施，丰富员工业余生活，关心和尊重每一个员工。

2. 配备必要的设备

购置必要的设备可以减轻劳动强度，提高工作效率。如使用自动饮水设备代替人工加水、用小车送料代替手提肩挑、建设装猪台代替人工装车等，可极大地提高劳动效率。

3. 建立完善的绩效考核制度，充分调动员工的积极性

制订合理劳动指标和计酬考核办法，多劳多得，优劳优酬。指标要切合实际，努力工作者可超产，得到奖励，不努力工作者则完不成指标，应受罚，鼓励先进，鞭策落后，充分调动员工的劳动积极性。

四、提高产品产量

据成本理论可知，如生产费用不变，产量与成本成反比例变化，提高猪群生产性能，增加猪产品产量，是降低产品成本的有效途径。其措施有：

（一）建立高产种猪群

高产种猪群的建立是提高猪场经济效益的重要措施。建立高产种猪群可以最大限度地利用种猪的生产潜力，繁殖更多的优质仔猪，生产更多的优质猪肉。

1. 选择优良品种

品种的选择至关重要，这是提高猪场经济效益的先决条件。猪场从开始建场就要选定要饲养什么品种的猪种。选用生长速度、饲料转化率和肉质等性状优异的品种（系）及其相应的配套杂交组合的肉猪。如目前生产中普遍使用的以杜洛克为终端父本，以长白和大白杂交后代为母本生产的三元杂交猪与以本地猪为母本的二元杂交猪相比，瘦肉率可以提高8％以上，饲养期缩短1~2个月，饲料利用率提高10％以上。

2. 合理选留和培育优质的后备猪

后备猪的培育直接关系到以后生产性能的发挥，只有培育出优

质的后备猪，以后其高产潜力才能充分发挥。

一要加强选留。根据不同品种特点和后备猪的选择标准进行科学的选留。

二要加强对后备猪的培育和淘汰。科学的饲养管理，适宜的环境条件，严格的卫生防疫，必要的选择淘汰，保证后备猪健康良好的发育，培育出优质的新种猪。

（二）科学的饲养管理

1. 科学饲养管理

采用科学的饲喂方法，满足不同阶段猪对营养的需求，不断提高种猪的繁殖力和仔猪的成活率，提高肉猪的生长速度。

2. 合理应用添加剂

合理利用沸石、松针叶、酶制剂、益生素、中草药等添加剂能改善猪消化功能，促进饲料养分充分吸收利用，增强猪抵抗力，提高生产性能。

3. 创造适宜的环境条件

满足猪对温度、湿度、通风、密度等环境条件的要求，充分发挥其生产潜力。

4. 注重养猪生产各个环节的细微管理和操作

如饲喂动作幅度要小，饲喂程序要稳定，转群移舍、打耳号、断尾、免疫接种等动作要轻柔，尽量避免或减少应激发生，维护猪体的健康。必要时应在饲料或饮水中添加抗应激药物来预防和缓解应激反应。

5. 做好隔离、卫生、消毒和免疫接种工作

猪场的效益好坏归根到底取决于猪患病数量和饲养管理。猪病防治重在预防，必须做好隔离、卫生、消毒和免疫接种工作，避免疾病发生，提高母猪的繁殖力和仔猪成活率。

五、降低饲料费用

养猪成本中，饲料费用要占到70%以上，有的专业场（户）可占到90%，因此它是降低成本的关键。

（一）选择饲料

1. 选用质优价廉的饲料

购买全价饲料和各种饲料原料要货比三家，选择质量好、价格

低的饲料。自配饲料一般可降低日粮成本，饲料原料特别是蛋白质饲料廉价时，可购买预混料自配全价料，蛋白质饲料价高的，购买浓缩料自配全价料成本低。充分利用当地自产或价格低的原料，严把质量关，控制原料价格，并选择可靠、有效的饲料添加剂，以实现同等营养条件下的饲料价格最低。

2. 合理储备饲料

要结合本场的实际制定原料采购制度，规范原料质量标准，明确过磅员和监磅员职责、收购凭证的传递手续等，平时要注重通过当地养殖协会、当地畜牧服务机构、互联网和养殖期刊等多种渠道随时了解价格行情，准确把握价格运行规律，搞好原料采购季节差、时间差、价格差。特别是玉米，是猪场主要能量饲料，可占饲粮比例60%以上，直接影响饲料的价格。在玉米价格较低时可储备一些以备价格高时使用。

（二）减少饲料消耗

1. 科学合理地加工、保管、配制饲料，充分提高饲料利用率

（1）科学设计配方　根据不同生长阶段猪在不同的生长季节的营养需要，结合本场的实际制定科学的饲料配方，并要求职工严格按照饲料配方配比各种原料，防止配比错误。这样就可以将多种饲料原料按科学的比例配合制成全价配合料，营养全而不浪费，料肉比低，经济效益高。为了尽量降低成本，可以就地取材，但不能有啥喂啥，不讲科学。

（2）重视饲料保管　要因地制宜地完善饲料保管条件，确保饲料在整个存放过程中达到"五无"，即无潮、无霉、无鼠、无虫、无污染。

（3）注意饲料加工　注意饲料原料加工，及时改善加工工艺，提高其粉碎度及混合均匀度，提高其消化、吸收率。

2. 科学饲喂

（1）采用科学饲养方式　根据猪前期生长慢、中期快、后期又变慢的生长发育规律，为获得较高的饲料报酬，应采取直线育肥的饲养方式，以缩短饲养周期，节约饲料。同时，要实行精、青、粗的饲料搭配，并实行拌潮生喂；在饲喂次数上，采取日喂两餐制，以减少因多次饲喂刺激猪只运动增多，而增加能量的消耗和饲料的

损失，降低饲料利用率。

(2) 利用科学饲养技术　采用分段饲养技术，根据不同季节和出现应激时调整饲养等，在保证正常生长和生产的前提下，尽量减少饲料消耗；确保处于哪一阶段的猪用哪一阶段的饲料，实行科学定量投料，避免过量投食带来不必要的浪费。

(3) 适量投料　一般生长育肥猪精料的投喂量按猪体重的4.0%左右投料；瘦肉型猪在60千克以后可按其体重的3.5%投料；也可根据预期日增重与饲料的预期利用率确定，即：

$$日增重×饲料利用率(饲料/增重)＝日投料量$$

(4) 饲槽结构合理，放置高度适宜　不同饲养阶段选用不同的饲喂用具，避免采食过程中的饲料浪费。一次投料不宜过多，饲喂人员投料要准、稳，减少饲料撒落。及时维修损毁的饲槽。

3. 适宜温度

圈舍要保持清洁干燥，冬天有利保暖，夏天有利散热，为猪创造一个适宜的生长环境，以减少疾病的发生，降低维持消耗，提高饲料利用率。一般猪的适宜温度为17～21℃，过高或过低对提高饲料利用率均有不良影响。

4. 搞好防疫

要搞好疫病的防治与驱虫，最大限度地降低发病率，以提高饲料的利用率。在养猪生产中，每年均有相当数量的猪因患慢性疾病和寄生虫病而造成饲料隐性浪费。为此，养猪要做好计划免疫和定期驱虫，保证猪的健康生长，以提高饲料的利用率。

5. 适时屠宰

猪在不同的生长阶段，骨骼、瘦肉、脂肪的生长强度不同。在生长前期（60千克前），骨骼和瘦肉生长较快，饲料利用率高。随着月龄与体重的增加，脂肪生长超过瘦肉，而长1千克脂肪所需的饲料比长1千克瘦肉高2倍多。所以，饲养周期越长，体重越重，饲料利用率则越低。一般杂交猪的适宜屠宰体重为90～100千克；中国猪经培育的品种为85千克左右，培育程度较低和未培育的品种75千克左右。

附 录

一、猪的几种生理和生殖常数

见附表1、附表2。

附表1 猪的几种生理常数

体温①/℃	心跳/（次/分钟）	呼吸/（次/分钟）	血红蛋白/（克/毫米³）	红细胞数/（个/毫米³）	白细胞分类平均值②/%					
					淋巴细胞	单核细胞	嗜碱性粒细胞	嗜酸性粒细胞	嗜中性杆状细胞	嗜中性叶状细胞
38～39.5	60～80.0	10～20	10.6	600～800	48.6	3.0	1.4	4.0	3.0	40.0

① 母猪产后24小时为40℃。
② 白细胞数为1.5万个/毫米³。

附表2 母猪繁殖生理常数

母猪性成熟期	性周期	产后发情期	绝经期	寿命	开始繁殖年龄	可供繁殖年限	1年产仔胎数	每胎产仔数	母猪分娩时子宫颈开张	分娩时每个胎儿出生间隔	胎衣排出时间	恶露排出时间	妊娠期
3～8月龄	21天	断奶后3～5天	6～8年	12～16年	8～10月龄	4～5年	2.0～2.5胎	8～15头	2～6小时	1～30分钟	10～60分钟	2～3天	114天

二、猪饲养允许使用的药物及使用规定

见附表3、附表4。

附表 3　猪饲养允许使用的抗寄生虫和抗菌药物及使用规定

名称	制剂	用法与用量	休药期/天
抗寄生虫药			
阿苯达唑	片剂	内服，1 次量，5～10 毫克	
双甲脒	溶液	药浴、喷洒、涂搽，配成 0.25%～0.05%溶液	
硫双二氯酚	片剂	内服，1 次量，75～100 毫克/千克体重	
非班太尔	片剂	内服，1 次量，5 毫克/千克体重	14
芬苯达唑	粉剂、片剂	内服，1 次量，5～7.5 毫克/千克体重	
氰戊菊酯	溶液	喷雾，加水以 1：1000～2000 倍稀释	
氟苯咪唑	预混剂	混饲，每 1000 千克饲料 330 克，连用 5～10 天	14
伊维菌素	注射液	皮下注射，1 次量，0.3 毫克/千克体重	18
	预混剂	混饲，每 1000 千克饲料，330 克，连用 7 天	5
盐酸左旋咪唑	片剂	内服，1 次量，7.5 毫克/千克体重	3
	注射液	皮下、肌内注射，1 次量，7.5 毫克/千克体重	28
奥芬达唑	片剂	内服，1 次量，4 毫克/千克体重	
氧苯咪唑	片剂	内服，1 次量，10 毫克/千克体重	14
枸橼酸哌嗪	片剂	内服，1 次量，0.25～0.3 克/千克体重	21
磷酸哌嗪	片剂	内服，1 次量，0.2～0.25 克/千克体重	21
吡喹酮	片剂	内服，1 次量，10～35 毫克/千克体重	
盐酸噻咪唑	片剂	内服，1 次量，10～15 毫克/千克体重	3

续表

名称	制剂	用法与用量	休药期/天
抗菌药			
氨苄西林钠	注射用粉针	肌内、静脉注射，1 次量，10～20 毫克/千克体重，2～3 次/天，连用 2～3 天	
	注射液	皮下或肌内注射，1 次量，5～7 毫克/千克体重	15
硫酸安普（阿普拉霉素）	预混剂	混饲，每 1000 千克饲料，80～100 克，连用 7 天	21
	可溶性粉剂	混饮，每 1 升水，12.5 毫克/千克体重，连用 7 天	21
阿美拉霉素	预混剂	混饲，每 1000 千克饲料，0～4 月龄，20～40 克；4～6 月龄，10～20 克	0
杆菌肽锌	预混剂	混饲，每 1000 千克饲料，4 月龄以下，4～40 克	0
杆菌肽锌、硫酸黏杆菌素	预混剂	混饲，每 1000 千克饲料，4 月龄以下，2～20 克；2 月龄以下，2～40 克	7
苄星青霉素	注射用粉针	肌内注射，1 次量，3 万～4 万单位/千克体重	
青霉素钠（钾）	粉剂	肌内注射，1 次量，2 万～3 万单位/千克体重	
硫酸小檗碱	注射液	肌内注射，1 次量，50～100 毫克	
头孢噻呋钠	注射用粉针	肌内注射，1 次量，3～5 毫克/千克体重，每日 1 次，连用 3 天	
硫酸黏杆菌素	预混剂	混饲，每 1000 千克饲料，仔猪 2～20 克	7
	可溶性粉剂	混饮，每 1 升水 40～200 毫克	7
甲磺酸达氟沙星	注射液	肌内注射，1 次量，1.25～2.5 毫克/千克体重，1 天 1 次，连用 3 天	25
越霉素 A	预混剂	混饲，每 1000 千克饲料，5～10 克	15

名称	制剂	用法与用量	休药期/天
盐酸二氟沙星	注射液	肌内注射，1次量，5毫克/千克体重，1天2次，连用3天	45
盐酸多西环素	片剂	内服，1次量，3~5毫克，1天1次，连用3~5天	
恩诺沙星	注射液	肌内注射，1次量，2.5毫克/千克体重，1天1~2次，连用2~3天	10
恩拉霉素	预混剂	混饲，每1000千克饲料，2.5~10克	
乳糖酸红霉素	注射用粉针	静脉注射，1次量3~5毫克，1天2次，连用2~3天	
黄霉素	预混剂	混饲，每1000千克饲料，生长、育肥猪5克，仔猪10~25克	0
氟苯尼考	注射液	肌内注射，1次量，20毫克/千克体重，每隔48小时1次，连用2次	30
	粉剂	内服，20~30毫克/千克体重，1天2次，连用3~5天	30
氟甲喹	可溶性粉剂	内服，1次量，5~10毫克/千克体重，首次量加倍，1天2次，连用3~4天	
硫酸庆大霉素	注射液	肌内注射，1次量，2~4毫克/千克体重	40
硫酸小诺霉素	注射液	肌内注射，1次量，1~2毫克/千克体重，1天2次	
潮霉素B	预混剂	混饲，每1000千克饲料，10~13克，连用8周	15
硫酸卡那霉素	注射用粉针	肌内注射，1次量，10~15毫克，1天2次，连用2~3天	
北里霉素	片剂	内服，1次量，20~30毫克/千克体重，1天1~2次	
	预混剂	混饲，每1000千克饲料，防治：80~330克，促生长5~55克	7
酒石酸北里霉素	可溶性粉剂	混饮，每1升水，100~200毫克，连用1~5天	7

名称	制剂	用法与用量	休药期/天
盐酸林可霉素	片剂	内服，1 次量，10～15 毫克/千克体重，1 天 1～2 次，连用 3～5 天	1
	注射液	肌内注射，1 次量，10 毫克/千克体重，1 天 2 次，连用 3～5 天	2
	预混剂	混饲，每 1000 千克饲料，44～77 克，连用 7～21 天	5
盐酸林可霉素、硫酸壮观霉素	可溶性粉剂	混饮，每 1 升水 10 毫克	5
	预混剂	混饲，每 1000 千克饲料，44 克，连用 7～21 天	5
博落回	注射液	肌内注射，1 次量，体重 10 千克以下，10～25 毫克，体重 10～50 千克 25～50 毫克，1 天 2～3 次	
乙酰甲喹	片剂	内服，1 次量，5～10 毫克/千克体重	
硫酸新霉素	预混剂	混饲，每 1000 千克饲料，77～154 克，连用 3～5 天	3
硫酸新霉素、甲溴东莨菪碱	溶液剂	内服，1 次量，体重 7 千克以下，1 毫升；体重 7～10 千克，2 毫升	3
呋喃妥因	片剂	内服，1 天量，12～15 毫克/千克体重，分 2～3 次	
喹乙醇	预混剂	混饲，每 1000 千克饲料 1000～2000 克，体重超过 35 千克的禁用	35
牛至油	溶液剂	内服：预防，2～3 日龄，每头 50 毫克，8 小时后重复给药 1 次；治疗，10 千克以下每头 50 毫克，10 千克以上每头 100 毫克，用药后 7～8 小时腹泻仍未停止时，重复给药 1 次	
	预混剂	混饲，1000 千克饲料，预防，1.25～1.75 克；治疗，2.5～3.25 克	
苯唑西林钠	注射用粉针	肌内注射，1 次量，10～15 毫克/千克体重每日 2～3 次，连用 2～3 天	

名称	制剂	用法与用量	休药期/天
土霉素	片剂	口服，1次量，10～25毫克/千克体重，每日2～3次，连用3～5天	5
	注射液（长效）	肌内注射，1次量，10～20毫克/千克体重	
盐酸土霉素	注射用粉针	静脉注射，1次量，5～10毫克/千克体重1天2次，连用2～3天	
普鲁卡因青霉素	注射用粉针	肌内注射，1次量，2万～3万单位，1天1次，连用2～3天	6
	注射液	同上	6
盐霉素钠	预混剂	混饲，每1000千克饲料，25～75克	5
盐酸沙拉沙星	注射液	肌内注射，1次量，2.5毫克/千克体重，1天2次，连用3～5天	
赛地卡霉素	预混剂	混饲，每1000千克饲料75克，连用15天	
硫酸链霉素	注射用粉针	肌内注射，1次量，10～15毫克/千克体重，1天2次，连用2～3天	1
磺胺二甲嘧啶钠	注射液	静脉注射，1次量，50～100毫克/千克体重，1天1～2次，连用2～3天	
复方磺胺甲噁唑片	片剂	内服，1次量，首次量20～25毫克/千克体重（以磺胺甲噁唑计），1天2次，连用3～5天	
磺胺对甲氧嘧啶	片剂	内服，1次量，50～100毫克，维持量25～50毫克，1天1～2次，连用3～5天	
磺胺对甲氧嘧啶、二甲氧苄胺嘧啶片	片剂	内服，1次量，20～50毫克/千克体重（以磺胺对甲氧嘧啶计），每12小时1次	
复方磺胺对甲氧嘧啶片	片剂	内服，1次量，20～25毫克（以磺胺对甲氧嘧啶计），1天1～2次，连用3～5天	
复方磺胺对甲氧嘧啶钠注射液	注射液	肌内注射，1次量，15～20毫克/千克体重（以磺胺对甲氧嘧啶钠计），1天1～2次，连用2～3天	

名称	制剂	用法与用量	休药期/天
磺胺间甲氧嘧啶	片剂	内服，1次量，首次量50~100毫克，维持量25~50毫克，1天1~2次，连用3~5天	
磺胺间甲氧嘧啶钠	注射液	静脉注射，1次量，50毫克/千克体重，1天1~2次，连用2~3天	
磺胺脒	片剂	内服，1次量，0.1~0.2克/千克体重，1天2次，连用3~5天	
磺胺嘧啶	片剂	内服，首次量0.1~0.2克/千克体重，维持量0.07~0.1克/千克体重，1天2次，连用3~5天	
	注射液	静脉注射，1次量，0.05~0.1克/千克体重，1天1~2次，连用2~3天	
复方磺胺嘧啶钠注射液	注射液	肌内注射，1次量，20~30毫克/千克体重（以磺胺嘧啶钠计），1天1~2次，连用2~3天	
复方磺胺嘧啶预混剂	预混剂	混饲，1次量，15~30毫克/千克体重，连用5天	5
磺胺噻唑	片剂	内服，首次量0.14~0.2克/千克体重，维持量0.07~0.1克/千克体重，1天2~3次，连用3~5天	
磺胺噻唑钠	注射液	静脉注射，1次量，0.05~0.1克/千克体重，1天2次，连用2~3天	
复方磺胺氯哒嗪钠粉	粉剂	内服，1次量，20毫克/千克体重（以磺胺氯哒嗪钠计），连用5~10天	3
盐酸四环素	注射用粉针	静脉注射，1次量，5~10毫克/千克体重，1天2次，连用2~3天	
甲砜霉素	片剂	内服，1次量，5~10毫克/千克体重，1天2次，连用2~3天	
延胡索酸泰妙菌素	可溶性粉剂	混饮，每1升水45~60毫克，连用5天	7
	预混剂	混饲，每1000千克饲料40~100克，连用5~10天	5

续表

名称	制剂	用法与用量	休药期/天
磷酸替米考星	预混剂	混饲，每 1000 千克饲料 400 克，连用 15 天	14
泰乐菌素	注射液	肌内注射，1 次量，5～13 毫克/千克体重，1 天 2 次，连用 7 天	14
磷酸泰乐菌素	预混剂	混饲，每 1000 千克饲料 10～100 克，连用 5～7 天	5
磷酸泰乐菌素、磺胺二甲嘧啶预混剂	预混剂	混饲，每 1000 千克饲料 200 克（100 克泰乐菌素＋100 克磺胺二甲嘧啶），连用 5～7 天	15
维吉尼亚霉素	预混剂	混饲，每 1000 千克饲料 10～25 克	1

附表 4 猪常用注射药物和内服药物的休药期

药名	休药期/天	药名	休药期/天
常用注射药物		泰乐菌素	4
硫酸双氢链霉素	30	羟氨苄青霉素三水合物	15
盐酸林可霉素水合物	2	氨苄青霉素三水合物	1
普鲁卡因青霉素 G	14	杆菌肽	0
泰乐菌素（埋植）	14	双氢链霉素	30
氨苄青霉素三水化合物	15	红霉素	7
红霉素碱	14	二盐酸壮观霉素五水合物	21
阿维菌素（注射液）	28	金霉素、普鲁卡因青霉素和磺胺噻唑	7
氨哌酮	0	庆大霉素	14
庆大霉素	40	硫酸阿普拉霉素	28
常用内服药物		磺胺二甲基嘧啶	15
对氨基苯胂酸或钠盐	5	弗吉尼亚霉素	0
盐酸左咪唑	3	盐酸金霉素	5～10
盐酸四环素	4	潮霉素 B	15
酒石酸噻嘧啶	1	磺胺噻唑钠	10

药名	休药期/天	药名	休药期/天
噻苯唑	30	羟基苯肿酸	5
磺胺氯哒嗪钠	4	链霉素、磺胺噻唑和酞磺胺噻唑	10
磷酸泰乐菌素和磺胺二甲基嘧啶	15	硫黏菌素	3
氯羟吡啶	5	金霉素、磺胺二甲基嘧啶和青霉素	15
敌敌畏	0	磺胺喹噁啉	10
林可霉素	6	喹乙醇	35
土霉素	26		

三、允许作治疗使用，但不得在动物性食品中检出残留的兽药

见附表 5。

附表 5　允许作治疗使用，但不得在动物性食品中检出残留的兽药

药物及其他化合物名称	标志残留物	动物种类	靶组织
氯丙嗪	氯丙嗪	所有食品动物	所有可食组织
地西泮（安定）	地西泮	所有食品动物	所有可食组织
地美硝唑	地美硝唑	所有食品动物	所有可食组织
苯甲酸雌二醇	雌二醇	所有食品动物	所有可食组织
雌二醇	雌二醇	猪/鸡	可食组织（鸡蛋）
甲硝唑	甲硝唑	所有食品动物	所有可食组织
苯丙酸诺龙	诺龙	所有食品动物	所有可食组织
丙酸睾酮	丙酸睾酮	所有食品动物	所有可食组织
塞拉嗪	塞拉嗪	产奶动物	奶

四、禁止使用，并在动物性食品中不得检出残留的兽药

见附表 6。

附表 6　禁止使用，并在动物性食品中不得检出残留的兽药

药物及其他化合物名称	禁用动物	靶组织
氯霉素及其盐、酯及制剂	所有食品动物	所有可食组织
兴奋剂类：克伦特罗、沙丁胺醇、西马特罗及其盐、酯	所有食品动物	所有可食组织
性激素类：己烯雌酚及其盐、酯及制剂	所有食品动物	所有可食组织
氨苯砜	所有食品动物	所有可食组织
硝基呋喃类：呋喃唑酮、呋喃它酮、呋喃苯烯酸钠及制剂	所有食品动物	所有可食组织
催眠镇静类：安眠酮及制剂	所有食品动物	所有可食组织
具有雌激素样作用的物质：玉米赤霉醇、去甲雄三烯醇酮、醋酸甲孕酮及制剂	所有食品动物	所有可食组织
硝基化合物：硝基酚钠、硝呋烯腙	所有食品动物	所有可食组织
林丹	水生食品动物	所有可食组织
毒杀芬（氯化烯）	所有食品动物	所有可食组织
呋喃丹（克百威）	所有食品动物	所有可食组织
杀虫脒（克死螨）	所有食品动物	所有可食组织
双甲脒	所有食品动物	所有可食组织
酒石酸锑钾	所有食品动物	所有可食组织
孔雀石绿	所有食品动物	所有可食组织
锥虫砷胺	所有食品动物	所有可食组织
五氯酚酸钠	所有食品动物	所有可食组织
各种汞制剂：氯化亚汞（甘汞）、硝酸亚汞、醋酸汞、吡啶基醋酸汞	所有食品动物	所有可食组织
雌激素类：甲基睾丸酮、苯甲酸雌二醇及其盐、酯及制剂	所有食品动物	所有可食组织
洛硝达唑	所有食品动物	所有可食组织
群勃龙	所有食品动物	所有可食组织

注：食品动物是指各种供人食用或其产品供人食用的动物。

参 考 文 献

[1] 邓国华等. 新编养猪实用技术. 北京：中国农业出版社，2006.
[2] 魏刚才等. 养殖场消毒指南. 北京：化学工业出版社，2011.
[3] 魏刚才等. 猪场安全生产技术. 北京：化学工业出版社，2013.
[4] 段诚忠. 规模化养猪技术. 北京：中国农业出版社，2003.
[5] 梁永红. 实用养猪大全. 郑州：河南科学技术出版社，2008.
[6] 蔡少阁等. 正说养猪. 北京：中国农业出版社，2011.
[7] 潘琦. 科学养猪大全. 第2版. 合肥：安徽科学技术出版社，2009.
[8] 李培庆等. 实用猪病诊断与防治技术. 北京：中国农业科学技术出版社，2007.
[9] 颜培实，李如治. 家畜环境卫生学. 第四版. 北京：中国教育出版社，2011.